企业信息化管理实务

刘希俭等　编著

石油工业出版社

内 容 提 要

本书阐述了信息技术总体规划编制、信息化项目采购招标、信息化项目实施、信息安全体系建设、信息系统运行维护体系建设、信息化制度与技术标准体系建设、信息化组织队伍建设、信息化绩效考核体系建设等，基本涵盖了企业信息化的过程和主要内容。

本书适合企业信息化工作管理人员、信息技术人员和参与信息化建设的业务人员参考。

图书在版编目（CIP）数据

企业信息化管理实务/刘希俭等编著.
北京：石油工业出版社，2013.1
ISBN 978－7－5021－9480－2

Ⅰ. 企⋯
Ⅱ. 刘⋯
Ⅲ. 企业信息化
Ⅳ. F270.7

中国版本图书馆 CIP 数据核字（2013）第 022147 号

出版发行：石油工业出版社
（北京安定门外安华里 2 区 1 号　100011）
网　　址：www.petropub.com.cn
编辑部：(010)64523561　发行部：(010)64523620
经　　销：全国新华书店
印　　刷：北京中石油彩色印刷有限责任公司

2013 年 1 月第 1 版　2013 年 1 月第 1 次印刷
787×1092 毫米　开本：1/16　印张：19
字数：480 千字
定价：98.00 元
（如出现印装质量问题，我社发行部负责调换）
版权所有，翻印必究

《企业信息化管理实务》编委会

顾　问：曲维枝

主　任：刘希俭

编　委：张耀臣　马建国　王同良　古学进
　　　　靖小伟　王冬梅　刘顺春　李先奇
　　　　赵　彤　彭双伟　王文革　周晓松
　　　　高允升　王海山　寇廷佳　卢　山
　　　　任　勇　杨志贤　赵全庆　曲　京
　　　　詹　峰　张荔梅　史　浩　冉卫东
　　　　刘亚东　杨　桦

序

信息化是利用现代信息技术对人类社会的信息和知识的生产进行全面改造,并因而导致社会生产体系的组织结构和经济结构发生全面变革的过程,是一个推动人类社会从工业社会向信息社会转变的社会转型、进步的过程。

企业是工业化的主体,也是实现信息化与工业化融合的主体。企业信息化建设就是通过信息技术与企业研发、生产、经营、管理的各方面、各环节的集成与融合,构建数字化设计、生产、运营、管理系统平台,实现数据采集、传输、存储、处理和分析利用的数字化,实现企业业务的运营自动化、管理网络化、决策智能化,形成发展的软实力,促进并支撑企业转变发展方式、提升生产经营效率和综合竞争能力的历史进程。

中国企业信息化起步较晚,虽然经过快速发展,但目前的水平与国际领先企业还有一定差距。因此,正确认识企业信息化的发展规律,准确把握自身所处的发展阶段和主要特征,采取与之相适应的工作方针和实施策略,对抓住经济全球化、全球信息化的历史机遇,实现企业信息化的跨越式发展,具有非常重要的现实意义。

本书作者长期从事大型企业信息化建设与管理工作,具有扎实的理论功底和丰富的实践经验。他们遵循"统一、成熟、兼容、实用、高效"的十字方针,坚持"统一规划、统一标准、统一设计、统一投资、统一建设、统一管理"的六统一原则,在推动企业信息化由分散建设向集中建设过程中做出了许多的创新,积累了丰富的经验,取得了丰硕的成果。通过不断对信息化管理理念、管理方式、管理实践和管理经验的总结完善和系统思考,他们将企业信息化的发展划分为分散建设、集中建设、持续提升、深化应用三个阶段,对企业信息化管理、掌控信息化进程具有重要的指导意义。适时进行阶段性升级,实现企业信息化跨越式发展,需要不断完善符合企业实际的信息化建设方法体系。

企业信息化发展的第一阶段是分散建设。各部门、各成员企业独立建设、管理各自的信息系统,信息系统数量多、规模小、单一系统用户少、功能单一、应用范围窄、低水平重复,产生大量的信息孤岛。第二阶段是集中建设。由企业总部统一组织建设全局性信息系统,集中管理信息化政策标准,各个系统规模大、功能集成、用户多、应用范围广,能够有效杜绝低水平重复和信息孤岛产生,支撑业务协同和企业战略实现。第三阶段是持续提升、深化应用。通过进一步集成、升级、普及和深化应用,信息系统数量大量缩减,用户更加集中,实现各系统间的全面集成、与生产经营管理决策活动的深度融合,使企业成为数字化、网络化、智能化、知识化管理的信息化企业。

企业信息化发展三阶段的划分,反映了信息化从分散到集中、从局部到全局、从独立到集成的客观发展规律,受到国内许多专家的好评。目前,国内先进的集团企业信息化大都进入了第二个发展阶段,少数领先企业正在迈入第三个发展阶段。

信息化由第一发展阶段转变到第二阶段是跨越性、革命性的,其核心是建设模式与系统架构从分散转为集中,信息系统的规模、功能、对业务支撑的深度和广度都将实现跨越式提升。因此,第二阶段的信息化建设更具艰巨性、复杂性、创新性、挑战性,是信息化过程中的攻坚战和战略决战。

实施阶段性升级,实现企业信息化跨越式发展,必须在信息技术总体规划、信息系统建设、信息化管理、信息技术服务四个方面实现重大转变。

——统一制定和坚持实施信息技术总体规划。由企业总部组织制定全面支撑业务发展的信息技术总体规划,并坚持按照总体规划持续实施,这不仅是信息化发展第二个阶段的重要标志,更是实现信息化与工业化融合的根本前提。

——加快建设集中统一的信息系统平台。由企业总部按照统一规划和标准,统一设计、统一投资、统一建设全局性信息系统。

——强化企业统一有效的信息化管理。建立科学高效的信息化领导体系,健全信息管理部门,强化技术支持队伍建设,形成由领导决策、管理协调和制度流程组成的完整的管理体系。

——信息技术服务由粗放式、应急式向规范化、系统化转变。建立专业化、分层次的工作体系,有效的安全保障和应急体系,建立并完善集中化、专业化、协同高效的支持服务体系、模式和机制。

作者还提出了符合企业实际的信息化建设方法体系。采取科学的项目管理方法,建立由项目指导委员会、项目经理部和项目实施组共同组成的三级项目管理体系,实行项目经理负责制,加强参与各方在项目团队内的全方位合作,紧紧把握项目范围、进度、成本、质量和风险等关键点;集中采购,统一招标,发挥企业整体优势,选择最优合作伙伴和售后服务,争取最大价格优惠;坚持先试点制定标准模板,然后按照统一设计的模板快速推广实施;坚持国际合作,借鉴最佳实践,采用成熟成套软件,降低系统实施难度和风险;坚持通过引进、消化、吸收实现再创新,快速缩小与国外先进企业的差距;持续开展多层次培训,加强信息化人才培养,提高全员信息化素质和应用能力;创造信息化建设的良好环境和氛围,建立信息化考核与激励机制,让更多的人共同做好信息化与工业化融合这篇大文章。这套方法体系,实际上是关于企业信息系统方法学的国际和国内经验的一个全面的、完整的总结。

这些理念和工作方法对于中国企业深入推进信息化与工业化融合、快速提升信息化水平具有积极的、重要的指导意义和现实意义。作者坚持"理论指导、全面总结、注重实践、突出实务"的编写原则,完全基于企业信息化各方面的认识和实践,悟所用、写所做,使本书既具有全面性、理论性和系统性,又具有很强的实践性、实用性和可操作性。我相信,本书将会成为广大信息化工作者的一本案头书,对推动中国企业信息化的跨越式发展产生重要的影响。

2012 年 9 月

前　　言

　　贯彻落实"大力推进信息化与工业化融合"的战略部署，推进信息化与工业化的相互渗透、相互融合，既是经济全球化、网络化发展的时代要求，更是企业参与市场竞争、做大做强必须完成的战略任务。

　　从20世纪60年代开始，中国一些企业就在科研生产领域引入计算机技术进行数据处理、生产控制和科学研究。特别是20世纪90年代以后，信息技术应用的广度和深度大幅提高，成效日益显著。中国企业先后有几代人为信息化建设进行了坚韧执著的探索和实践，付出了艰辛的努力，积累了丰富的经验，奠定了扎实的发展基础。

　　进入21世纪以来，中国企业迎来了信息化发展重要战略机遇期。领先企业更加高度重视信息化建设，将其纳入企业发展目标体系和战略措施之中。一些企业以制定和实施信息技术总体规划为标志，实现了从分散建设信息系统阶段转向集中建设信息系统阶段。"统一规划、统一标准、统一设计、统一投资、统一建设、统一管理"的原则进一步确立和深入人心，信息化建设的集中投入力度持续加大，信息化工作组织体系逐步健全，一批集中统一的生产运行管理、经营管理、办公管理和决策支持系统已经建成应用，对业务发展起到了越来越重要的支撑作用。

　　在信息化建设和应用的艰苦探索和实践中，中国企业不断学习国内外先进理念和实践，结合企业实际，总结成功经验和失败教训，形成了一套适合中国企业业务特点和管理模式的信息化工作有效做法，最突出最核心的一点就是坚持按照信息技术总体规划，建设集中统一信息系统。

　　同时，我们也深切地感受到企业信息化的复杂性和艰巨性。企业信息化实质是通过网络管理数据、整合流程，最终将业务管理实现在信息网络上运行，涉及企业的方方面面、渗透于企业运作整个过程的各个环节，必将给企业带来多方面的变革，面临诸多矛盾、问题和障碍，需要企业上下对信息化认识的持续提升，需要各级领导的高度重视和强力推进；信息系统建设周期长、实施过程复杂、组织协调工作量大，需要多个单位、多个部门、多种角色的协同工作，需要业务人员和信息技术人员紧密合作，需要科学高效的管理和强有力的组织协调，需要各项目之间按照逻辑和数据关系统一标准、有序推进、实现整体集成。

　　全面加快推进企业信息化建设，实现信息化与工业化融合，是一项长期、艰巨、复杂的系统工程。正在从事信息化建设的各个企业、各项目组织、各级管理和技术人员，迫切需要比较全面系统地学习企业信息化建设与管理的经验，需要尽快掌握信息化发展规律。这使我们感觉到有必要把在这些年探索实践中对信息化的认识、做法、经验、体会等，进行认真梳理、总结，编写一本企业信息化实务方面的书籍，希望对信息化工作人员有所借鉴，为促进我国企业信息化快速健康发展尽我们的绵薄之力。同时又可以提高我们自身的信息化工作能力和水平。

　　本书对中国企业，特别是大型企业集团近些年逐步形成并不断完善的信息化管理理念、管理方式、管理实践、管理经验，进行了比较系统的回顾和总结，按照信息化工作流程及保障措施进行编写，旨在勾画出比较完整的企业信息化体系和方法架构。全书共分九章，基本涵盖了企业信息化的主要方面。

第一章企业信息化概述，讨论了企业信息化的内涵、意义和主要发展阶段，企业信息化体系架构，企业信息化成功的核心要素，企业信息化的基本原则和主要实施策略等。

第二章企业信息技术总体规划编制，讨论了信息技术总体规划的意义、定位与方法论，详细阐述了总体规划编制的三个阶段：现状调研与需求分析、战略规划与架构设计、项目规划与实施设计，简要描述了规划的分年度实施和滚动调整，论述了信息化项目可行性研究的编写和要求。

第三章企业信息化项目采购招标，简要讨论了信息化项目选型策略，详细阐述了项目招标的各个阶段，论述了招标注意事项及风险控制，讨论了企业软件正版化策略，简析了两个招标案例。

第四章企业信息化项目实施，概要讨论了信息化项目体系、项目特点与难点、项目实施与管理方法论、项目组织体系运作模式、项目实施与管理策略等，讨论了项目沟通与协调，详细论述了项目准备、项目启动、现状调研与需求分析、系统设计、系统配置与测试、数据准备与用户培训、系统上线等7个主要实施阶段和项目验收，简要介绍了信息化工作自身的信息化手段——信息化工作管理平台的一个实例。

第五章企业信息安全体系建设，概述了信息安全的发展趋势、内涵、模型、目标、原则和关键流程，对企业信息安全体系架构、信息安全风险评估、信息安全管理、信息安全控制、信息安全技术逐一进行了详细论述。

第六章企业信息系统运行维护体系建设，概要讨论了企业信息系统运行维护的发展趋势、最新理念、目标原则、体系架构等，描述了信息系统运行维护的基本任务，就如何建立企业信息系统运行维护的制度体系、流程体系和考核体系逐一进行了比较详细的论述。

第七章信息化管理制度与技术标准体系建设，概述了信息化管理制度体系的总体架构和构建方法，简要论述了企业信息技术标准工作的目标、管理和总体思路，比较详细地描述了企业信息技术标准体系架构和主要标准类别，提出了在系统建设过程中制定和应用标准的方法，简要介绍了公共数据编码信息平台的一个实例。

第八章企业信息化组织队伍建设，简要讨论了企业信息化组织队伍发展趋势、管理组织模式和服务组织模式，简述了中国企业信息化组织队伍建设现状和国内外企业信息化组织队伍模式实例，提出了企业信息化组织队伍体系模型，并围绕提出的模型，分别比较详细地论述了信息化领导体制、管理体系、实施体系、运行维护组织体系建设。还对企业信息化专家队伍建设和培训体系建设进行了必要的论述。

第九章企业信息化绩效考核体系建设，概述了企业信息化绩效评价的概念、意义、发展现状和趋势，讨论了企业信息化绩效考核评价体系架构设计，分别详细论述了信息化项目和信息化工作这两个评价指标体系的架构、内容和实施细则，简要介绍了企业信息化绩效考核与激励的实施。

企业信息化是一个持续的历史发展过程，信息化需求和应用在不断扩展和深入，信息化技术发展日新月异，信息化实践在不断深化和创新。由于作者知识水平所限，书中难免存在疏漏和不当之处，恳请读者批评指正。

目　　录

第一章　企业信息化概述 (1)
- 第一节　企业信息化的内涵和意义 (1)
- 第二节　企业信息化主要发展阶段 (5)
- 第三节　企业信息化成功核心要素 (8)
- 第四节　企业信息化建设的基本原则 (10)
- 第五节　企业信息化建设的策略 (11)

第二章　企业信息技术总体规划编制 (13)
- 第一节　意义与定位 (13)
- 第二节　编制原则 (14)
- 第三节　编制方法概述 (16)
- 第四节　规划编制启动 (19)
- 第五节　现状调研与需求分析 (21)
- 第六节　愿景制定与架构设计 (25)
- 第七节　项目规划和实施设计 (35)
- 第八节　报审与分年度实施 (44)
- 第九节　规划调整与滚动编制 (47)
- 第十节　信息化项目可行性研究 (48)
- 附录2-1　信息化现状与需求分析报告框架示例 (54)
- 附录2-2　信息化愿景与架构设计报告框架示例 (55)
- 附录2-3　信息技术总体规划报告框架示例 (57)
- 附录2-4　信息化项目可行性研究报告框架示例 (58)

第三章　企业信息化项目采购招标 (60)
- 第一节　信息化项目选型策略 (60)
- 第二节　招标概述 (61)
- 第三节　招标准备 (64)
- 第四节　招标过程 (68)
- 第五节　招标注意事项及风险控制 (71)
- 第六节　企业软件正版化策略 (73)
- 第七节　项目招标案例简析 (74)
- 附录3-1　××项目招标书目录示例 (81)
- 附录3-2　技术标评分标准及评分表示例 (82)
- 附录3-3　商务标评分标准及评分表示例 (83)
- 附录3-4　项目招标废标标准示例 (83)

附录3-5　评标纪律及注意事项示例 ……………………………………………… (84)
　附录3-6　评标人员承诺书示例 …………………………………………………… (84)
　附录3-7　开标及述标顺序确认表示例 …………………………………………… (85)
　附录3-8　开标记录表示例 ………………………………………………………… (85)
　附录3-9　技术/商务评分汇总表示例 …………………………………………… (86)
　附录3-10　评标综合计分和排序表示例 ………………………………………… (86)
　附录3-11　中标通知书示例 ……………………………………………………… (87)

第四章　企业信息化项目实施 ……………………………………………………… (88)
　第一节　信息化项目实施概述 …………………………………………………… (88)
　第二节　项目沟通与协调 ………………………………………………………… (93)
　第三节　项目实施的阶段管理 …………………………………………………… (96)
　第四节　项目验收 ………………………………………………………………… (115)
　第五节　项目管理的信息化——信息化工作管理信息平台 …………………… (117)
　附录4-1　项目周报示例 …………………………………………………………… (120)
　附录4-2　项目简报示例 …………………………………………………………… (121)
　附录4-3　项目协同工作站示例 …………………………………………………… (121)
　附录4-4　项目准备情况和工作计划请示示例 …………………………………… (121)
　附录4-5　项目启动会策划书示例 ………………………………………………… (122)
　附录4-6　项目现状报告示例 ……………………………………………………… (122)
　附录4-7　系统需求分析报告示例 ………………………………………………… (123)
　附录4-8　系统详细设计方案示例 ………………………………………………… (123)
　附录4-9　项目设备到货验收单示例 ……………………………………………… (124)
　附录4-10　软件、硬件设备验收意见表示例 …………………………………… (125)
　附录4-11　硬件系统稳定性、可靠性、考机测试表示例 ……………………… (125)
　附录4-12　系统用户权限数据收集模板样例 …………………………………… (126)
　附录4-13　上线检查清单示例 …………………………………………………… (126)

第五章　企业信息安全体系建设 …………………………………………………… (127)
　第一节　信息安全概述 …………………………………………………………… (127)
　第二节　企业信息安全体系架构 ………………………………………………… (132)
　第三节　信息安全风险评估 ……………………………………………………… (139)
　第四节　信息安全管理 …………………………………………………………… (143)
　第五节　信息安全控制 …………………………………………………………… (147)
　第六节　信息安全技术体系 ……………………………………………………… (153)
　附录5-1　用户账号及权限管理表示例 …………………………………………… (157)
　附录5-2　口令重置申请表示例 …………………………………………………… (158)
　附录5-3　职责分离矩阵示例 ……………………………………………………… (158)
　附录5-4　应用系统权限检查表示例 ……………………………………………… (159)
　附录5-5　操作系统安全配置检查表示例 ………………………………………… (160)

附录 5-6　数据直接访问申请表示例 …………………………………………（163）
　　附录 5-7　机房出入登记表示例 …………………………………………………（164）
　　附录 5-8　边界网络出口登记表示例 ……………………………………………（164）
　　附录 5-9　边界网络出口申请表示例 ……………………………………………（165）
　　附录 5-10　防火墙安全配置检查表示例 ………………………………………（165）
　　附录 5-11　远程登录账号申请表示例 …………………………………………（167）
第六章　信息系统运行维护体系建设 …………………………………………………（168）
　　第一节　运行维护概述 ……………………………………………………………（168）
　　第二节　运行维护的基本任务 ……………………………………………………（173）
　　第三节　运行维护制度体系 ………………………………………………………（176）
　　第四节　运行维护流程体系 ………………………………………………………（180）
　　第五节　运行维护考核体系 ………………………………………………………（184）
　　附录 6-1　网络设备维护登记表示例 ……………………………………………（185）
　　附录 6-2　网络设备配置更改登记表示例 ………………………………………（186）
　　附录 6-3　备份记录表示例 ………………………………………………………（187）
　　附录 6-4　备份恢复测试记录表示例 ……………………………………………（188）
　　附录 6-5　计算机病毒应急响应及处理机制示例 ………………………………（189）
　　附录 6-6　防病毒总结报告示例 …………………………………………………（190）
　　附录 6-7　HSE 系统管理细则示例 ………………………………………………（191）
第七章　信息化管理制度与技术标准体系建设 ………………………………………（194）
　　第一节　管理制度体系 ……………………………………………………………（194）
　　第二节　信息技术标准概述 ………………………………………………………（199）
　　第三节　信息技术标准体系 ………………………………………………………（201）
　　第四节　公共数据编码信息平台实例 ……………………………………………（208）
　　附录 7-1　企业标准制修订项目立项报告示例 …………………………………（215）
　　附录 7-2　信息化项目实施管理办法示例 ………………………………………（216）
　　附录 7-3　信息资产管理规范示例 ………………………………………………（218）
　　附录 7-4　计算机病毒与网络入侵应急响应管理规范示例 ……………………（219）
　　附录 7-5　信息系统灾难恢复管理规范示例 ……………………………………（220）
第八章　信息化组织队伍建设 …………………………………………………………（222）
　　第一节　信息化组织队伍建设概述 ………………………………………………（222）
　　第二节　领导体制建设 ……………………………………………………………（227）
　　第三节　管理体系建设 ……………………………………………………………（228）
　　第四节　实施体系建设 ……………………………………………………………（229）
　　第五节　运行维护组织体系建设 …………………………………………………（234）
　　第六节　专家队伍建设 ……………………………………………………………（241）
　　第七节　培训体系建设 ……………………………………………………………（242）
　　附录 8-1　企业信息化管理培训课程概览 ………………………………………（246）

第九章 企业信息化绩效考核体系建设 (249)

第一节 信息化考核与激励概述 (249)
第二节 企业信息化绩效考核评价体系架构设计 (252)
第三节 信息化项目评价指标体系 (255)
第四节 信息化工作绩效考核评价指标体系 (263)
第五节 信息化经济效益评价方法 (270)
第六节 信息化绩效考核评价实施细则 (277)
第七节 信息化绩效考核与激励的实施 (280)
附录9-1 ××集团信息化绩效考核指标设计示例 (285)

参考文献 (289)

第一章　企业信息化概述

经济全球化和全球信息化是当今人类社会发展的大趋势。从中国现实国情出发,中国共产党"十五大"上提出了"推进国民经济信息化","十六大"上提出了"以信息化带动工业化,以工业化促进信息化","十七大"上又提出了"全面认识工业化、信息化、城镇化、市场化、国际化深入发展的新形势新任务","大力推进信息化与工业化融合"等政策方针。这是走上改革发展快车道的中国,为迎接从农业化社会、工业化社会逐步向信息化社会转型这一历史机遇和挑战,所抉择的国家意志和战略举措。从"推进"到"带动",再到"融合",深刻地揭示了信息化与工业化相互促进、相互依存和融合发展的特点,将信息化推到了一个新的高度,反映了信息化在中国,特别是在工业企业不断深入、广泛发展的总体趋势和客观规律。当前,信息化已经转向以走新型工业化道路、推动工业化科学发展为中心,以转变经济发展方式、调整产业结构以及解决经济发展中最为紧迫的问题为重点,进入了空前发展的战略机遇期。企业信息化正是在这样的大背景下,取得了突飞猛进的蓬勃发展。

深刻理解企业信息化的内涵和意义,正确认识企业信息化的发展规律,准确把握企业信息化所处的发展阶段、主要特征,深刻理解企业信息化成功的核心要素,采取与之相适应的工作方针和实施策略,对实现企业信息化跨越式发展具有非常重要的现实意义。

第一节　企业信息化的内涵和意义

一、企业信息化的内涵

企业信息化就是通过信息技术与企业研发、设计、生产、经营、管理的各方面、各环节的集成与融合,实现数据采集、传输、存储、处理、分析的数字化,通过构建数字化办公设计、生产、经营、辅助决策管理系统平台,实现企业业务生产运行自动化、经营管理网络化、决策智能化,促进企业经济发展方式转变、提升企业生产经营效率和综合竞争能力的历史进程。

因此,企业信息化涉及研发、生产、经营管理各个环节,涉及企业生存发展的全局,并不是一个简单的计算机应用问题。国家信息化专家咨询委员会常务副主任周宏仁博士把企业信息化的内涵归纳为三个方面,如图1-1所示。

一是研发设计信息化。即基础研究、产品开发、产品设计、工艺设计等方面的信息化。目前应用较为普遍的是计算机辅助设计(CAD)系统,设计信息化还包括计算机辅

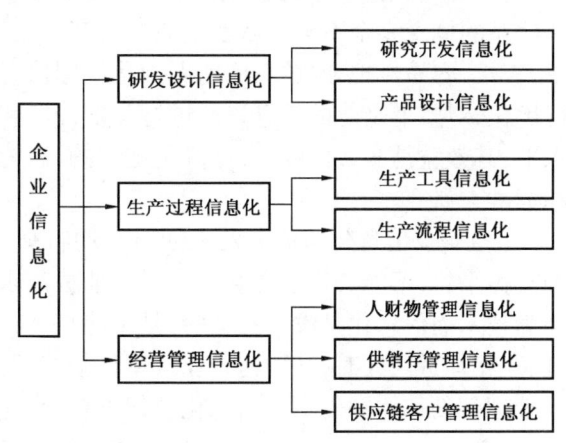

图1-1　企业信息化内涵图

助工艺规程设计（CAPP）系统、计算机辅助装配工艺设计（CAAP）系统、计算机辅助工程分析（CAE）系统、计算机辅助测试系统、网络化计算机辅助开发环境、面向产品全生命周期活动的设计（DFX）、产品建模、模型库管理与模型校验系统开发与应用等。

二是生产过程信息化，包括生产工具的信息化和生产流程的信息化。生产工具的信息化主要是指利用现代信息技术改造各种零部件和整机的生产工具，使其具备自动化和智能化的特征，如各种直接数字控制的机械制造设备，解决加工过程中的复杂问题，提高生产的质量、精度和规模制造水平。生产流程的信息化则包括从产品设计、制造到测试等全生产流程的信息化，如各种计算机辅助制造技术及计算机集成制造系统，各种生产数据自动采集、生产设备自动控制、计算机生产过程自动控制、产品自动化检测系统等。

三是企业经营管理信息化，包括人财物管理信息化、供销存管理信息化、供应链客户管理信息化等。企业通过管理信息系统的集成，提高决策管理水平。主要应用层面包括管理应用系统、企业资源规划（ERP）系统、供应链管理（SCM）系统、客户关系管理（CRM）系统和辅助决策支持（DSS）系统等；还有应用电子商务系统，实现市场营销信息化，节约经营成本，提高经济效益。

二、企业信息化的特征

企业信息化是一个动态的发展过程，是实现企业的资金流、物流、作业流、信息流的数字化、网络化管理，实现企业运行的信息化和企业管理的现代化。它主要表现出以下四个方面的特征。

（1）企业信息化的阶段特征。企业的发展、信息技术的发展永无止境，企业信息化也是一个不断完善、不断发展、不断创新的过程，需要经历若干不同的发展阶段。从一个阶段发展到下一个更高的阶段，信息化就实现了一次跨越，企业信息技术的应用水平就上升到一个新高度。企业应根据实际情况，制定信息化的分阶段总体规划和分期实施计划，确立每阶段的任务和目标，不断攀登新的高峰。从企业信息化的发展历程和趋势可以看出，信息化从初级、中级到高级的发展阶段特征是信息系统应用从单机单项应用、局部应用到整体综合应用的逐步提升，是从部门集成、企业集成到价值链集成的逐步扩展。

（2）企业信息化的经济效益隐性特征。企业推进信息化不同于以往对产品的技术改造，其效益的概念完全不同。后者是通过对产品生产线的技术改造，提高质量，增加产量，效益单一、直接，容易显现和测算；而前者则是应用信息技术对企业管理理念、管理模式、业务流程进行优化，对整个企业的信息资源进行深度开发和广泛利用，从整体上提高企业生产能力和管理水平，其效益是多方面的，有一些是定性的，还有一些是定量的。需要许多部门合作、确定方法和标准去研究。

（3）企业信息化与业务发展创新互动特征。信息化归根结底是企业发展的加速器，是一种支撑平台，不能替代业务发展。没有业务需求或不能满足业务需求，不能支撑业务发展，单纯为技术而信息化是没有意义的，是不能持久，也是不能成功的。信息化要与业务发展互相融合、互相促进。同时，义要与企业改革创新互动。一方面，企业信息化有赖于技术创新，更依赖于管理创新和体制创新。信息化要促进企业生产力发展，必然要引起企业生产关系方面的变革，要求改变传统的经营理念，转换经营机制，进行业务流程优化和机构调整，建立现代管理体制。另一方面，信息技术是当今最具代表性的先进生产力，能够对企业的技术创新、管理创新和体制创新提供全方位的有效支撑。因此,要着力推进企业创新和信息化的相互促进、有机融合,使企业不但具有现代化企业的躯体,还具有信息化的神经和灵魂。

(4)企业信息化与社会信息化互动特征。企业作为社会的一个组成部分,企业信息化有赖于国家法律法规等软环境的完善,有赖于社会信息化相关环境的形成,有赖于社会信息网络的发展,有赖于企业所处产业链上下游企业信息化的共同推进。例如,企业要实现电子商务,光靠一个企业自己建设电子商务系统是不够的,必须使该企业所在供应链的上下游企业都具备开展电子商务的条件,包括银行、税务、海关等外部环境在信息认证、电子支付与结算、计税缴税、报关通关等各方面都实现信息化,即社会信息化的不断推动,才有可能真正实施电子商务。当然,信息化成功的企业越多,对社会信息化的促进作用也越大。反之,社会信息化越成熟,对企业信息化的推进力度也越大。

三、企业信息化的意义

1. 企业信息化是国家和国民经济信息化的重要基础

企业是国民经济的细胞,企业信息化是国民经济信息化的基础。加快企业信息化建设步伐,是推动国民经济信息化的关键环节,也是实施以信息化带动工业化战略、加快工业化进程、实现社会生产力跨越式发展的基础性工作。企业信息化是领域信息化和区域信息化建设的重点内容。实现企业信息化,将有助于推进领域信息化和区域信息化,有效推动产业结构调整和产业优化升级,促进国民经济信息化。

2. 企业信息化是走新型工业化道路的必然选择

新型工业化道路就是坚持以信息化带动工业化,以工业化促进信息化,科技含量高、经济效益好、资源消耗低、环境污染少、人力资源优势得到充分发挥的工业化道路,它的关键在于信息化与工业化的融合。目前,中国还是一个自然资源和能源的消耗大国,信息经济对自然资源和能源依赖程度低的特点决定了我们不能再走发达国家"先工业化、后信息化"的发展老路,必须走"两化融合"的新型工业化道路。企业只有借助信息化对传统产业进行技术改造与提升,推动工业结构调整和优化,促进企业管理现代化,大幅度降低自然资源消耗,才能实现跨越式发展,逐步走向数字化、智能化、网络化的工业化,也就是信息化的工业化。信息化改变了传统的经济增长方式,甚至催生了全新的商业模式,正在成为企业提升效率和降低成本的重大举措。

3. 企业信息化是业务战略实施的必要支撑

从当今国际经济竞争的态势看,信息化已经成为企业参与国际竞争与合作的重要条件和跨国经营的必要手段。以石油石化行业为例,综合排名居前50的国外石油公司(如埃克森美孚、皇家荷兰/壳牌集团、英国石油公司等)都实施了ERP系统。据报道,全世界每天有超过50万石油石化企业的各级人员通过信息系统实现其战略、勘探、开发、炼制、营销、人财物等的全面管理。信息系统整合了石油天然气企业从勘探、开发、生产到炼化、储运、零售整个行业的价值链与信息链,最大限度地提高了石油企业及其客户、供应商的协同工作能力,从而有力地支持石油企业实现降低成本、提高绩效的业务目标,进而有效提升了企业核心竞争力。

从企业的发展看,信息化是实施发展战略必需的支撑平台。一流的企业必须拥有一流的信息基础设施和应用系统。没有信息化,就无法进行跨地区、跨行业、跨国的有效管理。中国企业同世界一流的公司相比,信息化方面的差距可能比其他方面的差距更大。企业只有发挥后发优势,奋起直追,在一个集成的信息系统平台上进行业务运作,才能实现集约化资源管理和全球化生产经营,加强总部功能建设和集中管控,实现竞争手段和赢利能力的跨越,在国际竞争的环境中,争市场,分天下。

4. 企业信息化是推进管理创新、转变发展方式的重要途径

企业信息化过程就是推进各项业务管理创新的过程,在信息系统建设方法、建设过程和深化应用中都将创造巨大的商业价值,有效提高集团公司生产经营管理水平和核心竞争力。

在建设方法上,按照信息技术总体规划建设集中统一信息系统平台,避免了低水平重复,减少了信息孤岛;促进了信息系统的集成应用,数据由单一部门内部使用变为集团公司统一管理、充分共享,业务协同由单一部门内部扩大到各部门之间,扩大了共享范围,大幅度提高了信息系统应用成效;统一建设的信息系统取代功能被覆盖的众多分散系统,降低了由建设成本、运行维护成本、安全防护成本、后续升级成本等构成的信息系统总体拥有成本。

在建设过程中,一是实现了对业务流程的梳理和整合、优化和固化,促进了业务规范和管理水平提升;二是各类物资、设备和生产经营数据得到有效整理并纳入到信息系统中,避免了数据的多头管理,保障了数据的准确性和一致性,从而使企业能够真正摸清自身的家底;三是广大业务人员通过参与信息化项目的前期调研、需求确认、流程梳理、蓝图设计以及上线前的培训等项目实施工作,对企业管理要求、业务流程认识更加全面,既学习了计算机信息系统应用知识,也学习了信息系统所蕴含的管理理念,提升了工作能力和业务素质。

在应用过程中,为企业提供高效的管理手段,缩短从决策层到一线执行层之间的距离,增强企业的整体管控能力,促进企业运营效率和管理水平的显著提升。一是促进生产经营管理方式转变。通过信息系统应用,加快推进集团化、集约化、精益化和标准化进程,推动企业管控模式从条块分割向协同运作转变、从资源分散向优化配置转变、从管理粗放向精益运营转变,在增强企业管控力的同时,大幅提升了企业抗风险能力。二是提升企业运营效率,增强市场响应能力。信息系统在很大程度上将信息传递相关的人与物的流动转变为信息网络传输,将手工操作转变为系统自动生成或数据提取,极大地提高了工作效率,促进了产销衔接,快速灵敏应对市场变化。三是降低成本,提升经济效益。通过支持资金集中管理,提高资金使用效率,从而显著降低财务费用;通过支持集中采购,降低物资和设备的采购成本;通过支持生产运行精细化管理,降低生产和库存成本,提高生产效益;通过支持网上办公,显著降低办公费用。四是强化过程管控,促进源头治理。企业应用各类集中统一的信息平台,通过数据的集中管理、业务流程的固化以及系统操作的透明和可追溯,杜绝了暗箱操作,大幅度减小违规的可能,从而有效促进了源头治理。五是支持节能减排,促进绿色发展。通过信息系统改变传统的生产作业方式,及时优化生产方案,使生产过程全面受控,有效避免生产波动,降低了企业综合能耗和污染物排放;通过用能方案优化,有效提高能源使用效率;加强对水、电、汽、风等能耗信息的实时监控,大大减少"跑冒滴漏"现象;通过"三废"排放数据的采集、传输、统计、分析和预测,以及污染源实时监控,不断提高防污治污水平。

综上所述,对于企业而言,信息化不是可有可无,而是生死攸关的抉择。企业要真正把信息化作为解决现实紧迫问题和发展难题的重要举措,加快推进信息化建设和应用。

第二节　企业信息化主要发展阶段

企业信息化经历了长期的发展过程。随着电子信息技术以及产业的快速发展,信息技术开始应用到企业管理的方方面面,尤其是20世纪70年代后,美国、日本等国家有计划推进企业信息化,也带动了其他国家的企业信息化。经过几十年的发展,信息技术已经应用到企业办公、生产运行、经营管理和辅助决策的各个方面,企业信息化也进入了全新的发展阶段。

一、企业信息化发展阶段划分

关于信息化发展阶段划分,国外一些机构和专家学者进行了专门研究。美国管理信息系统专家诺兰(Nolan)总结了若干企业信息系统发展的经验和规律后,于1973年首次提出了信息系统阶段理论,并于1980年进一步完善,将企业信息系统的发展划分为6个阶段。世界银行纳格·汉纳(N. Hanna)等提出了信息技术扩散模型,将信息技术在企业中扩散划分为三个阶段:替代阶段、提高阶段、转型阶段。近年来国内学者也有关于企业信息化发展阶段的研究,取得了一些积极成果。

这里根据企业信息化内涵和多年的管理实践,总结出企业信息化发展一般要经历的三个阶段,即:各单位、各部门独立建设自己的信息系统,统一建设全局性信息系统,持续提升整合信息系统。它反映了信息化从分散向集中、持续发展完善的规律。第一阶段所建系统在局部发挥了作用,同时也必然存在低水平重复和大量信息孤岛的信息化通病。为了解决好第一阶段存在的问题,提升信息化建设质量,必须适时确定升级计划,启动第二阶段信息化建设,即按照信息技术总体规划,建设集团总部统一的信息系统。经过一段时期应用,进入信息化的高级阶段,即持续整合信息系统,提高生产经营决策水平。企业信息化发展三阶段模型如图1-2所示。

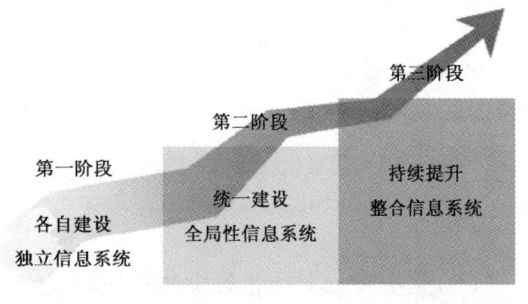

图1-2　企业信息化发展阶段释义图

三个阶段反映了企业信息化建设模式和系统架构从分散到集中,系统集成从单项业务、部门业务到企业整体业务,信息化对企业发展的支持从操作层面到决策层面的持续历程和发展规律。三个阶段的建设和管理主要特点示于表1-1。

表1-1　企业信息化发展阶段建设和管理主要特点

特点 \ 阶段	第一阶段 分散建设	第二阶段 统一建设	第三阶段 持续提升
建设特点	建设局部信息系统	建设全局性信息系统	提升整合与全面集成应用
管理特点	分散建设和独自管理	集中建设和统一管理	集中管理、统一共享服务

二、企业信息化发展阶段描述

1. 第一阶段——分散建设阶段

从企业管理信息化的角度讲,分散建设阶段是信息化的早期阶段。这一阶段为成员企业或部门建设单项业务的局部信息系统阶段。企业一些部门先是根据自身某一项和几项业务的需要,按条块分散建设和管理支持单项业务的管理信息系统,对企业中定期重复、操作简单并且相对独立的业务实现初级信息化,如互相独立的工资核算、考勤管理、固定资产管理等。这些系统大多是孤立的单机系统,无需联网或仅有几台终端的小网。因为系统建设不涉及业务流程和岗位职责,人为阻力较小,但由于系统只是对原来手工操作的简单模拟,其提高企业核心竞争力的作用非常有限。而且,在解决一个个具体业务问题的同时,形成了一个个分散的小系统和信息孤岛,造成甚至本部门内的信息都无法共享。为此,在单项业务信息系统应用的基础上,业务部门又从本部门的需要出发,花大力气将部门各单项软件集成,逐步发展成简单局域网 C/S 架构的部门业务管理信息系统,实现部门内初步集成和数据共享。很多企业的财务管理信息化就是如此,逐步将财务管理、预算管理、投资管理、成本管理、资产管理、报表管理等业务进行集成,实现了整个财务部门内部业务的信息化管理。部门级应用提高了部门管理的规范化水平和工作效率,实现了部门内部数据共享,提高了部门内部各业务间的协调能力,但还无法实现跨成员企业跨部门的数据共享。

在这一阶段,企业信息化没有总体规划或者没有按照规划实施。本阶段信息系统及应用的主要特点为:

(1)信息系统数量多、大多数系统用户少、规模小、应用范围窄(图1-3);

(2)系统应用效率低,建设、维护成本较高;

(3)形成众多的信息孤岛,信息共享程度低;

(4)信息系统标准不统一,系统之间不联网;

(5)应用范围和深度参差不齐;

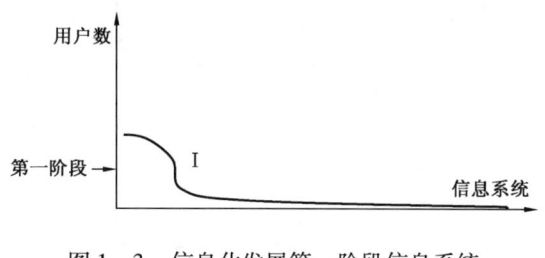

图 1-3 信息化发展第一阶段信息系统及其用户数分布图

(6)无法有效支持业务协调和战略决策。

2. 第二阶段——统一建设阶段

统一建设阶段是集中统一建设企业全局性信息系统阶段,也可称之为企业级信息化阶段。该阶段的主要标志和根本特征是:由企业总部根据企业发展战略制定统一的信息技术总体规划,以互联网和跨平台技术为依托,统一组织建设全局性的信息系统,并集中组织信息系统实施及相关制度标准制定与施行。整个企业从全面支撑主营业务发展的角度进行系统建设和集成管理,基本消除信息孤岛,实现信息跨部门共享,各系统间数据传递流畅,下一级数据自动传递到上一级。将技术、生产、进销存、财务以及人力资源管理等业务管理全部纳入信息化管理的轨道,实现业务、资金、信息一体化管理,具有方便的各级查询功能和辅助决策功能,能实现网上申请、审核、结算、报账等。企业内部的基础设施比较完备。企业可以通过统一的信息系统平台实现内部业务信息的集成和跨部门、跨地区、多业务综合协调,整个企业的核心竞争力和各部门间的协调作业能力大幅度提升。企业级信息化不再是简单模拟手工操作;企业级的业务流程优化基本完成;企业设置独立的专职信息管理部门,归口统一管理整个企业的信息化建设;信息化技术服务队伍也向专业化、集中化发展;信息化管理制度和技术标准体系基本建立并得到有效执行。

这一阶段信息系统及应用的主要特点(图1-4)是:

(1)信息系统数量大幅度减少,各系统用户多、规模大、应用范围广;

(2)系统应用效率高,整体运行维护成本下降;

(3)信息孤岛数量大幅度减少,信息共享程度大幅度提高;

(4)信息系统一般采用集中架构、集中部署;

(5)信息安全和灾备体系基本完备;

(6)基本实现业务协同和支持战略决策。

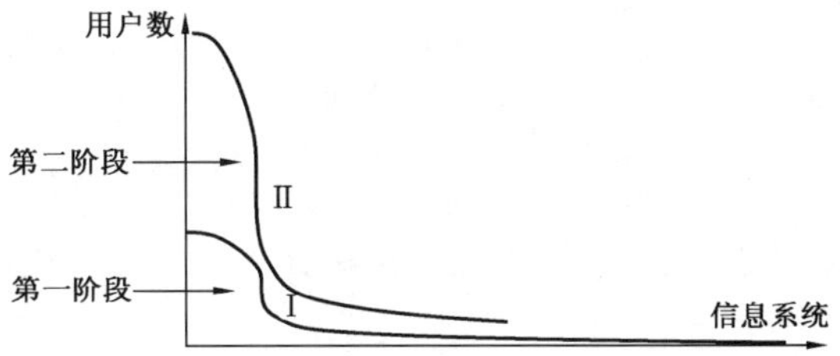

图1-4 企业信息化第一、第二阶段信息系统及其用户数分布对比图

目前,另有一些领先企业已经从信息化建设的第一阶段进入了第二阶段。一些企业的认识和做法还停留在独立、分散建设信息系统的阶段。特别是具有行业规模和行业领军的大型企业和企业集团,已经认识到统一的信息系统有助于实现企业现代化管理和集中管控,可以促进成员企业间的协作和供应链整合,提升企业的国际竞争力。这些企业已经陆续从信息化的第一阶段迈进到第二阶段。他们根据信息化与工业化融合的战略要求,制定了与业务发展战略协调一致的信息技术总体规划,并按规划统一组织建设公司集中集成的信息系统平台。这些企业在信息技术总体规划实施完成后,管理信息系统数量将再缩减一个数量级左右,而系统的规模和效益将提高一个数量级,甚至更多。

这里论述的企业信息化实务,主要是针对信息化第二阶段的,是企业集中建设统一集成的信息系统的实务。

3. 第三阶段——持续提升阶段

第三阶段是信息化发展的高级阶段,信息化开始成为企业发展战略的重要组成部分,实现信息技术与公司各项业务和环节的全面融合,信息系统持续集成深化应用,整体应用水平全面提升,全面支撑企业的发展进程。企业信息化通过对已建信息系统的持续整合,进一步提升系统的集成度和集中度,从而使信息系统数量缩减到位,用户更加集中;企业信息化全面融入企业研发、设计、生产、经营、管理、决策活动,基于知识进行快速战略决策;企业信息化已经在价值链上,实现多地区、多业务全面集成与协同,有效改造和提升企业业务发展,提高创新和竞争能力;企业信息总监治理体制建立,信息化与工业化全面深度融合、协调发展,企业真正成为信息化企业。

这一阶段信息系统及应用的主要特点(图1-5)如下:

(1)系统功能持续完善,系统集成度持续提高,更加满足业务需求;

(2)系统的应用更深入、更广泛,对业务的支持作用持续提升;

(3) 信息化已经成为企业战略的一个组成部分。

国际先进企业 20 世纪初就已经进入了信息化的第三阶段。国内少数信息化领先企业已经明确了图 1-6 所示的信息化建设战略思路:按照总体规划,建设统一的信息系统,形成覆盖各项业务的统一信息系统平台,基本满足当前业务需求,从根本上杜绝低水平重复建设和新的信息孤岛产生,并随着条件的成熟适时转入信息化的第三阶段,通过持续整合、集成、提升信息系统来不断满足业务新的需求,实现两化融合,全面支撑企业信息化运营和发展,使企业转变为信息化企业。

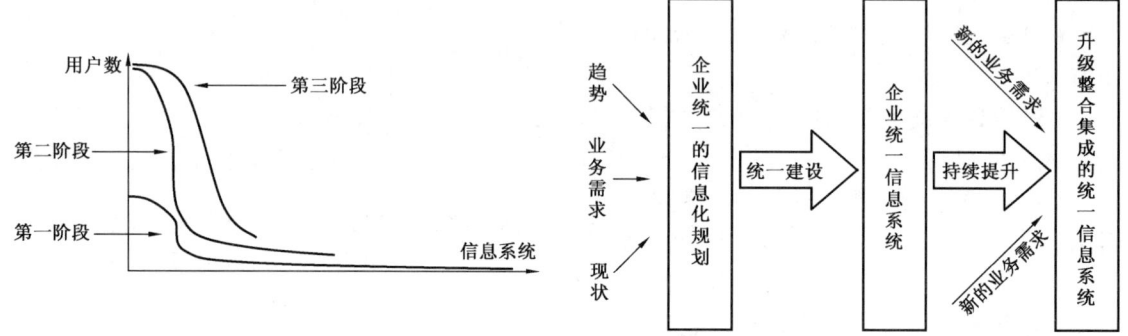

图 1-5　企业信息化三个发展阶段信息系统及其用户数分布对比图

图 1-6　企业信息化建设的战略思路

第三节　企业信息化成功核心要素

一、领导重视是企业信息化成功的关键所在

很多企业的成功实践表明:企业信息化是一场深刻的革命;信息化可使企业从粗放管理向精细化管理转变,从事前、事中、事后阶段性控制向实时控制转变,从管理软约束向管理硬约束转变,从条块封闭管理向开放、透明管理转变,从多层级管理向扁平化管理转变;既然企业信息化涉及对企业管理、业务模式的变革,势必也会有来自各方面的阻力,因此企业领导重视与否成为信息化成功的关键。

信息化建设不仅需要企业领导班子下大决心拍板决定,也需要各职能部门、各级成员企业领导班子下大决心抓好落实。从企业总部到各级成员企业,从行政一把手到每一位副手,从企业负责人到职能部门负责人,都负有重要使命、职责和义务,要真正做到责任层层传递,任务层层落实。企业"一把手"要有信息化趋势的洞察力和推进信息化的战略决心,果断决策,明确信息化建设方向、目标和主要任务,部署和推进信息化重点工程,提供信息化建设的人力物力和关键业务流程优化等决策保障。企业各级负责人、各级领导班子都要统一认识,统一行动,共同推动。国内外企业信息化建设的成功经验与失败教训都充分证实了这一点。

二、统一规划是企业信息化成功的根本前提

当前,国际上先进企业信息化已经从最初的技术部门引导驱动、后来的业务板块需求驱动,逐步成为企业实现发展战略驱动的统一规划行为。企业信息化,首先必须站在企业发展战略的高度,统一制定企业目标清晰、任务清晰、步骤清晰、切实可行的信息技术总体规划,确保信息化建设沿着科学发展的轨道持续推进。一些国内领先的大型企业集团先后聘请国内外著名咨询机构,应用先进方法制定了具有国际先进水平的信息技术总体规划,并根据规划分步建设统一集成高效实用的应用系统,大幅度缩小了与对标公司在信息化方面的差距,有力地支撑着企业发展战略的实施。

企业要站在全局的、整体的、系统的高度,根据企业发展战略、信息化现状、结合行业和信息化发展趋势,设计企业信息化建设的愿景、目标和战略,设计企业信息化总体架构,规划信息化建设项目体系框架,设计信息化实施计划和策略。信息技术总体规划必须经过业务部门确认,必须纳入企业发展规划,按规划统一组织实施。这样的信息技术总体规划,将信息化战略与企业整体战略及业务战略进行良好的融合与匹配,确保信息化总体架构对企业的组织及业务流程提供有效支撑,是企业通过信息化提升核心竞争力的整体解决方案和建设蓝图,如图1-7所示。

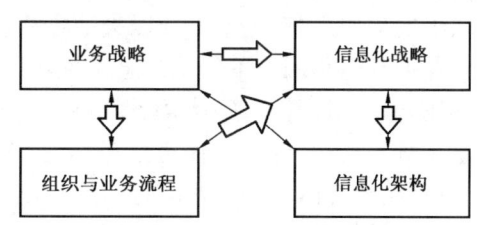

图1-7 企业信息技术总体规划与业务规划的匹配关系

在具体操作中,企业要按照项目优先级次序,将信息技术总体规划中的任务分解到年度计划,与当年的经营管理责任挂钩执行。在实施过程中,信息技术总体规划要根据企业发展战略和实际工作需要,及时进行滚动修订,使之更好地满足企业发展的需要。信息技术总体规划的制定和实施,从根本上避免了重复建设、信息孤岛、投资浪费等老大难问题,为建设和应用企业级信息系统平台提供了有利条件。

三、组织队伍是企业信息化成功的必要保障

由于信息化建设涉及企业经营理念、管理体制与组织架构、业务流程、管理基础等多方面的深刻变革,涉及原有权力、利益的调整或再分配,是覆盖企业全局的复杂工作,是涉及企业上上下下、方方面面艰巨的系统工程。信息化建设时间跨度长,项目规模大,建立健全企业信息化的组织体系和技术队伍,是推进企业信息化建设和应用不可或缺的组织保障。信息化组织队伍建设包括领导体制、管理体系和技术队伍。

企业要明确一名专职领导负责信息化工作。国际上通行的做法是设置信息总监,他是企业最高领导层中一员,在企业"一把手"的领导下,参与组织的战略决策,负责信息技术战略策划、规划、协调和实施,实现信息技术战略与企业业务战略的整合。没有设置信息总监的企业,要成立信息化工作领导小组,确定一名企业领导分管信息化工作。

企业要设立信息化专职管理部门,并做到机构、职能、人员和责任"四落实"。信息化是关系企业改革发展战略的全局性工作,必须建立清晰的管理体系,统筹协调,加强管理。要把原来从属于其他业务部门的信息化机构,提升为独立的信息化主管部门,不断强化信息化工作管理职能,确保信息化主管部门的知情权、参与权和管理权。企业重大投资、兼并重组、产品研发等与信息化密切相关的项目,在方案制订、领导决策、执行实施等各环节认真听取信息化主管部门的意见和建议。信息化主管部门应对项目进行信息系统应用审核,未经信息化主管部门

会签的项目建设方案,不应提交企业领导办公会讨论决策;各业务部门的信息化项目资金预算,须由信息化主管部门统一审核,统筹安排。这些强化信息化统一领导与管理的组织措施,适应了从全局和战略高度加快提升信息化水平的需要。

企业要正确处理信息化自主管理和服务外包的关系,既要积极探索引入外包机制的路径,又要根据企业的实际情况和需要,充实和培养必要的信息化技术人才,在信息化建设和应用支持中形成满足企业需要的信息化建设队伍、运行维护服务队伍和技术支持队伍。

四、全员参与是企业信息化成功的客观要求

信息化既然是实现企业发展目标的战略举措,就绝不只是信息部门的事,而是企业和全体员工共同的需要和事业。需要企业各业务环节、各管理层面、各相关部门的共同参与和紧密合作,尤其需要作为信息系统的直接使用者、受益者、信息化效益的直接体现者的业务部门和应用单位的全力支持与合作。大量信息系统建设与应用的实践表明,凡是业务部门没有参与、没有认可的应用系统,基本上都以失败告终。

业务部门和用户单位是信息系统建设和应用的责任主体,要充分发挥在项目建设中的主导作用,牵头组织需求确认、流程梳理、数据准备、用户培训和系统上线应用等工作,确保所建信息系统满足业务需要,促进业务水平提升。必须坚持信息部门与业务部门、总部和成员企业、内部与外部队伍的紧密结合。要打破部门之间的边界和壁垒,用企业战略和信息技术总体规划来引领信息系统建设,用共同建立的项目组织架构和工作流程来实现项目团队各方的充分沟通、通力合作、共担责任、共享成果。

企业信息化,意味着业务运营系统或业务管理系统将部分或全部替代人的手工劳动,必然引起工作方式、管理方式的变革,往往引起干部职工的恐惧、漠视、误解、反感、抵制等情绪,导致信息化项目建设过程曲折和建成以后应用困难。因此,除了企业领导克服一切困难强力推动外,还必须通过有效宣传和集中培训,提高信息化应用技能,实现信息化知识的共享转移,使领导干部和普通员工充分理解信息化项目,增强信息化建设的信心,成为信息化项目的倡导者、推动者、参与者和使用者,切实把信息化建设的责任和义务传递到各级领导和全体员工的身上,实现信息化从"一把手工程"向"全员工程"的转变。

第四节　企业信息化建设的基本原则

进行企业信息化建设必须把握规律,认准阶段,顺应趋势,坚持相应的基本原则,成功推进信息化的发展和应用。下面重点讨论企业信息化第二阶段要坚持的基本原则。

一、加强领导,强化责任

企业领导要站在发展战略高度,把信息化作为实现发展目标的战略举措,真正把信息化工作列入重要的议事日程,定期研究部署督导信息化工作,认真组织协调落实,有效地推进公司信息化进程。要将信息化建设纳入企业领导人员绩效考核体系,强化责任,全力推动,充分发挥信息化在企业发展改革中的支撑作用。

二、统一规划,分步实施

围绕企业发展战略和业务需求,编制统一的信息技术总体规划,是做好信息化工作的核心

和基础,体现了对业务发展的全面支持,是集团总部在网络时代提升管理和生产经营水平的总体解决方案。要按照总体规划由总部统一投入组织建设,其配套投资由所属企业安排。在统一建设、统一设计过程中,要根据项目之间的逻辑关系和优先级次序,科学合理地安排工作进度。只有做到统一建设,统一管理集成统一系统,才能真正实现遵从统一标准、建成集团总部级统一平台的大目标。

三、需求主导,推进融合

始终坚持信息化战略与企业战略融合,支撑企业战略实施;坚持信息系统和业务融合,支撑业务运营和发展。没有业务需求或不能满足业务需求的应用系统是无源之水、无本之木,必然面临失败或闲置的命运。要以需求主导建设实用高效的信息系统,并在与企业各项业务深入融合的过程中,通过对系统持续完善和改进,形成全方位支撑企业管理决策和业务发展的统一信息系统平台。

四、着力集成,拓展应用

信息化发展过程在一定意义上说就是实现数据集成、信息集成、系统集成、业务集成、价值链集成的不断提升过程。信息系统的集成度不仅直接反映信息系统的建设水平和发展前景,而且将大幅度降低建设和运行维护成本,大幅度提高用户使用的便捷性和系统应用效益。要高度重视、大力推进已建信息系统的应用。信息系统建成只是其生命周期的开始,只有深入应用才能发挥其效益。要采取有效措施,下大力气推进已建信息系统在生产经营管理中全面、深入的应用。

第五节　企业信息化建设的策略

经过多年信息化建设实践,一些大型企业或者企业集团,逐渐总结形成了适合企业信息化建设实际的实施策略。

一、坚持按照总体规划建设集中统一信息系统

一是下大力气制定支持业务发展、可落地实施的信息技术总体规划。与国际知名咨询公司合作,按照现状调研、技术展望与差距分析、整体规划三步法,结合业务战略,制定办公管理、生产运行、经营管理和决策支持的信息技术解决方案,形成系统支持业务发展的信息技术总体应用架构。规划中各系统采用大集中的系统架构,从源头上解决低水平重复问题,减少信息孤岛的产生。二是持续实施信息技术总体规划。规划确定后,在项目框架设计基础上,对每个项目开展可行性研究,进行概要设计,以增强项目的可实施性。然后,严格按照信息技术总体规划立项实施,非规划中的项目原则上不立项。

二、通过招标选择供应商

信息技术项目的实施需要软件、硬件和管理咨询商的共同参与,选择一个好的合作伙伴是项目成功的重要前提。企业在信息化项目合作伙伴的选择上,要按照相关的项目招标管理办法,对软件、硬件和管理咨询商分别招标,而不是选择一家公司总承包,这样能保证三个方面的质量和水平都满足项目要求,并有利于增强对项目实施的控制;在合同付款方面,采取"一次

招标、按项目进度和乙方业绩分期付款"的付款策略,如产品和服务达不到合同要求,重新招标选商,这样有利于在项目执行中掌握主动权。合同付款按首批、二期和尾款分期支付,以维护企业利益,控制项目进度和质量。在项目评标过程中,技术和商务分别评标,评标专家签署承诺函,独立打分并签字确认;管理部门对评标专家打分情况进行后评估;监察人员全过程参与监督,并提交招评标过程监督报告。信息化项目招标过程按照建设"阳光工程"的要求,做到公开、公正、公平,确保投资收益的最大化。

三、选用成熟软件,尽量减少客户化

国内外普遍应用的成熟软件,都是经过多年探索和实践,固化了许多先进的管理理念、方法和流程,在应用中不断丰富和完善而形成的。几年来,我国企业借鉴国内外先进企业的通行做法,在信息化建设中注重选择成熟软件,不搞从头开发;有套件的不选择个件。根据成熟软件来优化业务流程,努力减少客户化,有效避免例外事项和重大技术难题的产生,减小实施难度,降低实施及维护成本,在较短时间内大幅度提升系统的技术水平和应用成效。

四、先试点并制定标准模板、后推广

在各信息系统建设中,首先选择领导重视、业务有代表性、规模适中、信息化基础好的单位进行试点,通过试点制定系统标准模板,然后再在其他同类企业推广实施,有效降低系统实施风险。

五、完善项目组织体系和规范项目管理

在大型信息化项目实施中,均需建立三级项目管理体系。第一级是项目指导委员会,由公司主要或主管领导和相关部门负责人组成,统一领导项目建设工作。第二级是项目经理部,由信息部门、相关业务部门负责人以及管理咨询实施的核心人员组成,负责项目的实施管理。第三级是项目组,由内部信息技术人员、业务人员和外部实施队伍共同组成,承担项目的具体实施任务。在项目实施过程中,实行项目经理负责制,赋予项目经理人、财、物的支配权;设定项目阶段里程碑,细化阶段考核标准,明确任务分工;严格控制项目范围,紧紧抓住项目进度、成本、质量和风险四个关键点,始终把项目投资不超预算、项目范围符合设计要求、系统质量受控、系统按计划进度上线并得到持续应用作为衡量项目成功的标准;采取联合项目组集中办公的方式,加强联合项目组内部的沟通交流,加强企业内部参加人员的知识转移和培养、带动、锻炼,确保信息化项目的成功实施。信息部门、业务部门在项目组织内有效合作,信息部门负责组织技术力量和建设队伍开展项目实施工作,包括通过招标选择合作伙伴、确定系统平台、进行系统设计与实施。业务部门负责提出需求、确认流程、开展员工培训、准备历史数据、组织上线应用等工作。双方是一种在项目内的紧密合作关系。同时,注意加强总部与各成员企业、内部队伍与外部队伍的密切合作,充分发挥各方面的积极作用,共同推进项目实施。

六、通过咨询合作,引进先进管理理念和方法

在信息化建设过程中,国内企业先后与国内外知名公司合作,使企业信息化建设充分吸收国内外先进理念和行业最佳实践,借鉴国内外对标公司的成功经验和方法,少走弯路,提升信息化建设整体水平,显著缩短与国内外领先企业在信息化建设和应用方面的差距。

第二章 企业信息技术总体规划编制

研究和编制大型企业信息技术总体规划,不管是在国内、还是在国外,也无论是在理论研究领域、还是在企业实践层面,都是一个关乎信息化与工业化融合战略如何在企业落地实施的问题,是一个关乎企业信息化建设全局的战略问题。总结企业信息化建设的实践,研究探讨出一套制定和实施信息技术总体规划的方法论,制定科学的信息技术总体规划,是实现企业信息化科学发展的首要任务和基本前提。

本章简要阐明信息技术总体规划的意义、定位和编制原则,论述信息技术总体规划的三阶段编制方法,讨论规划编制各阶段的工作思路和主要内容,包括规划编制启动、现状调研与需求分析、愿景制定与架构设计、项目规划与实施设计、规划报审与分年度实施、规划滚动调整等,其中比较详细地讨论信息技术总体规划与实施的设计原则、先进理念和最佳实践。

第一节 意义与定位

一般意义上的信息技术总体规划包括信息化战略规划和信息化项目规划。信息化战略规划要解决的是企业的信息化发展战略问题,信息化战略服从并服务于企业业务战略,全面支撑企业业务战略的实施。信息化战略规划就是要在充分、深入研究企业愿景、发展战略、业务战略和管理基础上,结合所属行业信息化方面的实践和对信息技术最新发展情况及趋势的总结分析,制定企业信息化的发展愿景、总体目标、方针原则,设计信息化总体架构,提出相关重大措施等。信息化项目规划的目的是解决信息化建设的项目设计与实施的工程问题,就是根据信息化战略规划,分解信息化总体架构要求的信息化项目体系,对各信息系统建设项目的目标、内容、方案和策略等逐一进行规划设计,并根据项目间的依赖关系,设计信息化建设的总体工程线路图,全面系统地指导企业信息化建设,促进和支撑企业业务的网络化运行和可持续发展。

一、整体战略的重要组成部分

企业业务战略和信息化战略是企业发展的两个轮子,二者互相作用,互相促进,协调发展,密不可分,共同构成企业完整的发展战略。企业信息技术总体规划最终要有效支撑公司的业务战略规划,必须围绕企业业务战略来研究、制定信息技术总体规划。

信息技术总体规划和相关决策是否上升到企业战略高度,直接决定企业的战略思维和导向,决定企业信息化投资力度以及在信息化项目实施中对涉及的流程、组织变革的决心和执行力,关系到信息化建设和应用的成败。

制定和实施信息技术总体规划,要全力追求企业信息化战略、信息化总体架构与企业业务战略、组织与业务流程的一致和匹配,要从企业业务战略出发,通盘考虑各主营业务、各业务部门的信息化需求,制定整体的信息化战略,统一规划信息化建设,促进企业成为科学发展、竞争力强的信息化企业。

二、业务战略的重要支撑

信息技术总体规划实质是使企业上下通过信息化审视管理,梳理业务问题,并寻求疏通业务瓶颈、优化业务运作、拓展业务领域、强化业务手段等的信息技术应用需求。

信息技术总体规划不只是信息部门的规划,而是企业通过信息化提升企业整体实力、更好地实现企业发展目标的专项规划。信息技术总体规划编制的过程是企业上下提高信息化认识,凝聚信息化共识,增强以信息化促进和支撑企业业务发展的紧迫感和责任感的过程。信息技术总体规划的制定需要业务部门的深度参与,信息技术总体规划的实施需要动员企业的整体力量来完成。没有业务部门积极参与、充分沟通和高度认可的信息技术总体规划是没有价值并很难实施成功的。

三、信息化建设的总体解决方案

企业信息技术总体规划是企业实现战略目标和业务发展所需信息化能力建设和提升的蓝图,是企业获取这些能力的全面、系统的中长期计划,是信息化建设的总体解决方案。信息技术总体规划将明确为什么要进行信息化建设,建设的具体内容是什么,由谁来组织信息化建设,什么时间做,用什么方式、方法做,建成后会有什么效果,建设过程中可能会遇到什么风险,以及完成这些任务所需要的资金、人员等各类资源投入等。

信息技术总体规划是建设全局性信息系统的根本前提。对于处于"建设全局性信息系统"阶段的企业来讲,制定并严格执行支撑企业主营业务发展的信息技术总体规划是顺利完成本阶段信息化建设任务的重要前提和坚实基础。建设全局性信息系统不是一个简单地购买和安装计算机软硬件设备的问题,它涉及企业战略、管理、业务、流程等方方面面,是一项庞大的系统工程,没有统一的规划将是难以实现的。对于产业链长、业务复杂、地域分布广的特大型企业,需要通过分析企业战略和主营业务,明确业务之间的关系及利用信息技术支撑业务发展的方式;理清支撑业务发展的各信息系统之间存在的数据互供关系。因此,只有在信息技术总体规划的指导下,才能建成统一集成的信息系统,杜绝信息化建设低水平和重复建设问题,避免或减少信息孤岛,降低信息化建设的风险,有效控制和降低信息系统总体拥有成本。

四、信息化项目立项与投资的依据

多年来,中国企业在信息技术总体规划方面主要存在以下问题:一是没有规划,想做什么就做什么,想到哪儿就做到哪儿,形成诸多信息孤岛。二是有规划但质量不高,起不到应有的作用。这种情况多半是从信息技术角度出发,没有充分了解业务需求,不能很好地支持企业战略实施和业务发展。三是有比较好的规划,但没有全面、系统、严格、持续地按规划去实施,规划的作用大打折扣。经验说明,没有规划搞不好企业信息化;没有好的规划同样搞不好信息化;有好的规划但不坚决地、持之以恒地执行下去,还是搞不好企业信息化。

第二节 编 制 原 则

制定信息技术总体规划应坚持战略性、整体性、权威性和指导性原则,坚持规划与行业趋势紧密结合、与业务发展紧密结合的原则。

一、战略性原则

要分析研究行业解决方案和发展趋势,将本行业的最佳实践融入信息技术总体规划中来。要坚持与企业战略融合,围绕企业整体战略和业务战略,制定与业务战略相匹配、相融合的信息化战略,使信息技术总体规划成为企业规划重要的组成部分,有力支持企业业务战略的实施;要坚持与业务运营相融合,在信息化建设目标、信息化总体架构、信息化组织体系、信息化管理政策、信息化投资渠道、科学的实施策略、高效的对外合作模式等方面充分体现利用信息化支撑企业的主营业务。

二、整体性原则

整体性原则主要体现在四个方面:(1)体现在规划对各主要业务发展的全面支撑上,不能只支持一部分业务发展。(2)体现在企业信息技术应用的全面性上。企业信息化需要全面应用信息技术,不是只有网络,只有某个或几个系统,而是需要一个整体解决方案,包括信息技术基础设施、办公管理系统、生产运行管理系统、经营管理系统和辅助决策管理系统等。(3)体现在企业信息系统实施的整体性上。只有全面有序地实施信息技术总体规划,才能充分发挥各系统的作用,形成企业完整的信息化解决方案。(4)体现在企业各信息系统之间的集成性上。各信息系统都是针对具体业务需求建设和应用的,但公司是一个整体,需要各系统之间能够很好地实现集成,形成企业统一集成的信息系统平台。

三、权威性原则

权威性原则指信息技术总体规划在技术架构、项目内容和实施策略等方面的权威性。(1)信息技术总体规划必须具有技术权威性。规划所确定的技术在一定时期内是企业综合各种因素可采用的最佳选择。(2)信息技术总体规划必须具有项目权威性。规划确定的项目要尽可能按时完成,规划外的项目不再立项实施,以便集中力量解决关键问题。(3)信息技术总体规划必须具有实施的权威性。坚持规划确定的实施策略,提供实施规划必需的资金、人员等资源,确保规划按照项目进度推进。

四、指导性原则

指导性原则是指企业信息技术总体规划应从业务需求、技术方案、实施策略及成本、进度、范围、风险等方面明确框架性建议,以指导每一个项目的具体实施。信息技术总体规划是信息系统建设立项、投资的基本依据,是信息系统总体设计、详细设计和实施的主要基础。

虽然信息技术总体规划需要各单位和业务领域的广泛参与,但必须由企业总部确定信息技术总体规划和投资的总体方向。信息技术总体规划要贯彻到成员企业和业务领域,并指导成员企业和业务领域配套规划的制定。在总部信息技术总体规划下,各业务领域决定如何完善总体规划中与其相关的部分,以及是否需要作补充规划。成员企业根据实际情况制定本单位信息技术总体规划,即完成信息技术总体规划中的相关细节。企业总部负责投资建设整个企业范围内的信息技术基础设施和应用系统。成员企业负责投资建设仅在本单位使用的信息技术基础设施和应用系统。

第三节 编制方法概述

编制信息技术总体规划是一项综合性很强、技术性很高、影响深远的先导工程,需要科学、规范的编制方法,需要深入、全面、系统的调查研究和综合归纳分析,需要信息化专家、业务专家和管理专家的共同参与,需要企业内部队伍与外部咨询团队的紧密合作、共同努力。

近年来,随着企业信息化实践的丰富和信息技术发展的成熟,信息技术总体规划的编制方法也日臻完善。国际著名的信息化管理咨询公司和国内咨询厂商关于企业信息技术总体规划的方法论也大同小异,常根据不同客户的需求有所侧重,主要差别在于其各自对用户行业、企业的业务,对信息化发展基础、趋势的理解掌握程度。图2-1展示了信息技术总体规划三阶段的编制方法,包括现状调研与需求分析、愿景制定与架构设计、项目规划与实施设计,以及三个阶段之间的相互联系。基于多年的信息化管理实践,我们感到三个阶段的方法论对指导编制信息技术总体规划极为实用、科学、合理。

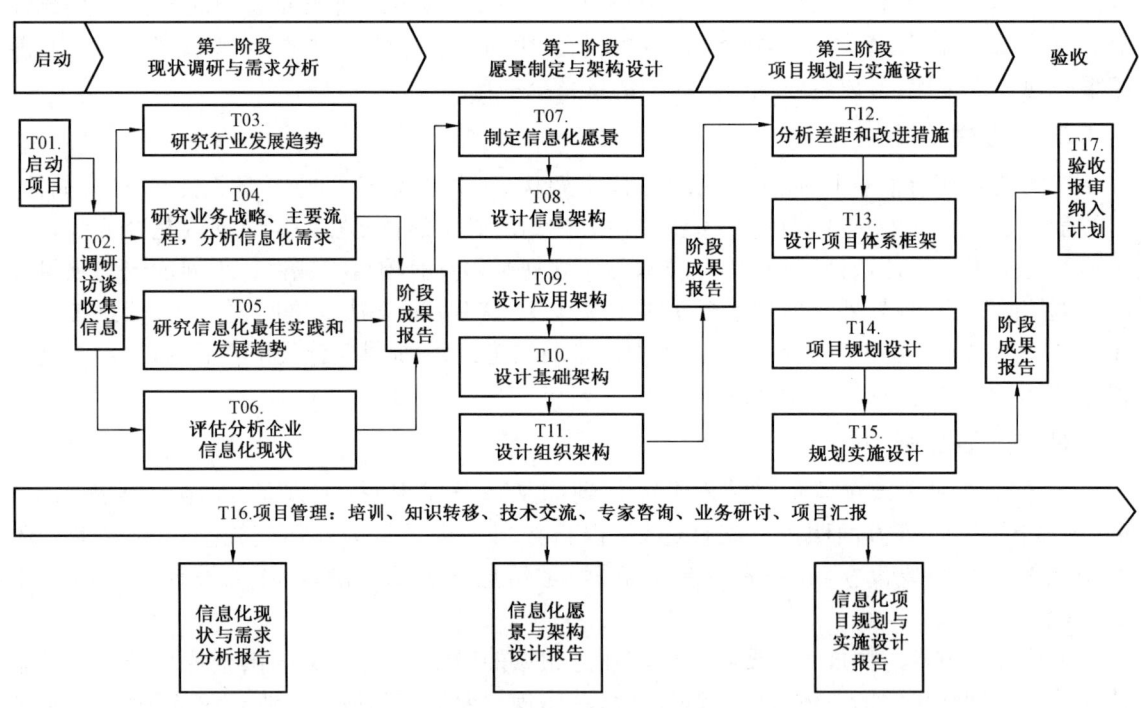

图2-1 企业信息技术总体规划编制方法图

一、启动信息技术总体规划编制项目(T01)

信息技术总体规划编制本身是一个重要的信息化项目,必须在一定范围内召开会议,正式启动规划编制。要进行全面动员,提出规划的目标、任务、进度和工作要求,成立企业总部和成员企业两级项目组织,制定规范的项目流程和制度。

二、现状调研与需求分析

在现状调研与需求分析阶段,主要完成以下五个方面的工作:

(1)调研访谈收集信息(T02)。通过项目启动会宣贯项目的工作思路和相关要求,通过现场调研、重点访谈、问卷调查、交流研讨、资料收集等各种手段和方式,全面收集各种业务和信息化相关信息和资料,如:行业、企业业务运营和发展、主流和新兴信息技术发展与应用,企业信息化现状等文件、数据和资料。

(2)研究行业发展趋势(T03)。主要研究分析企业所在行业的发展趋势,开展与标杆企业的对标分析,找准企业在行业中所处位置,发扬优势,消除劣势,明确业务和信息化发展方向。

(3)研究业务战略、主要流程,分析信息化需求(T04)。主要调查研究和分析企业组织机构、下属单位及地域分布、企业当前面临的挑战和机遇、企业总体战略和业务战略、企业的业务链和主要业务流程、各业务领域主要问题及改进方向以及各业务领域主要信息化需求。

(4)研究信息化最佳实践和发展趋势(T05)。主要了解研究主流和新兴信息技术发展方向及应用趋势;了解研究国内外,特别是所在行业和对标企业的信息化建设与应用实践及趋势;研究企业信息化管理组织架构的沿革及发展趋势等。

(5)评估分析企业信息化现状(T06)。分析总结企业信息化建设、应用和管理现状,全面了解已有基础和存在的主要差距及问题。

现状调研与需求分析阶段提交的成果是《信息化现状与需求分析报告》。信息化现状与需求分析报告框架示例见附录2-1。

三、愿景制定与架构设计

在愿景制定与架构设计阶段,主要完成以下工作:

(1)制定信息化愿景(T07)。根据企业发展战略,分析企业主营业务特点,并与行业发展趋势进行对比分析,准确找出企业信息化潜在需求;在此基础上,将企业信息化现状、新兴信息技术及国内外成功经验进行综合分析,提出企业信息化战略,即企业信息化的发展愿景、方针、原则和总体目标。

(2)设计企业信息化总体架构(T08-T011)。根据T07完成的企业信息化战略,结合企业的业务战略、主营业务、管理和运营架构及关键流程,分析设计企业信息架构、应用架构、信息化基础设施架构,规划设计企业信息化组织架构。同时还要提出信息化战略和总体架构实现的保障措施。

愿景制定与架构设计阶段提交的成果是《信息化愿景和总体架构设计报告》。

四、项目规划与实施设计

在项目规划和实施设计阶段,主要完成以下工作:

(1)分析差距和改进措施(T12)。将前述的现状分析与信息化战略、总体架构进行对比分析,确定它们之间的差距;找出缩小差距的改进机会,设计对应的改进措施。

(2)设计项目体系框架(T13)。根据这些改进措施,以全面提升信息化能力、全面支撑企业主营业务发展为目标,以业务和应用功能为主线,设计信息化项目框架体系。对企业业务链条的每一个环节,设立办公管理、生产运行管理、经营管理以及辅助决策管理系统,之后进行合并同类项处理,能统一、能用一个平台的尽量统一,用一个项目平台。

(3)信息化项目规划设计(T14)。逐一对项目框架体系中的各个信息化建设项目进行具体的规划设计,包括项目目标、范围、任务、实施阶段、资源需求、实施策略等,为项目的可行性研究及立项实施提供依据和指导。

(4)信息技术总体规划实施设计(T15)。制定信息化项目总体投资预算和实施计划,完成效益分析和风险分析。根据信息化项目的一般原则和行业、企业的有关要求,编制规划的信息化项目的总体预算;根据企业资金投入、实施队伍的实际情况,应用需求的迫切程度,项目之间的业务逻辑关系、输入输出时序依赖等,设计企业所有信息化项目的先后次序和总体实施路线图、实施策略;完成信息技术总体规划实施的成本效益分析,提出主要风险和规避措施。

项目规划和实施设计阶段提交的成果是《信息化项目规划与实施设计报告》(示例见附录2-2)。

项目管理(T16)贯穿信息技术总体规划编制全过程。信息技术总体规划是一个过程,是公司上下围绕信息化支持管理、信息化与工业化融合,寻求全局性整体解决方案的过程,是梳理业务、暴露矛盾、反复沟通、全面碰撞、凝聚共识、更新理念的过程。信息技术总体规则制定也是一个项目,要自始至终做好及时有效的项目培训、知识转移、技术交流、专家咨询、业务研讨、项目汇报。从这个意义上讲,信息技术总体规划编制团队是企业信息化的宣传队、播种机和开路先锋。

要特别强调规划编制团队与业务部门在规划编制全过程的沟通交流,特别重视规划编制各重要阶段的工作及成果汇报,以便让企业领导和业务部门及时了解规划的思路、目标和内容,及时征求他们的意见和建议,及时获得他们的理解和支持,保证规划始终把握正确方向,围绕公司业务需求,体现公司战略和意志。否则,如果不能通过有效的沟通、交流、汇报、宣传,使规划被企业高层、业务部门、各成员企业和全体员工所理解与接受,规划编制的方法思路再好,设计的架构和项目再科学、再合理,也不可能真正成为企业信息化建设的总纲和行动计划,就有被束之高阁、成为一纸空文的危险。

五、规划项目验收报审

规划项目验收报审(T17)也是规划中的重要环节之一。要按照项目各阶段的里程碑进行验收、汇报和报审。

信息技术总体规划编制项目成功的关键标志是规划被正式列入企业发展规划,并按项目、分年度投资实施。从这个意义上讲,信息技术总体规划是成果,是对企业应用信息技术提升竞争能力、实现信息化与工业化融合的全局性、系统化研究思考的成果,是企业信息化中长期发展计划,形式上体现为项目文档和企业印发执行的文件,实际上是企业推进信息化的行动纲领。

六、规划编制工作的组织管理

信息技术总体规划一般作为企业一项重要的专项规划部署编制,在企业信息化工作领导小组的统一领导下,由信息管理部门具体负责组织,相关业务部门参加,每五年进行一次,必要时2~3年进行滚动调整。

在现状调研与需求分析阶段，信息管理部门组织业务部门、成员企业和信息技术专家对联合项目组提交的《信息化现状与需求分析报告》进行充分讨论，确认信息化建设需求，提出修改完善意见。

在愿景制定与架构设计阶段，信息管理部门组织业务部门、成员企业和信息技术专家举行研讨会，研究讨论《信息化愿景与总体架构设计报告》，确定信息化建设总体目标和体系架构，提出修改完善意见。

在项目规划与实施设计阶段，信息管理部门组织业务部门、成员企业和信息技术专家举行研讨会，研究讨论《信息化项目规划与实施设计报告》，分析项目的逻辑关系、紧迫程度和实施条件，统筹计划各项目的实施顺序和进度；分析包括硬件、软件、第三方服务、内部支持和建设单位所构成的信息技术项目投资预算，提出修改完善意见。

各阶段成果都要上报企业信息化主管领导。信息技术总体规划经信息化主管领导审核后报企业信息化工作领导小组审定，根据企业规划计划管理程序分步实施。

第四节 规划编制启动

一、前期技术交流

规划编制项目的前期交流是项目的起点，不可或缺。前期技术交流由即将负责信息技术总体规划项目的小组人员参加，可以进行多次。交流的对象主要是可能适合承担本企业信息技术总体规划编制项目的国内外管理咨询公司。前期技术交流不涉及商务相关问题，不存在任何与将来项目招标相关的暗示和许诺，保留选择的主动和空间。交流的主要问题有：公司进行信息技术总体规划的实力、案例，特别是近三年在相似行业、企业的成功案例；对用户行业、企业的了解和理解；信息技术总体规划的方法论、知识库和专家支持队伍情况；对企业信息技术总体规划项目的理解、拟采用的方法、项目方案和工作计划建议；项目难点、项目风险及规避措施；人力资源特别是未来将实际承担该项目工作的项目经理、高级顾问的背景和水平等。

前期交流还包括调研已经完成信息技术总体规划的相近行业和其他企业，了解学习他人的经验教训。可以请进来，由被邀单位来人进行会议或小组交流；也可以走出去，到被邀单位虚心求教。

二、选择咨询服务

选择信息技术总体规划编制项目的咨询服务，与选择其他信息化项目的咨询服务在原则和操作上是一样的，只是信息技术总体规划更注重战略、业务、管理和全局而已。这里不再赘述。

三、成立项目组织

项目组织和项目团队是项目成功的根本保障。信息技术总体规划编制项目组织架构如图2-2所示。

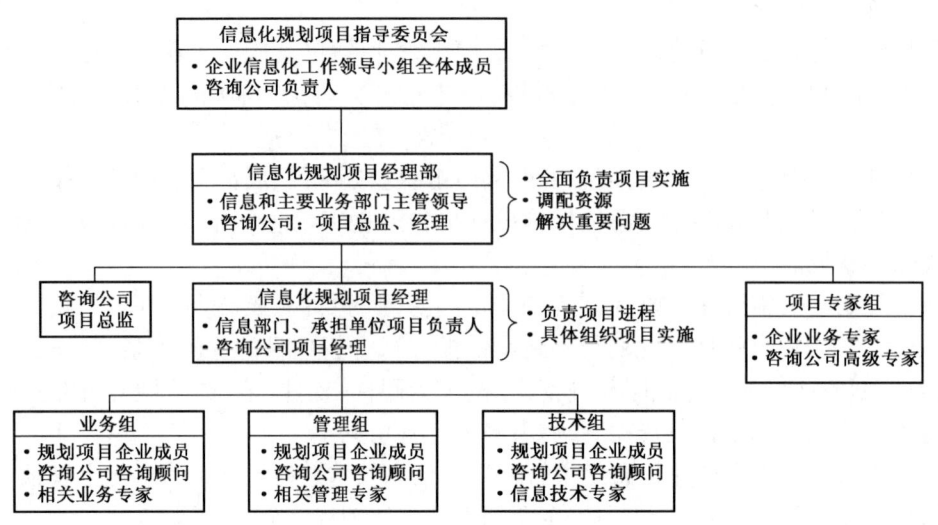

图 2-2　企业信息技术总体规划编制项目组织架构图

企业信息技术总体规划编制项目指导委员会由企业信息化工作主管领导和各主要部门领导组成，实际上多数企业都是由信息化工作领导小组负责协调与决策，协调企业相关资源，决定规划方向，审定规划成果。信息技术总体规划编制项目经理部由信息部门主要领导负责，各主要业务部门的主管领导和咨询公司负责人参加，全面负责项目实施的质量和进度，调配项目所需资源，听取项目汇报，研究解决项目问题。需要指出的是，信息技术总体规划编制项目要针对企业的业务和管理架构，成立相应的实施小组，配备相应领域的专家。专家组不仅要包括咨询公司或其专门聘请的业务、管理、信息化专家，还要包括企业相关方面的专家，从而保证编制的规划既符合行业的发展规律和趋势，又切合企业的实际。企业信息技术总体规划编制项目经理部经领导批准成立后，要立即开展工作，首要的是认真筹备、尽快召开项目启动会。

四、召开启动会议

根据信息技术总体规划自身的要求和中国企业管理的特色，信息技术总体规划编制项目要召开企业范围的启动会议，机关各部门、各成员企业的分管领导和相关业务人员、信息技术人员都要参加。会议由项目指导委员会主任宣布信息技术总体规划编制项目的组织架构，宣布公司启动规划编制项目的专门文件，进行思想动员，提出工作要求；由项目经理进行具体工作部署。会后项目组要立即根据启动会议和文件的要求，与各部门、各单位联系，建立上下左右畅通的项目联络体系。

一些大的企业集团为编制信息技术总体规划，都专门印发通知，以文件的形式明确规划编制的目标、范围、组织领导和项目组成，明确规划的编制方法；并对访谈单位和时间做出安排。同时要求各成员企业将信息技术总体规划编制列为当年信息化工作的一项重要任务，由企业信息化主管领导主抓，信息管理部门具体负责，各业务部门和基层单位参与。被访谈企业的主要领导和各业务部门领导要结合本企业实际和信息化需求参加访谈。各单位都要认真组织、规范真实地填写相关调查问卷，提出对本单位和企业集团信息化发展的意见和建议，经单位主管领导审签后报送。

一些企业集团还专门召集总部各部门开会,宣讲信息技术总体规划编制项目背景和进展情况、项目目标和范围、规划编制的组织和领导、规划编制方法、整体计划、提交的主要成果等,提出拟请各部门配合的相关工作。

第五节　现状调研与需求分析

现状调研与需求分析是规划工作的第一步,是后续工作的前提和基础,是规划过程中企业上下参与人员最多的阶段,是宣传信息化、理解信息化、思考应用信息化的难得时机。要利用各种有效的手段和方式,尽可能深入调研,最大限度获取规划所需的各种信息、资料,最广泛地听取各方面的意见和建议,为愿景与架构设计、项目规划与实施设计打下坚实的基础。

一、调研与收集信息

1. 研究确定调研内容

调研内容包括企业战略、业务行业趋势、企业信息化组织、基础设施、信息技术项目建设与运行维护、信息化投入等。要特别关注已建应用信息系统的数量、投入、功能等,从中可以深入了解企业对信息技术的要求,明确今后的改进空间。

2. 确定调研与收集信息的范围、对象与方式

根据企业组织、管理和业务架构,确定调研的范围、对象。总部机关计划、财务、科技等部门,各业务主管部门,各主营业务单位、组织(成员企业)应该成为调研和收集信息的重点。业务主管部门需要逐一调研,成员企业可以根据规模、业务和地域分布等进行分类,选择有代表性的典型单位作为调研对象。

调研方式有现场调研、重点访谈、调查问卷、专题交流等。对重点调研对象要实地调研,并以小型会议和小组研讨的形式进行深入的交流讨论。重点人物要进行面对面的访谈。调查问卷要分类设计,注意调查的普遍性。

3. 现场调研

要精心制定调研计划、拟定调研提纲,提前通知被调研单位,以便被调研单位和人员进行必要的准备。

各被调研单位要把调研当作宣传信息化理念、了解总部信息化建设方向、汇总单位情况和需求、反映单位意见和建议的重要机会,与项目组配合,共同做好调研工作,要提供尽可能齐全的相关数据和资料。

规划项目经理要带队参加关键业务、重要单位的现场调研。加强各现场调研组的相互联系,及时发现和解决共性问题。要做好调研的总结和相关文档工作。

4. 重点访谈

要根据被访谈单位和领导的不同,精心拟定每一个访谈计划和提纲。企业和部门被访谈的领导,工作很忙,经常出差,访谈要抓住关键,紧凑高效。要特别关注他们对所负责的业务战略、关键业务、机遇和挑战的理解和描述,注意他们对信息化的理解和支撑主要业务领域的切入点,征询他们对企业信息化、对信息技术总体规划编制的意见和建议。要善于引导,学会从业务、从战略、从企业全局而不是单纯从技术的角度提出问题,进行交流讨论。

5. 问卷调查

要针对业务、管理和信息化领域的不同调查对象,精心设计不同的信息技术总体规划调研问卷,用来收集机关部门和成员企业的相关信息。可以设计业务高层主管领导调查问卷、职能管理部门调查问卷、信息化领导调查问卷和信息技术员工调查问卷。业务领导问卷主要涉及:关键业务问题,应用软件效果和集成水平,信息技术架构满意度,信息技术支持组织机构意见,信息技术支持服务满意度,信息化投资计划,信息化支持业务运营发展的需求、期望与建议等。信息化领导问卷主要涉及:信息化管理机构、应用软件建设、基础架构、信息部门与业务部门间关系和沟通、信息化投资计划、总体意见和建议等。

调查要杜绝拉锯战,避免增加被调查单位、人员不必要的负担和对项目进度的不利影响。问卷要紧紧围绕规划编制各阶段的任务需要,全面考虑,突出重点,数据和资料要收集齐全、准确。

要从分发、填写、反馈到汇总、分析的各个环节统筹考虑,统一设计问卷,最好通过企业内网进行问卷分发、填写和收集,通过软件进行汇总统计和辅助分析,可大大提高问卷反馈实效以及分析效率。为了可信度和存档的需要,单位网上填写的问卷要同时经主管领导审核签发纸质拷贝由项目组存档。

对于规模巨大、成员企业众多、地域分布广阔的企业,规划编制项目组必须高度重视调查问卷回收工作的时间和质量。要在项目启动会后的3~5天内建立健全畅通的项目组织联系体系:各单位要按时指定并报送责任心强、有协调能力的规划项目联系人及联系信息;项目组要设置专门的人员、值守电话、电子邮箱并公告。对于不符合要求无法使用的反馈问卷,项目组要及时与填报者联系改正重发;对于填写的疑难问题要及时解答并在项目专题网页上公布;对于一定时段的反馈情况统计要及时报告项目经理,发现问题及时通过项目组织体系协调解决。

6. 专题交流

对企业办公系统、财务系统等重要在用信息系统、对信息化管理与服务等专门议题,可以召开相关方面参加的专题交流会,摸清现状和存在问题,讨论今后的发展等。

7. 资料收集

规划项目组中本企业人员负责收集企业印发的重要文件、企业业务发展战略和规划、领导讲话、各种规章制度和流程等资料。承担规划项目的咨询公司负责行业和外部信息的收集,要充分利用咨询公司的专家库、知识库资源,尽可能获取比较齐全的最新信息。

8. 汇总调研数据资料

要认真汇总现场调研、重点访谈、调查问卷、专题交流、资料收集等获得的各种数据、资料,并形成项目的基础资料库。特别是调查问卷要设计相应的信息系统进行汇总、统计和分析,由系统根据调查问卷数据库形成各种清晰直观的图表,如图2-3、图2-4所示。

二、现状与需求分析

编制战略性、权威性、指导性很强的信息技术总体规划,需要研究行业发展趋势,研究企业战略和业务发展及其对信息技术的需求,需要评估企业信息化现状,需要研究当前信息技术在行业领域的应用情况及发展趋势。

第二章 企业信息技术总体规划编制

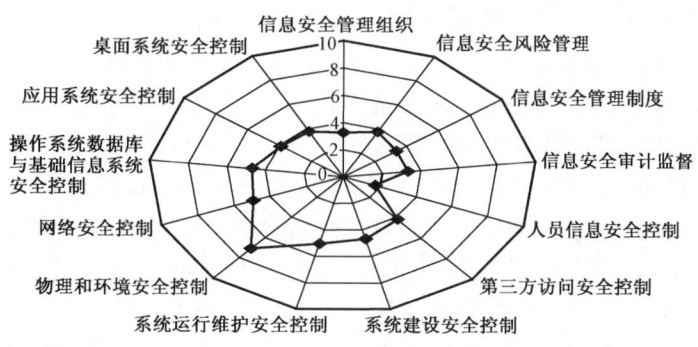

图2-3 企业信息安全状况示例图

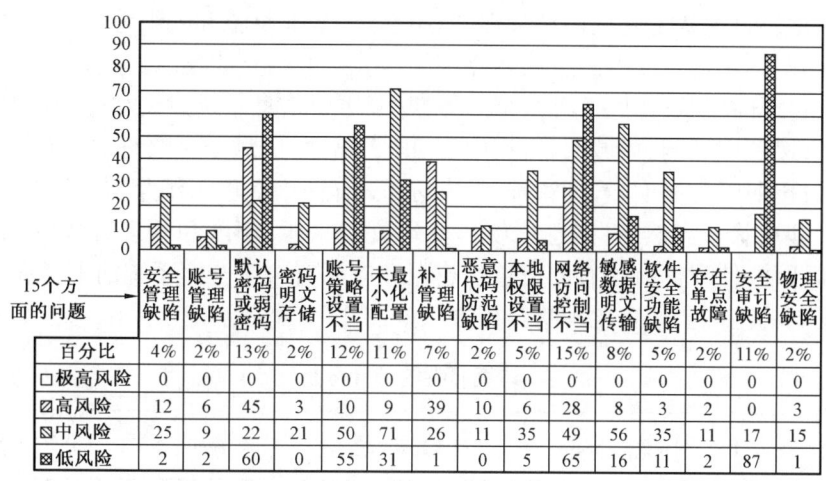

图2-4 企业信息安全风险评估结果示例图

1. 分析企业所在行业发展趋势

企业,特别是大型企业编制信息技术总体规划时,不能仅着眼于国内或企业内部,而应以世界的视野,站在全球行业的高度,开展对标分析,了解发展趋势。要分析同类企业外部环境和自身发展面临的挑战,分析经济全球化形势下市场竞争加剧、产业持续重组等外部环境对企业结构和发展的影响,分析信息技术的飞速发展和人类社会向信息社会的逐渐转型将给企业带来的经营管理理念、发展方式、运营模式、工作方式、企业文化等方面的重要转变。

2. 调查分析企业业务与主要流程、改进方向及信息化需求

支持企业发展战略实现和业务运作是信息技术总体规划的出发点和落脚点。一方面要分析企业发展战略,包括国家的宏观政策、企业业务战略、各业务主管部门的业务发展规划、企业领导指示、企业各项规划编制的具体要求等,从总体上把握信息化建设需求;另一方面要了解企业组织结构、管控模式、关键管理和运营流程;对主要业务进行分析,包括业务定位、特点、目标、机遇、挑战、优势、劣势、发展方向、与其他业务之间的关系,分析研究主要业务、管理部门及关键流程对信息化建设的需求及依赖程度、紧迫程度等。

3. 分析主流信息技术和新兴技术及所在行业应用最佳实践

要选择国内外对标企业作为研究对象,在企业战略、业务和信息化方面进行深入的对标分析,寻找可以赶超竞争对手的战略措施和策略。

要对信息技术发展趋势、信息化组织管理的趋势及其影响进行深入研究和明确阐述,把握总体信息架构的构建和信息系统的选型与建设方向。研究本行业信息技术应用的发展趋势,找出未来一个时期应用的重点、难点和突破口,使企业所确定的项目符合应用发展的趋势。要分析研究信息技术在本行业应用中的最佳实践,总结出特点和规律,以便于吸取教训,选准方向,少走弯路,更快、更好地进行企业信息化建设。要了解分析行业内先进企业信息技术应用的架构、系统建设、组织管理和应用等情况,选择适合本企业学习和借鉴的经验和做法。

4. 分析企业信息化建设、管理、应用现状

企业信息化建设现状主要从信息管理、应用系统、基础设施和组织管理四个方面进行研究分析,包括总结信息化建设取得的进展和存在问题。按照信息收集、传递、存储、加工和利用等方面评估信息管理的现状;按照信息系统总体架构、主要信息系统建设和应用情况等方面评估应用系统现状;按照广域网、局域网、数据中心、电子邮件、信息安全管理等方面评估信息技术基础设施现状;按照管理制度、管理流程、技术标准、信息化管理组织架构、信息技术队伍建设等评估组织管理现状。当然,对信息化项目投资资金来源、额度和管理方式等也需要进行评估。通过全面评估,使我们对已有的信息化建设和应用有一个全面系统的了解和认识,打牢信息技术总体规划的基础。信息化现状分析方法如图2-5所示。

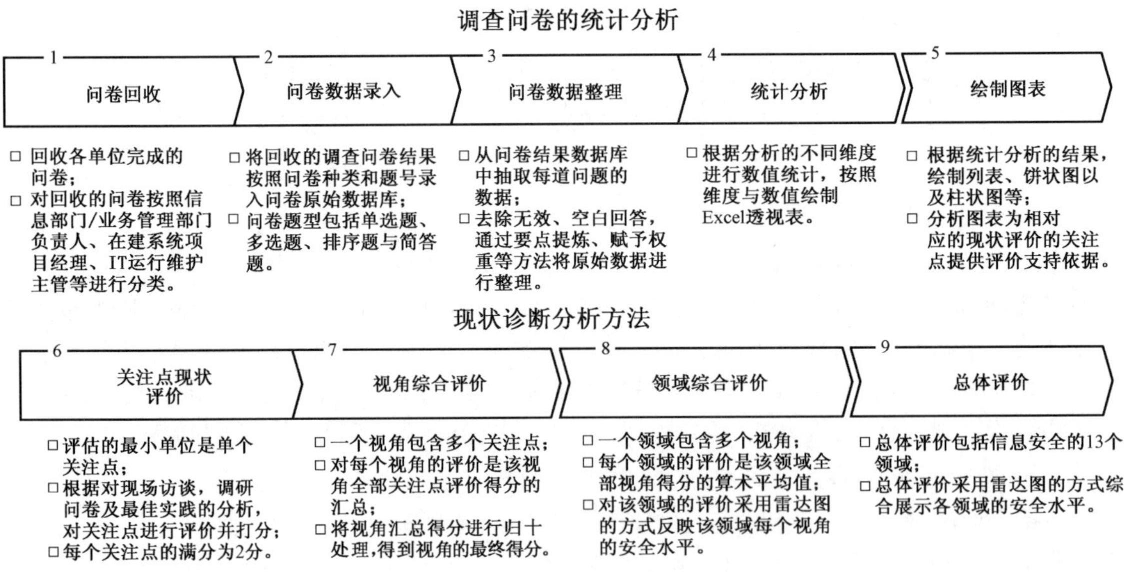

调查问卷的统计分析

1 问卷回收	2 问卷数据录入	3 问卷数据整理	4 统计分析	5 绘制图表
□回收各单位完成的问卷; □对回收的问卷按照信息部门/业务管理部门负责人、在建系统项目经理、IT运行维护主管等进行分类。	□将回收的调查问卷结果按照问卷种类和题号录入问卷原始数据库; □问卷题型包括单选题、多选题、排序题与简答题。	□从问卷结果数据库中抽取每道问题的数据; □去除无效、空白回答,通过要点提炼、赋予权重等方法将原始数据进行整理。	□根据分析的不同维度进行数值统计,按照维度与数值绘制Excel透视表。	□根据统计分析的结果,绘制列表、饼状图以及柱状图等; □分析图表为相对应的现状评价的关注点提供评价支持依据。

现状诊断分析方法

6 关注点现状评价	7 视角综合评价	8 领域综合评价	9 总体评价
□评估的最小单位是单个关注点; □根据对现场访谈、调研问卷及最佳实践的分析,对关注点进行评价并打分; □每个关注点的满分为2分。	□一个视角包含多个关注点; □对每个视角的评价是该视角全部关注点评价得分的汇总; □将视角汇总得分进行归十处理,得到视角的最终得分。	□一个领域包含多个视角; □每个领域的评价是该领域全部视角得分的算术平均值; □对该领域的评价采用雷达图的方式反映该领域每个视角的安全水平。	□总体评价包括信息安全的13个领域; □总体评价采用雷达图的方式综合展示各领域的安全水平。

图2-5 信息化现状分析方法

要充分分析企业进行信息化建设的基础条件。做任何事情都要量力而行,制定和实施信息技术总体规划也不例外。信息技术总体规划所确定的目标和任务是否可行有赖于已有的发展基础和未来人财物等资源的投入。信息管理的组织体系、信息技术队伍状况、业务人员的信息化意识和系统应用能力、信息技术基础设施状况、信息化项目建设的投入能力、信息化项目

实施的组织管理水平、信息系统运行维护服务能力等都是信息技术总体规划所必须认真研究和考虑的因素。

三、完成《信息化现状与需求分析报告》

通过现场调研、重点访谈、问卷调查、资料收集、专题交流研讨等方式,在全面收集行业趋势、主流信息技术和新兴技术应用与发展趋势、企业业务战略与信息化需求、企业信息技术现状等信息、资料的基础上,经过多次专家研讨和业务部门对需求的确认,认真进行现状与需求分析研究后,就可以编写《信息化现状与需求分析报告》(框架示例见附录2-1),作为信息技术总体规划编制项目本阶段的项目成果,提交信息管理部门讨论批准,作为规划第二阶段的基础。

第六节 愿景制定与架构设计

信息化愿景,在有些文章、资料中称作"技术展望"或者"信息技术展望"。信息化愿景实际上是信息化指导思想、总体方向和战略目标的高度概括,通常表述为一句话或一段文字,可以概括为信息化总体发展目标。信息化愿景一般还要继续分解,包括信息化的方针原则、主要任务和保障措施。

信息化愿景制定与总体架构设计不能闭门造车,不是凭空想象,不能设计成华而不实的"海市蜃楼"。一定要根据第一阶段的信息化现状与需求分析结果,围绕业务战略制定信息化战略。图2-6示出了信息化愿景和架构设计依赖关系。综合分析行业趋势和企业的业务战略及面临的挑战与机遇,获得企业对信息化的各种需求;综合分析主流与新兴信息技术的应用与发展以及这些技术在本行业和企业应用的典型成功案例,考虑企业信息化当前的发展基础,确定企业信息化的发展机遇和系统建设,进行企业信息化愿景和统一的总体架构设计。

信息化愿景制定与架构设计是信息化在战略和概念层面的发展规划,是企业信息化整体解决方案的战略方向和概念蓝图。规划

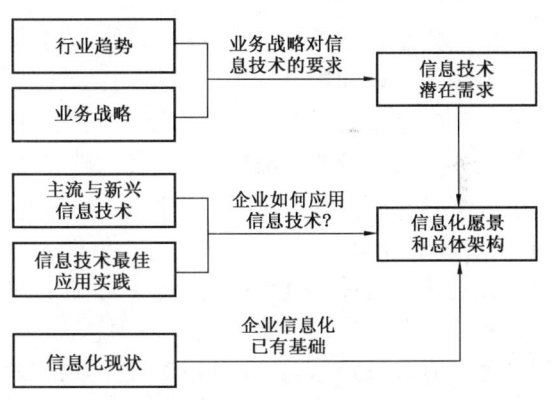

图2-6 信息化愿景和总体架构设计依赖关系

第三阶段完成的项目规划和实施设计则是这个发展规划的实施行动计划,是信息化架构建设的实施蓝图。

一、围绕支撑业务战略制定信息战略

信息系统在企业发展中所扮演的角色就是促进和支撑企业业务战略的实现。企业业务战略是信息化战略的推动力。在设计信息化战略时,必须明确一点,那就是信息化的使命是支持业务战略,支持业务运营与发展,并且信息化必须与组织、流程等其他推动业务发展的因素相协调,从而最大限度地发挥信息化对业务发展的促进、支持和倍增作用。

信息化需求是直接影响企业业务战略实施的主要因素。要系统、全面地理解和分析公司战略、业务战略、面临的挑战和机遇,并分别从信息、应用、基础设施和组织(IATO)四个方面分析信息化需求,使信息化战略和架构完全建立在业务需求、企业现状、最佳实践的坚实基础之上。

下面以某大型企业集团2000年制定信息化愿景为例,粗略展示信息化愿景的概貌。

信息化愿景表述为:建设世界水平的信息技术环境,形成战胜竞争对手的战略优势;支持业务战略的实施;支撑业务转型、运营效率及客户服务提升;促进公司网络化运营;促使公司成为世界领先的企业集团。

该信息化愿景勾画了公司未来的信息化发展,提出三大目标:

(1)建立支持业务战略实施的世界级信息化环境,包括:

① 便捷访问的高质量信息;

② 效益最大化的应用软件;

③ 高效、可靠、适用、安全的信息技术基础设施;

④ 对业务需求反应敏捷、协调高效、服务优质的信息技术组织。

(2)支撑公司业务转型、运营效率和客户服务提升,并成为公司参与竞争的战略优势。

(3)促进公司网络化运营,促使公司成为一个世界领先的企业集团。

有些企业在制定信息化愿景时,还提出了信息化建设的指导思想、方针原则、战略目标、保障措施等,在此不再赘述。要强调的是,信息化建设的集中统一原则是必须始终坚持的。

二、总体架构设计

信息化愿景可以进一步分解,具体化为未来信息架构、应用架构、基础设施架构和信息化组织架构的设计和建设。本章的架构设计指:信息架构设计——企业如何获取、传输和保护信息来实现信息最大限度的共享和开发利用;应用系统架构设计——企业需要什么样的信息系统解决方案来支持业务战略和流程;基础设施架构——满足企业需要的硬件平台、网络、操作系统和工具;信息化组织架构设计——适应并保障信息化全面支撑业务发展的信息化组织架构、人员和业务流程。

在总体架构设计过程中,认真学习和引进国内外先进理念具有重要意义。如"数据是企业的战略资源"的理念,数据共享范围越大,其效益就越大。因为信息化建设的实质就是应用信息技术有效管理、高效应用和深入开发信息资源,目的是把业务人员从繁重的数据收集、整理中解放出来,把更多的时间和精力用在创造价值的数据分析、决策和指导工作上,进而提高企业的管理和运营水平。又如"网络就是计算机"的理念,通过信息网络,多个相关的业务人员就像在同一台计算机上工作一样,保证数据的唯一性和准确性,共享数据资源,协同工作。信息化建设就是要通过搭建一个这样的网络,实现广泛的信息共享,提高信息利用效率,降低企业运营成本。再如"使用成熟软件,避免自行开发,减少客户化"的理念,成熟软件是一种"商业语言",固化了许多先进管理理念和经验,通过业务流程重组来适应先进成熟的软件系统是国内外企业信息化的通行做法。世界领先的公司现在越来越多地选用市场上主流的成熟软件产品,而不再自行开发软件,从而保证信息系统成功上线、持续应用,降低采购、实施及维护成本。对我国企业,特别是大型跨国企业集团,特别需要学习、消化这些国际先进理念,不断加深对信息化建设目标、作用和方法的认识,更加准确把握企业信息化发展的大趋势、大方向和行业最佳实践,实现信息化科学发展。

设计和建设信息化总体架构,首先要总结提出一整套信息化设计原则、先进理念和最佳实践。要在充分借鉴信息化先进理念、经验教训和最佳实践的基础上,结合企业业务战略和信息化需求,考虑企业信息化现状,确定信息化的总体思路和设计原则。这些信息化设计原则在规划制定阶段指导总体架构与项目设计,在规划实施阶段指导信息系统设计与实施;在系统建成上线以后指导相关制度的制定与执行。正因为这些设计原则将贯彻于企业信息化建设的全过程,所以在规划阶段对此达成广泛共识至关重要。图2-7示出了信息化设计原则的基础和作用范围。

根据设计原则来设计企业信息化总体架构,包括信息架构、应用软件架构、基础设施架构、信息化组织架构。设计原则的其他作用范围不属于本章讨论的范畴。

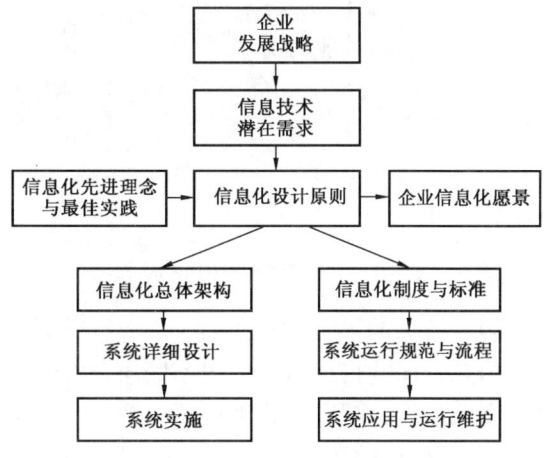

图2-7 企业信息化设计原则的基础和作用范围

1. 信息架构设计

1)设计原则

(1)赋予企业信息管理的明确角色和职责。信息是企业的资产,必须进行规范有效的管理。为此企业必须建立信息模型,理清各业务部门对信息的需求和责任。企业业务数据为业务所有,必须承担其信息管理的角色和责任。清晰的角色定义和职责划分将会确保信息管理的规定在企业各个层面得到落实。

(2)在源头采集数据并数字化传输,同步更新,减少重复。源头采集数据,尽可能地避免数据的二次录入,确保数据的准确性、及时性;管理企业数据转换生命周期,确保同步更新;由系统自动完成必要的数据格式转换,保证数据质量;尽可能减少数据复制和重复处理。

(3)满足员工在任何地方以任何方式访问任何授权信息的需求。信息按业务需要而不是按照部门体系进行流动,消除信息单一纵向流动,实现信息共享;信息根据角色即业务需求而不是考虑部门或地理位置进行访问授权;要使企业员工便捷访问内外部信息。

(4)重视数据集成。有效的数据集成使企业更具市场竞争力。公司内不同层面需要不同的数据,数据集成是满足这一要求的关键,如图2-8所示。没有信息系统的支持,企业只能通过手工方法从不同的数据源收集并集成数据,这不但非常耗时费力,而且会带来数据的错误和不一致。按照企业管理制度和技术标准设计实施信息系统集成解决方案,进行数据集成,可以避免许多数据错误和不一致性,使数据集成流程化。这将使企业在激烈的市场竞争中获得关键能力,即提高决策速度和质量,掌握主动和优势。

(5)高度重视信息安全。优先建立对重要信息的备份和恢复机制,实施数据保护、安全和授权的各种措施。信息的无授权访问或破坏会使企业面临很大的风险,必须认真考虑和应对因数据损坏或安全机制破坏带来的威胁,明确信息安全的相关责任,建立完整的信息系统安全保障体系。

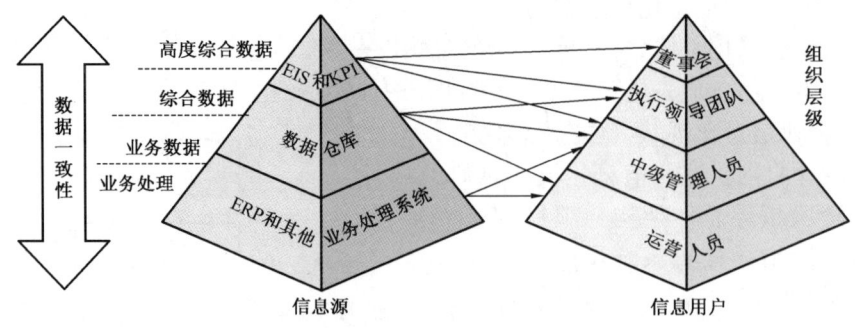

图 2-8 数据集成满足企业不同层次的数据需求

EIS—主管信息系统（executive information system）；KPI—系统绩效指标（key performance indicator）

2）信息架构设计示例

信息管理的目标是向公司不同层面需要的人员提供及时、准确、齐全的数据。信息架构从比较高的层面说明需要什么样的信息，以及不同的信息之间有什么样的关系，明确怎样采集信息，谁负责信息的质量，信息怎样处理、转换，谁需要访问它，谁负责权限设定，怎样保护信息以免丢失或损坏等。图 2-9 是某公司某业务信息架构示意图，图中示意了企业存储的主要信息，以及信息怎样在企业内部流动。

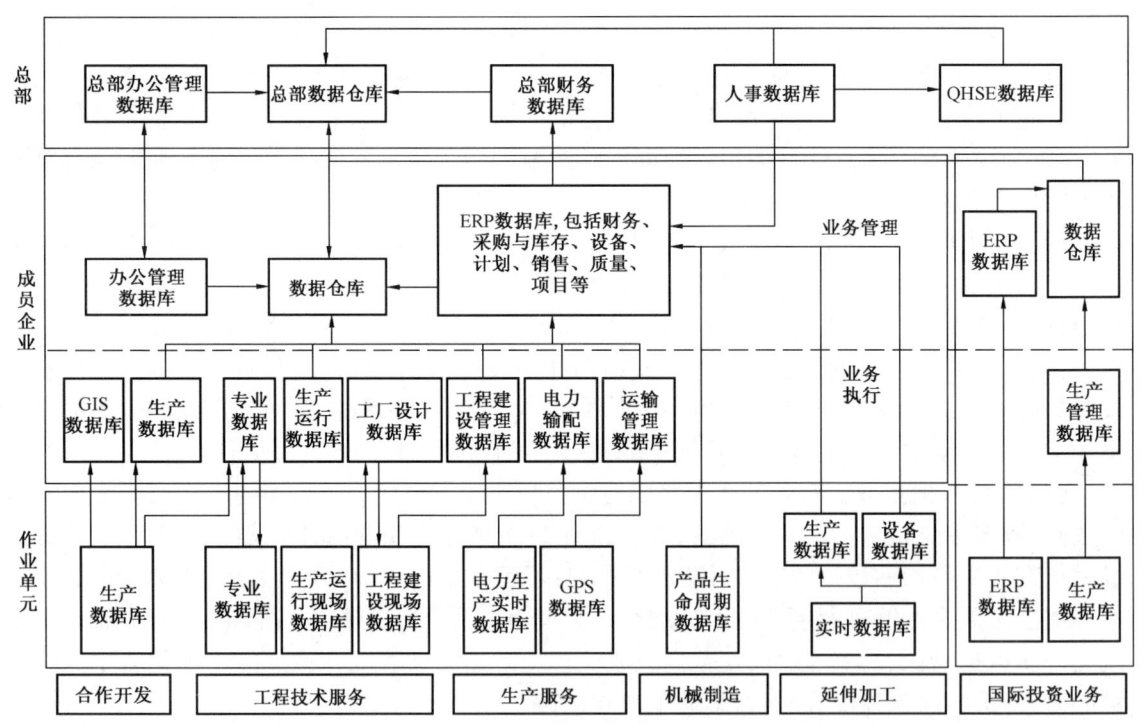

图 2-9 某公司某业务信息架构图

QHSE—质量健康安全与环境管理体系（quality health safty environment）；

GIS—地理信息系统（geographic information system）；GPS—全球定位系统（global positioning system）

2. 应用架构

1）设计原则

一是应用系统标准化。在整个企业内部建立统一的应用系统架构,建立标准化的应用信息系统,除非当一项业务量非常大(超出系统正常处理能力,如石油地球物理勘探数据处理),或者此应用系统在公司内的使用不具重要性(即小范围应用的小型专用系统)。应用系统的标准化有以下好处:信息和知识广泛共享,简化培训要求,系统支持更为有效,采购和维护成本显著降低等。要通过严格的制度解决标准化问题:只批准纳入信息技术总体规划的应用系统预算,只对经过信息管理部门同意的应用系统提供维护和支持。应用系统标准化的历程和趋势如图 2-10 所示。

二是尽可能使用成熟软件,减少自行开发。要尽可能使用成熟软件,降低实施及维护成本,降低采购成本和升级工作量;尽量减少自行开发,保障系统建设进度、质量与水

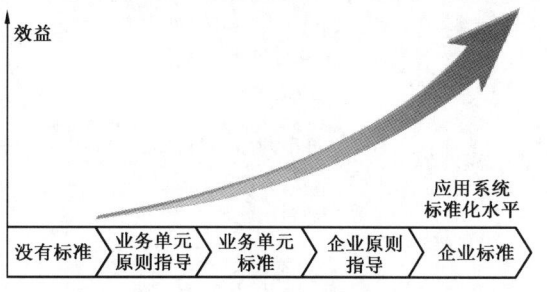

图 2-10 应用软件标准化历程和发展趋势

平。世界领先的公司现在越来越多地抛弃自行开发软件的传统做法,完全选用市场上的成熟软件产品。成熟软件的总价值总是高于自行开发的软件价值,正在同类公司中被广泛使用的成熟软件尤其如此。软件开发不是非软件业企业的主要方向,这些企业自主开发的软件不可能优于专业软件公司的成熟产品。只有在现成系统软件不能满足企业要求时才自行开发,对因某些业务特殊需要自行开发的软件需要进行充分论证。购买成熟软件还是自行开发决策的思考过程和决策分析如图 2-11 所示。

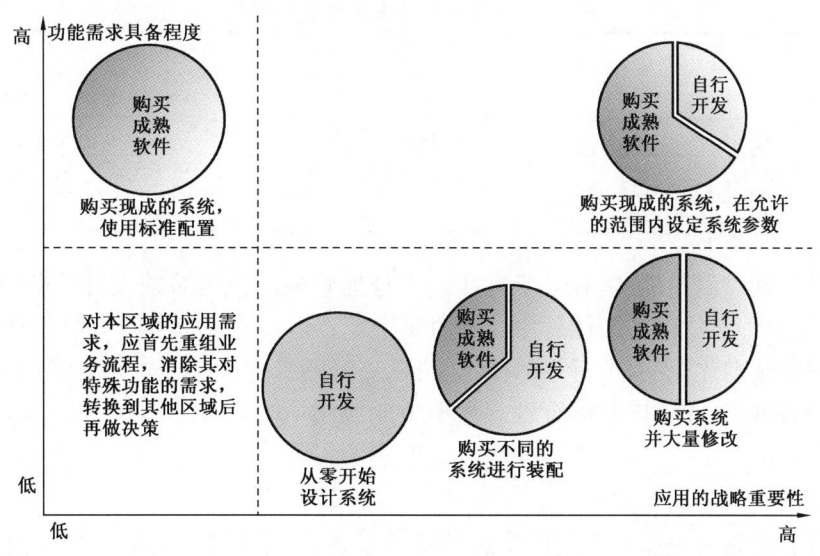

图 2-11 购买成熟软件还是自行开发决策分析图

三是根据软件优化业务流程,减少客户化开发。减少修改应用软件来满足现有业务流程的做法,要进行业务流程重组来满足软件应用,以便缩短实施周期,获得优化业务流程。实践证明,成熟软件客户化开发在实施和维护上都是相当昂贵和困难的。一些主要的软件,如 ERP

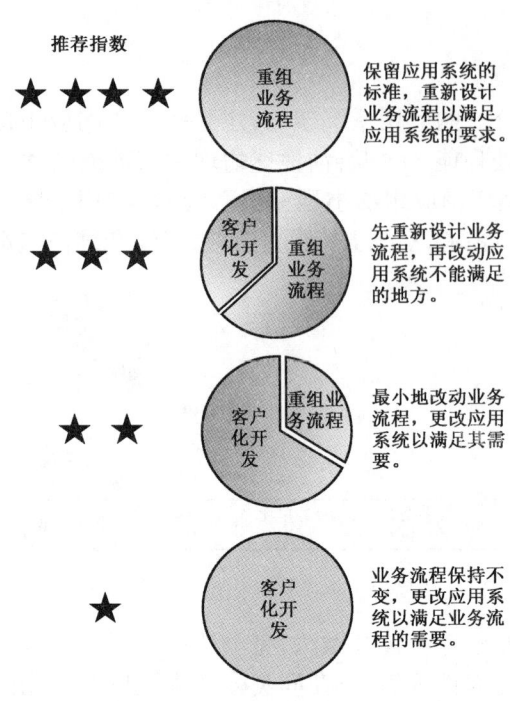

图 2-12 应用软件建设决策方面的各种考虑

解决方案,是根据业务流程优化设计的,系统实施不仅仅将流程自动化,还在提高业务流程的效率和效力方面获得突破。图 2-12 列出了应用软件建设决策方面的各种考虑。当前的最佳做法是尽可能实现业务流程重组,而不要客户化开发。

四是应用系统与数据库集成。系统集成指不同系统协同工作及提供无缝环境的能力。没有集成的系统会产生业务流程的瓶颈。因此,系统集成和互用性成为应用系统设计考虑的重点,所有业务系统都应在用户、系统和数据库层次上实现集成,改善信息管理,提高用户生产力。下面几种方法实现集成:

(1)卖方集成:实现应用系统集成最容易的方法是所有的应用软件来自于同一个厂商,该供应商负责各系统的集成。

(2)开发接口:如应用系统不多时,则易于实现。但随着应用系统的增多,界面的维护越来越难。

(3)中间件:当有较多的应用系统需要集成时,提供了一种较好的管理方法。

应用系统集成方法优劣的概略比较见表2-1。

表 2-1 应用系统集成方法比较表

集成方法	应用系统种类	
	少	多
中间件	可能会产生浪费	容易管理
开发接口	易于实施	维护困难
卖方集成	最好方法	可能不存在

五是集中管理应用系统,确有必要时才适当分散管理。应用系统设计应优先考虑集中管理,保证系统的统一和软件的最佳利用。要对多个地点运行的系统实施集中管理,以便得到更好的信息管理和标准化控制、更有效的技术支持、更好的采购价格等。只有受技术条件的约束无法实行集中管理的,才考虑分散管理。大型企业应用系统应首选通过共享服务中心进行系统的集中与管理。

2) 应用架构设计方法和示例

应用系统架构是对企业未来应用系统环境的描述,其中包括:支持企业办公、生产、经营、决策管理流程的应用系统、各种应用系统之间的关系、公司内部的信息流向等。

进行应用系统架构设计,就是根据企业主要业务流程,确定信息需求及处理信息所需的应用系统,整理业务流程/应用系统图,确定信息在企业主要应用系统间的流动方向,确定应用系统的总体部署。

为确保应用架构的统一和集成,架构设计采用自顶向下的设计方法,如图2-13所示。应用系统架构只包含企业主要应用系统,一般不包括为满足特定的局部需求的个别应用软件。

应用系统架构一般使用两种类型的图来描述。一是业务流程和应用系统图,如图2-14所示,用于勾画业务流程与该业务流程所需应用系统之间的关系。业务流程显示在图的顶部,支持每个业务流程的应用系统被画在每个业务流程下面的方框里。有些应用系统用于多个业务流程中,其边框跨越其支撑的业务流程。

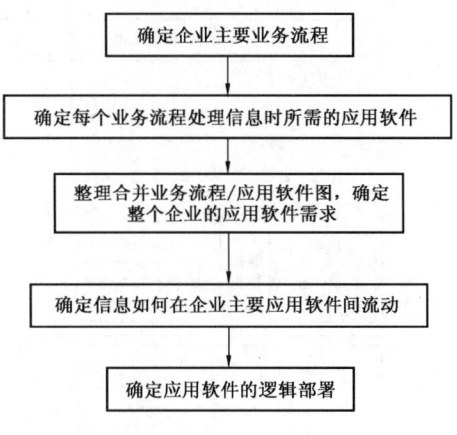

图2-13 应用软件架构自顶向下的设计方法

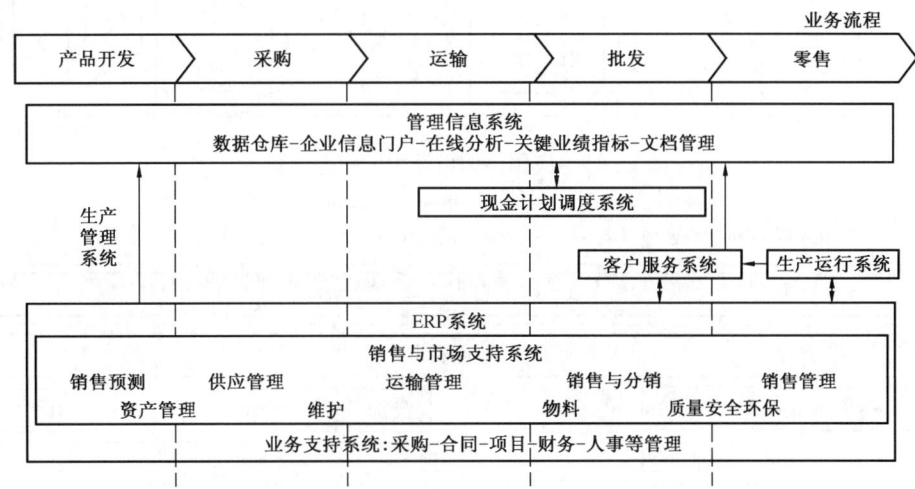

图2-14 应用架构设计中的业务流程/应用系统图

二是数据流图,如图2-15所示,用于勾画数据在各层次应用系统间流动的情况。每个应用系统和数据库的推荐位置也根据组织层次表示在数据流中。组织层次显示在图的顶部。

企业未来的信息化环境由一系列信息系统组成,分别支持不同的业务。这些应用系统将被集成起来,信息流可以在其中合理高速地流动,形成统一的支撑企业管理的信息系统平台。

图2-16为某公司应用系统架构示意图。

3. 基础架构设计

1)设计原则与理念

一是注重总体拥有成本。总体拥有成本指公司拥有一套基础设施的总费用,不仅包括软硬件等直接成本,也包括相关的实施费用、维护费用、用户的业务费用以及建设时一次投资和确定年限的运行维护费用。具体为:硬件采购成本、软件采购成本、硬件和软件维护费用、推广费用、系统管理费用、帮助热线和现场支持费用、终端用户自我支持费用、故障费用等。设计时不仅要考虑降低如硬件采购等某些直接成本,而且还要注重降低总体拥有成本。

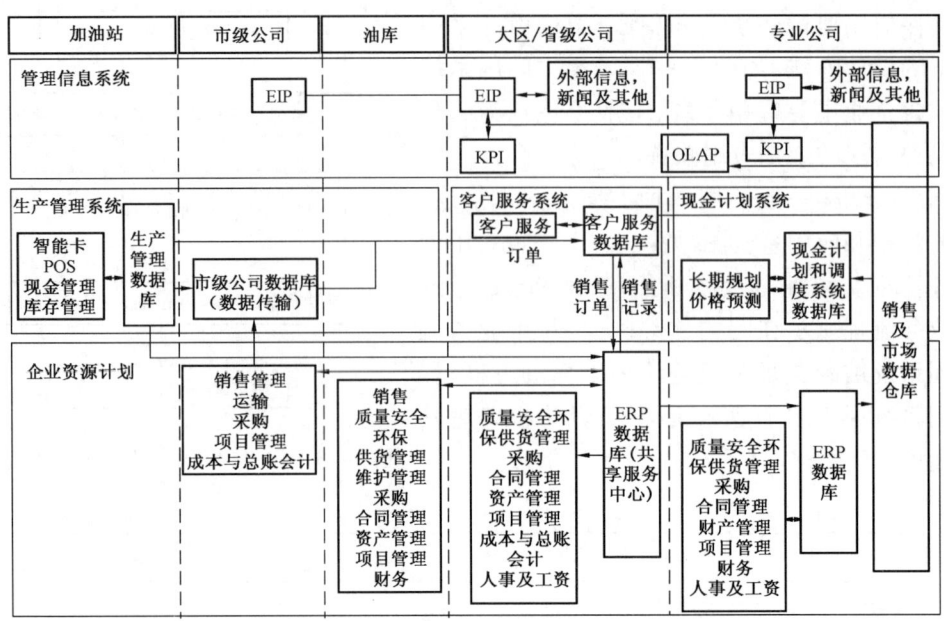

图 2-15 应用架构设计中的数据流图

EIP—企业信息门户(enterprise information portal);

OLAP—联机分析处理(on-line analytical processing);POS—销售终端(point of sale)

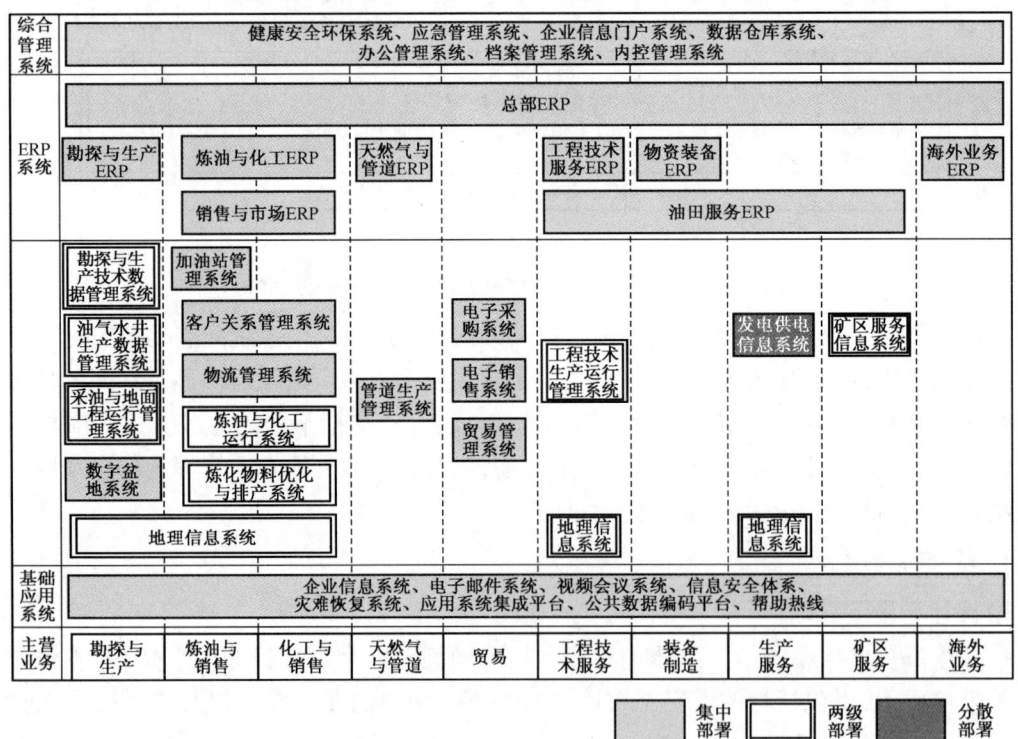

图 2-16 某公司应用系统架构图

二是基础设施标准化。根据开放系统和实际上的工业标准,使整个企业的信息技术基础设施包括用户桌面计算机配置全部标准化。基础设施标准化是应用系统集成的先决条件,比应用系统标准化更需要强制执行。没有任何技术理由不集中制定通用基础设施各组成部分统一的标准规范,并在全公司范围内严格执行,确保设施协同工作,简化系统管理和运行维护培训,提供更有效的支持服务,减少采购和维护费用。

三是提供广泛的网络连接。走向网络化运营是企业的战略抉择,而可靠的网络连接是网络化运营的先决条件。计算机环境极大依赖于网络连接,更多的计算机作为智能节点与网络相连,使计算机网络的价值成倍地增长。通过安全防火墙实现用户终端、应用服务器和数据库以及内网、互联网层次上的网络连接,用户可以与公司的其他人传递信息,交流知识,为企业创造价值。通过与互联网的连接将进一步扩大企业与供应商、客户间的协作,助推企业转变业务模式,实现对市场的敏捷反应。

四是促进基础设施和相关服务共享。统一信息技术基础设施是指不同业务单元之间对共用基础设施的共享,诸如:整个公司使用一个互联网网关,两个或两个以上分公司使用一个数据中心等。这样,支持服务更有效,购买和维护费用也降低,技术升级更容易。

2)基础设施架构设计示例

基础设施架构提供企业应用系统的运行环境,应具备稳定可靠、性能良好、易于维护、扩展性强、满足业务多样的需求等特点。图2-17给出了信息技术基础设施架构示意图。

4. 信息化组织架构设计

1)设计原则与理念

一是集中核心信息化能力,共享信息化支持服务。总部信息管理部门对信息化建设关键流程和重大问题进行集中控制,包括:信息技术总体规划的制定和实施、信息化投资计划和费用审批、全局性信息化项目管理、管理制度和技术标准的制定与实施、公司应用系统政策等。信息化业务流程要落实信息管理、应用软件和基础设施的设计原则;要支持应用开发和运行维护的靠前服务。由共享服务中心提供多地点/业务单元同类的系统支持工作。建立公司专家支持中心,共享知识和智慧。信息管理部门要在如图2-18所示的项目生命周期中实施严格有效的项目管理,要在项目早期介入,采用有效措施,严格实施标准化,控制项目费用,高效使用资源,确保项目成功。

图2-17 企业信息技术基础设施架构图

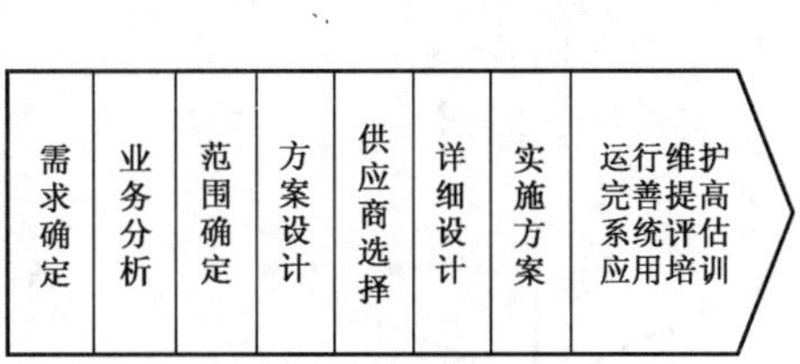

图2-18 信息化管理贯穿项目整个生命周期

二是授权业务单元负责自身的信息化建设任务。业务主管部门负责信息化配套建设和负责相应的投资管理。成员企业的信息技术人员最容易与用户建立和维持良好关系。成员企业帮助热线和服务人员要靠前服务,更好地了解现场业务需求和亟待解决的问题,提供便捷优质服务。

三是强化信息技术人员能力建设。信息管理部门应加强关键能力建设,加强管理职能,重视信息化队伍建设。企业要明确业务战略实现所必需的主要信息化能力,确定信息化机构、岗位和人员要求,据以评估员工能力,制定能力提升的培训发展计划,将信息技术能力纳入公司人力资源筛选和考核体系。

四是建立集中严密的项目管理组织。明确信息化项目投资周期内的关键流程,合理管理信息系统建设和后续支持投入。制定项目管理制度,明确各级项目管理的职责。国际上有不同的信息化项目管理模式。许多世界领先的公司都设立项目管理办公室,实施有效的集中控制,管理信息化项目实施。

2) 信息化组织架构设计示例

根据前述的设计原则和最佳实践,组织架构设计要提出企业信息化领导体制建设、各级信息管理部门设置建议,提出采取集中管理模式实施信息化项目的建设组织体系、服务组织体系和信息技术人员素质能力需求等建议。图 2-19 提出了一种未来信息化管理组织架构设想。需要说明的是,为加强对信息化工作的统一管理,中国企业大多成立了以公司主要领导或分管领导为组长、总部相关业务部门负责人参加的公司信息化工作领导小组,负责审查和批准公司信息化建设中长期计划、年度计划和预算、信息管理制度和政策,协调解决公司信息化建设集中统一和资源共享等重大问题。近来,少数企业设立了专职信息总监职位,信息化的决策体制正在向信息总监体制发展。

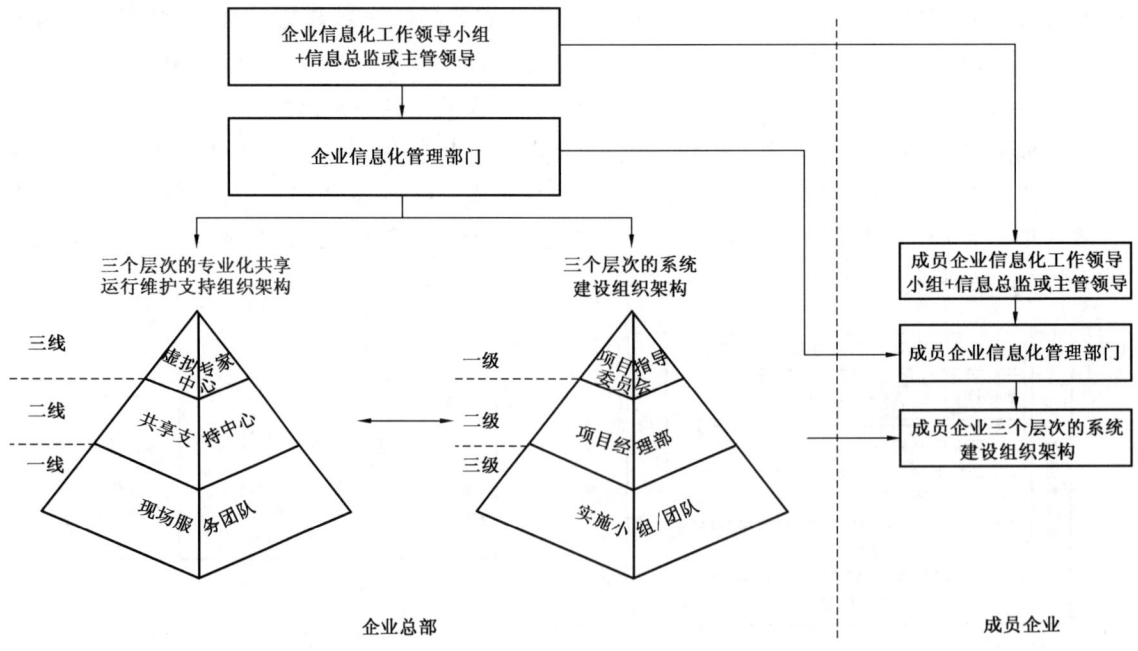

图 2-19 企业信息化组织队伍架构图

三、完成《信息化愿景与架构设计报告》

通过业务战略和信息技术潜在需求的分析,结合国内外信息化的先进理念和最佳实践,制定企业信息化发展愿景,研究信息化总体架构设计原则(实际上也是信息化设计、建设、应用、运行维护的原则和理念)。这些原则和理念,主要来源于国内外信息化的最佳实践。在这些基础上设计企业信息化总体架构,包括:信息架构、应用系统架构、基础设施架构和信息化组织架构。信息化设计原则的研究确定和架构设计是本阶段的工作重点。这些工作的过程和中间结果,都要经过专家(有条件的企业可以请国外高级专家)多次研讨和业务部门讨论,最后完成《信息化愿景与架构设计报告》(框架示例见附录2-2)的编写,作为本阶段的项目成果,提交信息管理部门讨论批准,作为规划编制第三阶段工作的基础。

第七节 项目规划和实施设计

项目规划是企业未来信息化能力建设的工程蓝图和行动计划。项目规划的思路是:通过差距分析,找出发展机会;根据发展机会,确定信息化项目,设计实施计划;为更好地实施信息技术总体规划,要清晰描述主要假设、问题和风险;给出信息技术总体规划效益分析。信息化项目规划包括:支撑企业战略和业务发展所需要建设的应用软件系统,确保企业各信息系统稳定、高效、安全运行的技术基础设施,保障信息化成功建设与应用的信息化组织架构等。

一、确定差距

根据信息化愿景和总体架构,进一步将企业信息化能力归纳为技术和组织能力。对企业发展起重要作用的关键信息化能力包括:办公管理系统、生产管理系统、经营管理系统、辅助决策系统、专业应用、管理、信息基础设施、信息化组织管理、项目管理等。这些关键信息技术能力组成信息化能力框架。按此框架,对比信息化现状评估分析和愿景架构要求,逐一找出企业目前关键信息化能力与未来信息化所需能力之间的差距。对每类信息化项目按没有能力、能力不够、满足目前需要、满足将来需要、国际水平五种情况进行评估。表2-2为企业信息化能力差距分析表。

表2-2 企业信息化能力差距分析表

项 目		没有能力	能力不够	满足目前需要	满足未来需要	国际水平
1. IT政策、标准和程序	政策、标准和程序	√	√	×	×	
	执行标准的运行机制	√	×	×	×	
	组织承诺	√	√	×	×	×
2. 专业领域的主要应用软件	地球科学系统	√	√	√	×	×
	生产数据库	√	√	√	×	×
	管道生产系统	√	√	×	×	
	地理信息系统	√	√	√	×	
	炼油与化工实时数据库	√	√	×		

续表

		没有能力	能力不够	满足目前需要	满足未来需要	国际水平
2.专业领域的主要应用软件	炼油与化工生产数据库	√	√	×	×	×
	加油站系统	√	×	×	×	
	客户服务系统	√	×	×	×	
	计划与调度系统	√	×	×	×	
3.企业应用系统	企业资源计划	√	√	×	×	×
	管理信息系统	√	×	×	×	
	即时数据查询	√	×	×	×	
	KPI系统	√	×	×	×	
4.企业内部系统集成	应用软件集成	√	×	×	×	
	企业应用软件架构	√	×	×	×	
	应用软件标准化	√	√	×	×	
5.技术基础设施	广域网	√	√	×	×	×
	局域网	√	√	×	×	
	电子邮件政策和标准	√	√	√	×	
	互联网连接和服务管理	√	√	√	×	×
	微机配置	√	√	√	×	
	微机服务器配置	√	√	×	×	
	灾难恢复计划	√	×	×	×	
	数据库管理系统	√	√	×	×	
	企业管理系统	√	×	×	×	
6.IT组织、人力资源和流程	组织智能	√	√	×	×	
	专家中心	√	√	×	×	
	共享服务中心	√	×	×	×	
	帮助热线	√	√	×	×	
	安全政策和标准	√	√	×	×	
7.项目管理	项目集中管理	√	×	×	×	×
	变更管理	√	×	×	×	

注:"√"表示现状,"×"表示需求。

二、确定改进机会、设计项目框架

针对信息化能力框架中存在的各类差距,识别相应改进机会(或称改进需求);针对这些改进需求,设计相应的改进措施。

改进措施设计必须遵循以下原则:

(1)全面覆盖原则。必须保证改进措施覆盖所有的改进需求,而且所有的改进需求都能够通过一个或者多个改进措施实现。

(2) 相对独立原则。改进措施之间相对独立,尽可能避免工作范围交叉。

(3) 同步建设原则。设计某一类改进措施时,同步设计必需的配套措施。

(4) 近远期相结合原则。差距大、实施风险高的改进措施,要与远期建设相结合,设计近期改进措施,从而在短期内将风险控制在可接受的范围内,并缩小差距以降低远期的实施难度。

根据以上原则,首先识别直接对应改进需求的改进措施,其次设计和调整需要同步建设的配套措施,最后设计必要的可短期见效的改进措施。所有改进机会和措施构成信息化能力改进需求框架。

根据信息化能力改进需求框架,规划设计信息化项目。基本思路是将改进需求框架中的改进措施,按照以下原则进行分析归纳,设计为可实施的项目。

(1) 明晰范围:在识别项目时,要明确项目实施的对象、功能范围,以及应覆盖的组织和地域范围,尽可能避免项目边界模糊的情况。

(2) 合并同类:将功能范畴相近的改进措施尽量归并在一个项目中实施,如将大部分针对基础网络设施改进的措施归并在网络安全域实施项目内。同类合并的优点是项目对相关人力资源需求相对较易满足,项目规模容易控制,项目的利益相关方容易确定。

(3) 简化依赖:在识别项目时应尽量简化项目间的依赖关系,避免出现不同项目各个阶段相互依赖的情况。如果项目间存在复杂的依赖关系,将使实施时项目间的沟通需求增加、项目管理成本增大,而且容易导致单个项目的进度与风险,从而引发多个项目的进度与风险问题。

(4) 收效显著:识别出的项目必须能够使信息化能力得到显著的提高和改善,对业务带来明显的、可衡量的效益;那些不能通过项目实施产生明显效益的改进措施可以通过日常工作加以改善,如信息化意识的培养等。

总之,信息化现状与建设目标之间的差距构成了改进机会,每个改进机会都转化为一系列改进措施,形成信息化能力改进需求框架,并由此规划设计对应的信息化项目,所有信息化项目形成信息化项目框架体系。图 2-20 示出了规划设计的这一思路和过程。

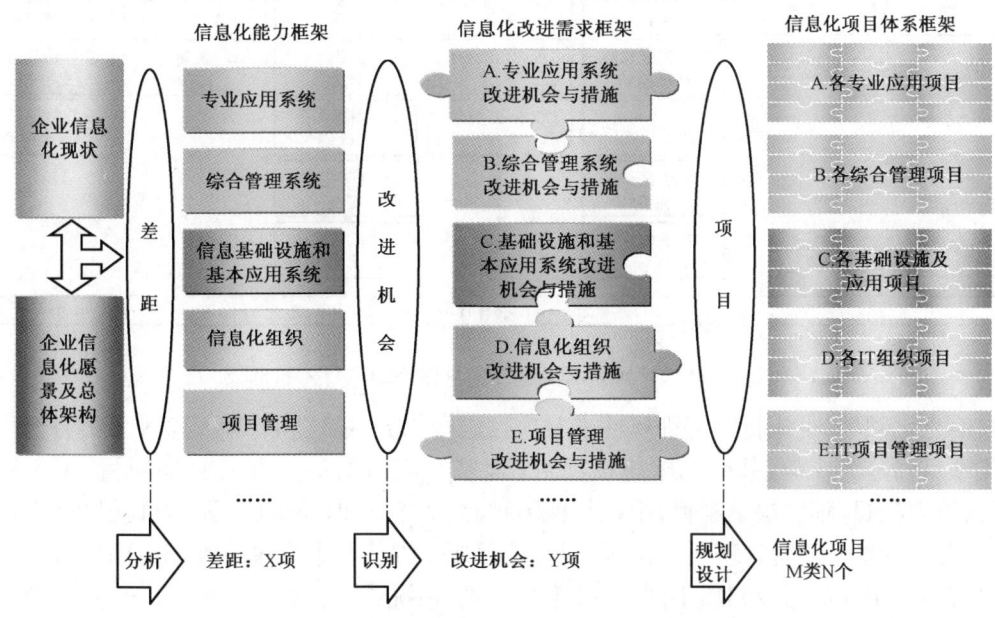

图 2-20 信息化项目规划设计思路与过程图

三、信息化项目体系

信息化项目体系框架可以有不同的表述方式和展现形式。信息化项目也可以有多种分类方法。诸如：按项目自身属性可以分为软硬件系统平台，信息技术应用，管理信息系统，专业信息系统，决策支持系统，公共服务系统等；按项目功能可以分为技术基础设施，基础应用系统，办公管理系统，经营管理系统，生产运行管理系统等；按项目的工程属性可以分为规划与研究项目，基础设施建设项目，系统集成项目，应用开发项目，组织制度建设项目等；还可以按项目的业务归属分为产品研发信息系统，生产管理信息系统，服务支撑信息系统等。

不管信息化项目分类方法和体系框架展现方式如何不同，项目体系本身都必须满足三点要求。一是体系完整，体系框架要全面支撑企业业务战略实施和主营业务发展，不能有重要缺失；二是界面清晰，各项目之间尽量减少业务和功能的交叉与重复；三是名称规范，项目命名要准确定位项目目标、切合业务重组与整合趋势、符合行业通用称谓。

这里采用以业务归属和功能属性相结合的项目分类方法和体系框架展现方式。以××集团信息化项目框架体系为例，该体系将信息化项目分为7大类，分别是：生产运行类项目、ERP项目、综合类项目、管理类项目、基础设施项目和组织与保障项目，如图2－21所示。实际上，还有一类信息化项目图中没有示出，那就是信息化前期研究、信息技术总体规划编制、项目可研等规划研究类项目。同时值得提出的是所有信息化项目都要进行科学规范的项目管理。

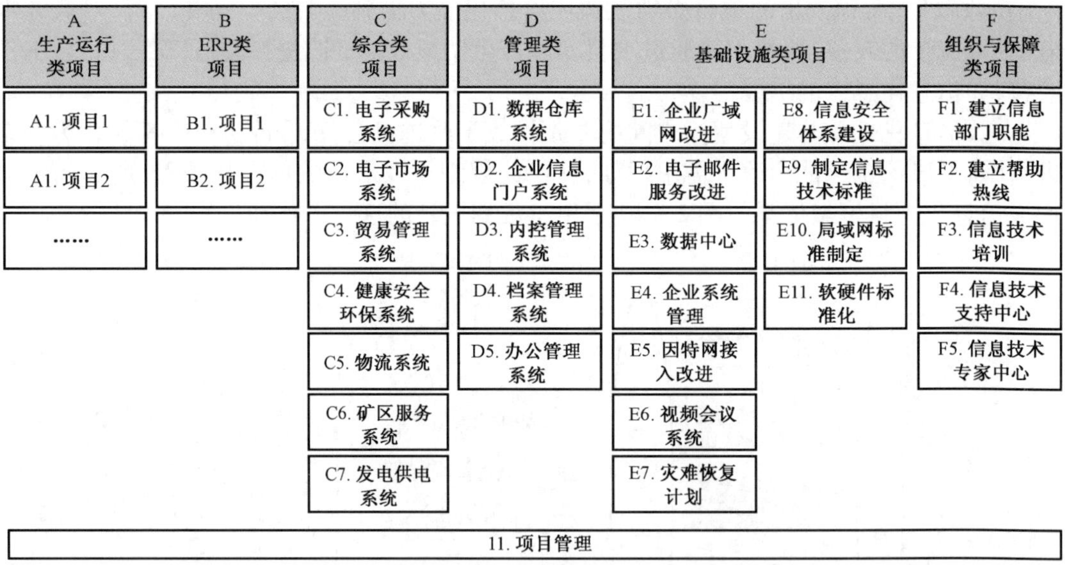

A 生产运行类项目	B ERP类项目	C 综合类项目	D 管理类项目	E 基础设施类项目		F 组织与保障类项目
A1.项目1	B1.项目1	C1.电子采购系统	D1.数据仓库系统	E1.企业广域网改进	E8.信息安全体系建设	F1.建立信息部门职能
A1.项目2	B2.项目2	C2.电子市场系统	D2.企业信息门户系统	E2.电子邮件服务改进	E9.制定信息技术标准	F2.建立帮助热线
……	……	C3.贸易管理系统	D3.内控管理系统	E3.数据中心	E10.局域网标准制定	F3.信息技术培训
		C4.健康安全环保系统	D4.档案管理系统	E4.企业系统管理	E11.软硬件标准化	F4.信息技术支持中心
		C5.物流系统	D5.办公管理系统	E5.因特网接入改进		F5.信息技术专家中心
		C6.矿区服务系统		E6.视频会议系统		
		C7.发电供电系统		E7.灾难恢复计划		
11.项目管理						

图2－21　××集团信息技术总体规划项目体系框架

在信息化领域，更流行以工程属性来对项目进行划分、描述和管理。这种分类方法一般将信息化项目划分为6类：基础设施建设项目（含基本应用项目）、办公管理项目、生产管理项目、经营管理项目、辅助决策项目、组织与保障项目。图2－21中的A类项目就属于生产管理项目，B类项目属于经营管理项目，C、D两类项目属于办公与辅助决策管理应用项目。

尽管不同企业的行业归属不同，业务千差万别，情况千变万化，但整体而言，各企业信息化的特殊性主要体现在生产运行管理系统的不同上，其他五类项目，即基础设施、办公管理、经营管理应用、辅助决策管理应用、组织保障基本上属于共性项目。共性主要表现在功能架构、技术方案、业务流程和实施策略等方面,是各企业间互相学习借鉴的主要方面。

四、项目规划设计

信息化项目是硬件、软件、系统、流程和服务的集合。信息化建设过程中,对项目的设计是逐步深化的,有规划层次设计,有可研阶段设计,最终被应用于系统搭建的设计是项目启动实施后所做的详细设计。不同设计具有不同的作用,且一次比一次深化、细化。这里的项目规划设计是概要设计,是项目可行性研究的基本依据。对每一个项目的规划设计,体现在对项目以下各方面的规范、清晰、准确的描述。主要包括:项目目标、范围、任务、实施计划、投资、人力投入、实施方法、前提条件、效益、风险、措施等内容。下面是企业信息门户项目描述(摘要)示例。

项目目标:为员工提供快速获得信息的工作平台,为信息发布提供一个共用的渠道,是方便用户使用数据仓库、ERP 和其他信息系统的统一入口。

主要内容:设计可扩展的企业信息门户框架;实现门户内容管理、搜索及读取功能、个性化信息过滤等功能;提供员工与员工之间、公司与员工之间沟通的工作平台;提供与其他主要信息系统之间的接口。

进度安排:项目实施周期为 13 个月。主要分为分析、设计、试点、推广实施、项目总验收五个阶段。

相关单位:总部各部门和业务主管部门、成员企业,各信息管理部门。

项目投资:略。

人力资源需求:略。

图 2－22 是信息化项目一种图示化描述的示意图。

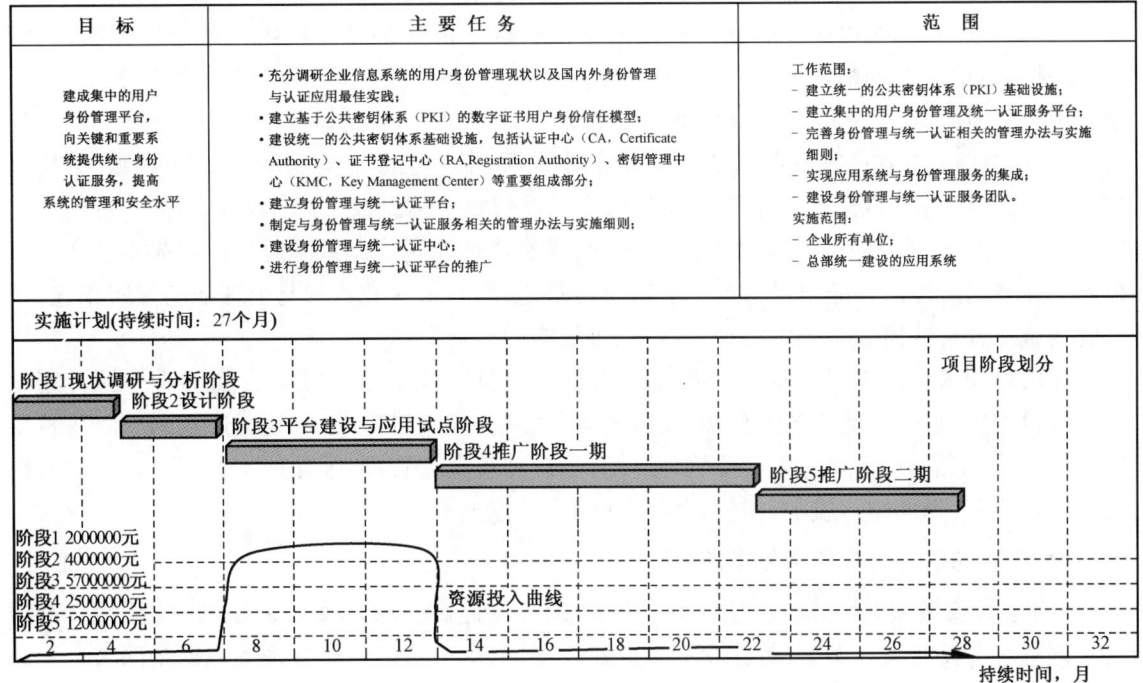

图 2－22　信息化项目描述图

五、项目总体投资预算

（1）项目投资估算的范围。从软件、硬件、第三方、内部支持队伍和实施单位五个方面对每个项目进行投资估算。硬件包括计算机硬件、网络硬件和广域网连接，软件包括应用软件的使用许可证费，第三方包括所有参与合作实施项目的外部单位人员所需费用，内部支持队伍费用主要是内部实施人员的成本，实施单位费用按单位规模和项目实施难度及工作量测算。信息技术总体规划投资预算不包括系统维护费用、培训费用及数据采集与监控系统、集散控制系统、液位仪等各类自动控制系统及用户端硬件设备等方面的投资。项目投资结算的范围是用投资支出对企业信息化范围进行肯定，有利于信息化建设，有利于处理好与企业其他部门的关系。

（2）项目投资估算的依据和取值。信息化项目不同于传统的基建和生产装备购置项目，其中软件、硬件、咨询互相联系，技术含量高，发展变化快，尚没有形成比较准确、成熟、公认的工程投入测算办法和规程；投资估算要根据国家和企业的有关规定、市场行情、采购经验、同类同规模项目投入情况进行。通常采取的办法是：对三家以上的供应商进行询价，再依据企业所能得到的折扣而确定。

六、项目投资效益分析

在规划制定阶段，对项目成本、效益的分析都是十分粗略的，多是管理决策效益方面的分析而非财务数据上的比较。但是，对于每个单独的项目来说更为详细的预测与分析是需要的，如进行项目的可行性研究分析，在项目的实施过程中进行一些成本效益分析等。

项目有两种效益。一种是可量化的效益，如保持了市场份额等；另一种是不可量化的效益，如提高客户满意程度等。信息化项目的量化效益分析通常是比较困难的。在一些"传统的"单项信息应用系统中，收益往往是可量化的，如工资系统。然而，即便在这种情况下，也必须有历史数据作参考，才能真正量化潜在的效益。另外，对于公司来说，信息化项目不可量化的效益往往比可量化的效益更重要。一流企业和跨国公司的经验显示，不可量化效益具有"连锁反应"和"冰山效应"，更能为公司带来全局性效益。信息技术总体规划的首要目标是支持业务发展战略，支撑企业的管理和生产经营，其次才是控制信息系统总体拥有成本。在信息技术总体规划阶段提到的项目效益一般都不可量化，因为这些效益都与公司战略紧密相连，项目的实施或者直接使战略得以实现，或者促进战略的实现。

在信息技术总体规划中要针对不同类型的信息化项目进行效益分析。如企业资源计划项目的效益主要包括：推动业务流程优化，改善内部控制，提高管理效率，优化库存和应收账款管理，增强上下游集成，增强人力资源管理、项目管理和现金流管理，强化成本分析，优化采购、销售和库存管理，降低经营成本，提供销售预测和决策依据等。

七、项目的优先次序和实施策略设计

（1）进行项目依赖性分析。项目间的依赖关系是影响各项目实施顺序的关键因素，对项目实施具有重要意义。例如：数据仓库系统建设项目，由于系统存储管理的数据全部来自于其他各个应用系统，数据仓库项目严重依赖于各应用系统建设项目，其实施顺序应该排列各应用系统（特别是提供主要数据的应用系统）之后。如果数据仓库项目提前实施，将必然面临数据

匮乏的致命问题,产生库房设施具备、只欠货物存入的尴尬局面,严重影响系统建设的成效。再如:信息基础设施的网络建设项目,由于集中集成的应用系统必须靠网络提供运行环境,如果网络建设项目不先期启动并在主要应用系统建成之前竣工投用,将使这些应用系统缺乏运行环境,严重影响项目的竣工和投用。项目依赖关系分析汇总见表2-3。

表2-3 信息化项目间依赖关系分析汇总

项目类别	项目名称	是否依赖于其他项目	所依赖项目编号	依赖关系分析
管理项目	ISM-1 信息安全组织完善	是	ISM-3、ISC-1 ISC-2、ISC-3 IST-3、IST-4 IST-5	本项目包括共享信息安全技术服务中心的建设,该中心各信息安全技术服务团队的建设基于风险评估能力建设等7个相关项目的实施,因此本项目依赖于这些相关项目
	ISM-2 信息安全运行能力建设	否	—	—
	ISM-3 风险评估能力建设	否	—	—

(2)进行项目优先级分析。进行项目优先级分析需要综合考虑项目重要性与紧迫性两方面的因素。重要性由项目支持的业务在企业的地位和对其他业务作用大小、项目实施后所能获得的IT能力决定。紧迫性由项目实施后所能缩小的关键差距、项目被其他项目依赖的程度、项目所解决的业务问题的紧迫程度决定。

根据企业信息化现状与建设目标,对规划的信息化项目的重要性和紧迫性(含依赖性)进行汇总分析,见表2-4。

表2-4 信息化项目优先级分析汇总表

编号	项目名称	项目重要性	实施紧迫性	项目重要性分析	实施紧迫性分析
IST-2	系统灾难备份恢复	高	高	此项目的实施能够使系统灾难备份恢复能力达到高标准的数据完整性、可用性要求	随着信息化建设项目的实施,亟待进行系统灾难备份恢复的基础建设
IST-3	风险评估能力建设	较高	较高	此项目的实施能够提高企业风险自评估能力	本项目的实施与信息化建设的进程密切相关
……	……	……	……	……	……

根据对信息化项目优先级分析汇总表进行的综合权衡比较,绘制出信息化项目优先级排列矩阵图,如图2-23所示,图中的字母和数字为项目的归类和类内编号。

(3)设计项目实施蓝图。根据项目优先级排列矩阵,统筹设计并绘制各项目按季度实施

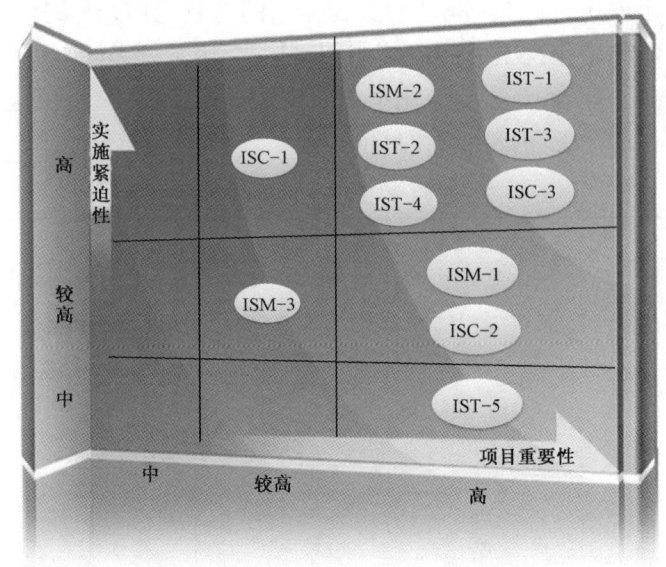

图 2 - 23　信息化项目优先级排列矩阵图

蓝图,又称实施线路图。图 2 - 24 是企业信息化项目实施蓝图示例。图 2 - 24 中,Q 表示季度,灰色横条和其中的数字表示每个项目实施的不同阶段。

项目名称	时间																			
	第一年				第二年				第三年				第四年				第五年			
	Q1	Q2	Q3	Q4	Q1	Q2	Q3	Q4	Q1	Q2	Q3	Q4	Q1	Q2	Q3	Q4	Q1	Q2	Q3	Q4
D6. 总部ERP系统			1 1	1 1 1	1 1 1	2 2 2	2 2 2	2 2 2	2				2 2 2	2 2 2	2 3 3	3 3 3	3 3 3	3 3 3	3 3 3	3 3 3
D7. 工程技术ERP系统			4 4	4 4 4	4 4 4							6 6	6 6 6	6 6 6	6 6 6	6 6 6	6 6 6	6 6 6	6 6 6	6 6 6
D8. 装备制造ERP系统										4 4 4	4 4 4	4 4 6	6 6 6	6 6 6	6 6 6	6 6 6				
D9. 海外业务ERP系统									4 4 4	4 4 4	4 4 4	4 4 4	6 6 6	6 6 6	6 6 6	6 6 6	7 7 7	7 7 7	7 7 7	7 7 7
D10. 油田服务ERP系统												4 4	4 4 4	4 4 4	4 4 4	4 6 6	6 6 6	6 6 6	7 7 7	7 7 7
D11. 工程建设ERP系统											4 4 4	4 4 4	4 4 4	4 4 4	6 6 6	6 6 6	6 6 6	6 6 6	6 6 6	6 6 6
D12. 人力资源管理系统		4 4 4	4 4 4	4 4 4	6 6 6	6 6 6	6 6 6	6 6 6	7 7 7	7 7 7	7 7 7	7 7 7								
E 综合管理项目																				
E1. 健康安全环保系统	6 6 6	6 6 6	6 6 6	6 6 6	7 7 7	7 7 7	7 7 7		8 8 8	8 8 8	8 8 8									
E2. 应急平台									1 1 1	1 1 1	2 2 2	2 2 2	3 3 3	3 3 3	3 3 3	3 3 3	3 3 3	3 3 3	3 3 3	3 3 3
E3. 企业信息门户系统	4 4 4	4 4 4	6 6 6	6 6 6																
E4. 数据仓库系统	6 6 6	6 6 6					7	7 7 7	7 7 7	7 7 7	7 7 8	8 8 8	8 8 8	8 8 8	8 8 8	8 8 8	8 8 8	8 8 8	8 8 8	8 8 8
E5. 办公管理系统					1 1 1	2 2 2	3 3 3	4 4 4	4 4 4	4 4 4	4 4 4	4 4 4	6 6 6	6 6 6	6 6 6	6 6 6	6 6 6	6 6 6	6 6 6	6 6 6
E6. 档案管理系统												1	1 1 2	2 3 3	3 3 4	4 4 5	6 6 6	6 6 6	7 7 7	7 7 7
F 基础设施项目																				
F1. 广域网改进						5 5 5	5 5 5		6 6 6	6 6 6	6 6 6	6 6 6	6 6 6	6 6 6	6 6 6	6 6 6	6 6 6	6 6 6	6 6 6	6 6 6
F4. 数据中心建设					1 1 2	2 3 3	4 4 4	4 4 4	6 6 6	6 6 6	6 6 6	6 7 7	7 7 7	7 7 7	7 7 7	7 7 7	7 7 7	7 7 7	7 7 7	7
F6. 电子邮件服务改进	7 7 7	7 7 7	7 7 7	7 7 7																
F7. 视频会议系统改进	7 7 7	7 7 7	7 7 7	7 7 7																
F8. 信息安全体系建设									1 1 1	2 2 2	3 3 3	3 3 3	3 3 3	4 4 4	4 4 4	4 4 4	6 6 6	6 6 6	6 6 6	6 6 6
F9. 灾难恢复系统建设																	1 1 2	2 3 3	4 4 4	4 4 4
F10. 软硬件标准化	7 7 7	7 7 7	7 7 7	7 7 7	7 7 7	7 7 7	7 7 7	7 7 7	7 7 7	7 7 7	7 7 7	7 7 7	7 7 7	7 7 7	7 7 7	7 7 7	7 7 7	7 7 7	7 7 7	7 7 7
F12. 即时通信系统																	4 4 4	4 4 4	4 4 4	4 4 4
G 组织与保障项目																				
G2. 信息技术标准制定（公共数据编码平台）							1 1 2	2 3 3	3 3 3	4 4 4	5 5 6	6 6 6	6 6 6	6 6 6	7 7 7	7 7 7	7 7 7	7 7 7		
G4. 帮助热线建设													1 1 1	2 2 3	3 4 4	5 6 6				

表中右部数字注释：1.需求分析；2.设计；3.开发或配置；4.试点；5.完善推广计划；6.一期推广；7.二期推广；8.系统提升

图 2 - 24　企业信息化项目实施蓝图

(4)在设计项目实施蓝图的同时,编制按季度的人力资源和资金投入计划,分别示于图 2 - 25、图 2 - 26。

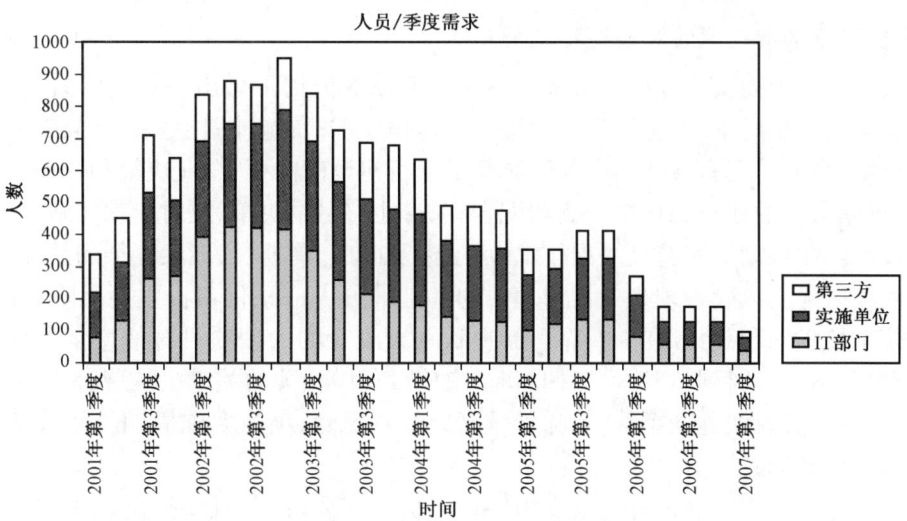

图 2-25　信息技术总体规划实施人力资源按季度投入计划图

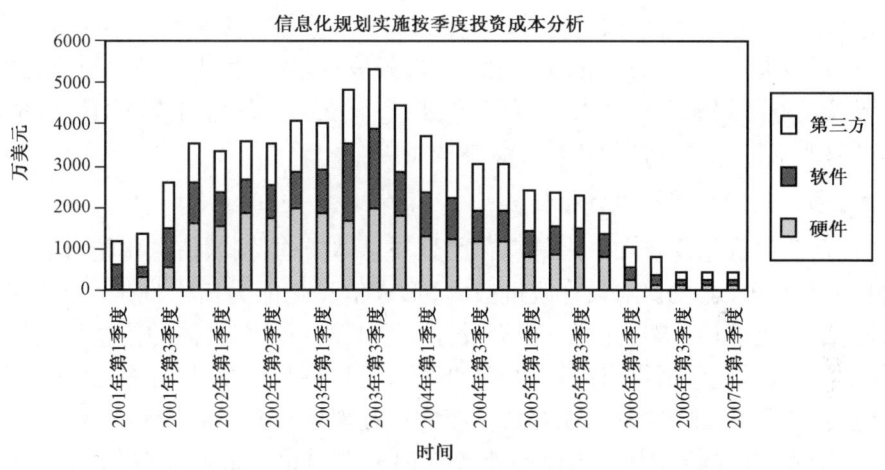

图 2-26　信息技术总体规划实施按季度资金投入计划图

（5）设计整体项目实施策略。遵循信息化设计原则，根据企业情况确定信息化项目实施策略，实际上就是企业信息化建设策略。不少企业在信息化建设进程中，逐步摸索并形成了一些科学、有效、成功的实施策略，如：严格按照信息技术总体规划持续推进信息系统建设；采取集中统一的信息系统建设模式；坚持国际合作，引进先进的管理思想、理念和方法；做好项目的可行性研究和前期交流；通过招标选择合作伙伴；把握"二八法则"，突出重点；起步要小，扩展要快；选好选准项目试点单位、先试点、后推广；系统尽可能集中部署、标准化实施；采用成熟软件、尽可能减少客户化开发；建立科学完善的信息化组织管理体系，业务部门和信息部门在项目组织中密切合作；用科学的项目管理方法加强信息化项目实施管理；信息化项目实施团队要负责项目建成后的运行维护和技术支持；高度重视项目实施全过程中的队伍培养、知识转移和技术创新；全员动员，创造良好的信息化建设环境和氛围等。这些策略有效地降低了信息化项目实施风险，加快了实施进度，提高了建设成效。

八、项目实施的潜在风险和规避措施分析

信息技术总体规划实施设计一般都是在一些假设的前提下做出的。主要假设如:规划估算的成本仅包括项目成本,不包括当前的维护和操作成本;实施计划主要估算第三方承担部分的费用和资源,企业需要有足够的内部资源满足项目建设的需要;企业决策和管理层对项目的大力支持;不同层面的业务用户全程密切配合;项目能够尽早决策、及时启动实施等。

信息技术总体规划的实施是一项技术性强、涉及面广、周期长、庞大复杂的系统工程,必然存在不少潜在风险。风险管理是项目管理中的基础部分。信息化项目主要风险有:复杂的业务需求会带来技术问题和集成问题;将引起现状巨大改变的大型项目对信息化本身和相关业务的影响;投入不能及时到位,项目工期超时;实施过程中相关的关键决策滞后;既要保证当前的信息系统运行,又要实施新系统,意味着较高的经营风险;项目实施周期长使系统在实施中可能出现版本更新问题等。

信息技术总体规划实施设计不仅要识别和分析潜在风险,而且要提出规避或降低风险的措施。主要有:企业高层领导必须及时开会专题听取规划汇报,审议信息技术总体规划,并纳入企业规划中坚持实施;要健全和强化企业信息化工作领导和组织管理体系;鉴于信息化项目规模和其对业务的巨大影响,必须坚持并落实集中统一的原则;使业务主管部门和信息管理部门共同决策和共担责任;保证信息化投资按时足额到位;业务流程优化必须与信息化项目的实施相配套,各级业务部门要全程介入、大力配合推进;设立健全的项目管理组织体系,实施强有力的项目管理;严格执行变革管理和系统版本控制等。

九、编写《项目规划与实施设计报告》

通过比较企业信息化现状和未来信息化愿景与总体架构,按照信息化能力框架的分类,对应分析主要差距,找出改进机会,设计改进措施,形成信息化能力需求框架。根据信息化能力需求框架设计信息化项目框架,并逐一规划设计项目框架中每个具体的信息化项目;提出信息化项目框架的实施计划,包括提出规划的资金预算,设计项目的优先级,提出各项目实施的优先次序、实施路线图和实施策略;完成规划实施的潜在风险分析,提出规避措施等。这些工作的过程和中间结果,都要经过专家研讨和业务部门多次讨论。最后完成《信息化项目规划和实施设计报告》的编写,作为本阶段的项目成果,提交信息管理部门审查。

《信息化项目规划和实施设计报告》是信息技术总体规划编制项目的第三份、也是最后一份项目成果报告。这个报告与《信息化现状与需求分析报告》、《信息化愿景与架构设计报告》一起,共同构成《信息技术总体规划报告》(框架示例见附录2-3)。

第八节 报审与分年度实施

信息技术总体规划编制项目交付成果主要是三个阶段的三份成果报告。这三份报告,都需要同时制作文稿版(Word版)和多媒体汇报版(PPT版)。文字内容多的报告,还要编写报告的摘要版。按照信息化项目管理的要求,对信息技术总体规划编制项目进行规范的项目阶段验收和最终验收。项目验收只是完成了信息技术总体规划生命周期的前期任务,根据图2-27所示的企业信息技术总体规划计划管理流程,还有很多工作要做。信息管理部门将信息技术总体规划报告呈报企业信息化主管领导。根据主管领导意见修改完善后,提交规划计划部门评估。评估通过后,报企业信息化工作领导小组讨论审批,纳入公司业务发展规划,按项目和分年度组织实施。

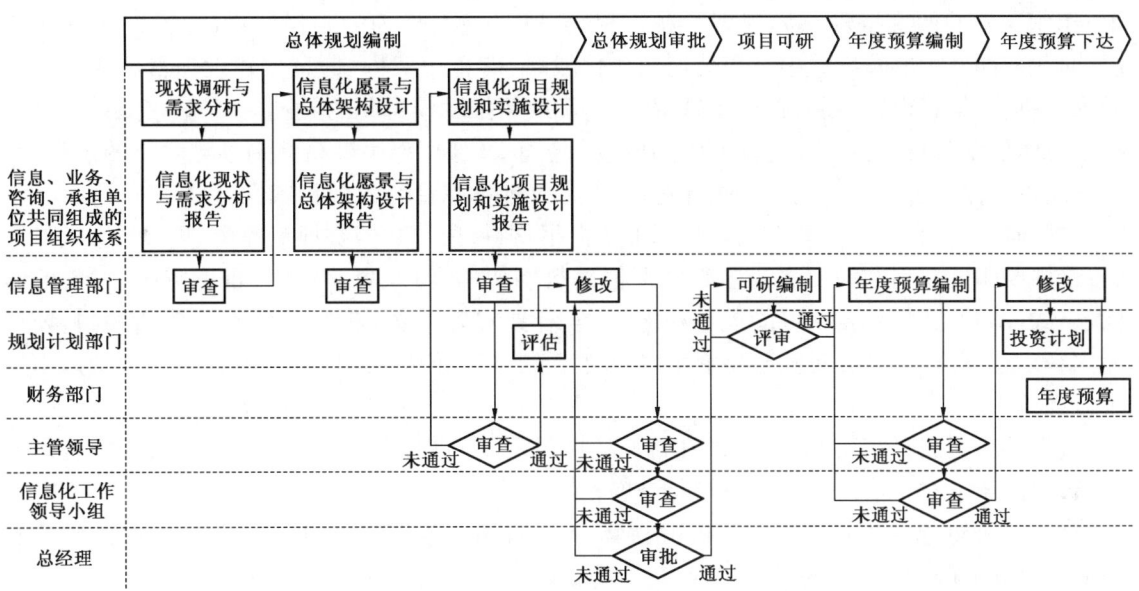

图2-27　企业信息技术总体规划计划管理流程图

信息技术总体规划的实施主要包括信息化项目可行性研究、年度预算编制与下达,规划调整等。企业要把信息技术总体规划纳入公司发展规划,作为信息化建设的总纲,由企业集中投入,统一组织实施。按照信息技术总体规划中各项目之间的逻辑关系和优先级次序,制定信息化年度计划。对信息技术总体规划中的每一个项目都要进行可行性研究,初步确定项目的实施范围、主要功能、技术方案及实施安排等。每个项目的可行性研究成果,对内部作为该项目立项的依据,对外部作为招标的基础。

一、规划报告评估

信息技术总体规划的评估由企业规划计划部门委托咨询机构(以下简称评估单位)组织实施。评估机构一般组织专家进行会议评估。专家组成员由外请专家和内部专家组成,内部专家包括业务专家和信息化专家,邀请各业务部门/业务主管部门和部分企业的主管领导、专家进行业务方面的评估。规划计划部门、信息管理部门相关人员参加评估会。首先由项目承担单位汇报规划编制的必要性、目标和范围、现状与需求分析、愿景与总体架构设计、项目规划与实施设计的情况。与会专家在听取汇报、查阅文档、质询讨论的基础上,形成评估意见。主要对规划的目标和范围、规划的方法、现状与需求分析、愿景与架构设计、项目与实施设计、投资估算、计划安排、主要措施等提出评价意见。

评估单位将评估意见行文报送规划计划部门。规划编制项目组根据评估中提出的问题和建议对规划进行修改完善,报送信息管理部门。信息管理部门审核后,报公司信息化主管领导,请求召开信息化工作领导小组会议,专题审定信息技术总体规划。

二、向企业决策层汇报

由于企业决策层领导和业务部门的主要领导工作繁忙,一般没有时间和精力参加规划项目过程的阶段会议。因此,由企业决策层(在一些企业,具体体现为企业信息化工作领导小组)组织召开的信息技术总体规划专题汇报会,既是规划管理的必经流程,也是向企业决策层、向业务部门主要领导集中汇报公司信息化战略、信息化架构、信息化建设项目和实施计划的重要机会,是获得领导层、管理层理解、支持和决策推动信息化的关键会议,直接关系到信息技术总体规划项目本身以及规划实施的成败。要争取召开企业最高级别领导主持的汇报会,这样既可以保证各有关部门主要领导都能到会,又能够保证会议的权威性。

规划项目组和信息管理部门要认真准备汇报材料,项目文档要规范齐全,便于与会人员翻阅;最好要印发规划的摘要本。多媒体汇报材料要架构合理、思路清晰、重点突出;材料的版面、格式、图表、文字等要尽可能规范和优化,全篇要风格一致,图文并茂,令人赏心悦目,要避免内容表述不清、不易分辨甚至易混淆以及打字错误等情况。汇报材料内容主要包括以下几个方面。

(1)企业外部环境分析:企业所在行业环境与发展趋势分析,主流和新兴信息技术应用与发展趋势,竞争对手信息化主要举措与进展;

(2)企业战略及信息化现状分析:企业总体战略和业务战略对信息化的需求,企业信息化发展基础和面临的主要挑战;

(3)信息化愿景设计:指导思想,方针原则,战略目标和关键措施;

(4)信息化总体架构设计:信息架构、应用架构、基础架构和组织架构;

(5)信息化项目规划:信息化项目体系框架;

(6)信息技术总体规划实施设计:人力和资金投入,项目实施路线图,投入效益分析,实施风险、实施策略和保障措施;

(7)关于规划的建议;

(8)提请会议决定的事项。

汇报主讲人要进行充分准备,并指定项目组一名思维敏捷、表达准确的人员作质询主答人,汇报既不要超时(一般两小时为宜),也不要语速过快,最好参照高水平的讲演和政论发言。材料可适当丰富,讲述要尽量简练清晰,要把更多时间留给愿景、架构、项目、实施计划等汇报重点。要把汇报当作对企业高层进行信息化培训的好机会,当作了解领导和业务部门的信息化需求和思路,听取他们意见和建议的好机会,并认真在规划和后续的实施中落实他们的意见和要求,保证规划实施的成功。

三、信息化项目年度计划编制与实施

企业信息化年度计划的制定,要在企业整体年度计划指导下进行。由信息管理部门根据信息技术总体规划、合同签订情况、项目进展以及新项目可行性研究报告,编制年度工作计划及经费预算。年度预算在与规划计划部门、财务部门沟通后,报企业信息主管领导审查;通过后报信息化工作领导小组审批。信息管理部门根据信息化工作领导小组审批意见修改完善,分别报送规划计划部门和财务资产部门。规划计划部门将信息化项目年度投资计划列入公司年度投资计划并适时下达;财务资产部门将信息化项目费用预算汇总进入公司年度预算并适时下达;信息管理部门负责年度计划任务的组织实施。

由于信息技术总体规划投资预算不包括系统维护费用、培训费用及数据采集与监控系统、集散控制系统、液位仪等各类自动控制系统及用户端硬件设备等投资,需要认真落实配套资金,做好信息化建设的基础配套工作。大型企业集团信息化建设原则上是两级统一投入。集团信息技术总体规划中包括了总部统一投资的信息化项目,对于信息技术总体规划不包括的基础部分和配套部分要由各成员企业根据实际需要自行建设。各单位的基础配套设施建设要按照"统一标准、两级投入、网络共用、资源共享、分步实施"的模式进行,着重做好四方面的工作。

(1)抓好生产装置监测监控系统及其接口等配套系统建设。由于历史原因,一些企业的基础设施欠账较多,普遍存在生产装置 DCS 等数据采集接口和化验分析仪器接口较少,计量仪表老化、技术落后、计量误差大的问题。这些问题不但直接影响着企业的精细化管理,而且不具备向新建信息系统实时提供数据的能力,严重制约信息系统的建设,限制了系统的应用深度和应用效果。相关业务主管部门要组织各成员企业通过多种渠道解决这些问题,保证信息系统建设和应用的需要。

(2)加强网络配套建设。要依托企业广域网和骨干网已有基础,建设、完善本单位的内部网络,将生产控制网与办公网分离,配备必要的网络备份设备,为信息系统建设和应用创造良好的网络运行环境。在具体分工上,企业总部负责网络核心层、汇聚层设备建设;各成员企业负责接入层链路、网络设备以及其他配套设施的建设。

(3)加强机房建设。机房建设的好坏将影响着信息系统能否稳定、可靠、安全运行,要采取有效措施,逐步整合、完善机房场地与供电系统等配套设施,增强信息系统运行保障能力。要逐步将设备集中放置在成员企业机房或数据中心,降低运行维护成本。

(4)做好办公计算机等配套建设。各成员企业要结合自身的实际情况,按照信息系统建设进度和应用要求,逐步配置办公计算机,满足应用需求。该配置办公设备的岗位,设备性能要配置到位。

第九节 规划调整与滚动编制

企业的改革发展是螺旋式上升的过程,为之服务的信息化也在不断发展、不断深化。发展的基础和环境在改善,需求在变化,技术在更新,这些都要求信息技术总体规划及时调整优化,以反映和适应新的发展与变化。任何一个信息技术总体规划都难以准确预测三五年后的情况。从企业的实际情况来看,正如业务发展规划是一种滚动发展规划一样,信息技术总体规划也应该是一个滚动的规划。因此,合理的、可行的信息技术总体规划应该与业务滚动发展规划同步,采取"规划五年,每年微调,三年滚动"的规划策略。

信息管理部门每年组织对信息技术总体规划的执行及其对业务支持度进行评估,并根据需要进行调整。调整后的信息技术总体规划经规划计划部门确认,由信息管理部门上报信息化工作领导小组审批,由信息管理部门组织实施。

信息化三年滚动规划的编制,仍按照三阶段方法论进行。一般按照企业滚动规划编制工作的整体部署,由信息管理部门组织成立专门的规划滚动编制项目组,在规划计划部门的统一指导和各业务主管部门的参与、配合下,按照"业务部门需求主导、信息部门总体协调"的工作方式,首先由各业务主管部门结合现状和业务需求提出本专业的信息化项目建设框架草案,信息管理部门和各业务主管部门组织逐一进行草案对接和专家研讨,经过统筹平衡,形成整体信息技术总体规划和项目安排的框架意见,再经反复沟通协调,编制并提交信息技术总体规划草案。主要阶段和里程碑概述如下。

（1）项目启动：信息管理部门组织召开信息技术总体规划（滚动）编制协调会,落实规划编制总体组和各专业组人员,制订工作计划,明确工作职责,正式启动规划编制工作。

（2）现状调研和需求分析：规划总体组编写信息技术总体规划草案编制建议提纲,指导专业组开展规划编制工作；专业组对本专业进行现状调研、信息化需求分析及项目框架设计,初步形成本专业信息技术总体规划框架草案。

（3）草案对接：信息管理部门组织各业务主管部门分别召开规划框架草案对接会,各专业组与规划总体组研讨规划框架草案,形成各专业规划草案初稿。规划总体组对专业规划草案进行汇总、统筹,形成信息技术总体规划草案。

（4）专家研讨：各业务主管部门分别与信息管理部门共同组织规划草案专家研讨会,业务主管部门及规划计划部门主管领导和相关负责人、信息管理部门主要领导和主管领导参加会议,听取专业组专业规划草案汇报和总体组信息化项目总体情况汇报,形成规划草案修订稿。

（5）内部评审：信息管理部门组织召开规划草案内部评审会,规划计划部门、各业务主管部门主管领导及特邀专家参加,形成信息技术总体规划草案评审意见。规划项目组根据评审意见对规划草案进一步修改完善,形成信息技术总体规划送审稿；送审稿报信息化主管领导审阅后,由信息化工作领导小组开会专题听取汇报,审定后印发并部署实施。

滚动规划报告分三部分。

第一部分,即现状与需求分析,包括：信息化建设进展（信息技术总体规划的实施概况,专业应用系统、管理应用系统、基础设施项目的实施进度和实施效果,投资完成情况,信息化组织与人员状况）；从信息管理、应用系统、基础设施、组织队伍四个方面对信息化现状进行评估；信息化发展趋势；对标公司案例；从业务战略出发的各业务信息化需求分析。

第二部分,即愿景规划与架构设计,包括：总体目标与指导思想,各业务信息化建设目标,信息与应用架构,基础设施与信息安全架构,信息化组织队伍架构等。

第三部分,即项目规划与实施设计,包括：差距分析,信息化能力改进需求框架,信息化项目框架说明,规划的实施计划,投资安排,预期效果,保障措施等,还包括各项目的具体描述。

第十节　信息化项目可行性研究

信息技术总体规划对每个项目进行框架设计,这只是对项目最基本的定义,在项目实施前,还需要进行项目可行性研究,对相关现状、需求、技术方案、实施方案、投资、运行维护等内容进行较详细的研究分析,形成项目可行性研究报告。信息管理部门根据信息技术总体规划和年度信息化工作计划,组织进行项目可行性研究（以下简称"可研"）。可研完成后,信息管理部门向规划计划部门提交项目可行性研究报告,提出立项申请。规划计划部门组织对项目可行性研究报告进行评估。评估通过后,下达项目批复。因此,信息化项目可行性研究不仅是项目建设中的重要环节,也是项目管理流程的重要步骤。

信息化项目有诸多不同于基建等传统项目的特点,对可研而言,有两个特点值得特别关注:一是项目可研的深度较难把握。一般而言,主流设备采购和管理咨询项目的可研可以适当简略一些,而应用系统建设项目可研要复杂、深入一些,特别是对企业业务运行影响大、推广范围广、投资规模大的应用项目,可研更要深入。二是准确的投资估算难度很大。信息技术市场产品更新快,价格变化大,招标可获得的总价折扣很难预料。

信息化项目可行性研究报告的主要内容由总论、现状分析、需求分析、技术方案、系统概要设计、系统运行维护组织与定员、项目实施、投资估算、效益分析、风险分析、可行性分析及附件构成。

一、总论

总论对项目和可行性研究报告进行说明,主要包括项目基本情况、编制依据、编制原则、背景、项目必要性、研究目标、研究范围、投资估算、研究结论、存在问题与建议等。

在项目基本情况部分,要列出项目名称,简述项目性质,如新建、扩建(升级、改造、系统集成等)。在编制依据部分简要说明可行性研究报告的编制依据,包括相关文件的名称、起草单位、批准单位、文号和日期,同时应有国家相关规定、公司有关文件、批复报告,合同、委托方提供的基础资料以及其他相关参考文件等,项目推广阶段的可行性研究报告要包括项目前一阶段的总结、评价等内容。

在项目背景部分,要说明项目来源(有关文件、批示等)、概述与项目有关的前期工作与前期论证情况以及决策过程。

在项目建设的必要性部分,应从业务需求等方面说明项目的必要性,简单叙述项目与其他信息技术项目的关系和对其他项目的影响,以及项目对企业业务运营发展、技术进步、管理水平和市场竞争力提升等的作用,并就项目实施后对企业的影响进行简要描述。

在研究目标部分,应概述项目的建设总目标、分阶段目标(如试点阶段目标、推广阶段目标等),从项目的可行性、实施范围、实施策略等方面概述项目的可行性研究的目标。在研究范围部分,应说明项目建设的范围和主要任务,以及项目可研需要考虑的其他相关因素。

在研究范围部分,应分别简要说明项目所涉及的组织、业务、应用系统和投资范围。其中组织范围包括项目涉及的组织机构的范围和层级,业务范围包括项目所包含的业务领域(包括业务流程),应用系统范围包括对项目大类功能的范围界定,在投资范围部分列出全部投资。对研究范围涉及的具体内容在后续章节中详细介绍,本部分仅作简单界定。

在编制原则部分,要说明项目可研编制时需遵循的基本原则,一般包括用户要求(包括用户制度、规范、规划的要求以及管理层的要求等)。在投资估算部分,要对项目投资估算进行概述。

在研究结论部分,应概要说明可研的总体结论,包括方案是否可行、经济评价结论、实施的基本策略、实施计划和方案要点、系统覆盖的范围、实施的前提条件以及系统投入应用后的预期效果等。

在存在问题与建议部分,应简要说明实施时应注意的主要问题和风险因素等,并提出应对这些问题和风险因素的主要对策。

二、现状分析

现状分析主要由企业概况、业务综述、信息化现状分析、相关领域国内外信息化发展趋势和实例介绍构成。

在企业概况部分应简要描述企业情况,列出系统潜在使用单位,完整地描述潜在使用单位的组织机构和管理模式、业务发展规划等。

在业务综述(指与本系统有关的业务)部分要突出三个方面:一是要从业务范围、内容、规模及管理模式等方面描述业务现状;二是重点描述本系统所支持的业务未来变化及发展方向;三是对业务流程进行分析,说明主要业务流程、信息种类、信息量、数据类型等,并对主要业务流程进行简要描述,分析当前业务流程的优缺点,引出新系统建设需求,并简要论述新系统建设后将对业务流程发挥的作用或影响,要着重对流程的环节控制点进行描述,突出关键业务活动。

在信息化现状分析部分,介绍现有信息化现状,总体评估信息化对现有相关业务的支持能力。重点放在四个方面:一是信息管理现状,尽量采用图表的形式说明信息流动情况,列出当前信息种类、分布和数量,分析现有管理模型的优缺点及信息管理是否满足未来需要。二是应用系统现状,描述当前应用系统的现状,包括系统名称、版本、应用范围、用户及其分布等情况;评估其对业务的支持能力。三是基础设施现状,描述当前相关硬件、基础应用系统以及信息系统安全的现状,包括计算机服务器和终端、网络设备、操作系统、数据库、安全认证、统一授权和信息安全管理等情况,分析其能力。四是组织与人员现状,描述当前与本系统相关的信息技术组织和人员情况,进行评估,分析其优势和风险。

在相关领域国内外信息化发展趋势部分,根据各项目的具体情况可分以下几个方面进行描述:应用系统发展趋势、信息管理(获取、传输、存储、利用)发展趋势以及基础设施发展趋势。重点是国外相关领域类似信息系统的技术水平、应用现状及发展趋势,类似信息系统的成功案例等。

在实例介绍部分,重点介绍国内外同类公司应用相关系统的实践和经验,实例尽量集中于一个对标或典型公司,要分析透彻。

三、需求分析

需求分析的主要任务是在现状分析的基础上,分析总体需求,提出项目建设的重点和难点。主要由业务需求、功能需求、技术需求、数据需求等构成。

在业务需求部分,根据企业的发展目标和业务发展规划,对照国内外实例,分析说明总体业务需求,重点放在目标用户和业务流程分析上,应根据项目实际情况和要求,画出相关业务流程图。

在功能需求部分,重点分析清楚企业总体功能需求和目标用户功能需求,从而明确系统应达到的总体功能要求和用户的具体功能需求。

在技术需求部分,重点讲清楚六类需求:一是性能需求,包括系统在最大用户数、最大并发用户数时的响应时间、数据的备份时间、系统的平均无故障时间等;二是输入输出需求,包括系统可以提供的图形界面、中文显示和输入、输出功能等;三是数据管理能力需求,包括系统具有的数据备份、数据恢复方式和能力等;四是故障处理需求,包括系统具有防病毒能力、双机热备份能力等;五是运行环境需求,说明系统的软硬件配置要求、网络及通信要求;六是与其他系统接口需求,说明与其他系统接口的具体需求,如数据交换协议等。还可补充其他需求,包括安全保密、系统维护、用户培训等。

在数据需求部分,重点放在数据标准化需求上。应简述项目对数据标准化的要求,简述相关的主要业务信息种类和信息量,分析说明项目实施对现有业务信息的要求和影响。

在完成上述工作的基础上,将未来目标与现状进行比较,分析得出差距。

四、技术方案

技术方案是可行性研究报告中非常重要的一部分,技术方案所选择系统的技术路线,所确定的系统的主要技术指标,是达到系统建设目标、满足业务需求的技术基础和保证。技术方案主要由系统建设目标与范围、系统功能架构方案、系统体系架构方案、系统技术方案构成。

在目标与范围部分,应明确方案设计的目标,方案设计所覆盖的组织、业务和用户范围,描述方案与现有系统及总体规划中其他系统之间的关系,如功能、信息等方面的相互关系。

在系统功能架构方案部分,应列出拟采用的多个系统功能架构方案及其主要特点,说明各方案包括的各项功能,如系统的应用范围、系统支持的业务领域、系统的功能模块划分等。并从系统功能需求满足情况,系统功能架构的实用性、先进性、可扩展性,系统功能实现的难易程度等方面对各方案进行比选,说明其优缺点,提出推荐方案。

在系统体系架构方案部分,应说明各拟采用方案的体系架构及其主要特点。并从体系架构的先进性、可靠性,结构的合理性,架构实现的难易程度,方案经济性等方面对各方案进行比选,说明其优缺点,提出推荐方案。

在系统技术方案部分,应分别从宏观上比较分析硬件方案、数据库方案、应用系统产品方案、运行环境方案和建设方案的几种备选方案,并根据实际情况提出推荐方案。硬件方案应描述各方案的特点、架构、分布情况,根据系统对硬件的要求进行硬件方案的总体设计,并充分考虑系统的稳定性、安全性、开放性和可扩展性,进行比选论证后提出推荐方案。数据库方案应根据系统的特点、数据的分类、数据库服务需求分析、数据量预测分析等进行数据库方案总体设计,进行比选论证后提出推荐方案。应用系统产品方案应描述市场主流产品的性能及其应用情况,并说明各产品方案的技术指标、特点、优缺点。运行环境方案应描述可行的运行环境方案,包括硬件环境、软件环境及网络环境,提出推荐方案。建设方案应根据系统实施特点描述系统建设模式和策略,说明可采用的模式(如应用成熟产品模式、定制开发模式或混合模式)的特点和优劣,提出推荐方案。

上述工作的顺利完成,将为系统设计奠定基础。

五、系统概要设计

系统概要设计根据推荐技术方案,结合需求分析结果进行,要逐项满足需求分析中的要求。概要设计主要由系统功能设计、信息流设计、基础架构配置设计、接口设计、安全性设计等构成。

在系统功能设计部分,主要包括总体结构设计、系统主要功能设计和子系统(模块)功能设计。总体结构设计应说明系统的总体架构及特点,总体功能架构和系统部署方案;说明系统功能所能覆盖的业务范围及其对业务的支持;根据不同用户的业务需求,进行用户分类定义,确定用户数量。系统主要功能设计应根据功能架构方案,描述系统功能的实现流程。子系统(模块)功能设计应对系统中每个子系统(模块)进行功能描述,包括目标、功能概述、涉及的业务部门、频度、关键输入和输出涉及的数据来源与去向,以及形成的结果数据类型等信息。

在信息流设计部分,说明系统及模块的信息流向,明确信息类型、信息项、信息来源及流向、频度等指标,并绘制数据流图。

在基础架构配置设计部分,重点根据技术方案做好硬件配置设计、数据库配置设计和运行环境配置设计。硬件配置设计包括网络设备、存储设备、服务器和终端设备,根据支持业务所需的数据传输量、频率、安全等级进行估算,确定所需各类硬件的性能要求和数量。数据库配置设计应说明系统所需数据库的配置要求,包括数据库的逻辑结构、数据容量和更新频率等。运行环境配置设计应根据业务需求,估算系统的通信量,提出不同用户的网络带宽需求,并明确对系统软件环境和机房环境的设计要求。

在接口设计部分,包括系统内部接口和外部接口设计,应说明构成系统的各个子系统(模块)的功能及相互间的数据流向关系,给出子系统(模块)关系图;说明与本系统存在数据交换的其他系统对本系统的数据要求,如数据类型、数据流向、数据项和频度等。

在安全性设计部分,应按照国家信息安全的政策法规和本企业的有关规定,从设备安全、系统自身访问控制、病毒及系统攻击防御、数据以及文档管理和备份、员工信息安全管理、安全事件响应及应急预案等方面,进行系统安全性设计。

六、系统运行支持组织与人员

系统运行支持组织与人员部分要提出保证系统上线后正常运行所需要的组织和人员条件。主要由设计原则、系统运行维护任务、组织机构与定员及其职责、培训计划构成。

在系统运行维护部分,应说明系统上线后对现有组织机构与人员的影响以及运行维护的工作内容。在组织机构与定员及其职责部分,应明确建设新系统后对现有信息技术组织的人员需求以及对组织机构和角色的需求,提出系统维护的组织设置,详细描述其组成和职责,提出维护人员的技能和数量需求。在培训部分,应描述系统建成后应进行哪些培训,提出培训目标和计划、主要内容、参训人员等。

七、项目实施

项目实施部分应明确项目实施原则、策略及方法,为项目实施全过程管理提供参考。项目实施主要由项目实施原则及方法、项目实施前提条件、项目管理、项目实施组织机构、项目实施过程和方式、项目实施培训、项目实施进度计划和项目验收指标构成。

在项目实施原则及方法部分,应阐述项目实施计划的制订原则,根据推荐方案,进行阶段划分,列出项目实施里程碑,指出实施过程中的重点和关键点。

在项目实施前提条件部分,应综合考虑各种因素对项目实施的影响,说明启动项目实施时应具备的条件,并分别从信息技术环境和外围因素两个方面进行详细论述。

在项目管理部分,根据项目实施方法的要求,说明项目管理的主要内容,包括管理的重点和关键点,如资源、进度、风险和质量等,并将其作为项目实施组织设置的依据。项目管理主要包括项目计划和进度管理、风险管理、质量管理、变更管理、成本管理、沟通管理、人力资源管理、文档管理、问题管理和综合管理等。

在项目实施组织机构部分,应按照项目实施要求,设计项目组织,对项目组织中的部门及岗位的职责进行说明;并根据工作量确定相应人员的数量,包括第三方咨询、内部支持和业务协作等。

在项目实施过程和方式部分,应明确项目实施的基本策略,如先试点、后推广,选择合适的试点单位等。在项目实施培训部分应描述项目实施过程中所要进行的全部培训,明确培训目的、内容、人员和计划。

在项目实施进度计划部分,应根据实施方法,估算项目建设总工期,分阶段说明工期、工作内容和相互关系,标出里程碑和实施关键点。在项目验收指标部分应说明验收的内容、成果形式、验收的方法和指标;说明每个实施阶段验收的内容、成果形式、验收方法和指标。

八、投资估算和效益分析

投资估算和效益分析是项目可研另一个非常重要的部分,主要任务是提出为达到项目目标、保证系统在预定范围内建成应用所需要的资金投入,描述系统应用后可以为企业带来的多方面效益。这部分主要由投资估算编制依据、编制范围、主要工程量测算说明、总投资估算结果、投资效益分析构成。

在编制依据部分,应阐述编制投资估算所依据的政策和标准,包括国家和行业标准、其他取费规定、相关取费依据、进口关税和汇率等,同时要充分依据企业内部相关标准、规范等,采用通行的算法、公式和参数、前提条件等。

在编制范围部分,应明确项目投资构成,包括工程费用、其他费用和预备费用。其中,工程费用分为硬件、软件、咨询、内部支持、实施单位配合及数据整理与迁移费用;其他费用分为会议费、印刷费用、培训费用、可研及评审费和其他费用;预备费用即不可预见费用,按上述两项之和的8%计算(硬件、软件和咨询费用已经有协议的不计算在内)。

在主要工程量测算说明部分,应描述推荐方案的主要工程量的测算方法和过程,并给出主要工程量测算。在总投资估算部分,应有投资估算编制说明,有硬件、软件、咨询、内部支持等单项费用,应分列试点阶段投资估算、推广阶段投资估算、总投资估算、年度费用估算等,以便于考核项目资金下达和使用情况。

在投资效益部分,应对项目的投资效益进行定量或定性说明。无论是定量或定性说明,都应根据系统特点列举相关指标,并通过比对分析其投资效益。在投资效益中必须包括五年内的运行维护费用估算。

运行维护费用作为投资效益中成本分析的一个指标,其构成包括硬件维护费用、软件维护费用、服务费用、杂费等。综合来看,系统上线运行后,每年的运行维护费用大约占项目建设总投资的15%~20%。

九、风险分析

项目是否可行,风险分析非常重要。在可行性研究报告中,必须对项目投资可能存在的风险因素进行分析和说明,并提出规避风险的措施和办法。风险分析主要由风险识别、风险范围确定、风险程度分析和风险规避及降低措施构成。

在风险识别部分应列出风险分类及其识别方法。在技术风险部分应列出并分析项目技术类风险,说明规避或降低风险的措施。在非技术风险部分应列出并分析项目非技术类风险,说明规避或降低风险的措施。要对比提出的风险措施,提出推荐措施。

十、可行性分析

可行性分析是项目可行性研究报告的结论部分,主要由技术可行性分析、经济可行性分析、研究结论、问题与建议构成。

在技术可行性分析部分,要对已有技术和工作基础进行描述,介绍项目建设单位所实施的与项目相关的信息系统,已做的相关流程、制度、机构、人力资源、培训等方面的工作,说明可利用的信息资源;描述可用技术和条件,简要介绍适合项目的目前流行的主要技术、产品和资源及其可获得性;分析建设项目的环境条件、施工条件,以及外部协作配套条件等对项目支持和满足的程度。

在经济可行性分析部分,要从资金条件和建设投资、运行维护费用等方面说明项目的经济可行性。

在研究结论部分,要对企业发展、业务需求、技术方案、建设条件、资金筹措及经济效益等方面进行简要论述,提出项目可行与否的结论意见。

在问题与建议部分,要根据项目研究结论和推荐方案,说明项目建设条件、技术、经济等方面存在的主要争论和未解决的问题,可能存在的风险,提出解决问题的对策,以及项目下一步工作的意见和建议。

在可行性研究报告正文结束之后,一般还有一系列附件,如:名词解释,列出关键术语的定义和外文首字母缩写的原词组;相关软件产品简介,列出相关产品情况、功能及性能介绍、解决方案介绍等;若有试点方案,还应将试点方案作为附件列出。

总之,信息化项目可行性研究报告(示例架构见附录2-4)是在信息技术总体规划指导下,按照其确定的项目目标、范围、主要功能、投资概算等内容,从项目可行性和进一步做好项目实施与运行维护工作的角度,对相关内容进行更加详细的研究、描述和论证,使项目管理部门和实施团队对项目有更加深入、细致、准确的把握和理解。这是加强项目管理、做好系统详细设计和实施工作的基础,是提高项目建设整体质量的重要保证。

附录2-1 信息化现状与需求分析报告框架示例

报告摘要
1 前言
  1.1 项目背景
  1.2 项目范围
  1.3 报告目的
  1.4 项目方法
  1.5 主要过程
2 发展趋势综述
  2.1 行业业务和信息化实践及发展趋势
  2.2 关键信息技术及发展趋势

2.3 信息化管理组织架构趋势
3 业务战略与信息化需求
 3.1 企业组织机构
 3.2 下属单位及地域分布
 3.3 企业面临的挑战和机遇
 3.4 总体战略和业务战略
 3.5 主要业务流程
 3.6 各业务领域主要业务与信息化问题
 3.7 各业务领域主要信息化需求
4 信息化现状评估
 4.1 管理制度和技术标准
 4.2 应用软件
 4.3 系统集成
 4.4 信息基础设施
 4.5 信息管理组织机构
 4.6 现有信息化投入
 4.7 当前信息化投资计划
 4.8 信息化的主要问题
5 结束语
附录Ⅰ 关键技术研讨文档
 （1）企业资源计划
 （2）上游应用软件
 （3）下游应用软件
 （4）销售应用软件
 （5）公司总部管理应用软件
 （6）电子商务
 （7）技术基础设施
附录Ⅱ 趋势研讨文档
 （1）上游行业趋势
 （2）下游行业趋势
 （3）销售行业趋势
 （4）信息化组织的成功经验

附录2-2 信息化愿景与架构设计报告框架示例

报告摘要
1 前言
 1.1 项目背景

1.2 项目范围
1.3 报告目的
1.4 项目方法
1.5 主要过程
2 业务战略和信息化需求
 2.1 总部战略和信息化需求
 2.2 业务主管部门战略和信息化需求
3 面临业务和信息化局限与挑战
 3.1 业务局限与挑战
 3.2 信息化局限与挑战
4 信息化设计原则和最佳实践
 4.1 信息管理设计
 4.2 应用系统设计
 4.3 基础设施设计
 4.4 信息化组织设计
5 信息化发展战略/愿景
 5.1 战略目标
 5.2 战略任务
6 信息架构
 6.1 信息管理总体架构
 6.2 各业务信息架构描述
7 应用系统架构
 7.1 业务流程模型
 7.1 应用系统总体架构
 7.2 各业务应用系统架构和数据流图
8 信息技术基础设施架构
 8.1 信息技术基础设施总体架构
 8.2 各基础设施架构描述
9 信息化组织架构
 9.1 信息化决策架构
 9.2 信息化管理架构
 9.3 信息化支持架构
 9.4 信息化服务架构
 9.5 信息化管理制度架构
 9.6 信息化技术标准架构
10 信息化战略实施的成功因素和保障措施
 10.1 信息化战略实施的主要方向
 10.2 对业务的影响及需考虑的因素

10.3　成功因素和保障措施
11　结论

附录 2-3　信息技术总体规划报告框架示例

报告摘要
1　前言
　　1.1　项目背景
　　1.2　项目范围
　　1.3　报告目的
　　1.4　项目方法
　　1.5　主要过程
2　差距分析
　　2.1　差距分析方法
　　2.2　差距矩阵图
　　2.3　关键IT能力差距分析
　　2.4　设计改进措施
3　项目体系框架设计
　　3.1　项目体系框架
　　3.2　框架分业务描述
4　信息化项目规划设计
　　4.1　设计要求
　　4.2　主要内容
　　4.3　项目设计/描述
5　经济评价
　　5.1　投资范围和预算原则
　　5.2　总投资预算
　　5.3　直接经济效益
　　5.4　其他效益
6　项目实施计划
　　6.1　项目优先级确定
　　6.2　项目实施路线图
　　6.3　按季度资金和人力投入计划
7　规划实施的挑战、风险和保障措施
8　结论
附件：《信息化项目描述》

附录2-4 信息化项目可行性研究报告框架示例

1 总论
   1.1 项目基本情况
   1.2 编制依据
   1.3 项目背景
   1.4 项目必要性
   1.5 试点工作总结
   1.6 研究目标
   1.7 研究范围
   1.8 系统定位
   1.9 编制原则
   1.10 投资概述及研究结论
   1.11 存在问题与建议
2 实施单位现状分析
   2.1 概况
   2.2 信息技术现状分析
   2.3 相关领域国内外信息技术发展趋势
   2.4 现状分析总结
3 需求分析
   3.1 业务需求
   3.2 功能需求
   3.3 技术需求
   3.4 接口需求
   3.5 数据需求
   3.6 总结
4 技术方案
   4.1 目标、范围与定位
   4.2 拟实施功能列表
   4.3 系统功能架构方案
   4.4 技术架构方案
5 概要设计
   5.1 系统功能设计
   5.2 信息流设计
   5.3 基础架构配置设计
   5.4 接口设计
   5.5 安全性设计

6 系统运行的组织机构与定员
　　6.1 系统运行维护的目标和任务
　　6.2 组织机构与定员设计的原则
　　6.3 组织机构与定员及其职责
　　6.4 运行维护总体流程
　　6.5 人员配置
　　6.6 保障措施
7 项目实施
　　7.1 实施原则
　　7.2 实施前提条件
　　7.3 实施组织机构
　　7.4 实施过程和方式
　　7.5 培训
　　7.6 实施进度计划
　　7.7 人员投入计划
　　7.8 验收指标
8 投资估算和效益分析
　　8.1 投资估算依据
　　8.2 总投资估算结果
　　8.3 投资效益分析
9 项目管理
　　9.1 基本前提
　　9.2 管理的基本思路
　　9.3 进度管理
　　9.4 风险管理
　　9.5 需求变更管理
　　9.6 沟通管理
　　9.7 配置管理
　　9.8 质量管理
　　9.9 知识转移及知识产权保护
10 风险分析
　　10.1 主要风险分析
　　10.2 风险规避措施
11 可行性分析
　　11.1 技术可行性分析
　　11.2 经济可行性分析
　　11.3 研究结论
12 附录

第三章 企业信息化项目采购招标

　　企业信息化建设过程中采购的软件、硬件、管理咨询、系统集成等产品和服务都是通过招标完成的。招标可以促进供应商之间的竞争,在优选产品和服务的基础上大幅度降低采购成本,节省信息化建设投资;招标可以避免反复冗长的技术、商务谈判,节省采购时间,提高决策效率,加快项目进程;招标可以通过规范的采购流程,预防腐败,建设"阳光工程";招标可以实现统一标准、统一设计、统一平台的目标,从源头上为信息共享提供软硬件基础平台。因此招标采购是信息化建设过程中必不可少的环节,也是确保信息化项目建设成功的一个重要环节。

第一节 信息化项目选型策略

　　信息化项目选型(也称 IT 选型),是指与信息化项目相关的硬件、软件、咨询、集成等供应商、服务商的选择。选型是信息化项目设计与管理的一项重要工作。信息化项目建设,就像房屋建造一样,选择什么样的建设方案、建筑材料和构件设施,选择什么样的设计队伍、施工队伍和监理队伍,是极其重要的,甚至会决定建设的成败和今后的长期稳定运行。

　　信息化项目选型和招标是紧密联系的两个环节。选型是招标的基本依据,招标是选型的具体实施,两者上接项目需求分析和可研,下接系统详细设计和开发实施。项目的选型和招标过程既是需求分析进一步明确的过程,也是需求分析与软硬件供应商匹配的过程,还是选择实现需求的最佳合作伙伴的过程。

　　企业信息化项目成功的要素可以归纳为:科学的规划,完善的方案,合适的选型,最佳的合作伙伴,高素质的支持队伍,科学的实施和深入的应用等。由此可以看出,选型和招标对项目成功意义重大。有人把选择供应商比作婚姻,看准选准了幸福美满、终身受益;也有人把招标看作一场战斗,成败关键之一在于是否选择了真正合适的供应商。不管怎样,企业信息化项目选型需要正确的策略和缜密的考量。

　　2007 年 8 月,《中国计算机报》通过调查发现,过半的受访信息主管将供应商品牌作为 IT 选型的首要因素,之后依次是曾经合作过的厂商、行业经验、报价、资质和国别。

　　对企业而言,每个信息化项目选型和招标都要考虑以下因素:
　　(1)厂商资质、规模要符合项目要求,规避厂商转型、倒闭等风险;
　　(2)厂商的产品为当前市场上的主流产品,厂商的售后服务一流;
　　(3)必须有近三年与招标项目规模、方案相近的成功案例;
　　(4)对项目理解准确、思路清晰,有完整的解决方案;
　　(5)厂商投标的系统方案和技术设备符合集中、集成、可扩展、绿色环保等要求;
　　(6)厂商能确保项目经理、项目团队有与项目相关的丰富经验;
　　(7)项目总体拥有成本低,综合性价比高,不一定投标价最低。
　　对于硬件和系统软件选型,要注意:

(1)选择市场上的主流厂商；
(2)具有良好的升级和服务承诺；
(3)同等条件下选择价格最低的厂商产品。

对于应用软件产品选型,要注意：
(1)是否市场上的主流厂商；
(2)是否功能丰富、性能优良、价格合理,市场份额大；
(3)是否开放性好,有良好的跨平台适应性,是否与其他软件的接口丰富；
(4)有与本企业类似的成功用户；
(5)具有良好的升级和服务承诺；
(6)是否综合性价比高。

对于软件服务商选择,要注意：
(1)是否市场上的主流厂商,市场份额大；
(2)在国内或就近有较强的开发实施服务队伍；
(3)有与项目规模和方案类似的成功案例；
(4)项目经理、项目团队有较强的实力和丰富的经验；
(5)有完善的培训方案和服务承诺；
(6)报价是否合理。

对于咨询商选择,要考虑：
(1)是否国内外著名咨询机构；
(2)公司专业领域和市场份额；
(3)本行业本项目类似的成功案例；
(4)项目经理、项目团队的实力和经验；
(5)项目实施的方法论科学、知识库是否丰富,支撑力量是否可靠；
(6)报价是否合理。

第二节　招标概述

一、招标的范围、方式、分类及增加谈判优势的方法

(1)招标范围。企业信息化项目所需的软件、硬件、管理咨询、系统集成等产品和服务,除企业统一选定的操作系统、桌面办公软件、数据库软件产品等通过招标入围的方式及长期租用的网络链路外,都在招标采购的范围之内。

(2)招标方式。企业信息化项目招标分为公开招标和邀请招标两种。为了节约时间和成本,缩小选择范围,一般采用邀请招标方式。邀请招标,是指招标人以投标邀请书的方式邀请特定的单位或组织投标。根据信息化项目的范围、内容、工期和特点,项目招标单位向三个以上具有承担项目能力、且资信良好的单位发出投标邀请书。决定参加投标的单位应在 7 日内,以书面形式通知项目招标单位予以确认,不确认的视为该单位放弃投标。

(3)招标分类。项目招标大致划分为软件产品招标、硬件产品招标、管理咨询与系统集成服务招标三大类。各类招标根据招标对象和内容的不同,侧重点也不一样。在一般情况下不采用招集成商然后再分包的形式,而是直接招软、硬件厂商和咨询厂商。

① 硬件产品招标。

硬件产品招标针对硬件产品供应商,主要工作是硬件供货、安装实施、保修服务等。这类招标需要重点考虑投标人投标的产品性能是否在同一档次、同一水平上。在商务报价表中要求投标人报单价、折扣等内容。在评标时,需要核对投标人的产品数量、性能和价格,以防止其漏报设备,恶意竞标等。

② 软件产品招标。

软件产品招标具有以下特点:软件复杂度高,各软件厂商产品差别较大,各类软件报价方式不统一、计算复杂,每年收取的升级维护费用计算不一样,对客户化有一定要求等。这类招标需要在标书中明确软件许可的数量、开发工作量、工作成果、维护支持的年限。同时在商务报价方式上,要求投标人报企业版软件的价格,以便根据需要考虑购买企业版软件的可能性。

软件产品招标一般先于硬件产品招标,软件供应商仅限于提供软件产品,不提供硬件产品,也不具有硬件产品的建议权。这从工作程序上保证了硬件产品招标的选择权。

③ 管理咨询和系统集成服务招标。

管理咨询和系统集成服务招标的目的是优选服务商,借助服务商的知识和经验,为规模大、复杂程度高的项目提供国际同业水平、专业化的管理咨询和系统集成服务,降低项目风险,保证项目质量。

服务商的主要工作是进行管理咨询和系统集成服务,主要投入人力资源。这类招标需要在标书中明确主要工作内容、工作成果、至少投入的人员数量、工作天数、培训内容。同时对人员的质量和数量进行约定,约束所有投标人在同一工作量基础上进行报价。

管理咨询和系统集成服务招标一般先于软件、硬件产品招标。因为服务商的工作范围限于服务和实施,不提供软件、硬件产品,也不具有软件、硬件产品的建议权,从工作程序上保证了服务成果的公正性。

(4)增加谈判优势的方法。为了吸引更多的投标人来参与投标,并使其最大限度地压低价格,招标人往往设法加大标的金额的数量。具体做法有如下几种:

① 整合全年采购额和整个项目采购额,例如一次采购的金额可能很小,不足以吸引供货商参与和进行适度竞争,可以将全年的采购额加到一起招标采购,也可将一个大项目几年的采购额加到一起招标,中标后再分期供货、分期付款;

② 打包采购,将多个同类项目打包到一起招标;

③ 对招标人后续项目实行优惠承诺等。

二、招标的依据、原则

企业信息化项目招标依据《中华人民共和国招标投标法》和企业的相关规定,在公开、公平、公正的基础上坚持以下原则:

(1)强制招标。为了发挥整体优势,吸引国内外著名有实力的软件、硬件供应商和管理咨询商积极投标,选择最有竞争力的合作伙伴和售后服务,争取最大的价格优惠,有效控制项目投资,保证项目的实施质量和成功率,企业在信息化项目中要采取集中采购、统一招标的模式,引入竞争机制,通过招标采购软件、硬件、管理咨询和系统集成等全部产品和服务。

(2)归口管理。项目招标由企业信息管理部门归口管理。信息管理部门负责组织编制和发放招标文件,对投标人进行资格审查,同时组织专家进行评标。在招标过程中,企业法律事务部门负责合同条款审查与授权,计划部门负责项目资金来源审核,外事部门负责涉外合同审查,监察部门负责对招标进行监督,财务部门负责合同款项支付,审计部门负责项目后评估等。

(3)全程监督。招标工作具有很高的敏感性,必须施行全过程的监督,确保招标过程规范、合法、有效。关键是体现公开、公平、公正的原则,即招标内容和过程要公开,对待每一个满足投标要求的投标人要公平,评标工作要公正。对于企业来说,规范招标过程是防止腐败、有效控制项目投资、选择最佳合作伙伴的前提。每个项目招标都要组成招标监督组,对从开标到评标的全过程实施监督,审核并签署评标计分汇总表和相关材料后形成项目开、评标监督报告。

(4)一次招标,分期执行。对于分期建设的项目,坚持一次招标、分期执行的原则。建设单位先与供应商签订试点实施合同,再结合项目进展和供应商业绩签订推广合同。这一原则不仅有利于加大标的,争取更好的折扣,而且可以有效避免对同一项目多次招标,降低项目成本,保持软硬件平台和服务厂商的统一性。

三、招标工作及主要流程

企业信息化项目招标参与方和人员众多,准备工作细致,评标过程复杂,结果意义重大,是一项非常重要、复杂,管理和技术要求都很高的工作。招标过程需经过前期准备、发标、开标、评标、定标、签订合同和后评估等阶段。图3-1示出了招标工作及其主要阶段。

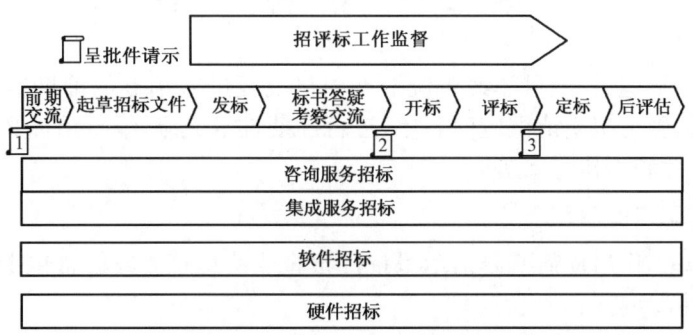

图3-1 招标工作及其主要阶段

信息化项目招标工作通常有三个里程碑,需要先后给企业信息总监或信息化主管领导呈报三个请示:首先是启动招标请示呈批件,其次是评标开始前的评标工作请示呈批件,最后是评标完成后的评标结果请示呈批件。三个呈批件一方面使领导及时掌握招标的大方向和关键环节,另一方面使招标的组织者和实施者准备充分,规范运作,确保成功。

图3-2示出了招标工作管理的主要流程,包括招标准备、发标、评标、授权签约等四个子流程。

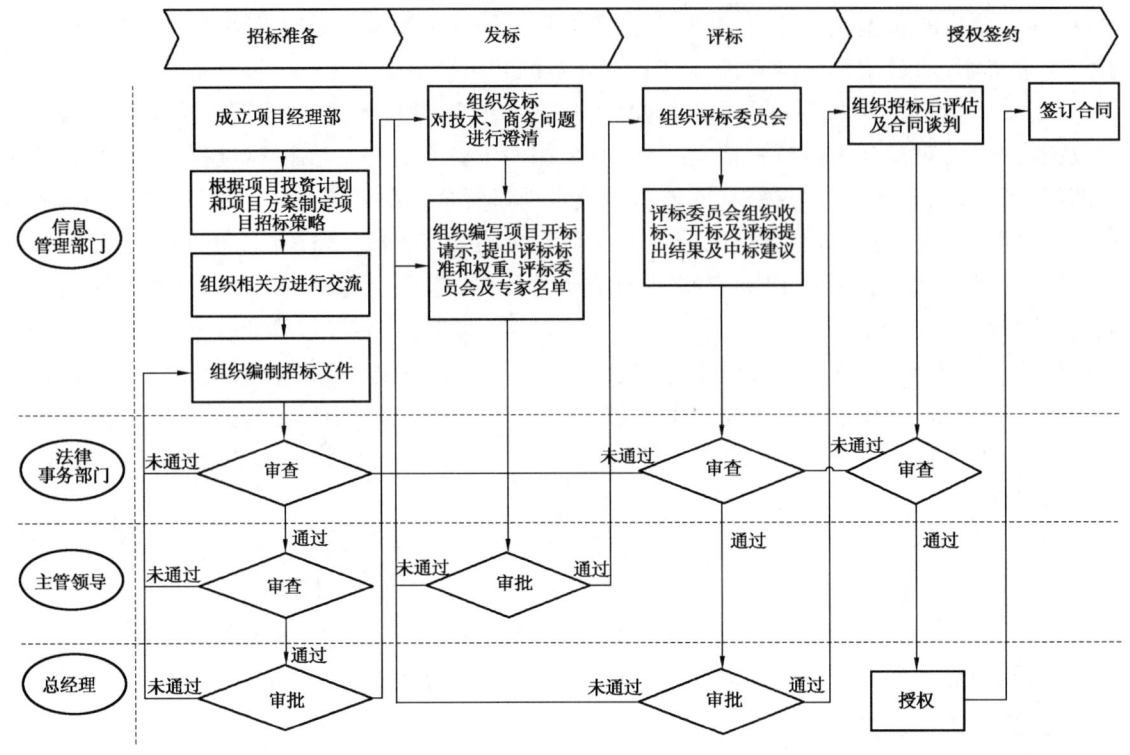

图 3-2 招标工作管理的主要流程

第三节 招标准备

项目投资计划下达后,项目建设单位根据项目批复进入招标的前期准备阶段。招标前期准备阶段主要包括确定拟邀请供应商名单,进行前期技术交流,编写招标文件,草拟合同,制定评标标准、评标纪律和工作方案等。

一、招标准备工作的启动

项目招标准备工作启动需要以请示呈批件报企业信息总监或信息化主管领导批准。请示呈批件包括以下主要内容:

(1)项目的来源、目标、任务、资金渠道、工作思路;

(2)项目组织架构建议,包括项目指导委员会、项目经理部、项目组的人员组成及职责;

(3)招标范围、目的和时间安排;

(4)拟邀请进行交流、投标的厂商。

报告一般有两个主要附件:一是项目组织、职责及人员组成建议;二是项目招标文件(框架草案)。

领导批复后,即按领导批示和报告要求抓紧开始项目前期交流及后续工作。

二、项目前期技术交流

项目前期技术交流是了解供应商及其产品技术、商务情况的重要手段,是完善项目方案、细化招标文件、制定评标标准的基础和准备工作。前期交流过程中,不涉及以后招标的任何敏感问题,不存在任何承诺和暗示,这样可以掌握以后招标的主动权。

前期技术交流的对象是潜在的邀请投标方,交流前要向邀请交流厂商发出邀请函,说明交流目的和交流的主要问题。第一次交流一般采用会议方式,各被邀厂商代表全部到会。会议由信息管理部门召集,部门主管领导出面提出要求,由项目负责人简要介绍项目情况,包括:企业及相关业务简介;项目的背景、目标和范围,项目主要任务和成果要求;项目组织形式等。在第一次交流会议上,可以要求供应商准备提交项目建议书,以便以后对提交的建议书进行进一步的沟通和交流。

项目组对供应商提交的项目建议书要提出明确具体的要求。以信息安全规划项目为例,项目建议书内容主要包括:

（1）信息安全的现状和趋势；

（2）信息安全规划项目建议,含项目理解、项目方法论、项目方案、培训方案、项目实施计划、项目组织、难点分析、风险及规避措施、售后服务承诺等；

（3）被邀公司的简要介绍,整体优势和承担本项目的优势,近三年在相关行业类似项目的成功案例等。

对建议书的交流一般采用与供应商分别交流的方式。根据情况,交流可进行多次。交流中如发现重要共性问题,项目组要及时书面通知各被邀请方,以便对建议书进行调整。

三、编写招标文件

标书由项目建设单位组织编制,报信息管理部门和法律事务部门共同审查后,由信息管理部门报信息总监或信息化主管领导审批；特别重大的项目需要经企业主要领导批准。

招标文件内容应包括:投标人须知；招标项目的性质、产品需求数量,技术规格,投标价格的要求及其计算方式；交货、竣工或提供服务的时间；投标人应当提供的有关资格和资信证明文件,投标保证金的数额或其他形式的担保；投标文件的编制要求；提供投标文件的方式、地点和截止日期；开标、评标的日程安排；评标标准和方法；合同格式及主要合同条款；需要说明的其他事项。

招标文件主要包括两个部分:技术标书和商务标书。

编制技术标书时有两方面工作需要注意:一是项目范围界定,二是产品和服务确认。项目范围在可研报告中已经进行了界定,但由于种种原因,招标时间可能与项目可研批复时间有较长的间隔,或由于企业自身的发展变化,可研阶段所作的范围界定已不能准确反映当前的需求。因此编制技术标书时,项目各方需要进一步沟通,进一步界定项目范围,必要的话,进行相应的修改。产品和服务在可研报告中也进行了定义,编制技术标书时也需要进一步整理确认,列出采购清单。

编制商务标书需要结合项目自身特点,对标书模板的内容进行必要的修改,如资质审查文件、合同样本商务条款、报价方式等(法律条款的变化应事先请相关的法律人员确认)。中国企业信息化项目投资预算是以人民币下达,商务报价原则上采用人民币报价,并且为完税后固定履约价格。情况特殊的,招标文件应当对汇率标准和汇率风险作出规定。项目招标书示例见附录3-1。

四、制定评标标准和评标纪律

制定评标标准是招标人获得招标成功的关键措施,是公正体现使用偏好的主要手段。评分标准和规则一旦制定,就必须提供给评委,在评标过程中严格执行。

在招标过程中,招标人可能会存在使用偏好。例如,招标人在软硬件采购中,比较偏爱于已采购过的供货商的产品;又如,招标人在选择咨询顾问时,往往偏爱于以往有过良好合作的咨询商;再如,招标人在准备上市时,常常会偏爱于寻找那些市场认可度高的知名咨询商等。这本来是很正常的,但处理不好,会影响到招标的公正性,甚至滋生腐败。

通常,处理使用偏好的方法是将其体现在招标文件中,公开向所有投标人事先说明。例如,一些招标人在软硬件采购招标中,对于原供货商进行加分;又如,一些招标人在选择咨询顾问商时,将自己最看重的指标列入评标标准或加大分值等。其结果既体现了招标人的使用偏好,又坚持了招标过程的公开、公平、公正性原则。

评标标准要紧密结合项目要求,充分考虑项目前期交流的结果。通常,评标标准采用量化打分方式,即从多个方面确定评标的指标以及每个指标的含义、档次、标准和分值。评分标准要具体明确、操作性强,一般制成表格形式,供评委评判时按统一标准,独立打分。

确定评标指标:招标人需要根据项目特点和自身的使用偏好综合确定各项评标指标。

确定指标分值:招标人需要根据项目强调的重点,有针对性地确定各评标指标的分值范围,供评委评标时使用。

确定汇总方式:常用的汇总方式包括所有评委加权或不加权平均法;去掉一个最高分和一个最低分再计算平均值法等。

技术标评分标准及评分表示例见附录3-2,商务标评分标准及评分表示例见附录3-3,项目废标标准示例见附录3-4。

评标纪律主要是规范所有评标人员的行为,保证评标过程的公平、公开、公正,保证评标的合法性和有效性,评标纪律及注意事项示例见附录3-5。同时,也要求评标人员签署承诺书,评标人员承诺书示例见附录3-6。

五、确定拟邀请供应商名单

依据项目对供应商的要求,在标书准备阶段确定潜在供应商名单。潜在供应商名单应首选著名跨国公司和国内供应商,其次参考中立、权威的第三方评估机构(包括行业刊物、行业协会)的评价,第三考虑国内具有办公机构、能确保用户享有优质的后期服务和技术支持的公司,第四考虑曾与企业有过合作且产品/服务质量、信誉良好的公司。对于特殊项目,如无法找到国际知名公司或只能由代理商参加投标的项目,可根据实际情况,提供充分的支持材料,按流程报领导审批。

六、评标委员会组成

为保证招标工作的顺利进行,招标人按规定设立项目评标委员会,负责项目的评标工作。评标委员会由评标领导小组、专家组(分技术组和商务组)、监督组和支持组构成,如图3-3所示。受聘的技术专家和经济专家应具有高级职称和较高专业技术水平,不能与投标人有利害关系,评标委员会名单在中标结果确定前严格保密。

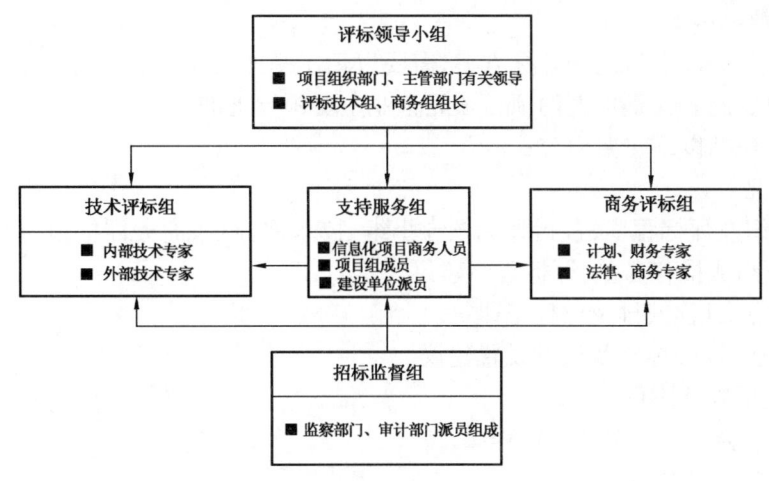

图 3-3 评标委员会组织架构

1. 评标领导小组

评标领导小组成员由招标组织部门主管领导、相关部门领导,以及技术评标组和商务评标组组长组成,成员 3~5 人。评标领导小组负责研究解决技术组和商务组在评标过程中遇到的问题,审查并签发投标文件澄清问题清单,审查技术和商务评标汇总表及评标结果,审查并签署评标报告。

2. 技术评标组

技术评标组评委由企业机关、专业管理部门、成员企业专家和不少于一定比例的外部相关领域专家组成,成员 9~17 人。技术评标组负责审查技术投标文件,根据投标文件内容提出需投标人澄清的问题清单,对投标人提供的澄清文件进行审查,依据技术评分标准对技术标书内容打分,根据各自审查意见,独立填写技术评分表。

3. 商务评标组

商务评标组评委由项目建设单位、用户单位、规划计划、财务资产、法律事务、电子商务等部门人员组成,成员 5~11 人。负责审查商务投标文件,根据投标文件内容提出需投标人澄清的问题清单,对投标人提供的澄清文件进行审查,依据商务评分标准对商务标书内容打分,根据各自审查意见,独立填写商务评分表。

4. 监督组

监督组由企业监察部门、审计部门派出或指定的 2~3 人组成。监督组依据国家、企业有关招标投标的法律、法规及招标文件的要求,对投标人主体资格和有关文件进行审查,对招投标活动的全过程进行现场监督,确保招标过程和结果的公开、公平、公正,维护各方当事人的合法权益,维护企业的信誉。

5. 支持服务组

支持服务组负责为评标工作提供技术及后勤支持服务,对专家评分进行汇总,成员 5~7 人。

七、评标方案呈批

招标准备工作和以上讨论的评标方案,需要以请示呈批件的形式报企业信息总监或主管领导批准后方可实施。特别重大的项目须经企业主要领导批准。

请示呈批件包括以下主要内容:

(1)发标情况。

(2)评标组织及评标程序,包括评标领导小组、技术评标组、商务评标组、招标监督组和支持服务组的人员组成推荐名单,评标程序建议。

(3)评标地点、日程安排及评标纪律等。

(4)评标方法、评分标准及权重设置建议。

报告需要包括以下附件:

(1)评标委员会组成名单及评标程序;

(2)评标会议日程安排;

(3)评标纪律、评委承诺书;

(4)废标标准;

(5)技术标评分标准表;

(6)商务标评分标准表。

评标工作请示呈批件一般在发标后进一步完善,在开标前报领导审批,批准后按领导批示和报告要求进行开标和评标。

第四节 招标过程

一、发标

招标文件及有关资料可由投标人购买,也可由招标领导小组发放给潜在投标单位。投标人在收到招标文件后,要认真核对,并以书面形式通知招标领导小组予以确认。

二、开标

在投标截止时间和招标文件规定的地点,在投标人法定代表人或授权代理人在场的情况下,由招标领导小组组长主持,公开进行开标。

开标全过程需要在监督小组监督下按步骤进行:支持服务组负责在规定时间内接收投标文件,组织各投标人填写签到表,向领导小组汇报所有投标人授权代表到场情况。各投标人选派2名代表进入会场参与开标。程序如下:首先,监督组宣布开标和述标程序及要求;其次,各投标人法人代表或授权代理人抽签决定开标及述标顺序并在"开标及述标顺序确认表(示例见附录3-7)"上签字,依次按照抽签顺序上台开标,并填写"开标记录表(示例见附录3-8)";然后监督组对投标文件正本进行符合性检查;最后,唱标人向在座的所有代表宣读开标记录表各项内容及各投标人总报价,保证招标的公开、公平性。作为各自对本次开标的最终确认,各投标人法人代表或授权代理人依次填写"商务报价汇总表"及"开标及商务报价确认函"。

在开标过程中,投标人必须提供符合投标资格证明文件和投标保函。其作用是:当投标人在投标有效期内撤销投标,或者中标后不能同招标人订立合同或不能提供履约保函时,招标人有权没收其投标保证金。投标保证金金额不少于投标报价的2%,但最高不超过80万元人民币,有效期至投标有效期期满后30日止。如果在开标过程中投标人未提供投标资格证明文件和符合招标文件要求的投标保函,则在开标现场按废标处理。

三、评标

1. 技术标和商务标分开独立评标

在评标过程中,投标人对技术和商务分别进行述标,评委对标书的技术和商务部分分别评审打分。技术组评委通过审查投标人提交方案的完整性、先进性,审核产品、服务等内容,剔除与项目要求有实质性偏离的标书,对合格的标书进行技术打分。商务组评委审查投标人的资质、各类证明文件、标书的完整性,重点审核商务条款、投标价格是否有漏项,对合格的标书进行商务打分。投标人的综合得分由技术分和商务分加权后汇总得出。

2. 确定评标权重的主要因素

技术分和商务分的权重根据招标内容、产品和服务的标准化程度在评标前确定,通常分为6:4、5:5、4:6三类。如果是硬件产品招标,投标人一般均能提供同一规格、同一档次产品,产品及服务的差异不明显,这类招标可将技术分和商务分的权重确定为4:6;如果是软件产品、管理咨询服务或系统集成服务招标,通常产品(成果)的复杂程度高,实现的技术差异大,需要投标人提供详细的解决方案,这类招标可将技术分和商务分的权重确定为6:4。

3. 评标预备会

开标前,评标领导小组组长组织全体评委及监督人员召开评标预备会,向评标委员会成员介绍项目情况、评分标准及评标议程。监督组组长宣读"评标纪律及注意事项","废标标准",评委签署"评委承诺书"。

4. 评标

评标过程分为如下步骤:投标人述标、评委评标、评分汇总、形成评标报告、形成评标监督报告。

(1)投标人述标。支持服务组向评委发放投标书后,投标人开始述标。每个投标人述标总时间相同,根据项目招标内容的多少确定,包括陈述和答疑时间。陈述期间评委不提问,投标人不作答。投标人和招标人代表分别对述标情况进行记录,填写"述标记录表"。

述标完成后,投标人须离开评标现场,不得以任何借口逗留。但应在评标期间保留联络人员,以便回复评委可能的质疑。

(2)评委评标。技术组评委与商务组评委分别对各投标人技术及商务标书进行审查。评委应当认真研究招标文件,至少应了解和熟悉以下内容:招标项目的目标、范围和性质,招标文件中规定的主要技术要求、标准和商务条款,招标文件规定的评标标准、评标方法和在评标过程中考虑的相关因素。项目建设单位应当向评标委员会提供评标所需的项目信息。

评委在评标过程中对某投标文件提出的共同问题,经评标领导小组审查后,以书面形式通知投标人。投标人应在指定时间内回复,若投标人未予回复,评委可根据自己的理解进行评判。

在评标过程中,可视具体情况由技术组组长或商务组组长组织,对共同问题进行讨论。

评委将依据技术及商务评标标准,对各投标人的标书独立打分,并填写技术及商务评分表

(附录3-2、附录3-3)。招标文件中没有规定的标准和方法不得作为评分的依据。

(3)评分汇总。支持组按要求对各投标人的技术及商务评分分别汇总,形成技术和商务评分汇总表(示例见附录3-9),由技术组、商务组和监督组的组长审核后签字确认。

技术和商务两部分各自的得分汇总表,要按预定权重计算,形成各投标人综合得分汇总表(示例见附录3-10),按综合得分由高到低对投标人排序。

(4)形成评标报告。评标委员会总结评标情况,整理出评标报告,并由技术组、商务组的全体评委和监督组所有成员签字确认。

评标报告要点:一是招标基本情况,包括项目名称、编号,招标人等;招评标过程:发标、投标情况和评标准备、开标、述标、评标、计分权重、过程监督等。二是评标结果,主要是各投标人投标价格及综合得分,以及按综合得分多少对投标人的排序结果。

(5)形成监督报告。每个项目招标都要请监察部门和审计部部门派员组成监督组,对招评标的全过程进行监督,并形成独立的监督报告。

评标报告和监督报告作为评标的重要结果由招标领导小组报送招标组织部门(信息管理部门)。

四、定标

招标组织部门(信息管理部门)对评标报告审查后,以呈批件报企业信息总监或信息化主管领导审批。呈批件包括以下主要内容:

(1)招评标简况。包括发标情况,实际参加投标的公司等。

(2)评标结果。列出按综合得分高低排序的评标结果(包括投标人、技术标得分、商务标得分、综合得分、投标总价、排序名次)。

(3)有关建议。包括中标人选择(原则上推荐综合得分第一名的投标人为中标人);与供应商签约的项目的内部支持单位;项目投资渠道、使用安排及相关管理等。

呈批件须有两个附件,即本次招标的评标报告和监督报告。

项目招标领导小组根据领导对招标结果请示呈批件的批复,确定中标人,并向中标人发出中标通知书(示例见附录3-11),同时将中标结果通知所有未中标的投标人。

五、签约

商务谈判与签约阶段的主要工作包括:商务谈判、发中标通知并完成合同编制、与中标人签订合同。

1. 商务谈判

项目建设单位负责组织与中标人谈判。谈判主要围绕项目组织及工作形式、范围描述、时间安排、标的、质量要求、合同条款等项目实质内容进行讨论和确认。谈判以招标文件中的合同样本为主,尽量避免变动法律等关键条款。对于不能按招标文件要求提供履约保函或不能接受合同样本中的适用法律条款的中标人,项目建设单位可选择评标排序第二位的投标人进行谈判,最终确定合同所有内容,并将有关情况报领导审批。

2. 发中标通知并完成合同编制

领导批复后,项目建设单位向中标人发中标通知,完善合同中总价、款项支付条款、产品数量及质量保证、人员数量及资质、售后服务、实施计划及相关附件内容,完成合同编制。合同中应附保密和敏感信息承诺函或保密协议、履约保函格式。合同签署前需按有关规定,完成会签手续,并取得签署授权委托书。一般合同款原则上分三期支付:对于软件、实施咨询服务合同,支付比例可分别为 30%、40%、30%,验收后押数额为合同总额 10% 的履约保函一年;对于设计研究咨询服务合同,支付比例可分别为 30%、40%、30%,验收后不押履约保函;对于硬件服务合同,支付比例可分别为 30%、60%、10%,验收后押数额为合同总额 5% 的履约保函一年。

以上规定的首款支付均以合同签订并收到中标人履约保函为条件,尾款以项目最终验收为标准。而第二期付款的条件,硬件、软件类合同是其产品上线运行正常,咨询服务合同是提交完整的阶段性报告或解决方案。实际项目运作中,情况有所不同,但原则上要符合以上规定。

3. 与供应商签订合同

中标人接到中标通知后,应在规定时间内,按照企业信息化项目管理和合同管理有关规定,与项目建设队伍签订项目合同。合同文本要报法律事务部门审查,经企业领导授权后签订。如需从国外引进产品或服务,按国家和企业有关规定办理机电审批手续后方可对外正式签约。

任何一方如借故拒绝或拖延签订合同,要赔偿由此造成的经济损失。

合同生效的前提条件为收到供应商履约保函,并经双方授权代表签字盖章。合同生效后进入项目启动阶段。中标人应当按照合同约定履行义务,完成中标项目。中标人不得向他人转让中标项目,也不得将中标项目肢解后分包给他人。

第五节 招标注意事项及风险控制

一、招标注意事项

1. 招标过程应遵守的规定和程序

招标人在招标文件中,可以规定投标人在提交符合招标文件要求的投标文件的同时,提交备选投标文件,但应做出说明,并规定相应的评审和比较办法。

招标文件规定的技术规格应当采用国际或者国内公认的标准。招标文件中规定的各项技术规格,不得要求或者标明某一特定的专利、商标、名称、设计、型号、原产地或生产厂家,不得有倾向性或排斥某一有兴趣投标的法人或者其他组织的内容。

招标人需要对已售出的招标文件进行澄清或者非实质性修改的,一般应当在提交投标文件截止日期 15 天前,以书面形式通知所有招标文件的购买者。该澄清或修改内容为招标文件的组成部分。

投标邀请书发出之日到提交投标文件截止之日,一般不得少于 30 天。

对于同一招标项目,招标人可以分两阶段进行招标。第一阶段,招标人要求有兴趣投标的法人或者其他组织先提交不包括投标价格的初步投标文件,列明关于招标项目方案、技术、质量或其他方面的建议。招标人可以与投标人就初步投标文件的内容进行讨论。第二阶段,招标人向提交了初步投标文件并未被拒绝的投标人提供正式招标文件。投标人根据正式招标文件的要求提交包括投标价格在内的最后投标文件。

2. 投标过程应遵守的规定和程序

投标人若对招标文件有不清楚的问题,须在规定的时间内,以书面形式向招标领导小组提出,招标领导小组以书面形式予以解答。

投标人要提供以下资信材料:投标单位的名称、地址、法人证明材料,单位情况简介,资质信息查询的渠道。

投标人要按照招标文件的要求编写投标文件,内容包括:项目建设具备的条件、项目总体方案设计、项目实施方案与进度安排、完成项目的具体措施、投标金额、售后服务方案、方案技术参数汇总表、技术偏离表和商务偏离表、法人代表资格证明或授权委托书及详细资信材料、其他按招标文件规定提交的材料。

投标人应在招标文件要求的截止时间前,将密封后的投标文件一式多份送达投标地点,由招标领导小组工作人员予以签收。在投标截止时间之前,投标人可以对所递交的投标文件进行修改或撤回。但所递交的修改,必须按招标文件规定编制并密封。在招标文件要求的截止时间后送达的投标文件,招标领导小组应当拒收。

投标人不得相互串通投标报价,损害招标人或者其他投标人的合法权益。

3. 评标与定标过程应遵守的规定和程序

评标是体现公正性最重要的一环,评标应当按照招标文件的规定进行。

具体的评定方法取决于招标文件中规定的评标标准,一般采用综合因素法,即价格加其他因素的一种评标方法。在招标文件中,如果价格不是唯一的评标因素,应把其他因素都列出来,并说明各因素在评标中所占权重,其实质就是打分法,总分最高的投标为最优标。

评标委员会对所有投标文件进行审查,对与招标文件规定有实质性不符的投标文件,应当认定其无效。对投标文件中含义不清的地方可以要求投标人进行澄清,但澄清不得超过投标文件记载的范围或改变投标文件的实质性内容。

评标委员会对投标文件进行评审后,向招标人推荐一至三个中标候选人。招标人应当从评标委员会推荐的中标候选人中确定中标人。

二、招标风险控制

1. 招标过程风险控制

招标过程存在的风险主要包括:招标文件主要条款不准确,项目需求不清晰;投标人在投标过程中有欺诈行为,以明显低于成本的价格恶意扰乱评标工作;采购的硬件设备质量保证期短,后期维护费用需要另外谈判等。

风险控制措施包括:招标文件要经过项目组详细讨论、确认,并与潜在供应商充分交流;严格规定废标条件;要求供应商提供 5 年 7×24 小时服务,并在招标文件中明确维护费用。

2. 小批量采购的风险控制

小批量采购存在的风险主要包括投标价格高,供应商服务不到位等。

风险控制措施包括:组织硬件及数据库软件产品入围,使各供应商给予本企业高于顶级代理的折扣;招标时可以考虑入围厂商为招标邀请厂商,以便在最高限价的基础上,取得更好的价格及服务。

3. 合同签署的风险控制

合同签署中的风险包括产品及价格与中标结果不一致,合同条款不清晰、不准确等。

风险控制措施包括:严格按照中标结果及中标价格签订合同;法律事务部门制订标准合同文本,并派人参与招标及合同签署;严格按照法律事务部门的合同签署流程,经机关各部门包括计划、财务、外事、电子商务等部门会签,办理授权后再签署合同。

4. 付款的风险控制

付款的风险包括付款的对象、金额等信息不准确,付款未经领导审批等。

风险控制措施包括:项目负责人按照合同填写付款申请,信息管理部门主管领导审查,报公司审计部门审计,最后报财务部门,由财务部门进行支付。

三、招标后评估

成功的信息化项目招标有以下五条衡量标准:一是评标专家选择规范。评标专家具有相关领域的权威性,技术和商务、内部和外请专家比例适当,专家对标书及其所涉及的技术和商务内容了解全面、理解深刻。二是评标标准设计科学。技术标、商务标评分标准既覆盖全面,又突出重点;同时分值细化,说明清晰,便于操作;权重设置合理;对评标过程中出现的问题处置及时,程序规范严谨,获得评标专家和投标人广泛认可。三是评标结果理想。技术、商务分别得分合理,综合得分最高,评分离散度小,合同性能价格比高。四是中标厂商最优。确实为企业、为项目选择到了最佳的合作伙伴和最强、最有经验的项目团队。五是招标无正当投诉。

项目招标完毕,信息管理部门会同审计部门对招标情况进行全面分析、总结、评估,形成后评估报告,为今后类似项目招标提供经验。

后评估的内容包括:评估招标过程的规范合法性,有无违规操作;分析评标过程中的技术、商务问题及澄清,评估是否满足项目需求;评估各投标厂商报价及得分情况,分析招标结果的优良率。

重大项目的招标后评估可以采取会议的形式。会议由招标组织部门和相关部门的领导主持,项目管理、审计、法律部门人员和特邀专家参加会议。招标支持单位汇报项目招标情况,内容主要包括评标过程、技术、商务问题及澄清,各投标人报价及得分情况等内容。公司审计、法律事务及特邀专家分别发言,对招标工作进行评估,提出意见和建议,形成招标后评估报告。

参加招标的单位和工作人员应严格执行招标工作纪律和规定。对违反有关纪律和规定的招标工作人员,应视情节给予纪律处分。对在投标过程中有不正当竞争行为的投标人,取消其本次或以后在本企业的投标资格,并通报公司各部门和各成员企业。

第六节 企业软件正版化策略

软件正版化是企业信息化过程中必须逐步解决的重要问题,需要在实践中制定和完善软件正版化策略。

(1)要全面理解软件正版化。软件正版化不是狭隘的某某公司某某软件产品的正版化,要将软件正版化与国家和企业的知识产权战略联系起来,与企业的自主创新能力联系起来,与信息系统安全稳定运行联系起来,与企业信息化的持续发展联系起来。

要重点解决急需的核心专业应用软件自主开发问题。许多专业应用软件已经成为企业的核心竞争力和品牌优势,要下大决心在充分借鉴已有成果的基础上不断完善、提升和超越。例如:石油地球物理勘探领域使用的主要专业软件,一直被国外竞争对手设置种种引进和使用限制,甚至不允许我们使用其软件与他们进行项目投标竞争。中国石油组织其所属的东方地球物理勘探公司,加大投入力度,加强科研攻关,奋力自主开发,成功研制出了具有自主知识产权的软件产品——"地震数据处理解释一体化系统 GeoEast"、"地震采集工程软件系统 KLSeis"、"地震数据处理系统 GRISYS"、"地震地质综合解释系统 GRIStation"等,这些软件系统的技术水平处于国内领先地位,并广泛应用于国内各油田及探区,为中国石油物探技术进步、找油找气发挥了重要作用,打破了国外同类软件对我们的封锁。中国航天集团成立了一批以神舟软件为代表的航天软件公司,逐渐形成了一系列具有自主知识产权的软件产品,增强了中国航天的自主创新能力,打破了国外对中国相关软件的垄断。

(2)要统筹开发市场上没有的综合管理系统。一些企业,特别是特大型企业的规模、业务范围和管理模式与国外企业有较大区别,一些市场上的国外软件不能适合或满足企业的需要。对此,需要综合权衡资金、时间、风险等,组织自主开发企业所需要的集成的综合管理系统。例如,中国石油工程技术服务业务的生产运行管理系统,业务应用范围覆盖了油气田工程技术服务的物探、钻井、测井、录井和井下作业等五个专业。当前国外既没有这样一体化的工程技术服务公司,也没有现成的管理软件。中国石油根据企业需要,通过招标优选国内相关领域最强的研发单位,组成联合项目组,进行自主开发,并在试点单位上线试运行。该系统功能覆盖了生产管理、技术管理、资源管理等生产相关的领域,实现了对五种专业相关环节的管理,具备了跨专业、跨部门数据共享的能力,成为中国石油具有完全自主知识产权的工程技术生产综合管理系统,填补了国内同类产品空白。

(3)要在与外部软件公司合作开发中争取应用系统的自主版权。企业在引进、消化、吸收的基础上,通过与软件开发商的合同约定和内部软件开发骨干的深度参与,系统联合开发,版权企业所有,形成企业生产管理系统、电子公文系统、网上报销系统等一批具有自主知识产权的信息系统,有效提高在应用软件方面的自主开发程度。

(4)要充分利用软件用户使用权限合理使用的技术和策略。要充分利用应用系统用户管理技术,合法减少系统用户计算的数量,合理减轻企业基础平台软件和管理软件用户使用权限购买的经济压力。

要以保障应用为目标分期分批逐步实施基础、工具软件的正版化。企业要根据信息化建设和应用的实际需要,统筹规划,突出重点,节省投入,保障应用,制定年度正版化实施计划和策略,分步实施基础软件平台和开发工具等的正版化。

第七节 项目招标案例简析

一、××集团计算机硬件产品入围招标

为发挥规模采购优势,降低采购成本,经济高效地构建集中统一的信息基础设施,从2001年起,××集团制定了统一的计算机硬件采购管理办法。

通过招标确定入围供应商,统一计算机硬件供应商管理。在历年供应商入围的招标过程中,集团各有关部门派员参与,充分发表各自意见,信息管理部门在充分尊重各部门意见的基础上,按照公司有关规定和程序,从众多国际、国内知名公司中选取综合排名最高的3~4个厂商,作为计算机硬件产品的入围合作伙伴。入围厂商给××集团提供比其顶级代理商还要高的产品价格折扣。

在信息化项目招标采购中,优先从入围供应商中选择潜在投标人,取得了良好效果。各单位可以在该集团电子商务平台上获得入围供应商的最新产品价格信息、针对该集团的最高限价等。

招标人在确定拟邀请供应商名单时,可以有的放矢,提高采购效率。通过确定全公司个人计算机、笔记本、服务器采购价的上限,即使是小批量采购,也可以获得低于厂家代理价的价格。

实施统一计算机硬件供应商入围管理的收效十分显著。例如:广域网改进项目实施过程中,在明确了项目目标与范围后,直接对入围供应商发出了招标邀请。通过招标,不仅选择到技术实力强、产品质量和服务质量好的供应商,而且获得了低价格,有效降低了项目成本。又如,在2006年供应商入围招标过程中,与某公司签订的PC服务器入围协议就获得了比其顶级代理商还要高的折扣。

由于入围供应商都是国际、国内知名IT公司,在项目实施过程中获得优质服务的同时,还可以向他们学习先进的项目组织管理经验和实施方法。

二、××集团ERP系统硬件平台项目招标

ERP系统是××集团"十一五"信息技术总体规划的重点项目覆盖了该集团主要业务领域和各成员企业。

ERP系统采用先试点、后推广的实施策略。先进行销售与市场、人力资源管理子系统的试点实施,试点成功后开始在销售与市场领域推广,同时启动其他子系统的实施。

在ERP系统可研完成后,分别通过招标选择了A公司作为系统的软件供应商、B公司作为管理咨询实施商。

系统的硬件平台是根据项目进度,分期采购的。虽然首期采购仅需要满足销售与市场ERP和人力资源管理系统的需要,但各投标人要根据系统硬件平台的总体需求,制定整体解决方案,并提供相关产品、服务及其明细。

国际上在采购此类大型大宗设备时,通常会遵照统一的工业标准,ERP系统硬件也应如此。该集团的ERP系统硬件招标就是以预估的SAPS值作为判断服务器处理能力的主要依据。SAPS值是ERP软件公司SAP提出的衡量服务器处理能力的重要指标,SAPS值是根据ERP应用的负载计算的,对应该指标可以确定支持ERP系统所需要的服务器设备。各投标人的主流服务器都有认证的SAPS值。

该集团ERP系统采用开发系统、测试系统和生产系统"三系统"架构来确保整个ERP环境的可用性和可靠性。为了在系统上线后确保对业务的有效支持,配置了相应的生产支持系统。

1. 招标方案

经过多位专家长达半年多的研究和讨论,最终形成如下三种招标方案:

方案一:UNIX方案。所有系统的DB(DataBase)/CI(Central Instance)/APP(Application)服务器都使用UNIX服务器。

方案二:UNIX/Windows方案。所有系统的DB/CI服务器使用UNIX服务器,所有应用服务器使用Windows服务器。人力资源门户系统的DB、CI、APP服务器都使用Windows服务器。

方案三:Windows方案。所有系统的DB/CI/APP服务器都使用Windows服务器。

2. 招标内容分包

招标内容将上述三种方案分解为四个包:

A包—数据库/核心服务器;

B包—应用服务器;

C包—数据编码管理平台服务器;

D包—存储和备份系统。

投标人可全部或部分选择A包、B包进行投标,要求如下:

对于方案一,UNIX服务器入围厂商要根据A、B包中的具体要求,制定一套完整的解决方案进行投标。

对于方案二,UNIX服务器入围厂商根据A包中的具体要求,制定数据库/核心服务器的解决方案进行投标;Windows服务器入围厂商根据B包中的具体要求,制定应用服务器的解决方案进行投标。

对于方案三,Windows服务器入围厂商根据A、B包中的具体要求,制定相应的数据库/核心服务器的解决方案和应用服务器的解决方案,分别投标。

投标人可以选择投C包,要求如下:

Windows服务器入围厂商根据C包的具体要求,制定相应的解决方案进行投标。

投标人可以选择投D包,要求如下:

存储设备入围供应商根据D包的具体要求,制定相应的解决方案进行投标。

各硬件入围厂商接到招标文件后,根据对该集团ERP系统需求的理解,结合自己的产品,在规定时间内为本项目提供各自的解决方案;并对A包、B包、C包、D包中的全部或部分进行投标。

3. 主要问题及策略

由于本次招标涉及硬件设备的金额巨大,技术方案复杂,各投标人的产品并不全是按照同一标准设计制造,导致个别投标人在该集团提出的技术要求上,出现设备型号断档问题,同时国内也没有完整解决此类问题的先例,这就给招标造成了困难。具体表现在多次技术交流及澄清后,得不到各投标人的确切答复。项目组本着对项目负责、对投标人公平的态度,经过深入细致的研究,最终确定了各投标人投标产品的型号底线,要求其只能用等于或高于此型号的设备参与投标。这一做法得到了所有入围厂商的书面认可,保证了开评标过程的顺利进行。

4. 结果与收获

本项目试点阶段硬件设备采购开标后,经过一系列评标工作,顺利确定4个中标人。

在开标前期,项目组通过缜密细致的工作,保证了此次招标的顺利进行,主要体现在两点:(1)招标人让各投标人对所投包进行书面投标确认,确保针对每个包的投标公司的数量,满足国家关于招标投标法规定的要求,简化了开标当天工作的复杂度。(2)招标文件在设备、服务和培训方面规定了详细的报价内容,在价格上将各投标人划在统一的起跑线上,避免了某些投标人由于少报或漏报部分费用取得价格优势。

通过以上设备招标,项目组货比多家,不但做到产品质量优中选优,采纳了纯UNIX系统平台,而且价格方面通过各投标人的相互竞争,使得企业获得了最优惠的价格。最终四个包共为企业节省1.5亿元投资。同时信息管理部门作为本次招标工作的组织者,对整个招标过程按照法律、法规运作,保证采购过程透明,不仅维护了企业利益,同时也维护了投标人的合法权益。

三、××集团信息化项目商务管理流程

图3-4是××集团信息化项目商务管理流程。

第三章 企业信息化项目采购招标

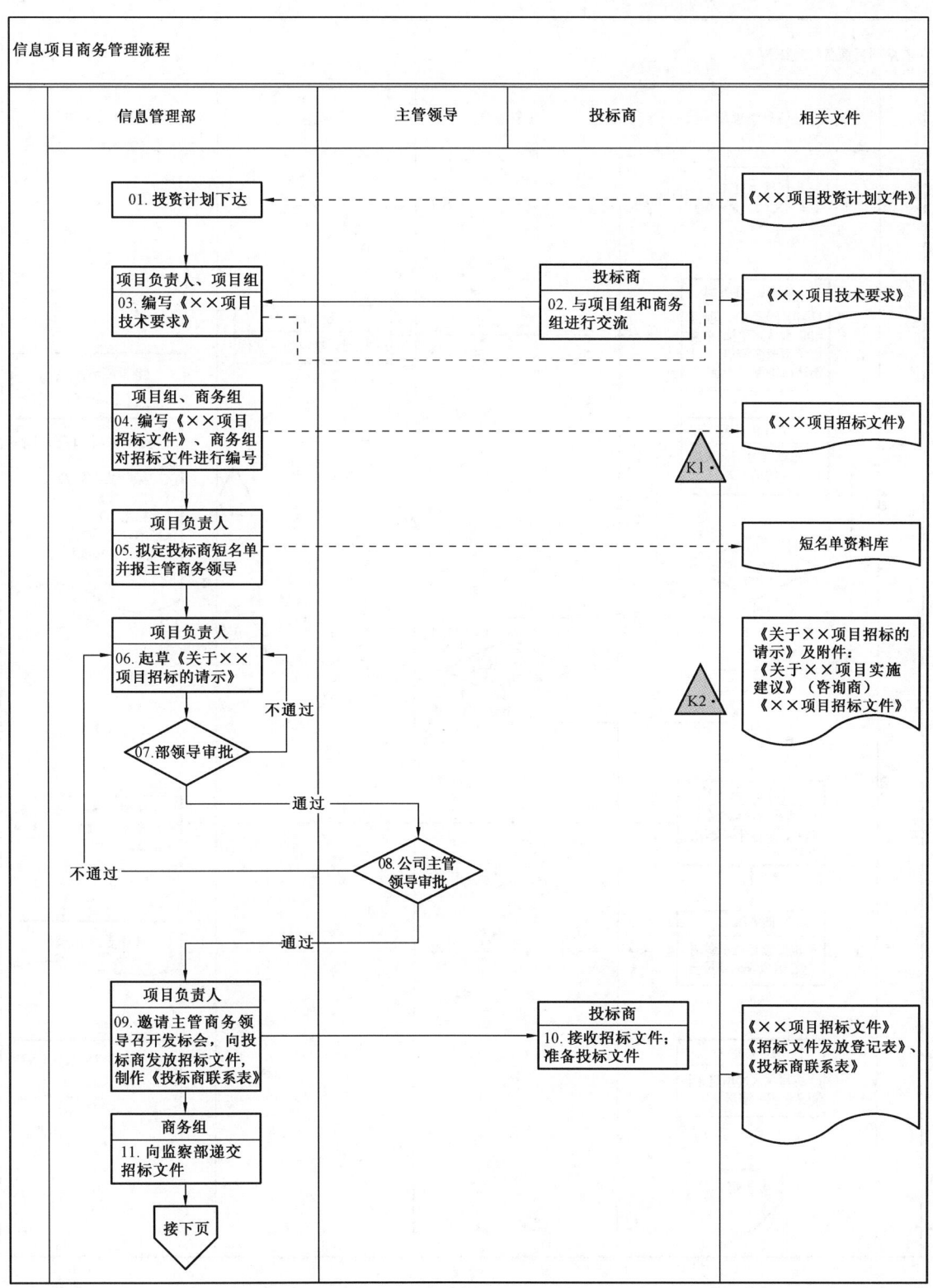

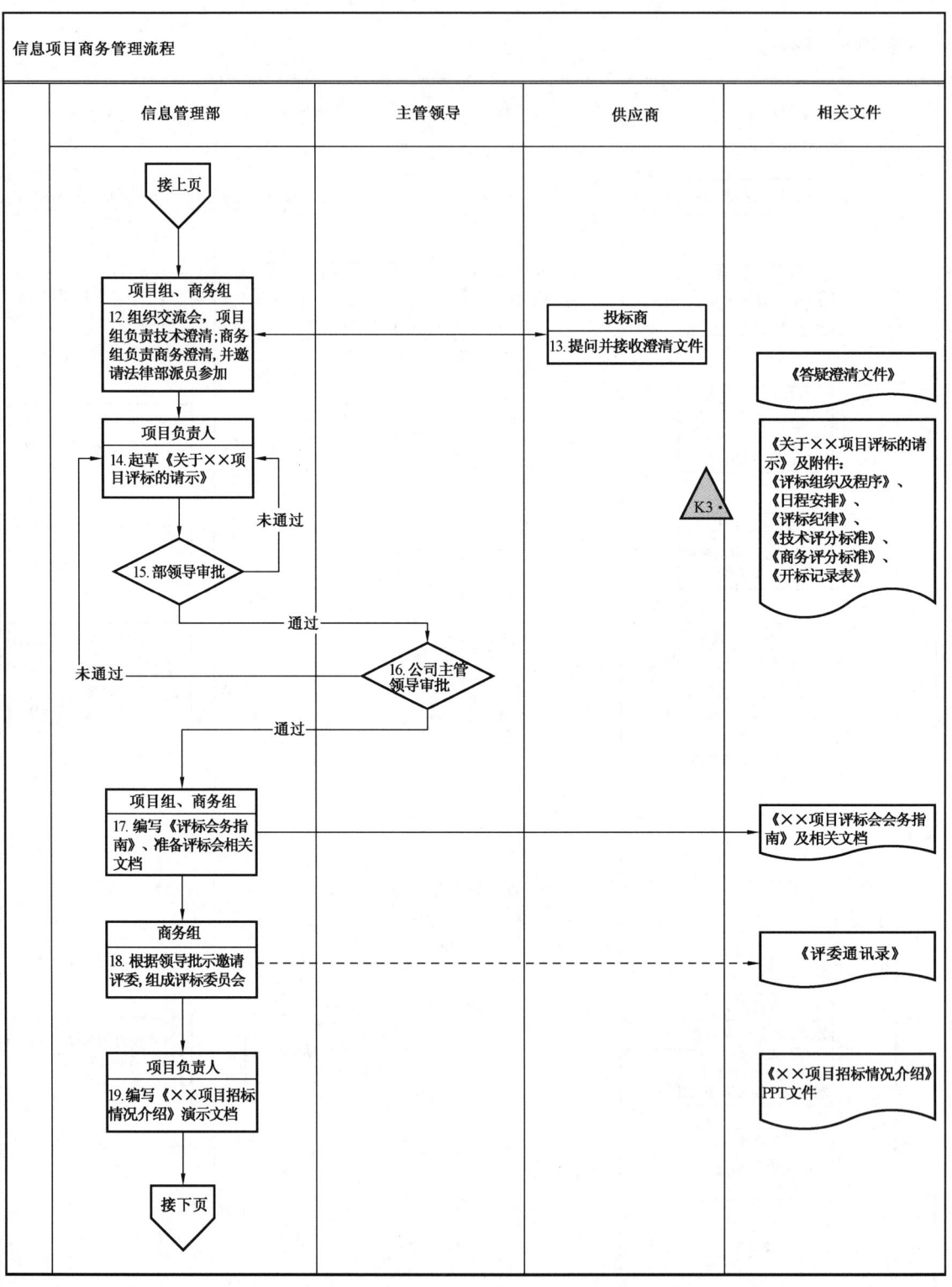

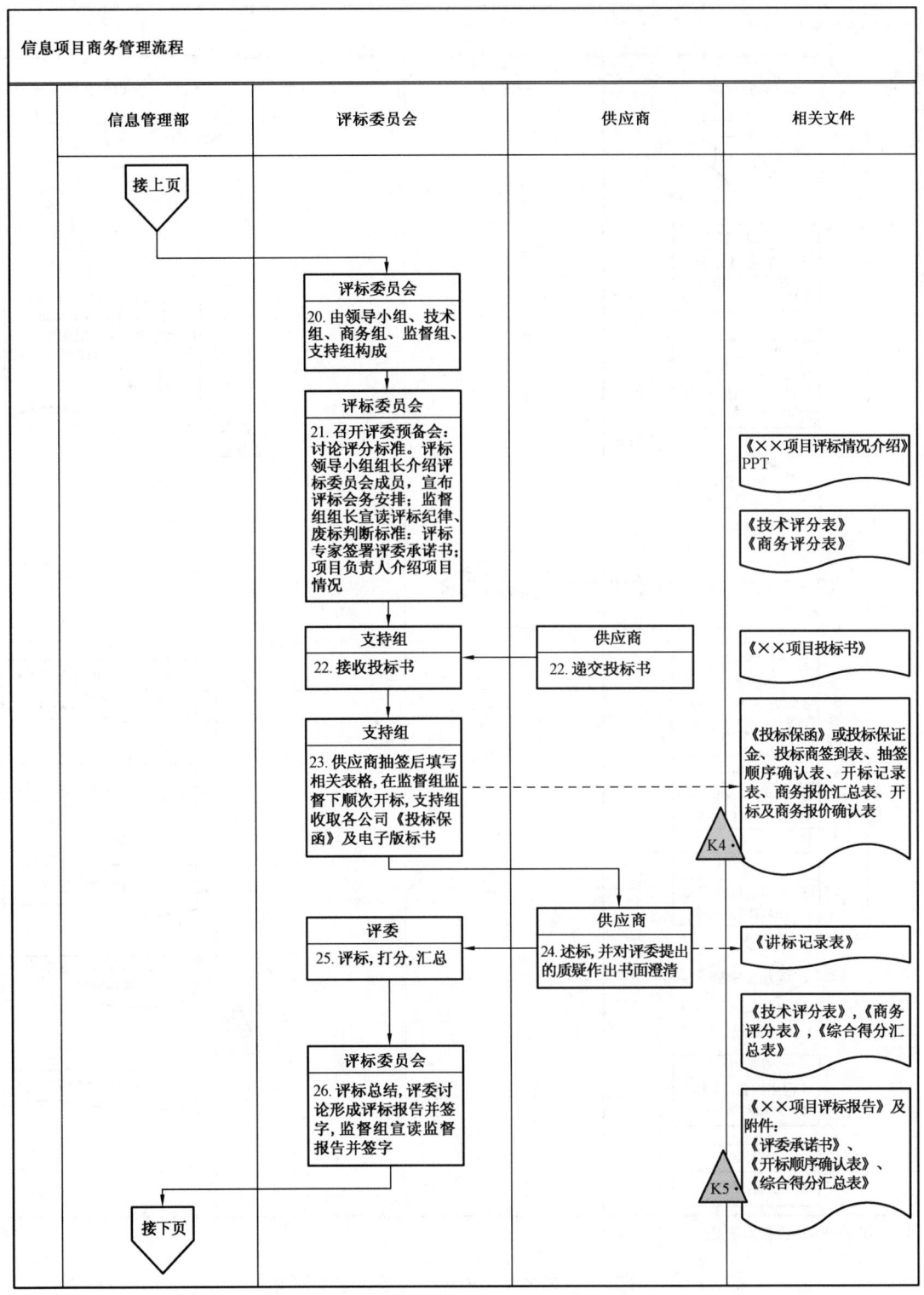

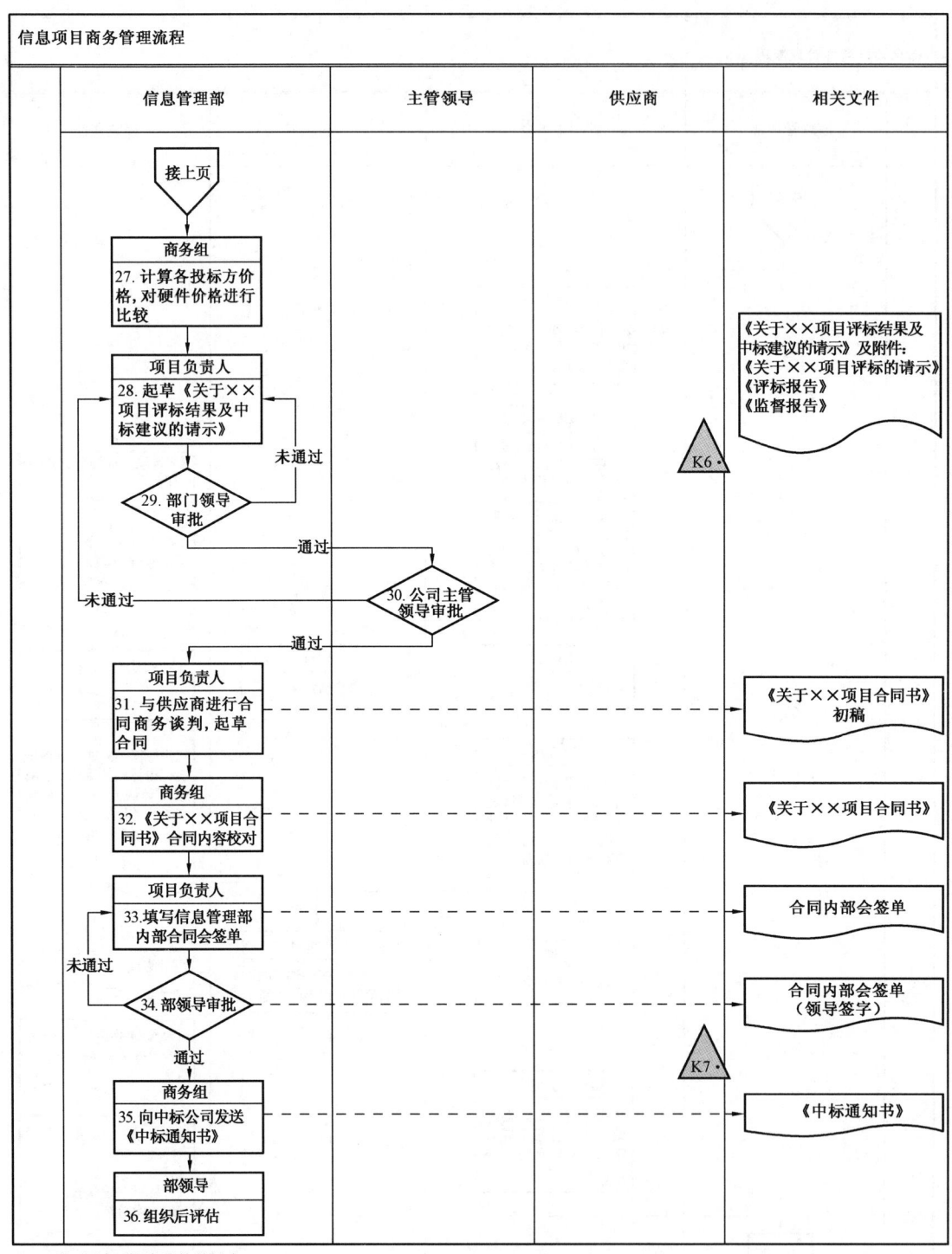

图3-4 ××集团招标及商务详细流程图

附录 3－1 ××项目招标书目录示例

第一章 投标邀请
第二章 投标人须知
　　A　说明
　　B　招标文件
　　C　投标文件的编写
　　D　投标文件的递交
　　E　开标
　　F　投标文件的审查、评估
　　G　授予合同
第三章 技术要求
　　3.1 项目背景(包含现状)
　　3.2 项目目标
　　3.3 项目范围
　　3.4 项目内容
　　3.5 项目管理
　　3.6 培训服务要求
　　3.7 投标人方案至少应包括的内容
　　3.8 项目成果要求
　　3.9 进度计划
　　3.10 项目实施保证
　　3.11 项目验收方式
　　3.12 工作方式
　　3.13 技术偏离表
第四章 商务要求
　　4.1 投标书格式
　　4.2 商务报价表
　　4.3 投标一览表
　　4.4 商务偏离表
　　4.5 投标保函格式
　　4.6 公司文件和资质审查文件
　　4.7 机密信息接受承诺函
第五章 合同样本

附录 3-2 技术标评分标准及评分表示例

<table>
<tr><td colspan="8" align="center">×××公司×××项目技术标评分标准及评分表</td></tr>
<tr><th>序号</th><th>评分项</th><th colspan="2">评分标准</th><th>A 公司</th><th>B 公司</th><th>C 公司</th><th>×公司</th></tr>
<tr><td rowspan="5">1</td><td rowspan="5">资质与能力情况
(10 分)</td><td colspan="2">公司总体规模(0~1)</td><td></td><td></td><td></td><td></td></tr>
<tr><td colspan="2">信息安全咨询业务的总体状况(0~1)</td><td></td><td></td><td></td><td></td></tr>
<tr><td colspan="2">信息安全咨询业务的组织结构(0~1)</td><td></td><td></td><td></td><td></td></tr>
<tr><td colspan="2">信息安全咨询业务核心人员资历状况(0~2)</td><td></td><td></td><td></td><td></td></tr>
<tr><td colspan="2">近年在招标人所在行业同类项目的成功案例(0~5)</td><td></td><td></td><td></td><td></td></tr>
<tr><td rowspan="5">2</td><td rowspan="5">项目总体方案
(20 分)</td><td colspan="2">理解项目目标、内容及招标人业务对信息安全的需求(0~2)</td><td></td><td></td><td></td><td></td></tr>
<tr><td colspan="2">规划方法先进、符合行业和技术发展趋势,遵循国际标准(0~5)</td><td></td><td></td><td></td><td></td></tr>
<tr><td colspan="2">规划项目的总体思路与框架(0~4)</td><td></td><td></td><td></td><td></td></tr>
<tr><td colspan="2">规划项目阶段的合理性,内容的完整性(0~2)</td><td></td><td></td><td></td><td></td></tr>
<tr><td colspan="2">信息安全规划输出文档内容模板(至少三级目录提纲)(0~7)</td><td></td><td></td><td></td><td></td></tr>
<tr><td rowspan="4">3</td><td rowspan="4">项目实施方案
(20 分)</td><td colspan="2">项目管理,包括过程控制和质量控制方案(0~5)</td><td></td><td></td><td></td><td></td></tr>
<tr><td colspan="2">实施进度安排合理性(0~4)</td><td></td><td></td><td></td><td></td></tr>
<tr><td colspan="2">对存在的风险有预测及应对方案,风险规避措施合理性(0~4)</td><td></td><td></td><td></td><td></td></tr>
<tr><td colspan="2">培训计划,包括培训课程、师资、培训天数(0~7)</td><td></td><td></td><td></td><td></td></tr>
<tr><td rowspan="9">4</td><td rowspan="9">项目人力资源
(40 分)</td><td rowspan="3">项目经理
(14 分)</td><td>项目经理的经验(0~5)</td><td></td><td></td><td></td><td></td></tr>
<tr><td>信息安全咨询经验(0~5)</td><td></td><td></td><td></td><td></td></tr>
<tr><td>招标人所在行业项目经验(0~4)</td><td></td><td></td><td></td><td></td></tr>
<tr><td rowspan="3">项目专家
(7 分)</td><td>国际信息安全咨询经验(0~3)</td><td></td><td></td><td></td><td></td></tr>
<tr><td>国际同行业项目经验(0~2)</td><td></td><td></td><td></td><td></td></tr>
<tr><td>投入现场的人天数(0~2)</td><td></td><td></td><td></td><td></td></tr>
<tr><td rowspan="3">资深顾问
(12 分)</td><td>实施过同类项目的经验(0~5)</td><td></td><td></td><td></td><td></td></tr>
<tr><td>参加项目的人数(0~3)</td><td></td><td></td><td></td><td></td></tr>
<tr><td>投入现场的人天数(0~4)</td><td></td><td></td><td></td><td></td></tr>
<tr><td rowspan="3">项目成员
(7 分)</td><td>参加项目的人数(0~2)</td><td></td><td></td><td></td><td></td></tr>
<tr><td colspan="2">实施过同类项目的经验(0~4)</td><td></td><td></td><td></td><td></td></tr>
<tr><td colspan="2">投入现场的人天数(0~1)</td><td></td><td></td><td></td><td></td></tr>
<tr><td>5</td><td>综合评价
(10 分)</td><td colspan="2">对投标方公司的综合评价(0~10)</td><td></td><td></td><td></td><td></td></tr>
<tr><td colspan="2">小计</td><td colspan="2">(满分 100 分)</td><td></td><td></td><td></td><td></td></tr>
<tr><td colspan="4">评标专家(签字):</td><td colspan="4">日期: 年 月 日</td></tr>
</table>

附录3-3 商务标评分标准及评分表示例

序号	评分项	满分	评分标准	A公司	B公司	C公司	×公司
\multicolumn{8}{c}{×××公司×××项目商务标评分标准及评分表}							
1	价格	70	投标价格分计算公式为: 投标总价得分=(最低投标总价/投标人投标总价)×70				
2	支付条款	5	完全按招标文件中支付条款要求进行投标的,得满分;良好3~4分;一般1~2分。				
3	商务偏离情况	10	无偏离的,得满分;良好(偏离少、非关键条款偏离)5~9分;一般1~4分。				
4	标书完整性	5	应按招标文件要求提供完整的商务投标文件:(1)投标书格式;(2)商务报价表;(3)项目负责人的公司授权文件;(4)审查标书提供的资质文件。以上各项中第(4)项2分,其余各项1分。				
5	综合评价	10	对标书的编写给出综合评价,包括标书的格式、详细程度、对投标项目的理解及标书报价的整体清晰性等。				
	小计	100					
评标专家(签字):				日期:	年	月	日

附录3-4 项目招标废标标准示例

按照国家及公司招标的有关规定,如有如下情况,视为废标:

(1)投标文件未按要求密封;未经法定代表人或者授权代理人签字(或印鉴),未加盖投标人公章;未提交符合要求的投标保证金或投标价格未封口;拒绝签署保密协议;未按规定时间到达投标现场。

(2)投标文件字迹潦草、模糊,导致无法确认关键技术方案、工期、质量保证措施、投标价格等重要信息。投标人递交两份以上内容不同的投标文件,并拒绝以书面声明其中有效的投标文件。

(3)投标文件违反国家法律法规和招标人有关规定及技术标准;投标文件载明的招标项目定义期限超过招标文件规定的期限。

(4)投标文件附有招标人不能接受的条件;投标人以不正当手段进行投标。

(5)投标人有明显的商业欺诈行为;以明显低于成本的价格恶意扰乱评标工作。

(6)投标文件虚报列表价(即投标文件列表价与公开列表价或者招标人入围列表价有较大出入)。

(7)投标文件报价虚报折扣,隐含优惠后单价并拒绝明确。

(8)投标文件所提供产品为非成熟产品,其性能、技术参数、配件与公开发布指标不符。
(9)投标文件所提供产品性能、技术参数、配件不满足标书要求,有重大偏离。
(10)投标人对招标方提出的问题不予理睬或拒绝回答。

附录 3-5 评标纪律及注意事项示例

各位评委:

根据《中华人民共和国招标投标法》及招标人有关招投标监督规定,现宣布评标纪律及注意事项如下,望大家共同遵守:

(1)按照《中华人民共和国招标投标法》的规定,以公正、公平、科学、择优原则进行评标。

(2)认真阅读招标文件,并依据招标文件和评标的规定,对投标文件进行严格、科学的综合评审。

(3)签署"评委承诺书"对评标内容予以保密。

(4)评标期间关闭一切通讯工具,不得私自会客或离开会议场所,不得与局外人、投标人有私下联系。

(5)在评标规定的工作时间内,在评标会议室内阅读、评审投标文件,不得将文件带回个人房间,不能在文件上注解或涂改,必要时可作笔录。

(6)若有问题,各位评委可写出书面澄清意见,按规定格式填好后交支持组发出。

(7)评审过程有讨论、评议时间,各位评委可以发表意见。每位评委必须在评分表格上认真打分、签字,必要时可在备注栏中说明。

(8)评标工作由评标领导小组组织领导。根据各位评委意见及评分结果,形成评标报告。

(9)评标报告应经各位评委签字,若有不同意见,本人可将保留意见写出附后。

(10)在评标结束后,对发给各位评委工作使用的文件资料应全部交回。

监督人: 年 月 日

附录 3-6 评标人员承诺书示例

评标人员承诺书

为规范此次××项目××评标行为,承诺如下:

(1)严格依照《中华人民共和国招标投标法》及招标人招投标工作有关规定要求,并以此来约束自己的行为。

(2)遵照本次评标原则对投标文件进行评审。

(3)坚持公平、公正、公开的原则。

(4)评标期间和评标结束后不向外界透露评标的任何内容。

评委签名: 年 月 日

附录 3-7 开标及述标顺序确认表示例

××公司××项目
开标及讲标顺序确认表

序号	公司名称	讲标顺序	抽签人签字
1			
2			
3			
4			

审核人：　　　　　监督人：　　　　　　　　时间：

附录 3-8 开标记录表示例

×××项目招标开标记录表		编号：		
招标项目名称	×××项目×××采购	招标编号		
投标商名称			（代理商名称请在原厂后面标明）	
法人或授权人		投标日期		年　月　日
投标商代表		投标地点		
投标书符合性检查				
序号	检查项	检查结果		
1	投标文件密封性	□良好,□破损,其他：_____		
2	是否递交投标保函/保证金	□保函,□保证金,其他：_____		
3	投标保函/保证金金额			
4	投标文件数量	技术包	正本 份,副本 份	电子版 份
		商务包	正本 份,副本 份	
5	是否有法人委托授权书	□是,□否		
6	投标书正本是否逐页小签	□是,□否		
7	是否承诺签署保密协议	□是,□否		
8	投标报价(人民币：　元)	总价		
		本次采购价格		
		推广阶段价格		
备注：				
签署栏				
投标商确认签字		开标记录人		监察人员
签字：　　　　日期：		签字：　　　　日期：		签字：　　　　日期：

附录3-9 技术/商务评分汇总表示例

×××项目招标技术/商务评分汇总表			年 月 日	
评委姓名	技术(商务)评委打分			
	投标商 A	投标商 B	投标商 C	投标商 X
评委1				
评委2				
……				
平均得分				
汇总人：	审核人：		监督人：	评标组长：

附录3-10 评标综合计分和排序表示例

×××项目招标评标综合计分及排序表　　年 月 日					
投标人	投标价格（人民币元）	技术得分	商务得分	综合得分	综合排名
A					
B					
……					
技术组组长(签字)： 技术组评委(签字)：			商务组组长(签字)： 商务组评委(签字)：		
监督组组长(签字)：			监督组成员(签字)：		

附录3-11　中标通知书示例

中 标 通 知

_____公司：

　　××公司××招标项目(招标书编号：××)，经评标委员会评审审定，确定贵公司为本项目的中标公司。

　　特此通知。

联 系 人：

联系电话：

年　月　日

第四章　企业信息化项目实施

企业信息化项目实施是信息化建设的中心任务，是一项艰巨的大系统工程。信息化项目实施的基本思路是：制定并执行从项目计划、项目实施到项目验收等一系列管理办法；坚持先试点、后推广的原则，通过试点实施制定标准模板，然后再推广，确保建成统一的信息系统；坚持采用规范的项目管理方法，实行项目经理负责制，按阶段确定里程碑，按计划组织实施，严格控制项目范围，抓好项目进度、成本、质量和风险管理；在项目实施中各方进行广泛、深入、密切合作；仔细分析项目各子任务之间的关系，管理关键路径，适当采用并行方式，争取时间，规避风险，确保项目实施的进度和质量。本章对项目实施的各个方面展开讨论。

第一节　信息化项目实施概述

一、信息化项目的特点

信息化建设项目与传统的工业化建设项目，如交通、建筑、炼油厂等相比，具有非常突出的特点。

（1）信息化项目概念新、技术新、更新换代快。信息化建设虽然已经有较多的实践探索与积累，但尚未形成像工业工程那样的一系列成熟的工程规范和标准，使项目的设计、实施、验收、运行维护、绩效评价各环节的难度和不确定性大大增加。信息化的新技术、新应用、新理念日新月异，往往使企业面临思想、技术、人才准备不足的挑战，使信息化项目往往遭遇系统选型、系统升级等方面的困扰。不少系统甚至在建设中就面临平台软件的更新、升级问题。

（2）信息化项目是创新工程，虚拟性强。信息化项目主要以无形的智力产品为项目目标，传统的建造项目则以有形的建造物为项目目标；前者的实质是"创新和知识转移"，而后者的实质是"资源消耗"。因此，信息化项目管理更加柔性化。相比之下，信息化项目还更依赖于已有的管理基础，对项目实施团队的经验要求很高；信息系统的许多问题一般到系统测试、上线时才能暴露，系统的质量也只有在深入广泛的应用中才能充分体现。

（3）信息化工程是与"人"打交道的工程。与工业工程项目在很大程度上是与"物"打交道不同，信息系统处理的是数据、信息和知识，而数据、信息、知识都产生于业务流程和应用过程，这些都涉及人，而且不仅涉及操作人员、工作人员，更涉及企业管理层和决策层的各级管理人员和领导干部。因此，人的角色、权利与利益的变化和相应的组织行为将关系到项目的成败。由此信息化项目实施引起的矛盾、冲突和阻力要远远大于工业工程项目。

（4）信息化项目实施过程复杂。一个信息化项目，特别是大型复杂的专业应用系统和像ERP那样的综合管理系统，除了涉及人们的管理理念、业务模式、工作学习方式、企业文化等非项目本身因素之外，还涉及硬件和软件选型、管理咨询和系统集成服务商的选择，涉及数据、功能、系统架构设计和业务流程梳理优化，涉及系统集成和客户化开发，涉及大量已有数据的整理、规范和迁移，涉及项目各成员企业和项目实施的各方团队等。每个项目都要经历立项、招标、实施、验收、运行维护和再提升的过程。仅实施就包括：需求分析、流程梳理、数据整理、系统设计、系统配置、测试、用户培训及上线应用等阶段，其间要进行多次反复的沟通、交流、研讨和决策。各项目之间还需要按照逻辑和数据关系，统一标准，有序推进，实现整体集成。信息化工程项目属于当前最复杂的工程项目。特别是一些国字号企业集团，业务复杂、产业链长、地域广布、员工众多，信息化项目规模很大，用户数很多，不少系统在业务与功能覆盖范围、用户数量等方面处于国际同行业系统的前列，系统建设周期少则一年，多则数年，参与项目建设的业务和技术人员多达数千人，其复杂性和实施难度可想而知。

（5）信息系统建设特别需要沟通协调。应用类信息系统建设需要多个单位、多个部门、多种角色的协同工作，需要业务人员和信息技术人员在项目内紧密合作。对于每个项目，参与角色众多，包括业务部门和关键业务用户、内部信息技术支持队伍、咨询商、集成商、软件供应商、硬件供应商等，需要科学高效的项目管理和强有力的组织协调。

（6）信息系统建设项目不是交钥匙工程。信息化项目需要各级业务人员积极参与、联合建设，项目质量的高低，甚至项目的成功与否与相关业务各方的参与程度密切相关。建设单位和业务部门的支持力度越大，参与项目实施的业务人员越多，对需求的理解越深，知识转移越及时全面，就越有利于项目的成功应用；同时，项目能够给建设单位带来的业务提升也越大。

二、信息化项目实施的难点

信息化项目的上述特点，决定了项目在实施与管理上存在一些突出的难点。

（1）业务需求及时确认困难。信息化管理者最大的困惑之一就是项目的业务需求总是在变化。通常，由于专业知识的限制，业务人员不太了解信息技术，听不懂信息技术人员的技术语言，说不清楚通过信息系统能够为业务做什么；信息技术人员也不了解业务流程，不能很好地帮助业务人员提出和发掘业务需求，对业务人员提出的需求不甚理解。而且普遍的现象是，随着业务人员对信息系统的逐步了解甚至应用，需求会随之变化、增加和提升，处理不好，就会使信息系统的建设疲于应付业务需求的变更，不但很难形成一个相对固定的系统应用版本，而且将引起项目的投资增加和工期延长。在专业应用系统建设中，特别在涉及业务交叉时，边界难以划分清楚，各方难以达成共识，如何规范并确认业务需求成为控制项目进度和质量的关键环节。为此，要非常注重业务人员的全过程参与；将业务需求整理并分类细化，分析优先级关系，形成书面文档请业务代表签字确认；按照书面确认的需求进行系统设计和实施，从而建成系统的1.0版本。通过对系统的普遍应用，在规范业务的同时，根据业务的发展进行系统完善和版本升级，把企业的业务逐步迁移到统一的信息系统平台上运行，不断提升企业的经营管理整体水平。

（2）项目范围不易准确界定。信息系统项目管理中最重要也是比较困难的就是准确界定项目范围。而项目范围不清或变化，常可导致项目人员、资金投入难以控制，项目成本增加甚至项目计划延期，必须尽量避免。通常，在项目启动时，由于信息系统建设的固有特点，对项目范围和目标仅仅有一个笼统的认识，难以清晰界定具体工作内容和成果内涵。随着项目的进行，项目范围和目标逐渐变得清晰、明确和细化，如图4-1所示。企业可以通过进行规范的项目可研，进行项目需求分析和概要设计，明确范围和任务，确认基本功能，保证项目的可行性。但由于可研主要面向业务和管理人员，项目方案设计存在深度限制，需要在项目实施过程中再次进行现场详细调研和系统需求确认并进行系统设计，从而控制项目范围方面的风险。

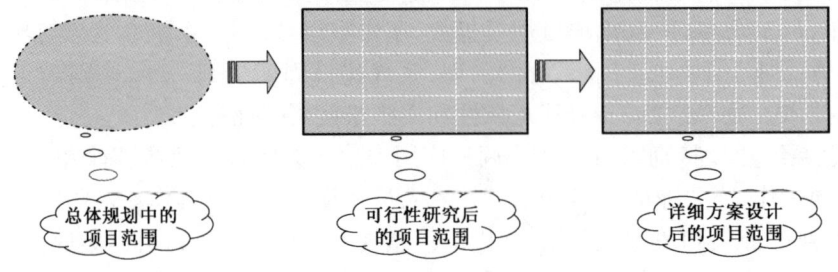

图4-1 对信息化项目范围理解逐步加深和准确的过程示意图

（3）信息系统实施遭遇的冲突阻力大。企业信息化实质是通过网络管理数据、整合流程，最终将业务管理搬到信息网络上运行，涉及企业的方方面面、渗透于企业运作整个过程的各个环节，是一个非常复杂的系统工程，必然会遭遇各种各样的冲突和阻力。首先，信息化建设给企业带来了多方面的变革。信息系统需要集中建设，涉及跨组织边界的流程优化，与企业组织的条块结构本身就存在着矛盾；需要统一数据标准、优化经营管理模式、改变信息获取方式；需要改变员工工作方式和行为习惯，提高员工素质和能力；需要进行资源、责任、利益的调整和再分配。这些变革同时交织出现在信息化建设过程中，必然会形成不可忽视的阻力和干扰。特别是在ERP项目实施时，阻力尤其巨大，这也是导致实施失败的主要风险。其次，信息系统分散和统一建设两种思想观念的矛盾和冲突也很难在短时间内消除。新建系统覆盖、替代已有系统也必然会遇到一些人为障碍。冲破这些阻力，需要企业各级领导的果断决策和强有力推进，需要企业各级管理人员持续提升对信息化的认识。

（4）信息化建设绩效评估难度大。信息化项目效益具有很大的潜在性、间接性和延迟性。项目的收益并不总是能够在企业财务报表中反映出来，而且收益具有一定的时间滞后性，滞后时间的长短取决于信息化建设项目实施的规模和程度。与传统的其他实物投资项目的效益评估相比，信息化的效益评估更具复杂性。传统的投资项目价值评估的指标比较容易量化，而且其效益主要体现在显性收益上，比较容易进行最终的评价，而信息化建设项目的隐性成分和间接成分相对较多，且信息系统应用受到许多因素的影响，与其他因素有很强的互补性。因此，对信息化进行效益评估时需要综合全面衡量。关于企业信息化绩效评价考核，将在第九章详细讨论。

三、项目实施与管理方法论

经过不断的探索和实践，企业信息化项目实施的方法逐步成熟和完善。在此基础上，总结提出企业信息化项目实施与管理的方法论，如图4-2所示。

图4-2所示的模型可以简略概括为：

6类项目，即基础设施建设项目（包括基础应用项目）、办公管理系统项目，生产管理系统，经营管理系统，辅助决策系统，总体规划、项目可研、组织保障类项目；

7个项目阶段，即项目准备、项目启动、现状调研与需求分析、系统设计、系统配置与测试、

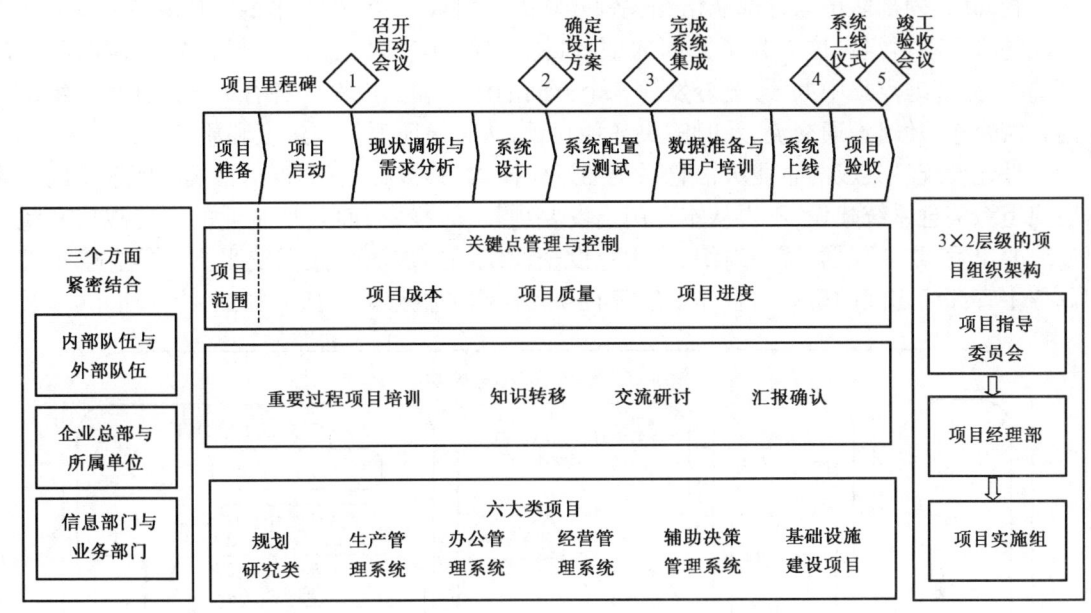

图4-2 企业信息化项目实施与管理方法模型

数据准备与用户培训、系统上线等；

5个项目里程碑，即召开项目启动会议，确定系统设计方案，系统集成验收，系统上线仪式举行，项目通过竣工验收等；

4个控制关键点，即项目范围、项目进度、项目质量、项目成本等；

3个紧密结合，即实现信息部门与业务部门、企业总部与成员企业、内部队伍与外部队伍的紧密结合；

3×2层级的项目组织，即项目指导委员会、项目经理部、项目实施组等3个层次的项目组织，并根据项目范围等实际需要，在企业总部和所属实施单位设立两级3个层次的项目组织。关于项目组织建设第八章将进行详细讨论。

另外，对于一些重要项目，项目培训、阶段研讨、知识转移、汇报确认贯穿项目实施的全过程。

图4-2的项目实施与管理方法模型涵盖的核心思想是：合理的项目阶段划分，严格的关键环节管控，科学的项目组织架构，充分的沟通协调与合作，及时的项目知识转移和用户培训。

需要指出的是，不同类型的信息化项目，实施的内容和阶段有所不同，管理也因之有一定的差别。对于规划、研究类（含组织、保障类）项目，本书第二章讨论的信息技术总体规划编制，实际上已经向读者介绍了此类项目的实施管理方法。本章以下将主要讨论应用系统类（含管理应用和专业应用）项目的实施与管理。至于基础设施类项目（含基本应用项目），其实施与管理和应用类项目大致相同，不同之处在于基础设施建设一般没有软件开发和历史数据迁移任务以及相应的实施阶段。

四、项目组织体系运作模式

上述3×2层级的项目实施的组织体系，基本上由企业总部与成员企业、信息管理部门与业务主管部门、内部队伍与外部队伍相关领导和人员组成，各实施工作组也是由各相关方面人员组成的联合项目组。这支为了共同的项目目标组织在一起、上下一致、左右协调的联合团队，在同一办公地点集中办公，充分发挥各个方面的作用和积极性。各有关方面在项目组织架构内紧密合作，随时沟通交流，及时解决各种问题，从而保证项目的进度和质量。

这种建设统一集成的企业级信息系统的运作模式，其核心是：不再由常规的职能部门按条条块块组织信息系统建设，不再从本部门出发要项目、分投资，而是从企业的全局战略和整体业务需要出发，统一规划，统一组织，集中建设企业统一集成的信息系统平台。信息管理部门和业务主管部门之间的协调与合作一般都在项目组织的框架内完成。如图4-3所示。

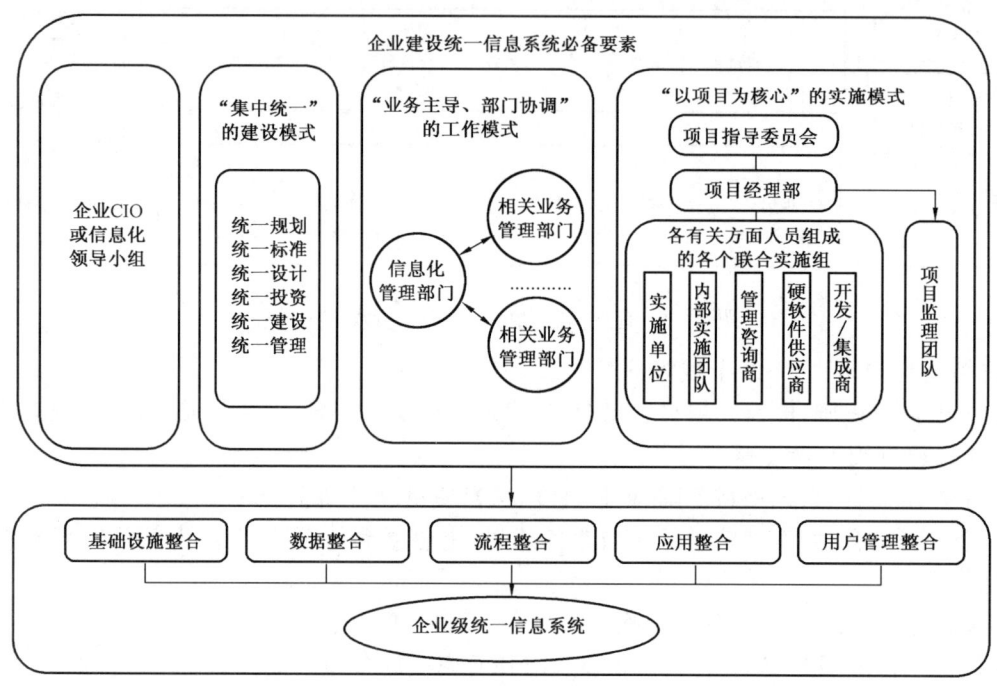

图4-3　企业建设统一信息系统的运作模式图

五、项目实施与管理策略

企业信息化项目管理的基本目标，一是项目实现设计功能，二是系统按时上线，三是项目经费不超预算，四是系统应用情况良好。为此，不但要坚持"集中统一，业务主导，顶层设计，集成应用"的原则，还要采用科学的项目实施方法与策略。除了第一章讨论的企业信息化建设的7项有效策略之外，企业信息化项目实施与管理还需要注意以下策略。

（1）科学确定项目优先级。一定要根据项目的业务逻辑关系、数据输入输出关系、需求的紧迫程度和项目要求的基本条件具备情况来确定项目的优先级。尽管在信息技术总体规划中已经设计了项目优先级，但到实际立项实施时候，情况会有较大变化，需要进行切合实际的调整，并精心选择好项目启动的时机。千万不要受技术和厂商的片面影响，先行启动业务、数据和技术基础不具备的应用项目，以免出现项目实施困难甚至半途而废的恶果。

（2）认真扎实做好前期工作。常言道"有备无患"，"磨刀不误砍柴工"，有人把"有准备的企业"列为信息化建设成功的三个基本条件之首,再者是合适的软件、有效的实施,这些都足以说明信息化项目前期工作的重要性。

① 做好项目可研。认真进行项目的目标、范围、现状、需求的分析和研究;确定科学的系统架构和先进适用的技术方案;认真分析项目的难点和风险。要把问题想得周全一些,把困难想得多一些,把实施计划做得细一些,提出切实有效的解决方案和风险规避的具体措施。可研考虑的程度越深、质量越高、越扎实,项目实施的基础就越牢固,而且项目计划也就越容易得到管理部门尽可能快的批复。

② 选择最优的产品。要做好招标全过程的细致工作,选择市场上主流、售后服务一流、安全稳定高效、性价比最高产品,用最好、最放心的设备,集成最佳的系统。

③ 选择最佳合作伙伴。合作伙伴包括硬软件供货商、系统集成商、软件开发商、咨询服务商。这些合作伙伴对项目实施的成功起着至关重要的作用,选对了合作伙伴,项目就有了成功的重要保障。合作伙伴的公司规模、市场份额、资信固然重要,但其相关成功案例、当地技术力量、售后服务水平和实际能参加项目的领军人物和团队更加值得重视。有条件的企业,可以考虑像国外一些领先大公司那样,与经过项目实施考验的合作伙伴结为战略联盟,进行长期合作。

④ 慎重选择试点实施单位。试点或第一批实施单位有开拓和示范作用,一定要慎重选择。选好了,可以保证试点进度、质量和系统模板的代表性,选不好则适得其反,甚至可能使项目处于进退维谷、骑虎难下的被动、尴尬境地。

(3) 坚持"三个结合",共同推进项目实施。在信息系统建设中,要坚持信息部门与业务部门、企业总部和成员企业、内部队伍与外部队伍的紧密结合。应用系统是为业务而建、为业务服务,业务部门和用户单位是系统的使用者,要特别充分发挥业务部门在需求确认、流程梳理、数据准备、用户培训和上线应用等方面的业务主导和驱动作用。信息部门和业务部门特别需要在项目组织内加强合作,协商解决实施中的各种问题,共同把信息系统建设好,应用好,维护好。

第二节　项目沟通与协调

如前所述,信息化项目的一个重要特点就是特别需要沟通协调。这里讨论项目沟通协调的几种主要方式。

一、项目例会

项目例会是最常用的项目沟通协调的有效方式,一般每周举行一次,根据需要由项目主要成员或全体成员参加。主要沟通交流上周项目进展情况和存在的问题,研究问题解决办法,安排本周工作。项目例会结果一般形成项目周报(示例见附录4-1),上载项目网页,归入项目文档。对项目的重要事件或阶段、里程碑的重要进展,如项目启动、阶段验收通过、系统正式上线等,需要编写项目简报(项目周报示例见附录4-2),以便与项目中其他成员及干系人交流情况,鼓舞士气,明确下一步工作及要求,再接再厉,不断推进。项目遇到重要情况或项目例会难以解决的问题要上升到部门协调。

二、部门协调

部门协调在这里主要指信息管理部门组织的协调。信息管理部门每周（一般是周一）举行部务会议，由部门各项目负责人通报项目进展情况，存在问题及解决方案，以及下一步工作安排，提出需要部门领导解决或决策的事项。部门领导综合各项目的进展和需要解决的问题，组织大家讨论，并从统筹全局的高度，做出相应的决策和工作部署，提出有关要求。部务会后一般要根据会议的情况和结果编写部务会备忘录，报送企业信息总监或信息化工作主管领导，同时上载到部门信息门户，作为对各项目工作进行督导和检查的依据。备忘录主要内容有：上周主要工作进展，本周及以后各项重点工作任务及负责人员，各项目建设情况一览，包括项目名称、项目目标、项目当前状态（例如绿色为项目进展正常，黄色为项目质量、进度存在问题，红色为项目出现严重问题或停顿）。

项目遇到紧急重要情况时，由项目经理部及时向信息管理部门主管领导或主要领导汇报。必要时，由部门领导召开专题会议研究解决。

对于项目的特别重大的情况和部务会难以解决的问题，以及需要与相关一个或多个其他管理、业务部门协调解决的事项，要上升到项目指导委员会/信息化领导小组讨论解决。

三、项目指导委员会/信息化领导小组协调

项目指导委员会/信息化领导小组协调主要指的是跨部门的协调。项目指导委员会一般负责信息管理部门和业务主管部门的协调，通常涉及诸如系统方案中关键业务需求和流程的确认，业务主管部门领导和业务骨干参与项目建设、系统配套设施建设、在用信息系统和新建信息系统关系定位与处置方案等。信息化领导小组一般负责信息管理部门，规划计划、财务等其他职能部门，以及相关业务主管部门之间的协调；通常涉及信息技术总体规划审定，年度计划审定，全局性管理制度审定，以及重大事项的决策等。

会议由项目指导委员会/信息化工作领导小组主要领导召集，相关部门的主要领导或主管领导参加。由项目经理部做出项目有关情况和问题的汇报，提出需要讨论决定的事项，然后进行讨论，相关成员发表意见，提出建议，主要领导汇总大家意见，做出决策。会议结果一般要印发信息化领导小组或企业办公会议纪要，主要内容包括：会议的时间、主题、主持人、参加部门和人员；会议的主要内容，达成的共识，研究决定的事项等。

会议决定事项的落实一般由企业办公室/办公厅负责督办，信息管理部门配合。

四、现场协调会

现场协调会的主要目的是解决项目实施中存在的共性或特殊问题，以及项目进一步的推广应用。共性问题的现场协调会由项目经理部组织，相关实施单位派员参加，由项目组汇报项目实施进展，提出有关问题及其解决方案，充分听取参会人员的意见和建议，对方案进行修改完善。项目经理部对有关方案做出决策，对实施工作提出要求。各参会实施单位要将会议共识和要求在本单位的实施工作中认真加以落实。

特殊问题现场协调会由项目经理部组织，本企业相关的业务领导和骨干、项目实施技术人员参加。由项目组汇报项目实施情况，提出特殊问题及其解决方案，充分听取各方面的意见和建议，对方案进行修改完善。项目经理部必要时请示信息管理部门或项目指导委员会领导对有关事项做出决策，对实施工作提出要求。参会业务部门和人员要在项目实施组的全力配合

下,将协调会的决定在本单位系统实施中全面落实。

项目推广应用现场会一般由项目经理部组织,大型项目、涉及单位多的现场会由项目指导委员会组织。推广应用现场会一般在有代表性的上线单位召开,由主要上线单位和全部推广应用单位派业务和信息系统建设代表参加。会议一般由现场单位介绍系统的实施情况、主要功能和初步应用效果,总结交流系统实施的主要难点和经验教训;由推广应用单位代表进行表态发言。项目经理部或项目指导委员会领导对会议进行总结,提出项目推广应用的工作部署和相关要求。会后推广单位在总部项目经理部的全力支持下按计划、高质量地完成系统的推广实施和应用任务。

五、项目间沟通协调

从企业信息技术总体规划的项目体系框架可以看出,信息化项目是一个复杂庞大的项目群,各个项目集成共享、共同组成企业完整的信息系统平台,提供全面的信息化能力。因此,项目之间的沟通协调既十分频繁,又非常重要。

首先,上面已经讨论过的信息管理部门每周的部务会,在某种意义上就是项目之间沟通协调最常用的一种形式。

其次,还可以通过专题会议进行项目之间的沟通协调。专题会议可以由企业信息化主管领导和相关业务领导共同组织,解决项目的方向、定位、建设原则、策略等重大问题,如一些企业已经正常运行多年的财务信息系统和正在实施的统一完整的 ERP 系统之间的协调,一般需要由企业两方面的主管领导,从企业业务和信息化全局出发,进行交流沟通,形成共识,既不影响相关业务的正常运行,又要保证将来建成并切换运行以财务为核心的 ERP 系统。专题会议也可以由项目经理部或信息管理部门组织,研究同一业务领域的各信息化项目的界面划分、流程疏通、数据规范共享等相关问题,避免功能交叉重叠、数据重复采集、标准不相统一等问题出现。

再次,通过组成联合项目组解决新老系统的现实冲突和未来切换各种问题。例如,为解决已有财务信息系统和新建 ERP 系统之间的冲突问题,由财务部门和财务信息系统的开发单位派出骨干人员参加到 ERP 项目之中,组成另一种意义上的联合项目组。财务方面的项目成员主要负责 ERP 系统的财务业务需求、业务流程和功能架构等,向 ERP 项目成员介绍财务系统的功能、流程和经验教训,共同推进 ERP 系统的实施,并在当前财务信息系统中逐步体现 ERP 的理念和设计思想,为财务系统与 ERP 系统的深度融合进行必要的准备。

最后,建立健全并充分利用信息化手段加强信息化项目之间的沟通与协调。例如,××集团为解决各项目的数据标准和相关数据接口问题,由负责各个项目实施咨询的公司派人,与企业抽调的项目人员一道,共同组成企业数据公共编码项目组,专门研究解决各个项目的公共数据规范和集成共享问题。该项目还建设了公共数据编码管理与维护系统平台,较好地解决了公共数据的标准化问题,有效地服务于各应用系统项目的实施和企业范围的数据、系统和应用的集成。

再例如,利用信息管理部门的信息门户和本章后面将简要介绍的企业信息化工作管理平台,进行不同项目的沟通协调。信息门户本身就是项目发布信息、项目之间进行沟通交流的便捷机制和园地。具有相关权限的项目管理人员,还可以通过信息化工作管理平台了解相关项目的进度、质量、人员、问题等信息,互相借鉴、互相促进,就相关问题进行协调,尽快解决。

六、项目协同工作站

在利用门户技术作为公司门户网站的企业,也可以利用门户技术开发项目协同工作站,所有项目参与各方均可在这个平台上沟通。协同工作站包含的主要内容有:项目组织机构及职责、项目周报、通知、项目实施计划以及在项目实施过程中产生的相关文档等。项目协同工作站是大家在项目建设过程中的工作平台,其使用者和维护者是所有项目参加人员。好的项目协同工作站在项目建成之后应该成为项目的知识库和共享平台,并转化为项目运行维护平台,也将给今后的运行维护带来较大的帮助(项目协同工作站示例见附录4-3)。

第三节 项目实施的阶段管理

在近几年的信息系统建设实践中,企业在信息化项目实施与管理方面积累了很多成熟经验,逐步形成了行之有效的项目管理方法。根据这些实践和经验,这里对传统意义上的启动、计划、执行、控制、收尾5个项目过程进行细化,将信息系统建设过程定义为:项目准备、项目启动、现状调研与需求分析、系统设计、系统配置与测试、数据准备与用户培训、系统上线等7个主要阶段。在这7个阶段,都注重加强对项目范围、进度、质量、成本、人员、沟通、风险和文档等要素的管理。图4-4示出了信息化项目实施阶段划分与主要里程碑,同时展示了相关阶段与《计算机软件产品开发文件编制指南》,即国家标准 GB 8567—2006《计算机软件文档编制规范》提出的计算机软件开发项目生命周期的大致对应关系。

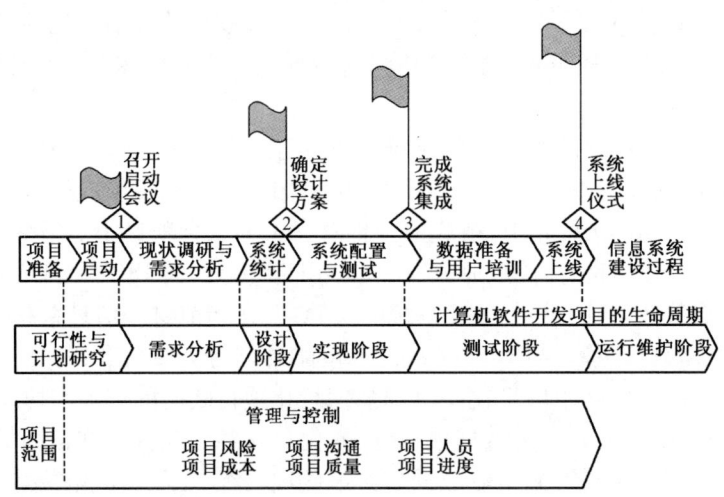

图4-4 企业信息化项目实施阶段划分与主要里程碑

图4-5展示了信息化项目实施的主要流程,包括项目准备、启动、现状调研与需求分析、系统设计、系统配置与测试、数据准备与用户培训、系统上线等7个子流程。

本章将按照上述7个主要项目实施阶段对企业信息化建设项目实施与管理展开讨论。

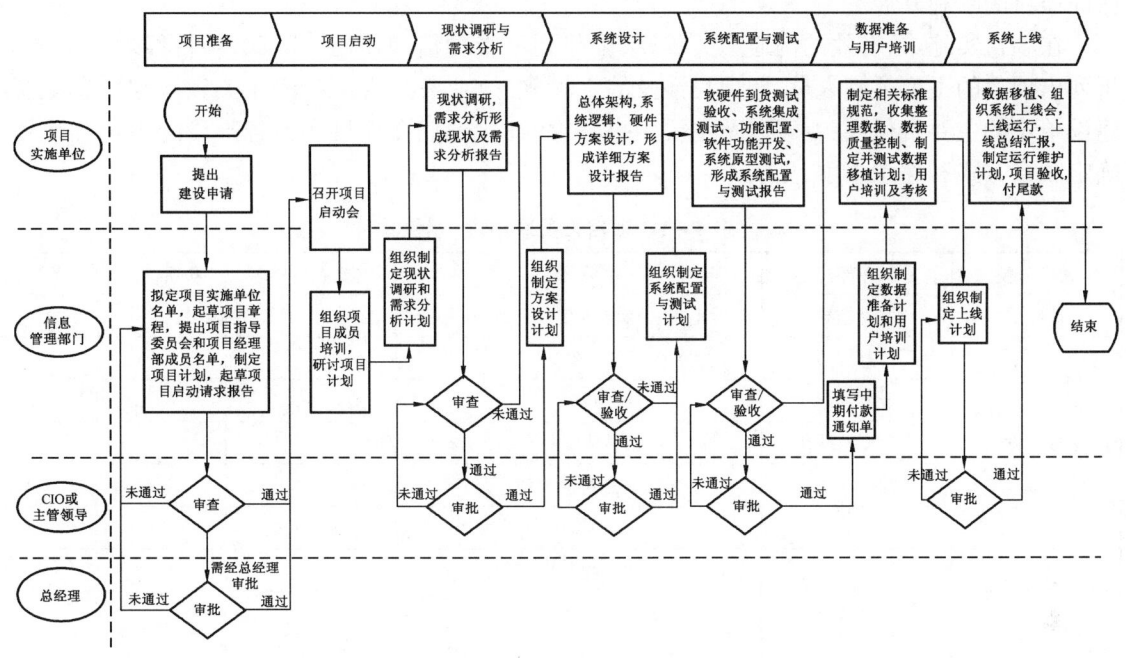

图 4-5 企业信息化项目实施的主要流程

一、项目准备

在项目准备阶段,通常由信息管理部门牵头,组织内部技术支持队伍和项目建设单位的有关管理和技术人员,完成项目启动前的准备工作。主要包括:提出项目指导委员会组成建议、组织建设项目经理部,并组织项目前期培训与技术交流;分析项目的相关部门和单位,列出关键业务及相关人员名单;选择试点单位;分解细化项目任务,形成项目整体进度计划;统一思想,编制项目章程;起草报告报领导批示,正式启动项目实施工作等。

1. 筹建项目经理部并组织前期培训与技术交流

信息管理部门组织成立由有关业务部门、内部支持单位以及项目建设单位组成项目经理部,对项目前期可研的成果进行培训。如果没有选择咨询服务商或硬软件提供商,则需要召集项目潜在的合作方进行技术交流,明确技术和商务要求;如果已经选择了合作伙伴,则需要开展项目前期培训,同时共同研讨项目实施策略和进度计划。

2. 分析项目的相关部门和单位,列出关键业务及人员名单

分析项目相关的内部和外部资源。对于内部资源,主要分析与项目相关的群体,例如:是否参与建设、是否使用系统、是否是审批流程的业务部门、是否涉及系统接口等。对于外部资源,通常指信息系统建设项目中的硬件供应商、软件供应商和咨询服务商。其中硬件供应商提供支撑所选择软件的硬件平台;软件供应商提供软件产品和相关服务;咨询服务商提供业务咨询、项目管理与实施和培训等。在有些项目中,咨询服务商和软件供应商由一家公司承担。在准备阶段,通常先招标选择咨询服务商和软件系统供应商,以确定系统架构,明确总体方案,而硬件平台的选择则通常在详细方案确定之后进行。对于先选择咨询服务商的项目,则在方案设计阶段招标选择软件系统集成商。项目经理部需要仔细分析外部资源情况及合作模式,以

保证项目的顺利开展。

在项目实施中,有效的沟通至关重要,可起到事半功倍的作用。因此,项目经理部需要分析列出项目的主要关键人员,如项目涉及的主管领导、业务主管部门的相关领导和信息主管、建设单位的主要责任人、专家以及主要用户等,并细化他们在项目实施各阶段的角色和作用,确定联系方式和注意事项,见表4-1。

表4-1 项目人员联系表(示例)

人员分类	所在部门	相关程度	主要人员姓名	联系信息	备注
管理层	主管领导	阶段汇报、里程碑管理、重大问题决策			
参与方	信息部门	略			
	业务部门	略			
	内部支持队伍	内部技术支持单位			
	建设单位	项目建设单位			
	……				
专家		方案、验收、咨询等			
相关部门	规划计划	投资方案审查、验收			
	……	……			
相关系统	网络系统	基础设施			
	……	……			

3. 选择建设单位

项目建设单位有两种:一种是项目试点的建设单位,另一种是项目推广的建设单位,均须报请主管领导批准。

(1)试点单位的选择。由于要通过试点制定系统标准模板,然后在各成员企业推广应用,试点单位的选择要非常慎重。试点单位一般须满足以下条件:单位领导对信息化工作高度重视,业务在同类单位中具有代表性,信息化基础好;向信息管理部门提交项目试点建设书面申请。对于具备条件的单位,信息管理部门结合相关业务部门的意见,根据项目的规模和特点,推荐选择一家或几家作为试点单位。

(2)推广单位的选择。系统推广一般分两期完成,推广单位需要根据自身的情况,以书面形式提出系统推广建设的申请,信息管理部门根据项目的整体进度安排,结合相关业务主管部门的意见,制定推广计划,确定推广单位。

4. 分解细化项目任务,形成项目整体进度计划

为增强项目的可操作性,控制项目风险,在可研概要设计的基础上,项目经理部需要按照项目范围,应用通常的任务分解方法和工具,将任务尽可能细化分解到由一个小组可完成的程度,并分析各任务之间的逻辑关系,根据项目人力资源等条件,统筹安排时间,形成项目整体进度计划。图4-6示出了企业信息化项目进度计划的一个实例。

5. 编制项目章程

项目经理部根据以上的准备工作,起草项目章程,将已经明晰的和需要明晰的环节形成文

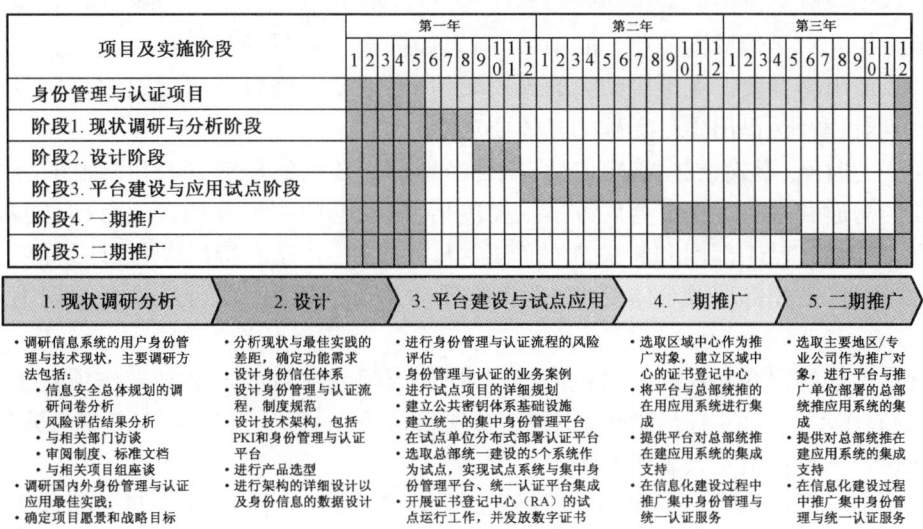

图 4-6 企业信息化项目进度计划示例

档,其内容包括项目目标、范围、进度、项目组织人员、沟通管理、培训、项目成本、质量、风险以及项目文档要求等。项目章程作为项目实施的纲领性文件,特别需要明确项目的技术路线和实施策略。

对于较大的项目,需要划分出若干任务,针对每个任务起草更为详细的任务章程,任务章程的主要作用与项目章程类似,但应用范围仅限于项目组织范围内,作用于任务本身,主要内容包括:任务目标、任务范围、组织及职责、成果描述、项目方法、进度安排、人力资源计划、质量计划、文档要求、沟通计划等。

6. 报请领导批示

信息管理部门根据年度信息化项目投资预算和项目准备情况,组织起草关于启动项目实施工作的请示,主要内容包括项目目标,项目组织、人员及职责,项目准备情况,项目计划,合作方的角色及选择建议,项目章程等。经企业信息总监或信息主管领导批准后,按照项目计划组织项目启动工作。

二、项目启动

项目启动会是项目实施的第一个里程碑,标志着项目实施的正式开始,通常以会议的形式完成,也可通过发文启动。

1. 召开项目启动会

通过会议方式进行项目启动,需要明确会议目标,做好会议准备,将会议方案和有关安排提前报送主管领导批准,并认真准备会议材料,落实会议筹备的各个环节。

项目启动会的形式和规模因项目规模和影响的不同而有所不同。规模和影响大的项目,例如企业核心业务领域的应用信息系统项目启动,以视频会议方式,召集全公司范围的相关人员参加会议,在企业总部设主会场,一般由公司主管信息和主管该项业务的领导分别讲话,总部各相关职能部门、业务部门的主要领导及主管领导参加会议,试点单位设分会场,单位主要领导、相关部门负责人及项目主要成员参加会议,其他相关单位以视频会议方式参加会议。一般项目的启动视频会议由信息化主管领导牵头,总部机关相关部门、项目相关单位主管领导及有关人员参加。对于地域覆盖单一的项目,例如数据仓库项目,则采取常规会议方式,邀请相关部门和人员出席会议。无论启动会的规模如何,都需要明确宣布项目组织机构及项目经理任命,发布项目章程,提出项目实施的具体要求。

启动会的时间、形式、规模确定以后,项目经理部需要认真研究,制订详细的会议方案,做好各方面的沟通和筹备工作。会议方案主要包括:启动会的规模和形式,会议时间和地点,会议的议程,参会的领导、部门和相关人员,与会人员通知,会议主持词,项目计划,项目组织架构、人员及职责,工作部署及总体要求,企业领导动员讲话稿等(项目启动会策划书示例见附录4-5)。

项目启动会的内容和议程一般包括:信息管理部门或项目经理部领导作项目工作部署报告;企业领导作动员讲话,提出工作要求,宣布项目组织结构、项目经理及骨干人员名单;建设单位及项目合作单位负责人表态发言。

工作部署包括:项目目标和范围、项目实施方法、项目实施计划、项目结束时应提交的项目成果等。

启动会议的相关材料需要提前准备好,并形成书面的汇报材料,报请领导同意后执行,尤其关于项目组织方案,需要提前得到各方领导的认可,才能够在启动会上宣布。项目启动会议通常在90分钟内结束。召开项目启动会,传达的是公司对项目的要求与承诺,不是信息部门和项目经理部自己的事,有利于在企业内部形成共识,减少阻力。

2. 创建项目硬软工作环境和工作模式

项目启动会召开以后,项目经理部正式开展工作。落实项目办公地点,集合项目人员,讨论沟通计划;从培训入手,宣贯项目章程,开展团队建设。这个过程视项目的大小一般需要5~10个工作日。

项目经理部按照启动会的要求,组织项目经理部成员消化理解项目章程,并进一步细化和明确项目执行计划,对项目达成广泛共识,包括:项目的目标、范围、任务和重点等,对项目目标和任务进行更深入的分析与分解,根据已经明确的人员、相关资源和项目的工作内容及特点,设立必要的子项目或工作小组,定义各小组的职责和报告关系,明确分工,界定阶段目标,设定项目里程碑,以后将按项目阶段验收成果。

在细化项目章程的过程中,有三个重点内容:一是资源计划。在项目启动阶段,项目经理要根据项目的内容和范围,识别项目所需关键人员及其重要技能,确定项目实施的方法和工具,制定项目实施的业务人员需求计划。二是确认里程碑。设置适当的项目里程碑,有助于确保项目的执行进度和质量,实现项目的关键目标。三是清晰描述沟通计划。在沟通计划中,需要明确向领导汇报的周期和关注点、项目经理部内部的联合办公及成果共享环境、对外的宣传途径和方式。为保证沟通质量,需要对书面沟通信息进行规范化,在启动阶段就形成各种模板,其中包括:会议记录及纪要、项目简报、项目周报、问题记录及反馈、汇报、质量审核等。

项目启动后,一定要形成项目经理部各方人员联合办公、共同开展项目的工作模式,在项目组织内及时协调解决实施过程中的各种问题。这种联合包括:企业总部和建设单位、业务人员与信息技术人员、企业内部人员与供应商及咨询服务商紧密结合,并彻底摒弃那种"乙方完成任务,甲方监督检查"的想法。在项目实施的过程中,加强交流和培训,明确具体行动方案和每一个技术问题,实现知识转移。特别是在应用系统建设类项目中,咨询服务商负责引入用规范的项目管理方法和行业最佳实践,牵头组织项目实施;建设单位和内部支持单位要承担更多的实施任务,注重在项目实施过程中培养锻炼自己的技术骨干和专家队伍。

三、现状调研与需求分析

本阶段就是通常所说的系统需求分析阶段。在项目可研阶段所做的现状与需求分析,仅是对项目相关的基本现状、业务需求、基本功能需求的了解和分析,还达不到应用系统设计的要求。因此,在应用系统设计开始之前,仍然需要通过大量的访谈和详细的调研对系统相关方面的现状、与系统相关的业务、系统用户及其业务需求等进行详尽细致的了解,编制现状及需求分析报告,并对照所确定的系统目标,进行差距分析,形成差距分析报告,作为系统设计的依据。

现状调研阶段要完成现状调查和需求分析两项主要任务,包括:编制详细的调研计划、制定调研所需资料模板,进行调研培训、组织现场调研、形成调研报告、组织审查本阶段成果等。

1. 编制详细的调研计划

按照项目实施计划的安排,项目经理部需组织制定现状调研详细计划,确定调研方法和分析工具,初步确认调研提纲、调研问卷及访谈人员等。

根据项目具体情况确定现状调研范围。通常现状调查的内容包括:组织结构和业务部门及其人员设置、业务范围、业务流程、运营情况等业务现状,信息系统建设现状,组织架构和业务未来发展计划等。调研范围一般涉及三个层次的人员:公司决策层、中间管理层以及基层操作层。

调研的主要形式有面对面访谈、电话访谈和问卷调查等。

一般情况下,对于公司决策层和中间管理层采取面对面访谈的形式,遇有地理位置或其他限制时,也可采用电话访谈的形式。尽可能对每项主营业务或职能的领导都进行访谈,从而尽可能全面地获取重要信息。对于基层操作层,一般采取问卷调研的形式,题型以选择题为主,并在其中选择一些代表人员进行面对面访谈。为增加调研的普遍性,问卷下发的覆盖面要尽量广。

调研计划主要内容包括:调研组织,明确各调研组的负责人;调研的任务、形式、主题;要调研的单位、部门、岗位、人员列表等调研的对象。

调研还包括对国内外相关业务和信息化现状及趋势的调研,收集相关信息,进而整理归纳分析出本企业与国际最佳实践之间的差距,为方案设计提供基础资料和依据。这里只重点描述对企业内部的调研工作。

2. 设计调研问卷,开展调研培训

调研计划初步确定后,各调研小组要确定调研分析的具体方法和工具,细化调研提纲、调研问卷、访谈对象等,并对参加调研的人员进行调研方法和工具的指导培训。

现状及需求问卷调查是收集与项目相关各方面的现状及用户各类需求信息的重要手段,调查问卷要面向公司决策层、中间管理层以及基层操作层分别进行设计。问卷的题型一般分问答题和选择题两种,问答题偏重于对一些重要信息的收集,大多用于面对面或电话访谈中;

选择题则更适用于较大范围问卷调查。

由各调研组根据分解后的项目目标,依据具体情况,设计各组所分管方面的现状及需求调研问卷,问卷设计完成后,由项目经理部组织各组就问卷内容进行讨论,最终定稿。

通常各软件供应商都有针对其软件量身订制的现状及需求调研问卷,项目经理部将以该问卷为基础,结合企业自身的具体情况,将问卷客户化;也可根据需要,自行设计更切合项目要求的调研问卷。

问卷内容设计要注意以下几点:
(1)问题要从业务角度出发,能够更多地收集与本项目相关的业务信息。
(2)收集用户对系统功能的具体需求信息。
(3)问卷回复内容能够便于统计分析。

问卷的下发和回收需要专人管理。可以通过企业网络下发电子问卷,以便扩大范围、提高效率。

调研培训主要加强项目经理部成员对业务背景的了解,对项目目标的理解,与各相关方面开展交流的基本技能等。

3. 组织现场调研

按照调研计划组织现场调研。为保证现场调研的质量,需要咨询服务商、软件供应商、项目的企业内部成员等项目各方都派人参加。

在进行面对面访谈的时候,应注意以下几个方面:
(1)将访谈问卷提前提供给访谈对象,以便其对访谈内容有所了解并进行相应准备;
(2)对于领导的访谈,最好由项目经理,或资深咨询顾问进行,以保证访谈的质量;
(3)面对面的访谈一般由咨询人员主导,项目的企业内部成员参与,要事先明确主问人员和记录人员,访谈时间一般为1~2个小时;
(4)每次访谈都要形成访谈纪要,并将其上载到项目经理部约定的文件服务器目录和项目网页中。

电话访谈主要对地理位置较远的访谈对象和由于某些原因无法面谈的对象。电话访谈应注意的问题跟面对面访谈基本相同,时间不宜太长,一般控制在30分钟以内。

问卷调查需要注意以下几个方面:
(1)联系、分发、收集问卷的工作一般以项目的企业内部成员为主,因为他们更熟悉企业的组织结构和相关人员;
(2)问卷应注明要求回复的时间和回复方法,从而使答卷人安排相应时间,按时完成问卷,并提交到指定地点;
(3)问卷的分发要尽量覆盖到各相关业务领域及层次的人员,以保证收集到的数据具有广泛的代表性。

无论采用哪种方式的调研,项目经理部成员要事先与被访谈单位和人员进行联系,确定有关调研事宜和访谈时间。在每项调研任务完成后,都要对调研情况进行汇总整理,并对调查问卷进行收集整理,最终将所有相关文档和资料按项目统一的文档存放和命名规则上载到项目网页中。

4. 形成现状与需求分析报告

现场调研结束后,项目经理部根据各调研组调研总结材料,组织编制现状报告、需求分析报告、差距分析报告,绘制数据流程图和业务流程图。

(1)编写现状报告。

主要根据调研、访谈以及其他途径收集来的信息,组织各项目小组进行各分管方面的现状汇总和分析,围绕组织结构和职能、业务现状、信息系统建设现状等方面进行描述,并形成项目现状报告。项目现状报告示例见附录4-6。

(2)编写系统需求分析报告。

业务需求分析,依据现状报告,从行业发展趋势、在用信息系统现状以及成熟软件系统能够实现的功能等几个方面进行。系统功能需求分析,要对各项功能需求逐一进行详细阐述,并写明该项功能的优先级。系统技术需求分析,要对网络、服务器、二次开发、系统安全、系统管理、系统备份、灾难恢复等各项需求进行详细描述。

由于需求信息分别来自于企业的决策层、管理层和操作层三个不同层次,可能会出现不同层次所提出的需求发生冲突的情况。对此,项目经理部要尽快与有关部门沟通协调,保证需求一致。

系统需求分析报告示例见附录4-7。

(3)编写差距分析报告。

在完成现状报告和需求分析报告后,项目经理部组织编写差距分析报告,将系统可以实现的功能与收集来的用户实际需求进行比对,明确哪些需求系统可以完全实现,哪些只能部分实现或根本不能实现以及对应的解决方案。差距分析报告也可以合并到需求分析报告中,作为其中的一个独立章节。

在差距分析报告中,一般只列出系统不能实现或部分实现的用户需求内容,做出差距分析,并对存在的差距提出方向性的建议。通常情况下,建议方案有三种:维持目前的手工操作;选择第三方软件;客户化编程。详细的替代方案将在详细设计阶段制定。

(4)绘制系统数据流程图和业务流程图。

项目经理部组织项目组,对调研获得的业务流程和数据流向进行统编和绘制,形成当前的业务和数据流程图。数据流程图和业务流程图将在方案设计阶段,被细化完善为设计图。

(5)组织审查本阶段成果。

项目经理部组织对完成的现状报告、需求分析报告、差距分析报告,以及数据流程图和业务流程图进行广泛讨论、修改完善,并提交给建设单位的业务人员审查。之后组织会议讨论确认,项目需求分析报告需要建设单位书面认可。本阶段成果经建设单位审核通过后,报信息管理部门备案。

四、系统设计

1. 系统设计的内容和步骤

经过现状调研与系统需求分析阶段,对于项目相关领域的现状、未来需求及差距有了明确的认识之后,就进入系统设计阶段。根据国标 GB 8567—1988,系统设计阶段要在反复理解系统需求分析的基础上,设计系统结构、模块划分、功能分配以及处理流程。在被设计系统比较

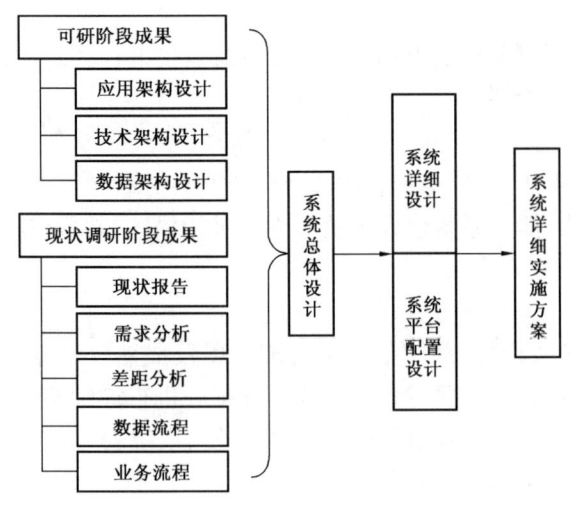

图4-7 企业应用系统设计方法模型

复杂的情况下,设计阶段应分解成总体设计(又可称概要设计)阶段和详细设计阶段两个步骤。在一般情况下,应完成的文件包括:系统设计说明书、详细设计说明书。系统设计说明书说明对系统的设计考虑,包括系统的基本处理流程、系统的组织结构、模块划分、功能分配,接口设计,运行设计,数据结构设计,出错处理设计等,为系统详细设计提供基础。系统详细设计说明书包括:程序描述、功能、性能、输入项、输出项、算法、流程逻辑、接口、存储分配、注释设计、限制条件、测试计划、尚未解决的问题等。系统设计文档的阅读对象是项目经理部成员。

结合企业应用系统建设的实践,这里提出如图4-7所示的系统设计方法模型。项目经理部组织项目成员由系统总体设计逐步深入,进而完成系统详细设计和系统平台配置设计,最终形成系统详细实施方案。这些设计文件经信息管理部门组织专家评审后付诸实施。

2. 系统总体设计

系统总体设计主要内容包括未来业务流程设计、系统应用架构设计、系统技术架构设计以及系统数据架构设计。

主要工作步骤:

(1)分析行业最佳实践;

(2)描述系统应用架构、技术架构、数据架构;

(3)描述系统功能及与之适应的流程;

(4)结合现状、需求和差距分析报告,进行未来流程设计,形成流程图;

(5)形成系统总体设计方案。

首先,项目经理部要组织学习研讨项目的行业最佳实践。一般由咨询方提供最佳实践案例,同时对成熟产品系统功能以及与之适应的流程进行分析和案例介绍,使项目成员从成熟产品系统的角度更清晰地了解系统的功能和流程,发现企业现有的流程与系统要求之间的差别。

其次,结合现状调研阶段绘制的流程图,进行未来流程设计,形成设计流程图,进而形成系统总体设计。这种系统设计的方法示意于图4-8。

在进行流程设计时,应注意以下几个方面:

(1)要以现状调研阶段所产生的现状分析报告、需求分析报告和差距分析报告为基础,与国内外同行业相关的先进水平比照,结合系统功能,进行未来流程设计;

(2)本阶段设计出来的流程是以后系统配置和运作的基础,需要项目成员投入大量精力共同完成;

(3)当企业现有的业务流程不能与系统功能很好对接的时候,尽可能对现有业务流程进行调整和优化。只有在现有业务流程无法调整时,才考虑用系统的替代方案来满足业务流

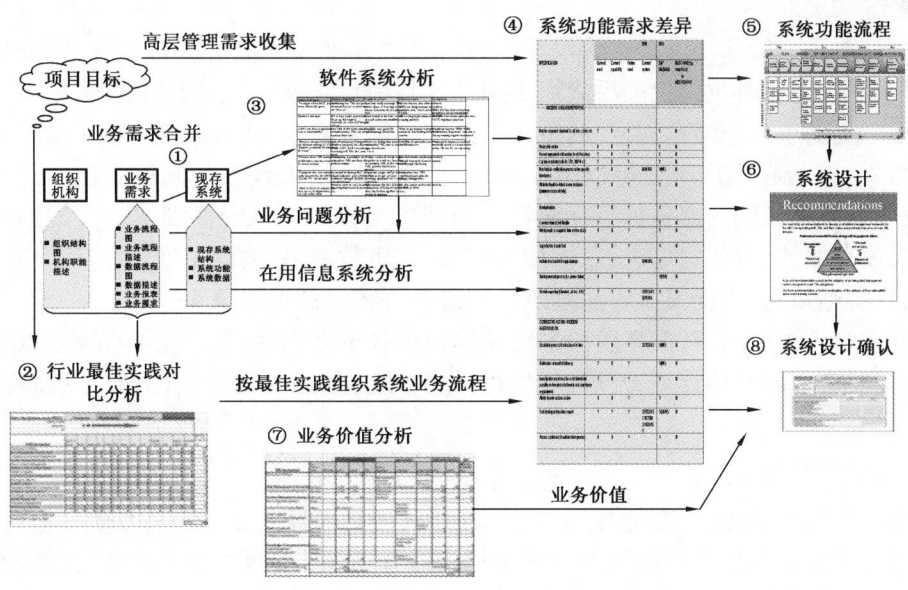

图 4-8 信息系统方案设计方法示意图

的要求;

(4)在有多个试点单位的情况下,可以用"先集中、后分散"的方法,即将各单位共性的部分结合起来,做共性设计,然后再考虑每个单位的特殊性。这种做法有两个好处:一是节约资源,减轻本阶段对人员需求的压力;二是确保试点单位模板的一致性。

在绘制流程图时,应注意以下几个方面:

(1)流程图必须按照统一的规范绘制,并进行说明;

(2)要明确定义本项目涉及的企业核心业务流程;

(3)对有重大改动的流程,要进行重点说明。

最后,形成系统总体设计方案。在可研的基础上,项目经理部结合现状和需求,进一步对系统的应用架构、技术架构和数据架构进行确定,并进行细化;并将未来业务流程图及这三个架构的设计方案进行组合,形成总体设计方案。要组织专家研讨会对总体设计方案的设计思路和技术策略进行研讨,征求各方意见,进一步完善。

3. 系统详细设计和平台配置设计

系统总体设计完成后,要以总体设计为基础,按照相关标准和项目要求,进行系统详细设计,开展软硬件平台配置方案设计,编写系统详细设计方案和平台配置设计方案,提交项目建设单位主管部门以及主管领导组织研讨完善。

4. 系统详细实施设计

依据系统详细设计方案和平台配置设计方案编写系统详细实施方案。主要内容包括:业务描述、业务流程、内部控制关键点;功能描述、主要功能模块组成和相互关系;系统运行的软硬件平台以及对客户端软硬件环境的特殊要求;接口设计;用户界面风格设计;主要算法设计;异常处理设计;安全性设计说明等。详细实施方案的目标是将系统详细设计方案和平台配置方案付诸系统实现。

项目建设单位主管部门以及主管领导组织对系统详细实施方案进行审查,审查通过后上报信息管理部门,经过验收并批准后组织实施。这是项目实施的第二个里程碑。

对于推广类的项目,本阶段关注的重点是系统详细实施方案的设计,即侧重考虑如何将试点形成的方案、模板在推广单位得以推广应用,要选择与试点业务相同或类似的部分直接推广,对于业务有明显区别的部分进行补充设计和开发再推广。系统详细实施方案的主要内容包括:前言、项目概述、现状与需求、总体技术框架、采集数据源、数据库管理、应用平台、硬件配置方案、项目实施策略、进度安排等。系统详细设计方案示例见附录4-8。

对于数据管理类的项目,在本阶段系统总体设计基本完成后,项目经理部需要专门组织数据收集小组,制定数据收集计划,开展以已有数据为主的数据收集工作,为数据准备阶段奠定基础。

五、系统配置与测试

系统配置与测试阶段,主要完成三件工作,即软硬件系统集成、客户化开发和系统测试。项目经理部要根据项目的性质和特点,科学把握客户化程度,合理安排客户化工作。客户化是双刃剑——客户化太多,将直接影响项目建设进度和未来系统的整体升级维护;客户化太少,业务人员很难适应或不能完全满足业务需求,存在应用程度低的风险。在许多企业的信息系统项目实施中,比较成功的经验是尽量减少系统的客户化工作。

本阶段通常要经历如下步骤:

(1)制定本阶段工作计划;
(2)根据需要组织系统客户化开发;
(3)硬、软件设备到货验收及单机测试;
(4)系统集成、现场培训及联调测试;
(5)组织系统集成验收。

1. 制订工作计划

项目经理部围绕软硬件系统集成、客户化开发和系统测试三个主要方面,组织编制工作计划,进行任务划分,并针对每个子任务进行资源分配。

工作计划包括:目标、组织及职责、工作任务及具体分工、相关培训与具体要求、测试计划等。工作计划要尽可能注意到每个细节,并且在各个任务项目组内达成充分共识,以确保在现场顺利实施。

(1)培训工作计划。培训在本阶段尤为重要。硬件系统的现场安装和软件系统的调试过程,都是最好的培训机会。在项目计划中,要根据系统未来运行维护的长远考虑,明确各个岗位的人员,组织好现场培训工作。在必要时,需要提前组织技术培训,提高实际技能。

(2)软硬件系统集成工作计划,至少应包括:场地环境和安装前的准备工作;设备开箱、货物清点、设备就位等设备到货验收;与软硬件供应商的协调会议;设备安装调试;现场培训;系统集成;系统试运行和验收;系统运行维护管理等。

(3)测试工作计划,主要内容包括:测试各项工作的进度安排,各项任务的负责人及测试内容,测试所需的数据等。在计划中要明确系统各项测试文档的编制方法和相应模板。测试文档主要内容包括:测试内容、测试步骤及预期测试结果。测试开始前,项目经理部还需要根据测试文档及相关技术要求在相应的服务器上建立测试环境。图4-9为某项目主数据库测试内容示例。

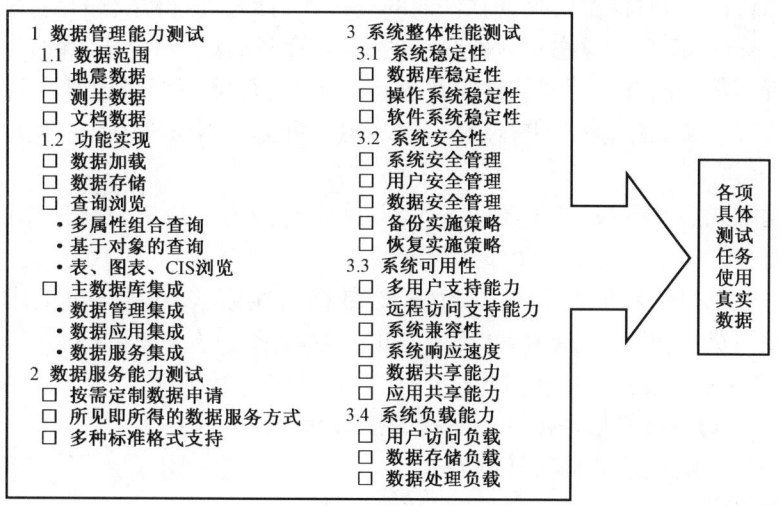

图4-9 某项目主数据库测试内容示例

在建立测试环境时,应先进行系统配置,然后导入测试数据。导入的测试数据可以是企业真实数据,也可以是模拟数据。在通常的情况下,应使用真实数据。项目组依据测试计划,对系统进行测试,并记录测试结果,形成系统测试报告。测试报告的格式与测试文档基本相同,只是在预期测试结果后面加上实际测试结果。

2. 组织客户化开发

客户化开发工作是根据用户需求,对采购的系统进行必需的部分客户化编程。客户化工作不是项目实施的必经阶段,只有在必需情况下才进行客户化开发。客户化开发与系统配置阶段同时进行。详细设计阶段中的替代方案确定之后,即可进入必需的客户化工作阶段。

客户化工作的主要内容包括组建开发团队,编制功能说明书并进行编程,对客户化程序进行测试。主要工作步骤如下:

(1)确定开发方式、组建开发团队;
(2)进一步分析开发需求;
(3)预估开发工作量、设定开发优先级;
(4)与客户确认优先级和范围;
(5)项目组与开发人员共同编制功能说明书;
(6)开发人员根据功能说明书,进行编程;
(7)对客户化程序进行单元测试和模块测试。

在客户化工作正式启动之前,首先要讨论确定开发方式。通常有三种方式:由软件商独自进行客户化工作;由企业、软件商或咨询公司组成团队共同进行客户化工作;由咨询公司单独进行客户化工作。由企业单独进行客户化工作的情况很少发生。不同的开发方式,在程序质量、开发进度、项目风险、项目人员需求、开发成本等方面会有所不同。

由软件商独自进行客户化开发会给企业带来相对高的程序质量,降低项目风险,同时对项目整体进度影响也较少。当然,这种开发方式所需的资金一般比较多。

组成联合团队共同进行客户化开发或由咨询公司单独进行客户化开发,都需要软件商提供相关程序的源代码,同时也需要得到软件商的支持和协助。值得注意的是,采用这两种方式来进行客户化工作时,都需要考虑到软件今后的版本升级问题。随着技术的发展,软件商通常会对其产品进行不定期的升级。但软件商在进行升级时,可能不会考虑某个特定的用户在已有版本上所做的客户化工作,一旦进行版本升级,用户可能面临原来的客户化程序不能正常运行的情况。

在确定开发方式后,要组建开发团队,选择并确定有能力完成客户化工作的开发人员,并对其工作进行监督。

开发工作一般都是针对报表需求、接口需求、数据转换需求、功能增强需求等进行的。项目经理部和开发人员需要进一步分析并确定各项开发需求。

(1) 报表需求:确定报表内容和格式;
(2) 接口需求:确定需要与之接口的系统的接口参数;
(3) 数据转换需求:确定数据转换的格式;
(4) 功能增强需求:确定所需增强功能的所有具体细节。

经过相关的开发需求分析和确认后,开发人员就可以根据需要开发的程序来预估开发工作量,并根据需求的重要性、紧迫性、对项目的影响程度等对需要开发的工作设定优先级。

在开发需求范围、工作量和优先级都确定后,要组织开发人员和项目组相关成员与相关用户进行沟通,进一步确认开发范围和开发工作的优先次序,编制功能说明书。功能说明书编制完毕后,开发人员将根据功能说明书,选用开发工具及程序设计语言进行具体编程。

客户化开发编程的全体开发人员必须严格遵守编程标准,包括命名规则、注释规则、格式规则等。

客户化开发的系统要在开发环境中进行配置,并对各项功能设置的步骤、参数等进行记录,形成系统配置文档。如果系统进行多次配置调整,必须在每次调整后及时更新系统配置文档。

在客户化开发与配置初步完成之后,进行客户化系统的功能定制。

在客户化开发与配置最终完成后,项目经理部组织开发人员和用户就开发的系统和相关文档进行验收并签字确认。验收系统最终版本的源代码必须交专人保管。

3. 硬件设备到货验收及单机测试

硬件设备到货后,首先对产品及其包含(附属)的相关配(备)件进行初步验收。初步验收包括:检查产品的外观、包装、产品型号和产地;检查服务器的基本配置是否正确并与合同中设备规格相符;检查随机文档资料是否齐全,包括装箱单、保修单、随箱资料和介质等。

当出现产品包装外观损坏、产品数量不全或产品不符合等任何问题时,均由供货商负责及时解决。

初步验收完毕后,应共同签署项目设备到货验收单,作为产品初步验收情况和问题的书面证据。项目设备到货验收单示例见附录4-9。

硬软件初步验收合格后,按照安装、调试方案完成产品的安装、调试工作,并进行单机测试,进行设备测试验收,填写软件、硬件设备验收意见表。软件、硬件设备验收意见表示例见附录4-10。硬件系统稳定性、可靠性、考机测试完成后填写硬件系统稳定性、可靠性、考机测试表。硬件系统稳定性、可靠性、考机测试表示例见附录4-11。

4. 系统集成、现场培训及联调测试

硬件系统测试通过后,进行软件系统安装、调试、集成、测试。其中,项目经理部要根据系统支持的业务流程设计方案,对系统进行配置,使流程得以在系统中实现,并对系统配置进行测试。下面从系统集成、系统配置和系统测试三个方面进行讨论。

1) 系统集成

系统集成工作的重点是对操作系统进行配置,分配网络地址,安装应用系统和数据库软件,配置系统相关参数,合理分配系统硬软件资源、使系统处于最佳运行状态,提高其可用性和可管理性。

2) 系统配置

在系统配置工作中,包括对客户化内容进行配置,通常指系统参数设置;对系统用户资源进行配置,由系统管理员根据需求分析阶段收集来的关于用户及其授权范围的文档完成。

在进行系统配置的时候,项目成员需要对各项功能配置的步骤、参数等进行详细记录,形成系统配置文档。

在系统配置完成之后,为用户进行系统功能的演示,以进一步征集用户对系统配置的需求。根据征集来的用户对系统配置的不同需求,项目人员再对系统进行相应的配置,并相应地更新系统配置文档。用户授权代表要在配置文档上签字确认。

3) 系统测试

按照系统测试计划和测试用例,在系统集成工作结束后,组织对系统进行测试。在测试中要对测试结果进行记录,并形成系统测试报告。

对于由多个子系统组成的系统,首先要对各个子系统功能进行逐一测试,再将各子系统集成,进行集成测试,以检查数据在不同功能中的流通/传递/处理是否顺畅、正确,各个功能模块有否冲突发生。一般还要进行压力测试,模拟将来实际工作中可能出现的瓶颈/极限条件,测试系统的实际运行情况。通常情况下,压力测试采用厂商的系统测试软件来完成。

在专业应用系统中,需要进行关键业务用户参与的用户测试。在进行该项测试之前,需要对参加测试的用户进行培训,使其对系统应用的操作有足够的了解和掌握。用户根据测试文档,对系统进行测试,并记录测试结果,形成用户测试报告。

在全部测试通过后,项目经理部需要提交由用户签字确认的所有测试报告。测试报告需要经以下各方审阅、签字:信息管理部门领导或相关负责人、相关业务主管部门负责人、试点单位相关领导、其他与项目实施相关的重要客户授权代表等。

5. 系统集成验收

项目经理部对照本阶段的工作计划进行阶段工作总结,并提请项目建设单位主管部门进行验收。建设单位需要提出测试及验收报告,报信息管理部门。系统集成验收通过是项目实施的第三个里程碑。

六、数据准备与用户培训

实际上,数据准备和用户培训这两项工作都不同程度地贯穿于项目始终,只是其工作量在本阶段更加集中,故而这里将这个阶段命名为数据准备与用户培训阶段。系统配置与测试完成后,数据准备和用户培训工作将同时全面展开。

1. 数据准备

数据准备牵涉两个方面:一是历史数据的整理入库,二是现时数据的在线运行,必须做好计划并严格按计划执行。两方面的工作都非常细致,都需要业务人员的积极参与,并进行数据质量控制和确认。以更为复杂的专业应用系统为例,数据准备阶段的工作可进一步分解为:制定数据管理及迁移计划、编制相关标准规范、收集整理数据并进行质量控制、完善数据迁移计划、组织进行数据迁移等5个步骤。下面逐一进行简要讨论。

1) 制定数据管理及迁移计划

数据管理及迁移计划包括:数据收集、数据整理及加载、数据迁移、数据管理。这一步骤需要对这些方面的工作进行仔细研究,明确任务及分工,形成明确的实施进度计划。

(1) 数据收集。确定数据收集范围和收集时间表,明确各关键时间截止点。收集的数据种类因系统而异,例如:网络和基础应用系统需要收集地址信息、用户信息、相关系统参数等;电子商务系统需要收集供应商、客户、员工、交易等信息;生产管理系统需要收集用户、专业技术数据、生产数据等。由于数据收集所需的时间较长,收集工作应该提前展开,在详细设计阶段,就要根据需要成立专门的数据收集小组。数据收集小组通常由关键的一线业务人员和系统各主要模块的实施人员组成。

(2) 数据整理及加载。按相关的标准和规范对数据进行规范化和数字化,应用软件工具,完成数据加载。数据整理的工作对于专业应用系统项目尤为重要,而且工作量巨大,通常需要组织有经验的专业人员,对数据进行分析分类,确认数据关系,检查数据质量,补充相关信息,经数字化后加载到系统中,最后通过展示界面检查并验证数据的质量。

(3) 数据迁移。将原系统数据依据新建系统的要求,批量加载到新系统中。在信息技术总体规划的实施过程中,企业会遇到很多大大小小的正在使用的信息系统。原系统的价值主要体现在三方面:一是积累了数据,二是承载了部分流程,三是培养了用户的信息系统使用能力。要保护原有投资,特别是已有的数据资源和合理的系统流程,数据迁移是值得高度关注的环节,必须采取有效措施加以落实。

(4) 数据管理。这里的数据管理指按照系统所承载的业务流程,从采集、存储到应用进行长期的维护管理。在项目结束后,应建立专门的数据维护组织,对系统上线后的数据进行维护。

2) 编制相关标准规范

由于系统中固化了数据格式和流程,需要用书面的方式对相关流程和数据标准进行描述,确定业务流程,指导数据迁移,并为其他系统提供数据集成的依据。对于原始数据迁移入库,则需要制定收集格式、数据转载及数据质量检查等标准和要求,并对相关业务人员进行相关标准规范培训。

对于历史数据收集,定义规范统一的数据格式至关重要,将直接关系系统能否成功上线。历史数据的收集耗时较长,而且收集到的数据还需要进行清理和质量控制,项目成员要在进行详细设计的同时,完成历史数据收集格式的设计,并开始进行历史数据的收集,以确保在数据转换阶段,所有的历史数据都已准备就绪。

3) 收集整理数据

此项工作涉及的用户有:系统用户单位的业务部门,信息管理部门等,基层单位数据源单元等。由于数据是应用系统处理的核心,是系统上线运行的前提,而且在某种意义上数据质量决定应用系统的成败,项目经理部要按照数据管理计划和相关的标准规范,组织进行认真细致的数据整理工作,对数据提供人员进行培训,使他们了解和掌握数据收集的各项标准、规定和要求,并据此进行数据清理,严格控制数据质量;对数据进行必要的格式转换,为数据的迁移做好准备。

数据收集整理包含三个方面的工作:

(1) 准备工作。进行数据收集模板、转换脚本、培训材料、数据收集与转换计划等方面的准备。

(2) 数据的收集与整理工作。业务人员把原来通过手工或其他系统管理的纸质文档、Excel 表格、Word 文件、原有数据库数据等信息,整理到项目经理部提供的统一格式的基础数据表格中。项目人员对各单位基础数据进行整理、检查、汇总,形成最终数据转换表。

(3) 数据转换工作。结合信息系统的数据结构,采用 XML 脚本,将最终数据转换表中的数据批量导入新系统数据库,并交付用户和实施组进行系统校验。

图 4-10 展示了数据收集、整理与转换工作的流程,主要包括 7 个关键步骤。

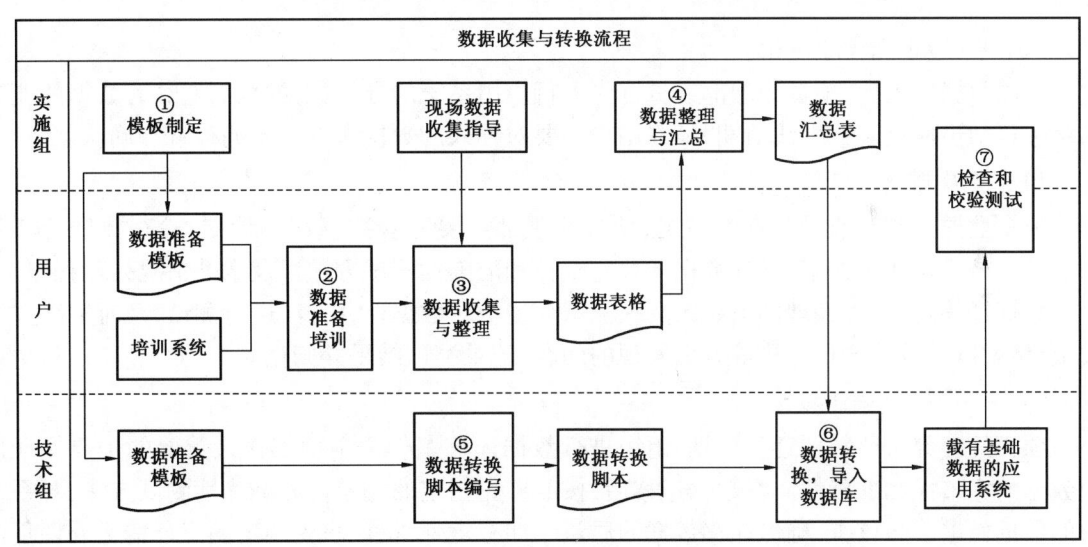

图 4-10 数据收集与转换流程示例

第一步,模板制定。

项目经理部根据系统实施要求,制定数据收集模板。一方面要考虑应用系统的数据库结构,另一方面要考虑用户理解、填报的方便性。模板形式为 Excel 表格,同时提供尽可能详细的填报说明和样例数据。系统用户权限数据收集模板样例见附录 4-12。

第二步,数据准备培训。

数据准备培训一般在用户现场进行。项目经理部根据数据准备模板和应用系统功能,对用户的主管领导及最终用户进行培训,让用户看到相关数据在应用系统中的表现形式,使他们清楚理解所要整理的数据,并掌握数据准备表的填报方式。

第三步,数据收集与整理。

数据收集与整理一般在用户现场以用户为主进行,项目经理部需要派相关实施人员到现场指导和协助。项目人员要与用户主管领导确认数据收集范围、数据表上报方式、领导检查要求、时间进度等内容,确保正确数据填报到数据准备表,确保数据收集工作按质按期完成。

第四步,数据检查汇总。

各用户单位按计划上报数据准备表后,由项目经理部人员进行检查、汇总,形成数据转换前的最终数据汇总表。此项工作重点是把用户上报的业务数据进一步规范化,并且按数据库中数据结构要求补充默认值、校验关键字等工作,形成可以通过程序进行批量转换的数据汇总表。根据实际情况,此项工作可以在项目经理部工作地点进行,也可以在用户现场进行。

第五步,数据转换脚本编写。

此项工作可以与现场数据收集、整理同步进行,项目经理部技术人员根据数据收集表格式,编写数据转换脚本。所谓脚本就是嵌入 HTML 文档的程序,是由一系列的脚本命令所组成的,用以完成数据的自动转换导入。

第六步,数据转换导入。

项目经理部完成数据汇总表后,由技术人员负责,利用数据转换脚本,将数据批量导入数据库。

第七步,检查和校验测试。

完成数据导入后,项目经理部人员首先进行应用系统的导入数据测试,对载有数据的业务系统进行初步检查。在上线前期,最终用户还要对导入的数据做进一步的检查和确认。

4)完善数据迁移计划

根据数据整理和质量检查的情况,项目经理部需要完善数据迁移计划,检查数据迁移范围、进度、格式及实施方案,设计数据迁移完整性和准确性测试方法以及意外情况处理程序。

数据迁移前,项目经理部组织人员在测试环境中对数据迁移方法进行测试,及时解决数据质量、格式以及数据迁移方法等方面发现的问题,记录测试结果并归档。

5)组织进行数据迁移

项目经理部按照数据迁移计划,组织进行数据迁移工作。本项工作最重要的是要保证用户数据的完整性和准确性。在数据迁移后,按照事先制定的完整性和准确性测试方法,对系统中的数据做进一步核查,确保迁移数据的质量。如有意外,按照事先制定的意外情况处理程序进行处理,并做好记录。数据迁移完成之后,由用户对迁移结果进行审验并签字确认。

2. 用户培训

用户培训针对两类对象:关键用户和最终用户。

1)关键用户

关键用户一般为业务骨干和信息技术人员。系统上线后,业务骨干将在实际工作中指导最终用户进行系统操作,信息技术人员将成为上线系统的技术支持人员。

关键用户全程参与项目实施,其培训也应贯穿整个项目实施过程。边干边学是最好的培训方法。关键用户参与项目的工作越多,知识转移的效果就越好,对项目的成功上线及上线后的维护与应用就越有利。

2)最终用户

最终用户是指系统上线后,操作使用系统进行日常工作的用户。一般来讲,最终用户只需掌握与自身工作相关的操作。对最终用户的培训一般与数据准备并行进行。

用户培训主要工作内容是:

(1)制定详细的培训计划,在项目初期,项目经理部应制定关键用户和最终用户培训计划,主要内容包括培训目标、对象、内容、时间、师资、场地、所需设备、预期培训效果与考核等。

(2)建立系统培训环境。

(3)选择既懂业务、又懂技术、表达能力强的项目核心人员,对关键用户进行培训。

(4)由建设单位的关键用户编写最终用户使用培训教材,对本单位的最终用户进行培训和考试。

(5)建设单位根据考试结果,确定上岗名单。

企业在应用系统建设中,要高度重视最终用户上岗培训,并坚持持证上岗的原则。在用户考核通过后,向其颁发岗位合格证书。持证上岗,保证系统成功上线、稳定运行和成功应用。

七、系统上线

系统上线是指系统投入正式生产运行,通常要经历一个阶段的试运行。该阶段工作主要包括:组织制定系统上线工作计划和运行维护计划,召开系统上线动员会,进行上线前全面检查,举行系统上线仪式,总结项目工作。项目经理部与项目建设单位共同组织制定系统上线计划,包括上线日期和时间、各项工作的负责人、上线支持人员、上线检查清单、回退机制等。上线计划经信息管理部门审核后,报请项目指导委员会审批。当然,可以根据上线项目规模大小,调整部分内容。上线检查清单示例见附录4-13。

1. 制定系统上线计划和运行维护计划

系统上线工作的大致流程示例如图4-11所示。

要按照图4-11所示的流程,制定系统计划。细节决定成败,上线计划要详尽到每个细节,以确保上线成功。不仅要明确列出上线前所有需要完成的工作,还要明确负责人。工作要落实到操作人和操作时间,以备工作人员进行检查。

上线日期的选择应考虑系统上线尽可能不影响用户日常业务。

项目经理部需要组织制定上线后的技术支持计划和长期运行维护计划建议。在系统上线后,尤其是有试运行阶段的系统上线,为用户提供一段时间的上线后支持服务,以便:

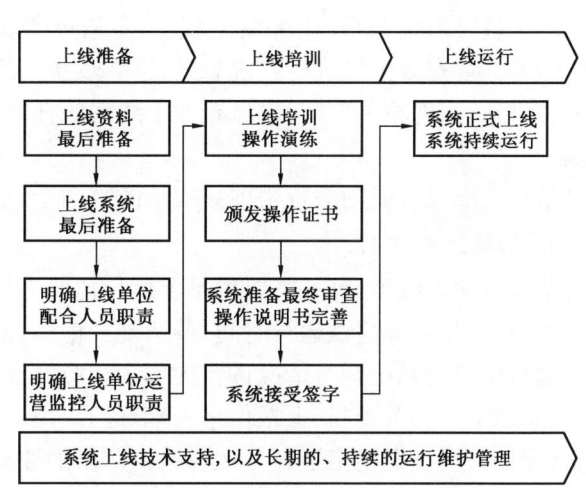

图4-11 系统上线工作流程示例

（1）为系统的使用提供必要的技术和功能应用支持，对系统上线后出现的问题及时处理。

（2）对系统运行状态进行监控，保证系统处于稳定、良好的运行状态。

（3）对系统配置做进一步完善。

项目经理部在制定上线支持计划中要确定支持服务的方式，包括现场支持及远程支持。现场支持提供现场服务，保证新系统在实际应用环境下正常工作，检查系统是否达到设计目标。远程支持服务就是通过电子邮件、电话、远程登录等方式进行支持。

2. 召开系统上线动员会

项目经理部将上线运行计划报项目指导委员会批准后，要及时通知用户系统上线时间及相关注意事项。视项目规模大小，通常选择召开专题系统上线动员会，统一讲解系统功能、使用方法、应用工具、需要具备的前提条件和基本技能等，发布上线计划，并由主要领导提出明确的上线要求。将每位用户，尤其是岗位类的用户动员起来，配合项目经理部共同进行上线前的准备检查工作。上线动员会时间一般不超过半天，宜在建设单位现场进行。

3. 进行上线前全面检查

上线动员会后，项目成员在业务人员的配合下，对上线前的各项准备工作逐一核查，确保各项准备工作就绪。

若发现准备工作做得不彻底的情况，一定要重新准备。根据清单上任务的实际完成情况，还可对计划系统上线日期进行适当调整。

4. 举行系统上线仪式

项目经理部在确认系统环境、数据迁移等各项工作就绪以及软硬件稳定运行后，下达上线指令，由操作人员负责将最新版本的系统移植到生产环境中，开启系统，业务人员正式在系统上进行业务处理。

上线仪式可以采用多种方式，例如：会议、书面通知、网上通告等，主要目的是告知系统用户相关要求、以什么方式应用系统等。无论哪种方式，都要求简单、高效。

对于重要系统，如ERP系统上线，一定通过会议方式。这是因为要通过这种方式，对上线前所做的大量有效工作进行系统总结，进一步统一思想，统一认识，信息总监或信息化主管领导发表讲话，明确相关部门、成员企业上线后的任务和要求，为上线后系统顺利运行打下坚实基础。

系统上线仪式成功举行是项目实施的第四个、也是最后一个里程碑。

5. 总结上线工作

系统成功上线运行后，需要对系统运行情况进行跟踪、监控和技术支持。比较大的系统可选择3～6个月不等的试运行时间，待系统平稳运行后正式纳入生产系统管理。项目经理部要在试运行阶段对系统运行情况进行评估和相应测试分析，并对系统的运行维护计划进行修改完善，总结汇总相关资料，上报信息管理部门。由信息管理部门组织运行维护队伍，落实配套资金，保证系统长期稳定运行。运行维护队伍的建立，是本阶段最重要的工作。

项目经理部需要按照相关管理办法的要求，根据长期运行维护计划，形成本系统运行维护管理细则，以主管业务部门或信息管理部门文件印发执行，有效规范和指导系统应用和维护工作。

第四节 项目验收

验收是信息化项目管理的重要组成部分。项目建设按阶段推进,项目验收也随阶段而逐步展开,如图4-12所示。

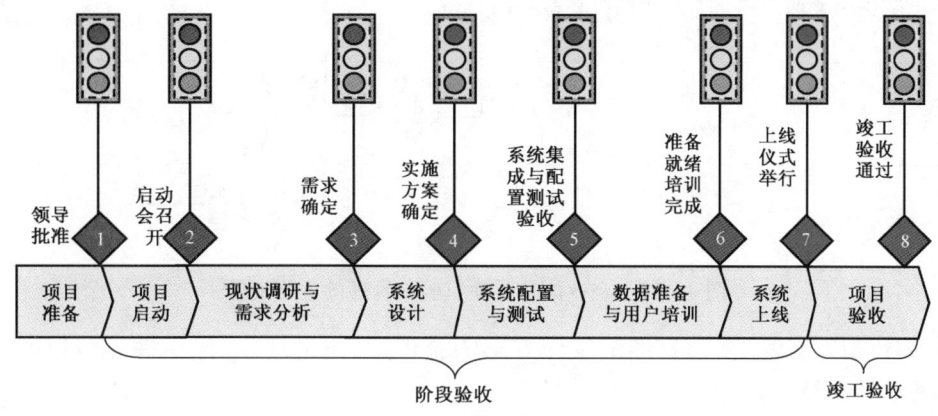

图4-12 信息化项目按阶段验收

信息化项目一个实施阶段结束后,需要通过阶段验收才能进入下一个阶段实施。阶段验收的目的是衡量该阶段主要任务的完成情况,方式可以有所不同。在图4-12中,"项目准备"阶段以领导批准项目启动为阶段验收标志;"项目启动"阶段以召开启动会为任务完成的考核标准;"现状调研与需求分析"、"系统设计"、"系统配置与测试"需要组织不同形式的阶段验收以检查阶段任务的完成情况;"数据准备与用户培训"阶段,以工作通过业务人员的确认和组织完成人员培训并考核发证为任务完成的标志;"系统上线"是对上线工作的验收;"项目验收"是指对整个项目最终的竣工验收。无论是试点项目,还是推广项目,都包括阶段验收、上线验收和全部系统实施完成后组织的竣工验收。

从被验收的对象看,项目验收又包括对软件产品供应商、硬件产品供应商、管理咨询服务商、系统集成服务商和内部支持单位的验收。

图4-13示出了企业信息化项目验收管理的主要流程,包括阶段验收、上线验收、竣工验收和后评估四个子流程。

一、阶段验收

阶段验收是指现状调研与需求分析、系统设计、系统配置与测试三个阶段的验收,在项目实施过程中,根据实际情况可将现状调研与需求分析和系统设计两个阶段合并验收。阶段验收内容包括本阶段计划完成情况、阶段成果和下一阶段工作设想。阶段验收由项目经理部组织,通常以会议的方式由信息管理部门、业务主管部门、项目建设单位及相关专家进行验收,需要形成书面的阶段验收意见。

不同项目阶段验收内容的侧重点有所不同。

(1) 现状调研与需求分析阶段主要验收现状及需求分析报告的质量,项目计划执行情况,用户对需求的确认情况。

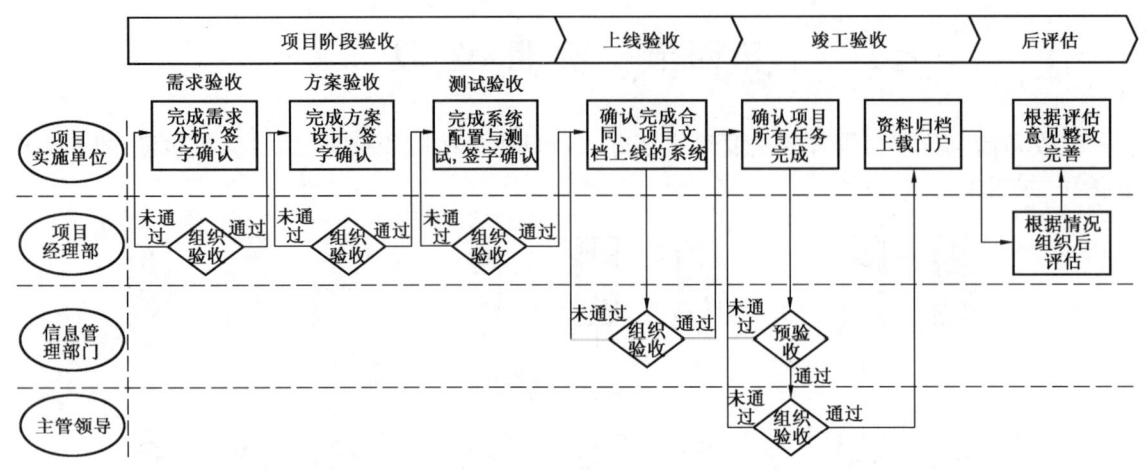

图 4-13　企业信息化项目验收管理的主要流程

（2）系统设计阶段主要验收详细设计方案的合理性、先进性、可操作性,项目计划执行情况,专家对方案的确认。

（3）系统配置与测试阶段主要验收配置文档、测试计划、测试报告的质量,系统的功能和性能。

（4）对咨询服务验收,主要关注提交成果的质量,行业经验,项目经理的能力,咨询人员数量、资历与合同要求的符合性,专家投入时间,项目人员流动率等。

（5）对内部支持单位的验收,主要关注任务完成情况,投入人员的数量与质量,以及用户意见。

二、上线验收

系统上线验收是项目的一个重要里程碑,项目经理部应在试点和推广系统上线后做验收准备,汇总项目文档,收集用户意见,起草总结报告,提出验收申请,报信息管理部门。上线验收的主要内容包括:合同执行情况、系统功能及应用情况、项目文档、运行维护建议等。信息管理部门组织业务主管部门、项目建设单位、相关专家进行上线验收。

上线验收完成后,项目经理部负责将项目文档和验收报告送有关部门归档,同时提供电子文档,并上载到企业信息门户系统的项目栏目。项目文档包括项目准备、项目启动、现状调研、方案设计、系统配置与测试、数据准备与培训、系统上线过程中形成的文字材料、图纸、图表和声像资料等。

三、竣工验收

竣工验收是信息化项目由建设阶段转向全面应用及运行维护阶段的起点。项目竣工验收的条件是完成阶段验收、上线验收、验收文档汇编和竣工决算审计。验收文档包括项目竣工验收资料和竣工验收报告。项目竣工验收资料包括从可研、试点到推广应用全过程中形成的文字材料、图纸、图表和声像资料,以及各阶段验收报告、用户意见、竣工决算审计报告等。项目竣工验收报告内容包括项目概况、上线运行总结、文档资料管理、竣工决算情况及项目总评语等。

项目经理部需要汇总项目文档,收集用户意见,起草项目竣工验收报告,向信息管理部门、业务主管部门提出竣工验收申请。信息管理部门组织完成预验收后,拟定验收会议方案和验收委员会人选,报企业信息总监或信息主管领导、项目指导委员会审批。

验收委员会由计划部门、财务部门、信息管理部门、业务主管部门、项目建设单位和信息技术专家组成,一般分为综合验收组、文档验收组、资产验收组。综合验收组审查竣工验收报告,文档验收组审查项目文档,资产验收组检查项目付款、资产相关情况。验收委员会听取项目实施和系统运行情况报告,观看系统演示,分组审阅竣工验收文档资料,形成竣工验收意见,由信息管理部门向主管领导报告。

项目经理部负责印制竣工验收意见、验收文档,并送有关部门归档。原件交档案部门归档,副本由信息部门、管理部门、业务主管部门分别归档,同时提供电子文档。验收文档应根据有关保密要求,经信息部门审核后,上载到企业信息门户,分类管理、授权共享。

第五节 项目管理的信息化——信息化工作管理信息平台

信息化工作本身越来越迫切需要信息化管理。一些企业已经根据自身信息化工作需要,搭建了信息化工作管理信息系统平台,为提升部门和整个企业的信息化管理水平和能力提供高效手段。下面简要介绍××集团信息化工作管理平台(IMS)的系统目标、功能和架构。

一、系统目标

信息化工作管理平台的设计、开发和应用要实现的目标主要体现在三个方面。在管理方面,通过平台使各级信息管理人员可及时、准确掌握信息化工作涉及的人、财、物相关信息,提高工作效率,支持信息化建设、投资、风险管理过程中进行相关决策。在业务方面,将信息化工作的相关指标和数据填报流程标准化,建立便捷的数据填报机制;实现信息化工作的审核审批规范化、流程化和网络化,确保信息化工作台账的完整性、准确性;建立有效的智能提示机制,确保数据收集及时性。在技术方面,提供流程定制手段,适用于企业各级信息管理部门及人员;保持数据源的唯一,并提供标准接口,与相关系统自动进行数据交换,实现共享;实施用户统一管理,权限分级控制,确保信息安全。

二、系统支撑的业务范围

系统支持的业务范围涵盖了企业信息化工作的完整流程。如图4-14所示。

系统实现了五个方面的业务管理。

(1)信息化组织机构与人员管理:各成员企业的信息管理部门组织机构及人员状况,内部信息化支持单位、第三方人员基本信息及流动情况。

(2)信息化投资计划管理:信息化建设投资规划、立项、计划、下达情况。

(3)信息化项目建设管理:立项材料、项目进展、文档资料、周报简报等;项目相关的招标信息、合同、内部任务书信息,以及相应的执行情况;项目人员考勤、任务进度、付款申请以及支付记录等。

(4)信息化资产管理:硬件、软件、数据资产等信息。

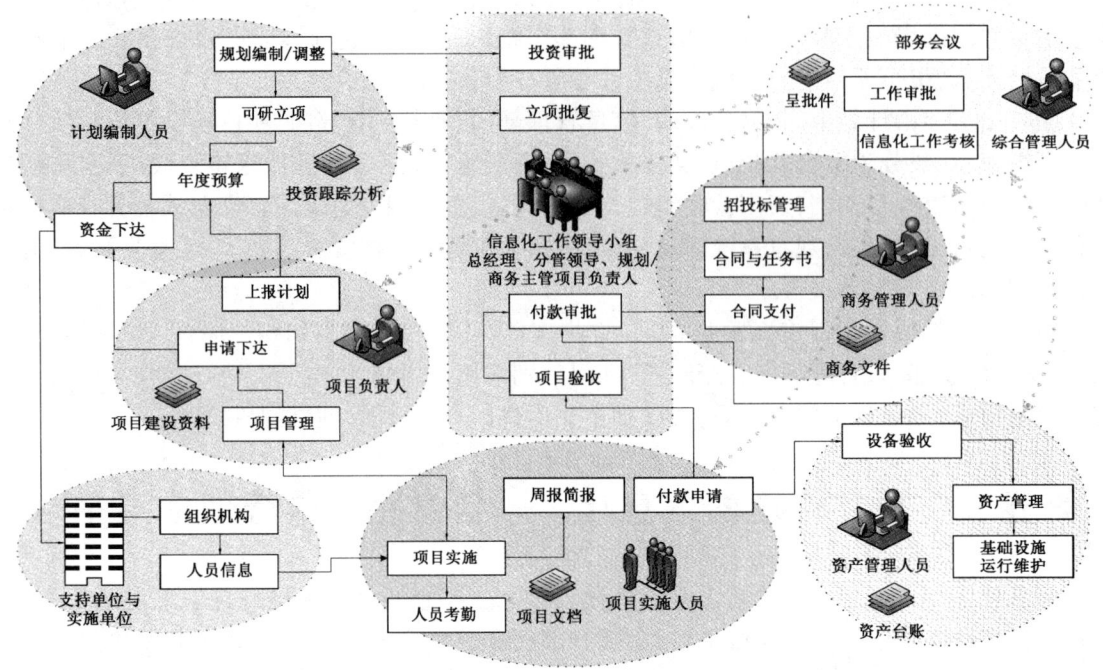

图 4-14　信息化管理工作主要业务流程示例

（5）信息化工作综合事务管理：人员动向、工作审批单、部务会议、日程安排、工作督办、信息化工作考核等。

三、系统功能模块

信息化管理平台设计有 6 个业务功能模块和 2 个管理服务模块。

（1）综合办公模块：工作审批，含公章申请审批、来文处理审批、通用工作审批；人员动向，含网上报到、人员动向、工作日历、短信提醒；工作周报，含周报填写；部务会议；工作督办；工作考核等。

（2）规划计划模块：投资规划，包括规划呈批件、PPT、PDF 等及其版本管理；投资数据；立项管理，包括立项批复，项目信息；年度计划，包括年度计划填报、汇总审批，启动上报，预算编制；资金下达，包括申请上报、资金下达等。

（3）项目管理模块：项目任务，项目进展，项目文档，包括人员、资金、资产等资源月报，周报简报，付款申请，人员考勤等。

（4）商务管理模块：招投标信息、合同与内部任务书信息、合同付款管理等。

（5）资产管理模块：机房资产、区域中心资产管理，项目资产登记与汇总统计等。

（6）人员管理模块：信息化项目实施内部和外部人员基本信息、考勤、考核，以及信息系统账号管理。

（7）应用配置与系统管理模块：供系统管理员和运行维护人员对权限范围、工作流程进行配置；系统账号、菜单、角色的配置界面。

（8）报表生成模块：投资计划、运行维护费用、资产状况、商务、人员等统计报表生成输出。

系统的业务功能架构如图4-15所示。

四、系统应用架构

信息化管理平台的应用架构如图4-16所示。

应用这个信息化工作管理平台，可以实现以下管理目标：

(1) 掌握各项目内外部实施队伍状况、各成员企业信息技术人员状况，做好人力资源考核、动态管理和优化配置。

(2) 有效管理企业信息化建设所形成的软、硬件等信息化资产，实现资产实物与项目、投资、场地清晰对应，加强软硬件产品的使用和维护管理。

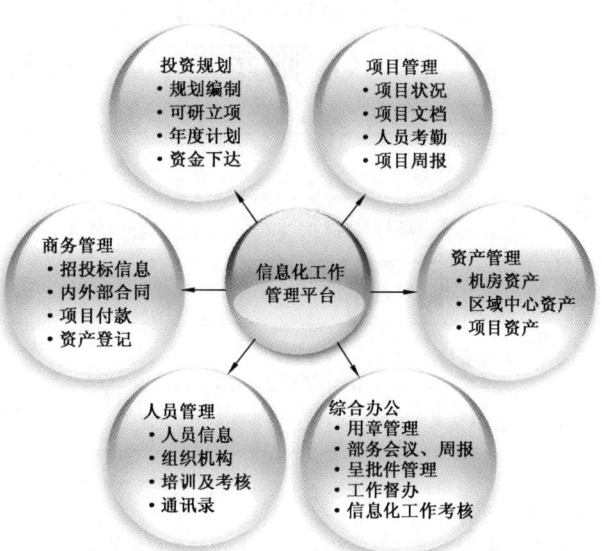

图4-15 信息化工作管理平台业务功能架构

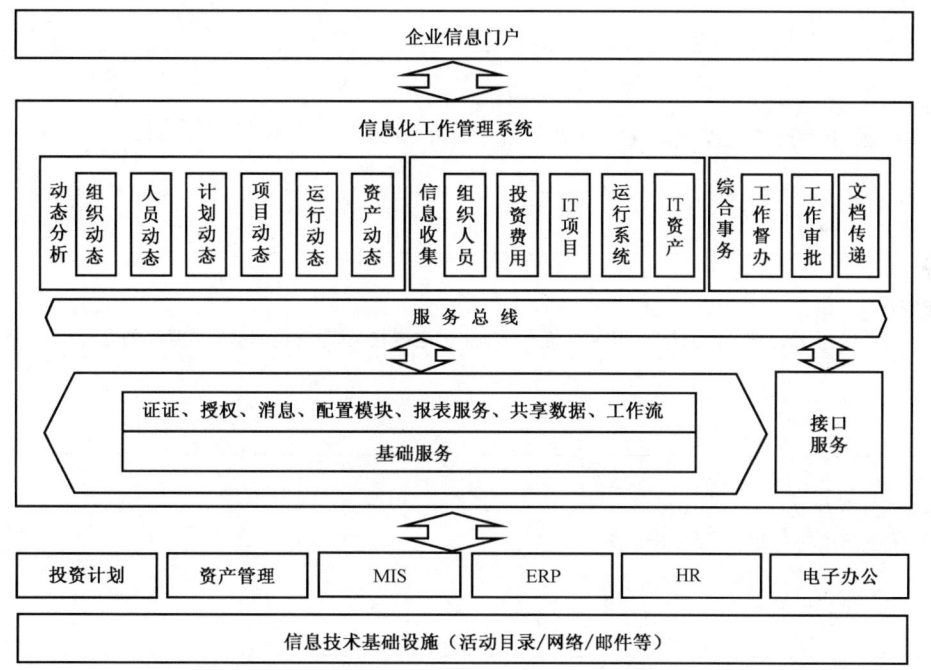

图4-16 信息化工作管理平台的系统应用架构

(3) 实现对各信息化项目运行进行动态监控、管理，及时掌握项目计划下达、实施进展、合同执行等情况。

(4) 统计分析各成员企业自建信息系统数量、功能及运行状态。

附录 4-1 项目周报示例

××项目周报			
项目名称			
项目实施所在阶段			
文档编号		编写时间	
报告编写人		审核人	

1. 本阶段工作重点
   依据项目章程、实施路线和进度计划,按照项目实施的不同阶段(计划准备阶段、实施阶段、验收阶段)和子任务的划分,阐明本阶段项目实施的工作重点。

2. 本周任务完成或进展状况
   围绕本阶段工作重点,量化说明本周已经完成的工作任务和指标。

3. 进展状况评价
   依据项目章程、实施路线和时间计划,切实评价本周项目的进展状况(量化说明提前或延误的时间)。

4. 主要问题及工作建议
   说明项目实施中的主要问题及工作建议。

5. 下周工作安排
   依据项目章程、实施路线和进度计划,说明下周的项目工作安排和能够预期完成的工作量。

附录4-2　项目简报示例

××公司××项目实施工作简报
第××期

项目经理部　　　　　　　　　　　　　　　　　　年　月　日

标题

（项目情况概述）

附录4-3　项目协同工作站示例

附录4-4　项目准备情况和工作计划请示示例

项目准备阶段基本任务：
(1)分析项目的相关部门和单位，列出关键业务及人员名单；
(2)选择试点单位；
(3)初步组建联合项目组；
(4)组织前期培训和技术交流；
(5)分解细化项目任务，形成整体项目进度计划；
(6)编制项目章程，统一思想；
(7)报请领导批示正式启动项目实施工作。

附录4-5　项目启动会策划书示例

- 启动会准备工作
——制定完成项目各相关计划；
——项目组织架构及职责；
——合同情况；
——启动会的规模和形式。
- 启动会主要议程
——宣布项目组织、项目经理及关键人员名单；
——工作部署，包括：陈述项目目标和项目范围、项目实施方法、项目实施计划、项目结束时应提交的项目成果等；
——公司领导动员讲话，包括：宣布项目启动、对项目的要求、项目的规章制度及管理。
- 建设单位的领导表态发言

附录4-6　项目现状报告示例

0　引言
    0.1　项目的背景
    0.2　编制依据
    0.3　项目目标
    0.4　项目范围
1　系统推广单位概况
    1.1　组织机构
    1.2　企业发展规划
    1.3　队伍及用户现状
2　信息技术现状分析
    2.1　应用系统现状分析
    2.2　基础设施现状分析
    2.3　信息技术人员与组织现状分析
3　相关领域国内外信息技术发展趋势
    3.1　现场信息数字化
    3.2　远程监控和操作
    3.3　信息集成化/知识化
    3.4　软件体系一体化
4　现状分析总结
    4.1　基础设施

4.2 信息管理
4.3 应用系统
4.4 生产运行管理

附录 4-7　系统需求分析报告示例

0 引言
　　0.1 项目的背景
　　0.2 编制依据
　　0.3 项目目标
　　0.4 项目范围
1 业务需求
　　1.1 目标用户分析
　　1.2 业务需求分析
　　1.3 业务流程分析
　　1.4 业务差异化分析
　　1.5 分析结论
2 功能需求
　　2.1 企业总体功能需求
　　2.2 目标用户功能需求
　　2.3 推广阶段继续新增功能
3 技术需求
　　3.1 性能需求
　　3.2 输入输出
　　3.3 数据管理能力
4 接口需求
5 数据需求
　　5.1 数据标准化需求
　　5.2 信息需求
6 总结

附录 4-8　系统详细设计方案示例

系统详细方案设计报告
　　业务描述、业务流程、内部控制关键点
　　功能描述、主要功能模块组成和相互关系
　　系统运行的软硬件平台以及对客户端软硬件环境的特殊要求

客户化方案
主要算法设计
硬件方案
接口设计
展示界面的设计
录入界面的设计
异常处理设计
安全性设计说明等

附录4-9 项目设备到货验收单示例

×××项目设备到货验收单					
合同号：		供货商：			
序号	设备名称	型号	数量	序列号	备注
□主机　　　□配套随机（附件）　　□随机消耗件 □随机工具　　□随机资料　　　　　□产品合格证 □外观检查　　□性能检测　　　　　□其他项目：					
□设备符合合同要求，验收合格。					
□验收不合格（需说明不合格原因及处理结果）。					
附件： □验收协议　　　□备忘录　　　　□设备清单　　　□配套附件清单 □随机文件（资料）清单　　□随机工具清单　　□随机消耗件清单 □性能检测报告　　　　　　□其他：					
验收地点：　　　　　　　　　　　　　　　　　　　日期：　　年　月　日					
甲方经办人：		供方代表：		项目组经办人：	

附录 4–10　软件、硬件设备验收意见表示例

×××项目软件、硬件设备验收意见表		
实施时间：		验收时间：　年　月　日
验收内容	合格/满意	备注
一、设备安装情况		
二、设备运行状况		
三、完成进度		
遗留问题：		
验收意见：		
验收人员签字：		
单位	单位名称	签字
项目验收方		
合同甲方		
供货方		

附录 4–11　硬件系统稳定性、可靠性、考机测试表示例

×××项目硬件系统稳定性、可靠性、考机测试表　　年　月　日			
设备所在单位		机器型号	
测试目的：			
测试内容：			
测试过程：			
测试结论：			
用户测试负责人(签字)： 　参加人：		用户测试工程师(签字)：	

附录4-12　系统用户权限数据收集模板样例

×××系统用户权限数据收集模板							
序号	单位级别	单位名称	基层单位名称	用户姓名	职务/职称	系统功能1权限信息	系统功能2权限信息	……

附录4-13　上线检查清单示例

编号	工作内容	负责人	截止日期	进展情况	备注
1	系统功能检查				
2	数据流程及数据准确性检查				

第五章 企业信息安全体系建设

现代企业的经营管理活动,越来越多地借助信息系统。企业的发展战略与信息化结合得越紧密,业务对信息系统的依赖程度越高,信息系统的安全性就越重要。因此,在信息化建设过程中,企业针对业务、管理等需求进行信息系统建设的同时,还要综合考虑、同步实施信息安全体系建设。信息安全体系包括信息安全策略、信息安全管理、信息安全技术、信息安全服务等多方面。信息安全策略是指导;信息安全管理是关键;信息安全技术是基础;信息安全服务是保障。企业需要在信息化过程中逐步建设并持续完善具有自身特点、满足实际需要的信息安全体系。

第一节 信息安全概述

一、信息安全发展趋势

信息安全的内涵是与时俱进的。人们对信息安全的认识,经历了由肤浅到深入、由片面到全面、由离散到整体的发展。

20世纪60年代:通信保密阶段,主要关注的是数字信息传输过程中的保密问题,也称通信安全(COMSEC)。

20世纪70—80年代:计算机安全(COMPUSEC)阶段,关注范围扩展到计算机存储、处理的数据的安全。

20世纪90年代:信息系统安全(INFOSEC)阶段,安全范围扩展到整个信息系统的硬件、软件、数据等的安全。

2000年至今:信息安全保障(IA:Information Assurance)阶段。人们关心的是信息及信息系统的保障,是如何建立完整的保障体系,以保障信息及信息系统的安全。期间,信息安全领域出现了一些值得关注的发展趋势。

(1)信息安全管理与企业风险管理、内控体系建设日益紧密结合。企业信息安全问题从根本上来说属于企业风险管理的一个组成部分。近几年,受合规性要求的影响,企业内控体系日益完善,信息安全管理的需求也被视为内控体系完善的一个重要组成部分。一些企业甚至直接将信息安全置于企业风险管理范畴之下,而不再属于信息技术管理的范畴。

(2)信息安全的重心从强调安全技术向技术与管理并重、管理与技术结合转移。原来,人们寄希望于应用完善的安全技术来降低信息安全风险,不惜一切代价把入侵者阻挡在系统之外,但相应的管理措施不健全、不到位,其阻挡的实际效果有限。随着信息系统与企业管理日益紧密的融合,随着人的因素在信息安全中日益凸显,人们意识到信息安全的重点是管理问题。"三分技术、七分管理",任何信息安全技术措施都必须在明确的管理目标和完善的管理措施下才能够真正发挥效用。因此,企业开始注重技术与管理的结合,全面加强安全管理,筑牢管理防线。同时,技术也向管理渗透,为信息安全管理提供更为有效的技术手段。近年来,为了提高信息安全管理的实效,许多与信息安全管理配套的技术手段,诸如纵深防御技术、信息安全威胁及脆弱性管理技术、用户身份及访问控制管理技术、安全监控及安全信息管理技术等发展起来。这些技术集中实现两个方面的目标:将信息安全管理制度固化在系统中,降低人为操作的随意性;加强信息安全监控的技术手段,提升监控、预防和反应能力。

(3)信息安全保护模式从传统的较为单一的模式发展成为全面、系统的保护模式。随着信息技术的应用越来越深入、广泛和复杂,信息安全保护模式已不可能仅仅针对单项信息安全风险或漏洞来建立静态的、局部的和事后补救的被动式信息安全保护模式,而必须建立动态的、全面的、系统的和预防为主的主动式信息安全保护模式,建立覆盖企业管理、技术应用和运作流程各个方面和环节的纵深防御体系。

(4)信息安全投资从基础架构向应用系统转移。由于以前信息安全的投资多集中于基础架构建设,如购置防火墙、防病毒软件等,许多企业,特别是一流企业的基础架构的安全建设已经较为完善。但是,由于大量企业级应用系统的广泛使用,利用应用系统脆弱性的攻击手段日益增多,应用系统的安全性日益重要,应用系统的安全问题开始成为今后信息安全的核心话题和重要目标。企业开始将信息安全新增投入的重点从基础架构转向应用系统。

Gartner公司于2006年初发表的对企业信息安全保障能力发展趋势的分析如图5-1所示。

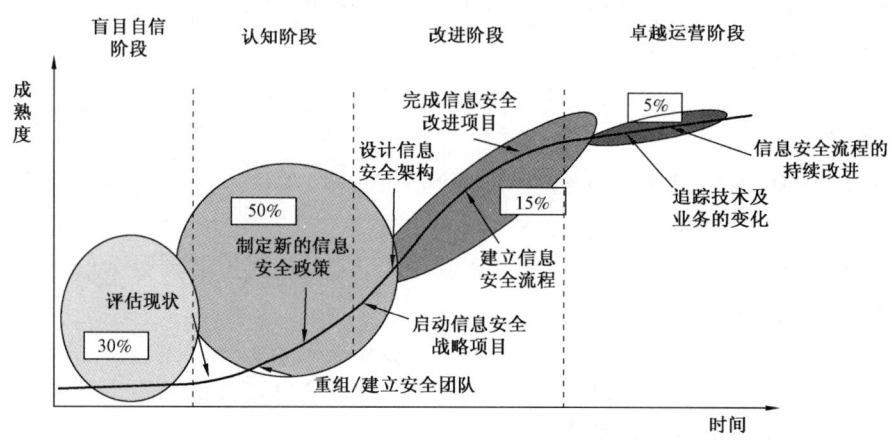

图5-1 企业信息安全保障能力的发展趋势

注:图中方框标注的部分代表了福布斯2000强企业在不同阶段的百分比分布。
来源:Gartner Inc. 2006年1月。

图5-1中,将企业信息安全能力划分为4个发展阶段。盲目自信阶段:普遍缺乏安全意识,对企业信息安全状况不了解,未意识到信息安全风险的严重性。认知阶段:通过信息安全风险评估,企业意识到自身存在的信息安全风险,开始采取一些措施提升信息安全水平。改进阶段:意识到局部的、单一的信息安全控制措施难以明显改善企业信息安全状况,开始进行全面的信息安全架构设计,有计划地建设信息安全保障体系。卓越运营阶段:信息安全改进项目完成后,在拥有较为全面的信息安全控制能力的基础上,建立持续改进的机制,以应对安全风险的变化,不断提升安全控制能力。整体上,中国企业的信息安全能力建设目前处于认知阶段或改进阶段。

二、信息安全保障的内涵

信息安全保障是对信息和信息系统的安全属性及功能、效率保障的动态行为过程。信息安全保障综合利用人、管理和技术等因素所形成的信息安全能力，包括预警、保护、检测、反应、恢复等方面的能力，在信息和信息系统生命周期全过程的各个状态下，保证信息内容、信息系统、计算环境、边界与连接、网络基础设施的安全属性（包括真实性、可用性、保密性、可控性和抗抵赖性等），从而保障应用服务的效率和连续性。

信息安全保障涉及人员、机构、设备、环境等诸多因素，涉及法规、管理、技术、操作等多个层面，涉及信息系统生命周期的各个环节，是一个动态的、复杂的系统工程。

一般认为，信息安全保障体系是由信息系统、信息安全技术、人、管理、操作等元素有机结合，具有完整信息安全能力，能够对信息系统进行综合防护，全面保障信息安全属性的综合性信息系统防护体系。

需要强调指出的是，信息安全保障需要动态防御体系。这是因为信息系统的功能需求和安全需求是动态的；信息系统本身也充满动态性，新应用系统不断增加、新产品不断应用，设备、操作系统、应用系统不断升级和复杂化；安全漏洞具有动态性，网络设备和应用系统在设计开发过程中必然会存在某些缺陷和漏洞，新的系统部件也会引入新的问题。既然信息系统是一个动态发展的系统，其安全防御也必然处于动态的发展过程之中。

三、动态信息安全保障模型

从20世纪90年代至今，信息系统安全的研究和实践从原来不惜一切代价把入侵者阻挡在系统之外的被动防御，开始转变为预防—检测—响应—恢复相结合的主动防护，强调信息系统在受到攻击的情况下的稳定运行能力，由此出现了一些信息网络的动态防御体系模型。其中，P2DR 模型是动态信息安全保障的主要模型。P2DR 模型是 TCSEC 模型的发展，是目前被普遍采用的安全模型，也是一些信息安全业务主管部门所推崇的基于时间的动态安全体系。如图 5-2 所示，P2DR 模型包含4个主要部分：策略（Policy）、防护（Protection）、监测（Detection）和响应（Response）。防护、监测和响应组成了一个完整的、动态的安全循环，在安全策略的总体指导下保障信息系统的安全。

P2DR 安全模型以安全策略为核心，将安全防护视为一个动态的过程，防护、监测、响应这三个环节之间具有时间顺序和动态反馈关系。安全策略包括信息安全目标、方针、原则、标准、制度、规范、指南等，处于 P2DR 模型的核心地位，防护、监测、响应都是依据安全策略实施的。在信息安全策略的指导下，防护、监测、响应这三个环节表现为相应的三种能力。

防护是指采用可能的手段保障信息及其系统的保密性、完整性、可用性、可控性和抗抵赖性。

监测是指利用各种技术工具检查系统存在的可能导致非法入侵、黑客攻击、白领犯罪、病毒等的漏

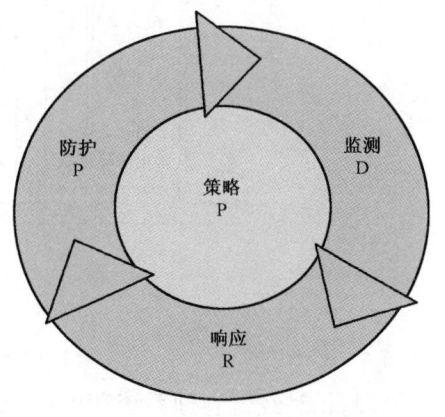

图 5-2　P2DR 信息安全模型

洞和脆弱性,并根据当前情况和相关趋势预测未来可能受到的攻击及危害。

响应是指是对危及安全的事件、行为、过程及时做出响应和处置,避免危害蔓延扩大,力求系统尚能提供正常服务;一旦系统遭到破坏(包括天灾、人祸造成的任何破坏),尽快实施灾难恢复计划,恢复系统运行,尽早提供正常的系统服务。

从另一个角度看,信息安全保障体系包涵人、策略、技术三大要素及其结合。三大要素之间有明显的层次关系:人为主导,人负责制定和实施策略和技术措施;策略为核心,策略指导、规范人的行为,策略指导技术和管理措施的设计与落实;技术为基础,技术通过人和相应的政策、策略去配置并发挥作用。这三者在防护过程的三个环节中联动发挥作用。图5-3示出了P2DR模型包含的三大要素、三个环节与三种能力。

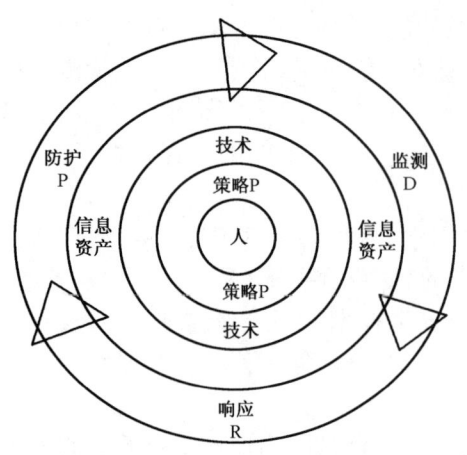

图5-3 P2DR模型包含的三大要素、三个环节和三种能力

总之,随着企业信息化程度的不断提高,"信息就是财富,安全才有价值"已经成为普遍共识。安全需求也从原来对数据的保密性需求阶段,经历了对信息及信息系统的保护需求阶段,发展到目前的信息保障需求阶段。目前,企业需要引入上述P2DR的思想,构建如图5-4所示的企业信息安全保障体系。

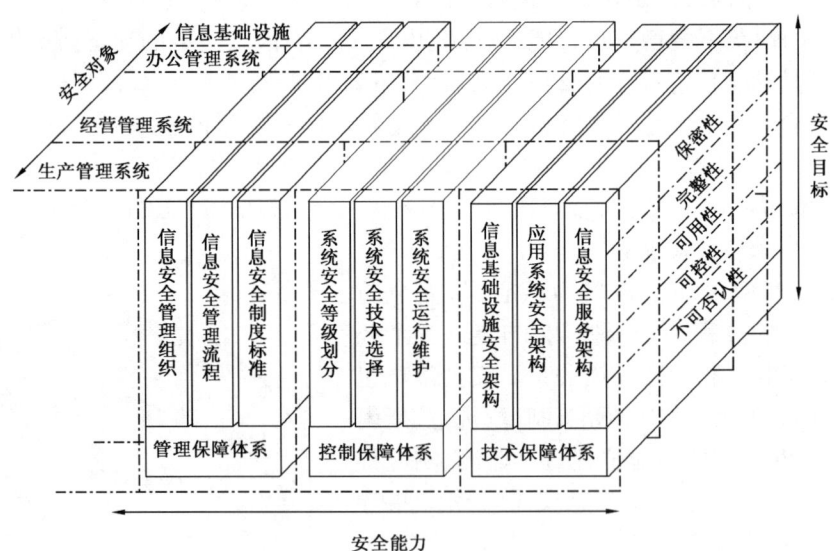

图5-4 企业信息安全保障体系

图5-4中,信息安全保障体系保护和防御的对象是信息和信息系统,包括信息基础设施、办公管理系统、经营管理系统和生产管理系统等。体系在信息和信息系统生命周期全过程的各个状态下提供有效的安全保障能力,包括管理保障能力、控制保障能力和技术保障能力,实现信息安全目标,即确保信息和信息系统的可用性、完整性、保密性、可控性、不可否认性等安

全属性,促进信息化健康发展,保障业务应用服务。

四、信息安全管理目标

企业信息安全管理的目标是通过建立先进实用、完整可靠的信息安全体系,保障信息化建设和应用,支撑公司业务发展和总体战略的实施。

信息安全管理的目标通常被分解为保持信息资产及其所支持业务流程的保密性、完整性和可用性。

保密性是指保护信息不泄露给任何未经授权的人。要达到保密性的目标,一方面必须防止信息经过任何存、取、传输环节被泄露出去;另一方面即使保密信息被泄露也要使破译这些信息十分困难,就是说理论上不可能,实现上代价太大、耗时太长,失去实际意义。

完整性是指保护信息及其处理方法的准确性和完整性,防止任何对信息未经授权的增加、修改和删除等操作。

可用性是指保障被授权人员在需要时可以使用信息和相关的资产。一方面要保证在常态情况下系统的稳定、安全、高效运行,充分支撑业务的运营和发展;另一方面,即使在异常情况下,如事故、攻击、供电中断、自然灾害等突发事件下,信息系统要仍然能够处于基本正常的运行状态,系统保密数据的安全性仍可得到保证,用户依然可以得到基本的系统服务,支撑业务的连续性。

简而言之,信息安全的目标就是确保向授权用户提供稳定、可靠、不间断的系统服务,并杜绝非授权人员对系统和信息的任何操作,使非授权人员进不来、拿不走、看不懂、改不了、赖不掉。

五、信息安全管理原则

企业信息安全建设与管理坚持以下8项原则:

(1)坚持统一。信息安全体系要统一规划、统一标准、统一设计、统一投资、统一建设、统一管理。

(2)保障应用。信息安全的根本目的是保障网络和信息系统不间断运行及其应用的安全,实现以应用带动安全,以安全保障应用。

(3)符合法规。信息安全体系要满足来自公司外部的合规性要求,包括国家对信息系统等级保护、萨班斯法案对上市企业内部控制能力提升的要求等。

(4)突出重点。既要重点保护核心业务信息系统,将有限的资源集中在关键领域,又要注意适度保护,将信息安全风险控制在合理的、可接受的范围内。

(5)综合防范。在信息安全体系中,管理与技术同等重要,相互补充,相互配合,缺一不可。从组织与流程、制度与人员、场地与环境、网络与系统、数据与应用等多方面着手,在人员、系统设计、建设和运行维护的多环节进行综合防范。

(6)架构先进。充分借鉴国内外信息安全实践经验,引入先进理念,采用先进的系统架构、成熟的主流技术和符合发展趋势的技术方案。

(7)同步建设。信息系统建设必须同步考虑并实施信息安全的要求,减少系统建设过程中和未来运行维护中的安全隐患,降低安全控制的难度,节约成本。

(8)集中共享。建立集中、统一的信息安全技术服务平台,集中共享技术资源;建立集中专业化的信息安全队伍,共享信息安全人力资源。

六、信息安全管理关键流程

图5-5示出了企业信息安全管理关键流程,包括信息安全体系规划、信息安全体系建设、信息安全运行维护监控、信息安全评估与考核四个子流程。

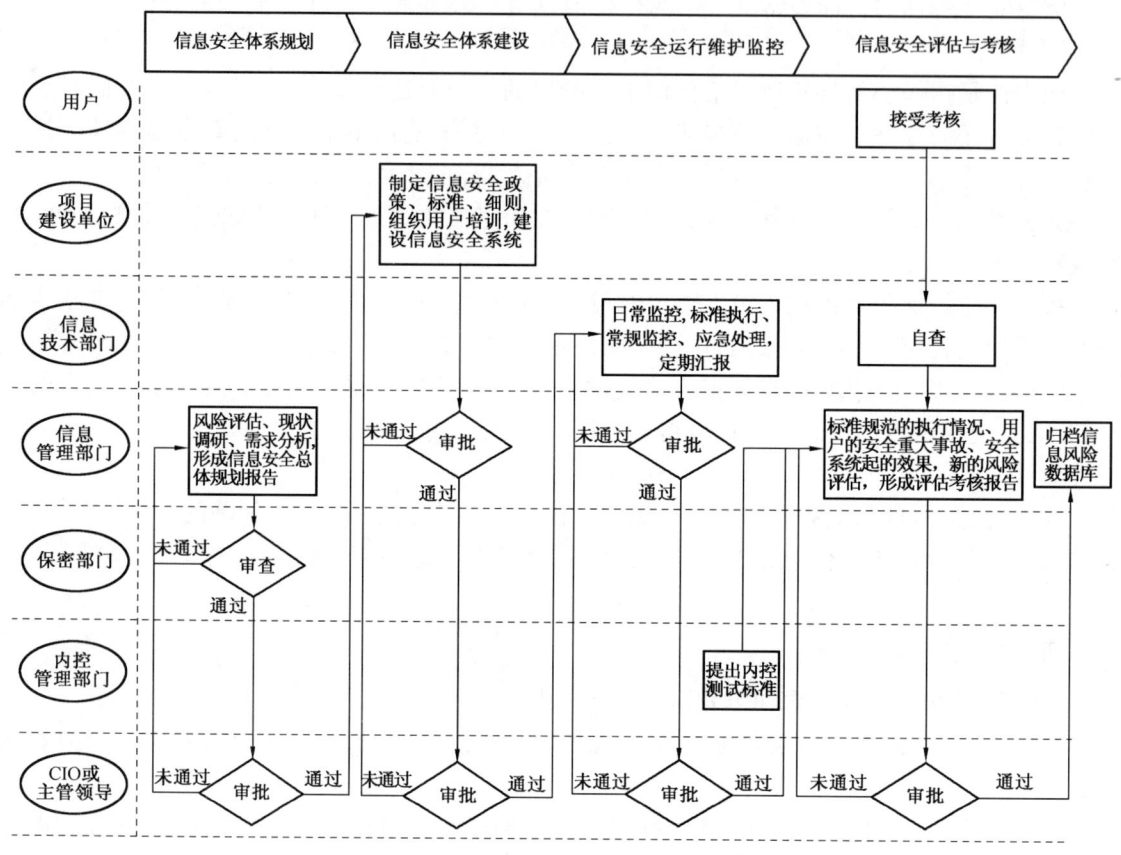

图5-5 企业信息安全管理关键流程

第二节 企业信息安全体系架构

一、信息安全体系建设规划

1. 信息安全体系建设规划的意义

随着集中统一的信息化建设不断深入,信息系统集中程度的不断提高,业务对信息系统依赖程度的不断加大,企业迫切需要建立与业务发展、与信息化水平相适应的信息安全体系。与此同时,国家发布了一系列相关文件和技术标准,提出了对涉及国家安全、经济命脉、社会稳定的重点行业、企业的关键信息系统实施信息安全等级保护等的要求。

信息安全的木桶短板效应非常突出,为保证信息系统安全,不能"头痛医头、脚痛医脚",

也不能"前门戒备森严,后院残垣断壁"。企业必须首先加强顶层规划和整体设计,研究制定信息系统安全整体方案,建立完整有效的信息安全保障体系,使信息安全工作进一步朝着规划科学化、防护体系化、运作规范化、参与全员化的目标深入发展。也就是说,企业要结合信息安全风险评估,组织编制信息安全体系建设规划。

2. 信息安全体系建设规划的方法论

企业信息安全体系建设规划编制工作要作为信息化项目进行组织管理与实施,共分4个阶段(3个主要阶段、1个特加阶段)和18项任务,如图5-6所示。

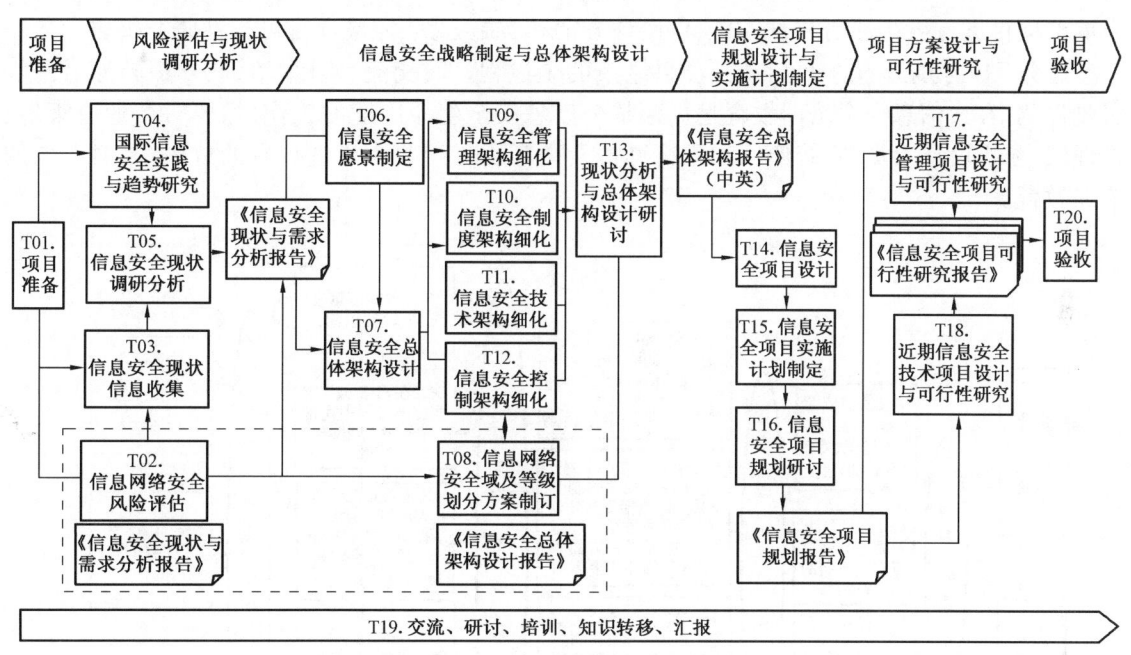

图5-6 企业信息安全体系建设规划编制方法

第一阶段,风险评估与现状调研分析,包括任务T01-T05。通过现场访谈、调研座谈、问卷调查、资料收集等各种方式和手段,收集分析信息安全现状;组织专业团队通过文档审阅、脆弱性扫描、本地审计、现场观测、人员访谈等进行信息网络安全风险评估;通过信息安全架构和行业案例研讨,与国内外信息安全管理领域专家访谈,研究国际信息安全实践与趋势。根据对企业信息安全管理、技术设施和运作现状分析,结合信息安全风险评估结果,对比国内外信息安全发展状况、趋势和最佳实践,进行信息安全现状诊断与需求分析,完成《信息安全现状与需求分析报告》。

第二阶段,信息安全战略制定与总体架构设计,包括任务T06-T13。在现状诊断分析的基础上,通过业务与信息化战略分析、信息安全战略研讨,制定企业信息安全战略、策略、目标、原则;通过信息安全体系架构案例研讨,结合信息安全战略和目标,设计信息安全总体架构;通过细化总体架构中的管理架构、控制架构、技术架构,设计信息安全体系建设的重点任务,完成《信息安全总体架构设计报告》。

第三阶段,信息安全项目规划设计与实施计划制定,包括任务 T14 – T16。按照图 5 – 7 所示的项目设计方法,从分析差距入手,识别改进需求,提出改进措施,设计项目框架,完成项目群规划设计;对各项目的目标、范围、主要任务、实施计划等进行分析和设计,编写项目描述;分析各项目之间的依赖关系并根据项目重要性和紧迫性进行项目优先级划分设计,分析项目群的资源投入、关键成功因素、实施效果与风险,确定信息安全项目群实施蓝图,制定项目实施计划,完成《信息安全项目规划报告》。

第四阶段,项目方案设计与可行性研究。本阶段不是规划项目的必需阶段,是为加快信息安全体系建设项目的启动而特别增设的,包括任务 T17 和 T18。对规划中近期急需实施的几个重点项目进行可行性研究,提出项目设计方案和实施方案,完成项目可行性研究报告。

任务 T19 贯穿于从项目启动到项目结束的全过程,即:交流、研讨、培训、知识转移、汇报。需要强调指出,信息安全培训教育是贯穿整个信息安全生命周期的工作,需要对企业决策层、管理层、分析设计人员、系统使用和运行维护人员等所有相关人员进行有的放矢、及时有效的培训教育。

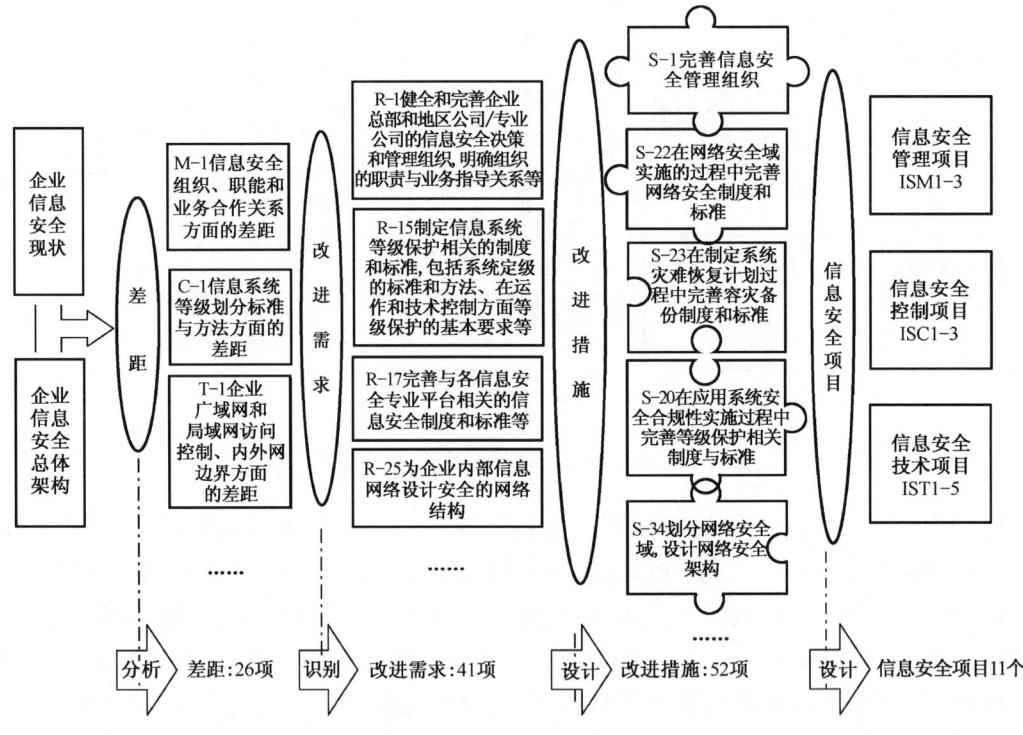

图 5 – 7　企业信息安全体系建设项目设计方法(示例)

3. 信息安全建设规划编制实例

这里以××公司的相关项目为例,简要介绍企业信息安全体系建设规划研究编制项目的大致过程。在项目实施中,公司总部各业务部门和信息管理部门的领导、管理人员参加了项目访谈;16 家成员企业/业务主管部门和信息管理部门参加了座谈研讨;公司总部员工填写调查问卷上千份;上百家成员企业/业务主管部门参加了问卷调查。风险评估和规划编制的两方面人员组成项目经理部,分别组织召开了3次国外专家研讨会和2次国内专家研讨会,对信息安全的发展趋势、信息安全体系架构设计、国家信息安全等级保护及保障体系建设相关情况与要求等,进行了充分的沟通和交流。在此基础上,项目经理部还查阅了大量信息安全方面的最新实践和理论成果,并就该公司信息安全体系架构、信息系统安全等级划分和网络安全域方案等进行了反复深入的研讨;与其他相关信息化项目的管理和技术人员进行多次广泛、深入的专题讨论、交流,最终完成了规划的编制工作。图5-8按时间顺序列出了该项目实施的主要活动和里程碑。

图5-8 ××公司信息安全体系建设规划编制项目要事概览

二、信息安全体系概念模型和总体架构

这里参考Zachman企业体系架构(EA)理论和Gartner的信息安全架构(EISA)的设计思想,结合信息安全国外专家的经验,借鉴了大量国内外实践,采用多维度、多视角的企业系统架构定义方法,提出了如图5-9所示的企业三个视角—三个层次的信息安全体系概念模型。

根据这一概念模型,进一步研究细化,提出企业信息安全体系的总体架构,如图5-10所示。

企业信息安全体系总体架构包括管理架构、控制架构和技术架构三个方面。

管理架构包括信息安全组织、信息安全流程与信息安全制度三部分。信息安全组织包括信息安全专业团队的核心角色及其职责,核心角色包括信息安全领导角色、信息安全分析角色、信息安全运行角色及信息安全协调角色。信息安全流程包括信息安全意识提升、技能培训和专业教育、信息安全风险管理及信息安全监督检查和改进等流程。信息安全制度包括信息安全相关的管理和技术规范的层次结构,以及不同层次的信息安全制度涉及的内容和解决的问题。

控制架构包括信息安全等级划分、信息安全运作控制与信息安全技术控制三部分。信息安全等级划分包括信息系统安全等级的划分框架和各安全等级的定义,指导划分信息资产等级、应用系统等级与网络系统等级。信息安全运作控制包括不同安全等级的信息系统和信息

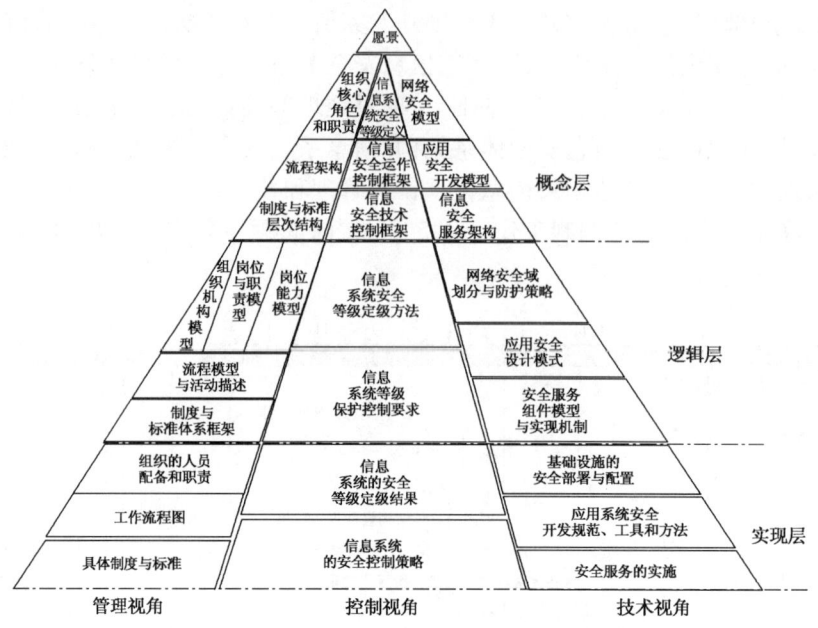

图 5-9 信息安全体系概念模型

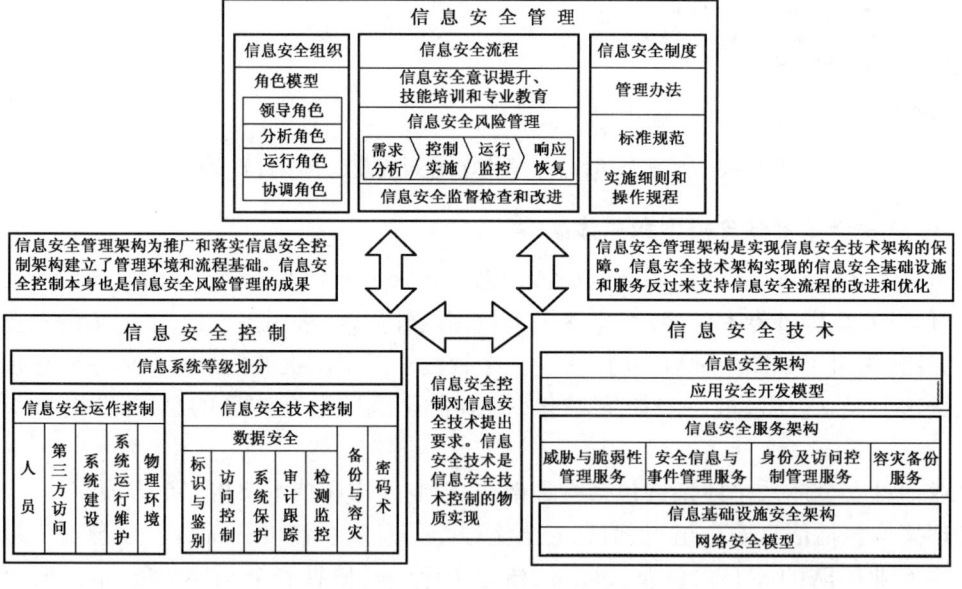

图 5-10 信息安全体系总体架构

的安全保护目标,指导实施人员控制、第三方访问控制、系统建设与维护安全控制、物理环境控制等。信息安全技术控制包括为实现信息系统和信息安全等级保护目标所需的技术服务,实现网络安全控制、主机安全控制、应用安全控制、数据安全控制、备份容灾控制及密码技术控制等。

技术架构包括应用安全架构、信息安全服务架构及信息技术基础设施安全架构三部分。应用安全架构包括信息系统功能性与非功能性安全保护体系。信息安全服务架构包括信息安全服务以及各服务之间的关系,含身份及访问控制管理、威胁与脆弱性管理、安全信息与事件管理、容灾备份等技术服务体系的建设。信息技术基础设施安全架构包括以网络安全架构为主体,将信息网络划分为外部网络、非工作区域、受控外联区域、办公网络区域、信息系统服务器区域、生产控制系统区域、核心网络区域及网络与系统管理区域等安全区域,并建立相应的网络安全技术体系。

三、信息安全项目体系框架和实施蓝图

图 5-11 示出了企业信息安全体系建设规划的项目体系框架示例,规划设计了 11 个建设项目。其中,管理类 3 个:信息安全组织完善、信息安全运行能力建设、风险评估能力建设;控制类 3 个:信息安全制度与标准完善、基础设施安全配置规范开发、应用系统安全合规性实施;技术类 5 个:身份管理与认证、网络安全域实施、桌面安全管理、系统灾难恢复、信息安全运行中心建设。

图 5-11 信息安全体系建设规划的项目体系框架

根据企业信息安全现状分析和总体架构设计,按图 5-12 所示的方法,对各个信息安全建设项目之间的依赖关系和优先级进行全面分析,设计项目群实施蓝图,并按实施蓝图推进各项目的实施。

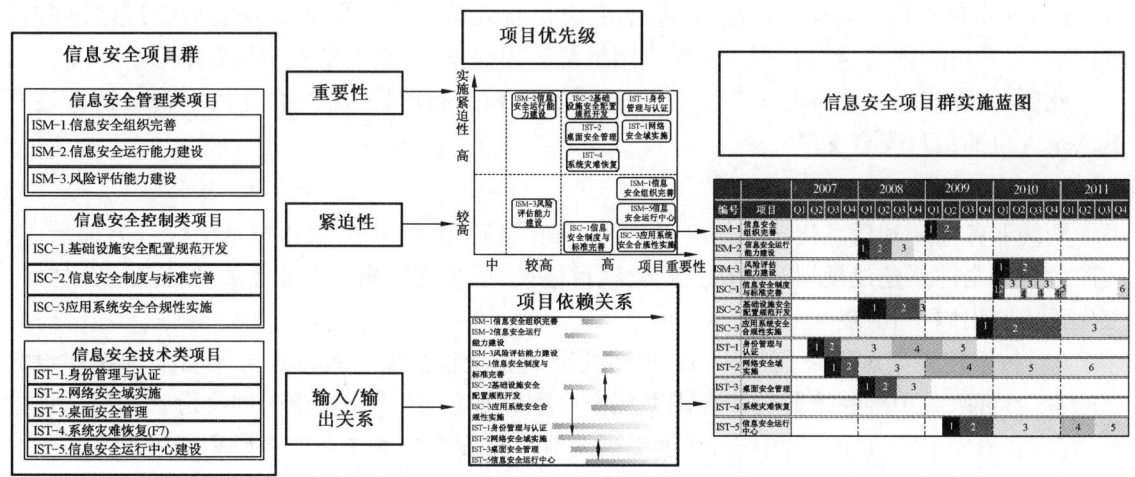

图 5-12 企业信息安全体系建设项目群实施蓝图设计方法

企业信息安全体系建设规划是在信息技术总体规划指导下研究编制的一个专项规划,是企业信息安全体系建设完整的解决方案,服从并服务于信息技术总体规划,为信息技术总体规划各项目的实施、应用和运行维护提供全面、有效的信息安全支撑。

四、信息安全体系建设的目标和重点

1. 总体目标

企业信息安全体系建设的总体目标是:根据企业需要,增强信息安全意识,全面持续提升信息安全组织管理、风险控制、技术设施和服务能力,逐步建成先进实用、完整可靠的信息安全体系,保障信息化建设和应用,支撑公司业务发展和总体战略的实施。

企业信息安全体系建设要满足以下三项基本要求:

(1)信息安全体系建设必须与业务和信息化协调发展。企业在建设统一集成信息系统的同时,需要立足现状,保障发展,适当超前,建设与企业规模、企业业务和企业信息系统相适应的信息安全体系,保障基础网络和重要信息系统的安全稳定运行,保障信息安全。

(2)信息安全体系建设基于并服务于企业风险管理。信息安全体系建设要贯彻企业风险管理的理念,落实对信息安全风险的有效控制。通过项目的合理设计和成功实施,将信息安全风险控制在合理的、可接受的范围内。

(3)信息安全体系需要逐步建设,持续改进。要跟踪业务和信息安全技术与形势的发展,开展对标分析,参照国内外最佳实践,根据依赖关系和优先顺序实施相关项目,逐步建设并不断完善和提升信息安全体系。

2. 阶段目标

(1)初步建立信息安全技术平台,整体信息安全技术能力显著增强。建设集中的用户身份管理平台,建成桌面安全管理系统,建设同城异地灾备中心,完成信息基础设施规范开发,设计并实施网络安全保护。

(2)基本建成信息安全服务平台,信息基础设施安全保障能力大幅提升。继续完成第一步延续项目,完善信息安全组织,建设信息安全运行中心,加强信息安全运行能力。

(3)初步建立信息安全监控平台,基本形成信息安全体系。完善信息安全管理制度和技术标准,提升风险评估、控制能力,实施应用系统等级保护,健全信息安全运行中心。

此后,信息安全体系将进入持续完善、提升和有效运行阶段,将为企业的平稳可持续运营提供全方位的信息安全支撑。

3. 重点任务

围绕业务需要和信息化建设与应用,从信息安全管理、运作控制和技术手段三方面着手,按照信息安全体系建设规划开展信息安全项目建设,逐步建成满足企业需要的信息安全体系。工作重点突出以下几点:

(1)持续建设先进完整、安全可靠、集中共享的企业信息安全技术服务平台。加快建设统一的身份认证、集中的系统监控和应用系统安全测试平台,建成企业统一的身份管理与认证中心、容灾备份中心和安全运行中心,显著提高企业信息安全技术体系的建设和应用水平。

(2)全面实施信息安全风险管理流程,完善信息安全制度与标准。建立覆盖需求分析、控制实施、运行监控、响应恢复四个环节的完善的信息安全风险管理流程,实现和持续改进信息安全风险全程管理,实现从针对结果管理向针对过程管理的转变。完善信息安全制度和标准,提升制度标准的完整性、针对性、操作性和实效性。

(3)加快健全信息安全管理组织,建设信息安全专业服务团队。在信息安全体系建设项目实施和运行维护的过程中,加快健全和完善信息安全管理组织,全面落实信息安全责任,着力培养信息安全各个领域的专业人才,逐步建立和加强专业化、高素质的服务团队,提供身份认证、安全监控、威胁与弱点管理和风险评估等信息安全服务。

第三节 信息安全风险评估

当前,企业风险管理、合规性管理、运营管理已经成为信息化治理的重要驱动因素。信息系统安全风险已经成为企业运营风险中最为重要的一个组成部分,业务连续性逐渐与信息系统安全并行考虑。信息系统风险管理是内控框架中的核心内容,并成为判定企业成熟度的一项重要指标。信息系统运行过程中的风险评估和威胁弱点管理成为必不可少的两个环节。安全风险评估是安全风险管理的基础和重要内容,既是信息安全体系建设的起点,也将覆盖其建设的全过程。提升信息安全风险评估意识和能力,适时进行信息安全风险评估及有效控制是信息安全保障的当务之急。

一、评估目的、原则及方式

1. 评估目的

企业进行信息系统安全风险评估,是为了提高信息安全保障体系的有效性,主要包括:发现现有基础信息网络和重要信息系统的安全问题和隐患,提出针对性改进措施;识别在用系统和在建系统在生命周期各个阶段的安全风险;分析现有与信息安全相关的组织管理机构、管理制度和管理流程的缺陷与不足;评价已有信息安全措施的适当性、合规性等。

2. 评估原则

进行信息系统安全风险评估,要遵循以下原则:

(1)整体性。评估从企业实际需求出发,不局限于网络、主机等单一安全层面,而是从业务角度进行评估,包括技术、管理和业务运营的安全性。

(2)动态性。评估是动态的、阶段性重复的,并非一次评估即可解决所有问题。每次评估应达到有限的目标,并依据评估的动态特性考虑再次评估的时机。

(3)适当性。选择恰当的评估对象、评估范围、评估时机,评估对象要有代表性,确定评估范围应不出现扩大化、无法按时完成评估等情况。

(4)规范化。规范评估过程和成果文档,便于项目跟踪和控制。

(5)可控性。评估过程和所使用的工具应具有可控性。评估所采用的工具必须经过实践检验,可根据企业具体网络特点和相关具体要求进行定制。

(6)最小影响。评估工作应充分准备,精心筹划,事先预见可能发生的情况并制订应急预案,不能对网络和信息系统的运行及业务的正常运作产生显著影响。

(7)保密性。参与评估的人员应签署保密协议,明确要求在评估过程中对评估的所有相关数据、信息严格保密,不得将评估中的任何数据用于与本次评估无关的任何活动。

3. 评估方式

风险评估的方式可分为自评估、检查评估、委托评估 3 种。自评估是由企业各级单位自身实施,以发现现有信息技术设施和信息系统的弱点、实施安全管理为目的的评估方式。检查评估是由主管部门发起,对下级单位的安全风险管理工作进行检查而实施的评估活动。委托评估是指信息系统使用单位委托具有风险评估能力和相关资质的专业评估机构实施的评估活动。

企业信息管理部门定期或在重大、特殊事件发生时组织进行风险评估,识别和分析风险,实施控制措施,确保信息安全和信息系统的稳定、安全运行。

4. 评估时机

风险评估贯穿于网络及信息系统生命周期的各个阶段。在项目规划设计阶段,通过风险评估确定系统的安全目标;在项目实施阶段,通过风险评估确定系统的安全目标是否达到;在系统运行维护阶段,实施风险评估识别系统面临不断变化的风险和脆弱性,从而确定安全措施的有效性,确保信息系统运行和应用的安全;在系统废弃阶段,确保硬件和软件等资产的残留信息得到适当的处置,确保废弃过程在安全的状态下完成。

二、评估方法

企业信息安全风险评估大致可分为 3 个阶段:计划准备阶段、现场评估阶段、分析报告阶段。3 个阶段的工作内容和步骤如图 5 - 13 所示。

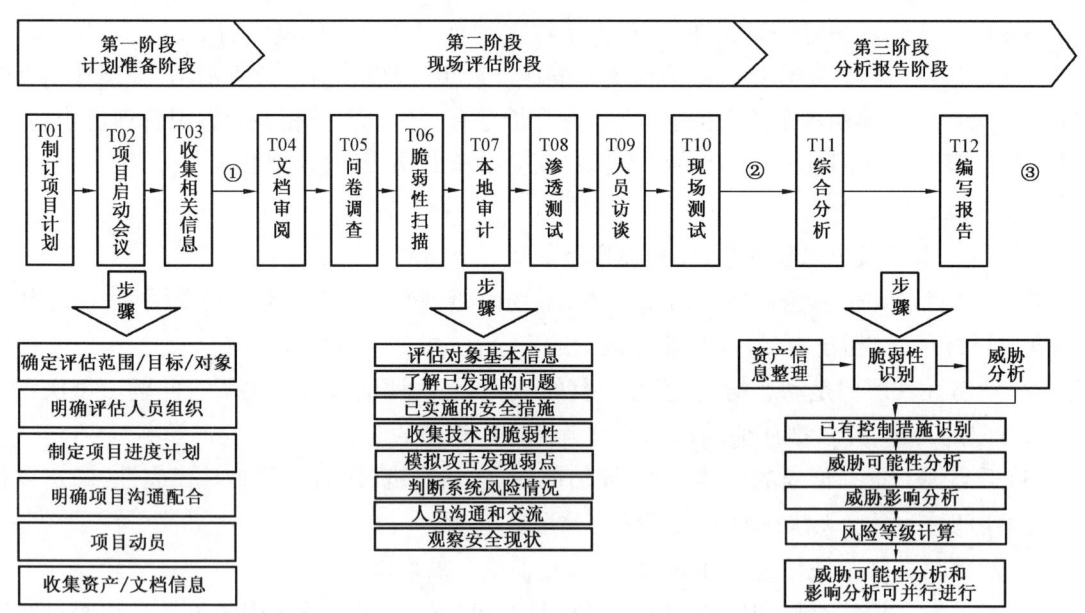

图 5 - 13 企业信息安全风险评估实施的阶段和步骤

1. 计划准备阶段评估

在进行安全风险评估之前,充分的准备工作是评估工作成功的基础。在计划准备阶段,需

要开展以下工作:

(1)制订项目计划。确定评估目标、范围和对象;明确评估人员组织,包括项目领导小组、项目负责人、项目技术顾问组、风险评估小组、被评估单位项目协调人和项目配合人员;制订项目进度计划;明确项目沟通与配合制度。

(2)召开项目启动会。进行评估前的项目动员。

(3)收集相关信息。使用表5-1收集所有评估对象资产信息;收集文档信息,包括安全管理文档、技术设施文档、应用系统文档和机房环境文档等。

表5-1 信息资产登记表

编号	名称	所属系统	用途描述	硬件型号	数量	IP地址	主机名	操作系统及版本	应用软件及版本	安装地点	维护人员			备注
											姓名	机构/部门	联系信息	

2. 现场评估阶段评估

现场评估阶段包含文档审阅、问卷调查、脆弱性扫描、本地审计、渗透测试、现场观测和人员访谈等工作内容。

(1)文档审阅。通过文档审阅了解评估对象安全需求等基本信息,了解各评估对象已被发现的问题、已实施的安全措施,确定需要通过访谈了解的信息和澄清的问题,以便尽量缩减人员访谈沟通时间,降低评估工作对相关人员正常业务工作的影响。

(2)问卷调查。由一组相关的封闭式或开放式问题组成,用于在评估过程中获取信息系统在各个层面的安全状况,包括安全策略、组织制度、执行情况等。

(3)脆弱性扫描。利用技术手段对信息系统组件进行脆弱性识别,收集各信息系统组件可能存在的技术脆弱性信息,以便在分析阶段进行详细分析。

(4)本地审计。本地审计与脆弱性扫描互补,收集各信息系统组件可能存在的技术脆弱性信息,以便在分析阶段进行详细分析。

(5)渗透测试。利用模拟黑客攻击方式发现网络、系统存在的可利用弱点,目的是检测系统的安全配置情况,发现配置隐患。主要通过后门利用测试、分布式拒绝服务攻击(DDOS)强度测试、强口令攻击测试等手段实现。需要注意,渗透测试的风险较其他几种手段要大得多,在实际评估中需要慎重使用,未必每次评估都要进行渗透测试。

(6)现场观测。主要通过现场巡视和观察等方法,观察与应用系统、机房环境等有关的管理制度、安全运行维护相关的机制、系统配置现状(如系统现有账号、日志功能等),了解制度的实际执行情况,保留检查证据(截图、日志文件等)并填写现场观测结果。

(7)人员访谈。访谈的对象包括信息系统管理人员、应用系统相关人员、网络及设备负责人和机房管理人员。主要涉及信息系统控制环境评估、信息系统通用控制评估、应用系统的安全性评估及应用控制评估。信息系统控制环境评估包括安全策略、组织安全、人员、资产管理、风险管理、法律法规符合性等;信息系统通用控制评估包括程序开发设计、变更管理、程序和数据访问控制、投产上线、系统运行维护等;应用系统的安全性评估包括身份认证、标识与授权、会话管理、系统配置、日志与审计、用户账户管理、输入控制、异常处理、数据保护和通信等；应用控制评估包括业务操作、权限管理、职责分离、业务流程、备份等。

3. 分析报告阶段评估

分析报告阶段的主要工作是整理现场评估获得的数据、资料，进行综合分析以及生成最终评估报告。

综合分析根据收集到的各种信息，整理出系统/资产脆弱性，并对脆弱性进行威胁分析，包括分析威胁发生的可能性、产生的后果，判定风险级别，以及制定风险处理计划。综合分析对分析人员的能力要求较高。主导综合分析和报告生成的人员必须参与过信息系统风险评估的各阶段，对被评估系统有基本的了解，熟悉风险评估的方法、手段、过程，掌握风险计算方法，了解风险评估基本理论，具有较强的文字功底。

最终编写的风险评估报告是风险评估重要的结果文件，是企业实施风险管理的主要依据，是对风险评估活动进行评审和认可的基础资料。风险评估报告通常应包括以下内容：

（1）概述。简要描述被评估系统的基本情况，包括功能用途、系统体系结构以及风险评估所使用的评估方法、评估过程等。

（2）评估综述。对被评估系统及其支撑平台已经实施的安全措施、评估发现的风险进行综合评价。

（3）评估详述。概要描述评估过程所发现的被评估系统存在的风险、不同级别的风险数量和比例；针对被评估系统及其支撑平台的每一个风险点，进行威胁分析、现有或计划实施的安全措施分析、风险评价等。

（4）整改建议。综合以上分析，说明被评估系统及其支撑平台需要采取的安全整改措施。

（5）附件。说明风险评估过程中主要访谈的人员和审阅的文档、脆弱性—风险对应表、控制措施—风险对应表等。

三、风险控制措施

风险评估的目的在于控制和规避风险。风险控制报告包括安全管理策略和风险控制措施，要依据通过审批的风险控制报告落实控制措施。

控制信息安全风险的重要措施是实施信息系统安全等级保护，而等级保护的基本前提是信息系统等级的划分。企业要根据公安部、国家保密局、国家密码管理委员会办公室、国务院信息化工作办公室四部委联合发布的《关于信息安全等级保护工作的实施意见》，结合企业实际情况和国内相关领域专家的建议，确定信息系统安全保护等级，实施相应的等级保护，有效控制信息安全风险，支撑企业业务的连续运行。

四、风险控制实施的监督与跟踪

风险评估通常还包括一个非常重要的跟踪过程，即对执行与落实整改建议的情况进行监督与跟踪，必要时可重新进行评估。

要充分利用风险评估管理信息系统作为基础性必备工具，实现对资产信息、安全威胁信息、脆弱性信息、评估结果的统一管理，以提升评估结果的可用性。

监督与跟踪主要工作包括建立监督与跟踪机制、制定跟踪计划、执行主动监督与报告3个步骤。

(1)企业各级信息管理部门指定专门人员,建立监督与跟踪机制以跟踪安全整改建议的实施和效果。

(2)对关键的、意义重大而且至关紧要的安全整改措施,制定并实施跟踪计划,包括实施计划、预计实施时间、事项清单、验收方法与过程等。

(3)实施单位主动监督并报告整改实施的进度与状态,并对所有要求的整改采取跟踪行动,直到实施完成。执行监督与跟踪可以包括一个再评估过程,也可以采用风险评估管理信息系统来评估结果。

第四节　信息安全管理

一、信息安全组织体系

信息安全组织是实施安全管理的主体,是信息安全工作的组织保证,建立架构合理、职责明确、运行高效的安全组织体系是信息安全体系建设的必要条件和基本保证。

1. 信息安全组织机构建设

信息安全组织机构设置要能满足企业信息安全管理的实际需要。大型企业集团一般可建立四级信息安全组织机构,分别为企业总部、区域网络/数据中心、成员企业、成员企业二级单位,如图5-14所示。每一级设立专门的组织,明确主管领导,确定组织责任,设置相应岗位,配备必要人员。

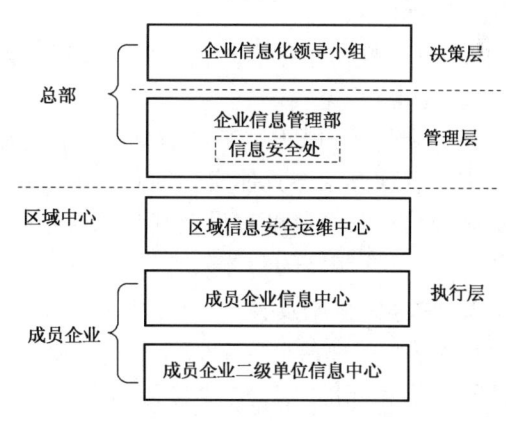

图5-14　集团企业信息安全组织架构示例

(1)信息化工作领导小组是企业信息安全工作的最高决策机构,负责信息安全发展规划、管理体系、政策标准的审批,并为信息安全管理机制的建立与健全提供资源保障。

(2)信息管理部门是企业信息安全的归口管理部门,下设信息安全处室,具体落实信息化工作领导小组和部门的决策,组织制定和实施企业信息安全发展规划、管理体系和政策标准;负责企业信息安全项目的审核与管理;组织企业信息安全工作的检查和监督;负责企业信息安全培训。

(3)区域信息安全运行维护中心是区域信息安全的管理服务组织,职责包括:区域内信息安全政策与标准宣传和贯彻,定期召开会议听取成员企业的信息安全报告、部署信息安全方面的工作。区域中心行政上由属地成员企业管理。

(4)成员企业信息中心是成员企业信息安全的管理部门,主要职能包括:企业信息安全政策与标准宣传和贯彻,执行企业信息安全岗位考核制度和奖惩制度,本单位及下属单位信息安全项目的审核与管理;查处和追踪本单位及下属单位的信息安全违规行为,组织本单位信息安全管理工作的内部检查,配合上级主管部门、安全服务厂商定期进行安全评估和产品升级。

(5)成员企业二级单位信息中心是作业单位信息安全的执行者,主要职责包括:负责信息安全政策与标准在本单位的宣贯;组织本单位信息安全管理工作的内部检查,负责本单位的日常信息系统安全监控和技术支持,提供信息安全事件的应急响应,配合上级主管部门定期进行安全评估。

2. 信息安全组织体系的运行

建立信息安全运行协调机制,使各级组织各行其职、各负其责,贯彻落实国家和企业信息安全的政策、制度、标准和措施,保证信息系统安全。各级信息安全组织的顺利运作需要公司范围内的协调配合,并与本单位信息服务的其他团队,以及国家信息安全主管单位和执法机构之间,进行良好沟通和协作。

二、信息安全制度体系

信息安全制度体系建设的目的在于提高组织的协调性和管理的有效性,主要包括信息安全管理规定、信息安全管理制度、信息安全管理办法、信息安全运行细则等。

1. 信息安全制度建设原则

(1)科学性。系统总结信息安全方面的建设经验,建立健全符合企业信息安全的特点和规律的制度措施。

(2)适用性。根据企业信息安全实践不断完善相关的规定、办法,保证信息安全规章制度行得通、做得到、见实效。

(3)系统性。既重视基本信息安全管理制度,又重视信息安全运行制度和技术规范,以及信息安全管理办法与具体实施细则的配套;既重视总部信息安全制度的建立健全,又注意加强成员企业信息安全制度建设及其与总部制度的协调配合,使各项信息安全制度彼此衔接、环环相扣,充分发挥制度的整体效力。

2. 信息安全制度建设

(1)企业总部信息安全制度建设。要根据信息安全的需求,遵循国际、国家颁布的信息安全法律法规和标准,结合企业实际,逐步制定并完善信息系统安全管理的规章制度。主要包括企业信息安全管理办法及统一建设的各个信息系统安全管理实施细则,指导信息安全工作。

(2)成员企业信息安全制度建设。在总部信息安全制度的体系框架内进行,是总部信息安全制度的补充或细化。主要包括以下4个方面:系统安全制度、机房管理制度、网络安全制度和应用安全制度。只有建立健全成员企业信息安全制度,并加大整个信息安全制度体系的贯彻执行力度,企业信息安全防护能力才能不断提高,整体信息安全才能落到实处。

三、信息安全运行维护

企业要参考国内外先进的信息安全运行维护实践,由信息系统运行维护部门根据实际情况,总结经验,持续建设、改进、推广信息安全运行维护的工作流程。

1. 信息安全配置管理

统一制定、动态发布企业网络全网的安全设备与系统配置策略、配置模板,定期跟踪审核配置策略执行情况,实现安全设备与系统的集中配置管理。

2. 信息安全监控管理

(1)网络监控。监测网络设备、网络安全设备、网络拓扑、服务器、应用系统的运行情况,如有安全事件发生,确定安全事件的类型、影响程度以及影响范围。

通过对各类网络设备、网络安全设备、主机系统、服务器、数据库系统的日志信息的收集、集中存储、分析、管理,及时发现安全事件,并做出相应预警。

(2)内容监控。主要监控网上信息内容的发布、访问、传播等。通过内容发布监控系统、网页访问监控系统、电子邮件监控系统等,全面收集内容监控信息,并进行汇总分析,生成报表及分析报告,有效防止企业重要的敏感信息通过通用信息服务渠道泄露出去,造成损失。

3. 信息安全事件与应急处理

安全应急处理的宗旨是积极预防、及时发现、快速响应、确保恢复。当发生安全事件时,迅速进行拓扑发现和定位分析,进行初步监测分析,包括事件范围、影响等,确认或排除是否发生了紧急安全事件。之后按照预案进行快速响应,使安全事件对网络、信息系统及业务造成的影响最小化,保护企业的信息资产及声誉,并提供准确及时的分析报告及改进建议。

四、信息安全培训

信息安全培训是信息安全工作的重要组成部分。培训涉及诸多方面,包括信息安全法律法规、信息安全标准、信息安全管理、信息安全技术、信息安全常识以及信息安全事件处置案例等。培训的目标是:(1)增强员工的安全意识,自觉约束自我行为,遵守企业各项信息安全规章制度、标准规范。(2)使信息技术人员能够及时掌握必要的信息安全技术知识和技能,在实际工作中充分利用技术手段保障信息资产的安全,确保信息系统的稳定运行。

信息安全培训根据培训对象的不同分为3个层次:操作层面的基本安全知识培训;技术层面的各项安全技能培训;管理层面的信息安全管理培训。

(1)操作层面培训。操作层面的培训针对从事日常业务处理的人员,即对信息系统的一般用户进行安全知识培训,目的是提高用户的信息安全意识和防护技能,使员工充分了解企业的安全策略,并切实执行。培训内容包括企业信息安全的方针、原则与目标、安全职责与各项安全管理规章制度、相关的法律法规以及相关信息系统安全知识和措施。

(2)技术层面培训。技术层面的培训主要针对信息系统运行维护和开发人员,包括对信息网络系统管理员和安全专职人员进行安全技能培训,目的是使培训对象掌握基本的安全攻防技术,培养解决安全问题和杜绝安全隐患的能力,提升安全技术应用水平。培训内容包括信息安全基础技能、安全防护设备操作以及有关信息安全的新知识、新技术、新方案、新处置案例等。

(3)管理层面培训。管理层面的培训是指针对包括技术管理和业务管理在内的人员进行安全管理培训,目的是提升企业整体信息安全管理水平和能力,帮助组织有效建立信息安全管理体系。培训内容包括信息安全法律法规、信息安全管理策略、目标、方法、流程等。

信息安全培训工作由信息管理部门负责组织、实施。各级信息管理部门负责相应层级的信息安全培训工作,包括制定信息安全培训计划、设置基本培训课程、确定培训方式、编制相关教材以及明确参加培训的人员范围等。各级信息安全培训计划、课程需报上级信息安全管理部门进行审批、备案。

五、信息安全检查与考核

信息管理部门定期进行企业信息安全检查与考核,包括信息安全政策与标准的执行情况、重大信息安全事件及整改措施落实情况、现有信息安全措施的有效性、信息安全技术指标完成情况等。

各成员企业信息管理部门按照企业的相关办法进行信息安全自我考核,并由信息管理部门进行综合评价,形成年度考核报告。

六、信息安全管理项目

企业信息安全管理方面的研究/建设项目主要有信息安全组织完善、信息安全运行能力建设和风险评估能力建设。

1. 信息安全组织完善

(1)项目目标:完善信息安全决策、管理与技术服务组织,合理配置岗位并明确职责,建立完备的管理流程,为信息安全建设与运行构筑有力的组织保障。

(2)项目范围:涉及企业总部、区域中心与各成员企业信息安全管理组织和技术团队。

(3)主要任务:收集并分析当前企业总部与成员企业信息安全工作现状;设计总部与成员企业信息安全组织结构;制定信息安全决策与管理机构工作职责与工作流程;确定各级信息安全管理机构与岗位;编制岗位职责说明书;设计岗位技能要求等。

2. 信息安全运行能力建设

(1)项目目标:建立完备、统一的信息安全运行维护流程,组织信息系统运行维护人员进行信息安全技能培训,形成基本的信息安全运行能力。

(2)项目范围:包括开展针对提高信息系统运行维护人员的信息安全运行能力培训,制定与完善配套信息安全运行维护流程。不包括非信息安全范畴内的系统运行维护的内容,也不涉及任何与安全运行维护相关的软硬件设备设置安装和调整。

(3)项目实施范围:信息安全运行维护流程的应用范围为各成员企业;专业培训实施范围为总部和成员企业信息系统运行维护人员。

(4)主要任务:

① 信息安全专业培训的主要任务包括:根据信息安全运行维护需求与信息系统运行维护人员的状况,确定培训内容,制订培训计划;按照培训计划选择并确定培训供应商和专业培训课程;集中组织总部、区域网络中心、成员企业的信息系统运行维护骨干人员参加专业培训。

② 信息安全运行维护流程设计的主要任务包括:收集分析信息安全运行维护的现状与国内外先进的信息安全运行维护实践;评价与分析各项信息安全运行维护流程,提出改进建议;改进与设计信息安全运行维护工作流程;编制信息安全运行维护管理规范与技术标准;进行信息安全运行维护管理规范与技术标准的推广培训。

3. 风险评估能力建设

(1)项目目标:建立风险评估规范及实施团队,提高信息安全风险自评估能力和风险管理能力。

(2)项目范围:涵盖风险评估工作开展所需的评估指南制定、工具开发、团队建设。

(3)主要任务:收集分析信息安全现状与潜在风险,识别风险评估需求;制定风险评估指南;规划建立风险评估团队,设计管理流程,设计岗位与职责;选择/开发风险评估工具,包括脆弱性扫描工具、渗透性测试工具及风险评估管理系统等;开展风险评估专业培训;进行风险评估试点工作等。

第五节　信息安全控制

对信息系统的安全防护,本质是对其相关信息及访问的防护。信息安全控制包括信息安全等级保护和逻辑安全控制。对操作系统(含网络操作系统)、数据库和应用系统的访问,需通过安全的登录程序。登录程序需符合下述要求:提供访问控制机制,确保不会被未经授权的人访问、修改或删除信息;需提供身份验证方法。如果使用账号管理和口令管理,需确保符合账号管理规定和口令规则。

一、信息系统等级保护

国家要求重点保护基础信息网络和关系国家安全、经济命脉、社会稳定等方面的重要信息系统,抓紧建立信息安全等级保护制度。

信息系统的核心是信息,对各类信息系统的损害所导致的直接结果是造成对相关信息的损害或滥用。因此,需要首先确定各类信息的防护级别,并由此确定对相应各类信息系统的防护级别和要求,就是说等级保护工作的基本前提是信息系统安全等级的划分。

1. 等级划分原则

信息系统安全等级确定应遵循以下原则:

(1) 自主定级。信息系统的主管部门根据国家和企业的有关规定、标准和要求,自主确定等级,必要时可以请求专家指导。

(2) 业务保障。信息系统是为业务服务的,信息系统的等级应当依据信息系统所承载业务的重要性、业务对信息系统的依赖度和相关安全需求来确定。

(3) 合理保护。信息系统的等级应充分反映信息系统的主要安全特征,从而突出重点、有效保护、优化结构、降低投资。

2. 等级划分过程

信息系统定级过程分系统识别、子系统划分、要素赋值和系统定级4个阶段:

(1) 系统识别阶段。准确识别并描述企业信息系统,明确系统包含的信息和提供的服务以及系统的构成、范围或边界等信息,作为后续定级工作的输入。

(2) 子系统划分阶段。对规模大、应用功能多的复杂信息系统进行划分,主要考虑组织管理结构、业务类型、物理区域等因素。简单系统可不进行子系统划分,直接进入要素赋值阶段。

(3) 要素赋值阶段。在系统识别和子系统划分的基础上,对信息的可用性、完整性和保密性要求、系统类型和应用范围以及业务依赖程度进行赋值。

(4) 系统定级阶段。根据要素赋值阶段的结果确定子系统定级,并最终根据子系统定级结果中的最高等级确定信息系统等级。如果不需要划分子系统则直接确定信息系统等级。

3. 保护等级调整

信息系统主管部门可根据实际情况对信息系统等级进行调整。

信息系统等级确定后,根据其保护等级采取相应的安全保护措施,运行和使用信息系统的单位虽然可以根据系统的特殊安全需求对一些安全保护措施进行增强,但系统的级别不变。

如果考虑系统的特殊需求以及政策和管理方面的特殊要求,或者系统的业务依赖程度和系统应用范围发生较大变化,需要加强保护,可调整提升安全级别。

二、逻辑安全控制

1. 用户账号管理

1)用户账号分配规则

系统所有账号都必须对应唯一用户,以便操作能够追溯到具体责任人,不得在应用系统中设立无人使用的账号。

2)普通用户账号管理

用户账号创建和变更流程:

(1)根据业务需要增加用户账号时,申请人需填写用户账号及权限管理表。用户账号及权限管理表示例见附录5-1。

(2)申请人主管领导确认该用户新的岗位职责,同时审批用户账号及权限管理表。

(3)应用系统负责人审核用户账号及权限管理表,根据申请人主管领导所确定的申请人岗位职责分配相应的权限,并签字确认。

(4)应用系统管理员根据用户账号及权限管理表创建用户,签字确认后通知该用户,并负责用户账号及权限管理表的归档。

用户账号关闭流程:

(1)员工因离职或其他原因需要撤销账号时,其主管领导填写用户账号及权限管理表,并立即通知应用系统负责人撤销该员工账号的访问权限;

(2)应用系统负责人审阅用户账号及权限管理表,并签字确认;

(3)应用系统管理员依据用户账号及权限管理表撤销该账号在所有系统的访问权限,关闭用户账号,并签字确认;

(4)应用系统管理员负责用户账号及权限管理表的归档;

(5)如果离职用户涉及上级业务部门应用系统的用户权限,则通知该应用系统在本单位的主管业务部门,再由本单位的主管业务部门通知上级的主管业务部门撤销该账号在该应用系统的访问权限,并关闭该用户账号。

3)特权用户账号管理

特权用户包括应用系统管理员、数据库管理员、操作系统管理员、网络管理员等及其他拥有系统特权的用户。管理员用户中,应用系统管理员不得兼任数据库管理员和操作系统管理员,应用系统管理员、数据库管理员和操作系统管理员不得参与本系统的日常业务交易处理,例如会计凭证录入、凭证审批等。

特权用户登记管理流程如下:

(1)应用系统负责人对特权用户及其联系方式进行登记备案,确保其满足职责分离要求,填写特权用户登记备案表并负责归档;

(2)网络管理负责人对网络管理员及其联系方式进行登记备案,填写特权用户登记备案表并负责归档;

(3)特权用户发生变更和终止时,须及时更新特权用户登记备案表。

2. 口令规则

1)初始口令规定

(1)系统中的所有账号必须设置口令;

(2)应用系统、数据库、操作系统、网络设备等系统的厂商初始口令须在系统投入使用前进行修改;

(3)系统管理员通过电子邮件告知用户本人其初始口令,并要求用户首次登录时更改初始口令。

2)口令重置申请规定

(1)用户重新申请口令时须提交口令重置申请表(示例见附录5-2);

(2)系统管理员审核口令重置申请表,帮助用户重新设置临时口令,通过电子邮件告知用户本人,并要求用户更改临时口令。

3)口令管理规定

普通用户口令的长度不得低于6位,特权用户口令的长度不得低于8位。如果系统能够实现口令长度的强制设定,则要求用户设置和修改口令须满足需求;如果系统不具备该功能,需通过电子邮件要求用户的口令长度符合要求。

普通用户每隔90天至少修改一次口令,特权用户每隔30天至少修改一次口令。如果系统能够实现口令的强制定期修改,则要求用户在规定期限内修改口令;如果系统不具备该功能,需通过电子邮件要求用户定期修改口令。

3. 用户权限管理

信息管理部门根据业务部门提供的职责分离表,转换成应用系统的职责分离矩阵(示例见附录5-3)。信息管理部门将应用系统的职责分离矩阵提交给业务部门进行审阅和批准,并根据职责分离矩阵进行应用系统的用户权限设置。应用系统负责人在审批用户账号及权限管理表时,要根据用户岗位职责分配相应的用户权限。

对已分配的用户账号及其权限,要进行定期审核,发现问题及时整改。应用系统负责人需每三个月按以下审核流程对应用系统的所有用户账号和用户权限审核一次:

(1)应用系统管理员每三个月将根据系统生成的当前用户清单及权限表提交给应用系统负责人;

(2)应用系统负责人审核应用系统管理员是否与特权用户登记备案表一致、用户的账号和权限分配是否符合岗位职责,并审核是否存在无人使用的账号,将审核结果填写在应用系统权限检查表(示例见附录5-4)中,并签字确认;

(3)在应用系统负责人的监督下,应用系统管理员根据应用系统权限检查表,纠正不符的账号和权限分配,关闭无人使用的账号,并签字确认;

(4)应用系统权限检查表以及用户清单和权限表须抄报给本单位信息安全管理负责人,并由其负责归档。

对于数据库管理员及操作系统管理员、网络管理员,其账号及其权限定期审核流程与应用系统用户的上述流程大同小异,不再赘述。

4. 用户活动管理

1)服务器操作系统设置规定

(1)信息管理部门负责制定服务器操作系统标准配置方案;

(2)各成员企业的操作系统管理员根据信息管理部门的服务器操作系统标准配置方案进行服务器操作系统初始设置,标准配置方案中未规定的内容保持原有设置;

(3)服务器操作系统设置变更须符合变更管理的相关规定;

(4)信息安全管理负责人在操作系统管理员协助下,每年审核服务器操作系统设置是否符合标准配置方案,填写操作系统安全配置检查表(示例见附录5-5)并负责归档。

2)数据直接访问管理

用户对数据库进行直接数据访问,须提出申请,批准后,由数据库管理员协助用户访问。流程如下:

(1)用户填写数据直接访问申请表(示例见附录5-6),说明访问申请原因和具体操作内容等;

(2)数据直接访问申请表由用户主管领导审查签字后,提交应用系统负责人;

(3)应用系统负责人审核数据直接访问申请表,授权给数据库管理员进行操作;

(4)数据库管理员记录数据直接访问的对象和结果,如果存在数据修改,则须详细描述数据的修改步骤,并负责数据直接访问申请表的归档。

3)用户活动监控

应用系统管理员每周检查应用系统日志,审查是否有错误信息或异常登录信息;网络管理员每周检查防火墙日志,审查是否有登录异常信息、配置更改等。

三、物理安全控制

1. 机房出入物理控制机制

所有机房必须使用门锁或电子门禁系统进行基础保护。机房钥匙/门禁卡管理规定如下:

(1)机房负责人负责机房钥匙或门禁卡的发放,将机房钥匙或门禁卡用户列入进入机房授权人员名单中,并负责进入机房授权人员名单的归档。

(2)机房钥匙不得转借他人或复制,只有与卡号登记相符的用户才可以使用该钥匙或门禁卡。

(3)机房钥匙或门禁卡用户一旦发生离职或职责变动等情况,机房负责人须及时回收钥匙或调整、回收门禁卡,并更新进入机房授权人员名单。

(4)对于有值班人员控制进出的机房,机房负责人可将需要经常进入机房但没有机房钥匙或门禁卡的人员列入进入机房授权人员名单中。

2. 出入机房登记管理

对于没有电子门禁的机房或门禁卡不能自动记录访问者账号、访问时间等信息的机房,须采取以下机房进入登记制度:

(1) 授权机房人员每次进入机房时,须按规定填写机房出入登记表后进入机房;
(2) 其他人员,包括内部临时进入机房人员和外部人员,须根据进入机房的事由,经进入机房授权人员同意后,按规定填写机房出入登记表(示例见附录5-7)进入机房;
(3) 机房负责人定期检查机房出入登记表,并负责该表归档。

3. 敏感的纸质系统文件管理程序

(1) 敏感的纸质系统文件须放置在带锁的文件柜里,包括:与系统的设计、开发、测试、变更管理文档、用户使用手册,以及网络和基础设施的设计和变更文档等;
(2) 文件柜和纸质文件须由专门保管人员进行管理,并由其负责纸质文件的借阅、使用和复制等处理活动记录的归档。

四、网络安全控制

1. 边界网络设置管理

(1) 边界网络出口设置管理。各级信息管理部门对边界网络出口进行登记,填写边界网络出口登记表(示例见附录5-8),详细描述与业务需求的匹配关系,并报总部信息管理部门审批;各级信息管理部门新增边界网络出口时,须填写边界网络出口申请表(示例见附录5-9),报总部信息管理部门审批同意后执行,并由各级信息管理部门更新。

(2) 防火墙配置管理。包括安全配置标准制定、初始配置设置、变更管理和定期审核。各项工作的具体管理程序为:

① 安全配置标准。总部信息管理部门负责编制企业防火墙的安全配置标准。

② 初始配置。各成员企业的网络管理员根据企业防火墙安全配置标准进行设置,安全配置标准中未规定的内容保持原有设置。

③ 定期审核。信息安全管理负责人在网络管理员协助下,定期(每三个月)审核防火墙配置是否符合安全配置标准,填写防火墙安全配置检查表(示例见附录5-10)并负责归档。

2. 网络监控与入侵检测

网络管理员对网络进行监控,每周检查防火墙日志,检查是否有非法入侵;并对监控软件和入侵检测系统发现的网络异常事件进行跟踪,对安全事件进行及时响应。

3. 远程登录管理

远程登录须通过安全可靠的方式(例如虚拟专用网VPN)进行。远程登录须通过系统登录验证机制实现。

1) 远程登录账号的申请和终止流程

(1) 用户填写远程登录账号申请表(示例见附录5-11),说明申请理由及登录时间期限,提交用户主管领导审批;
(2) 网络管理负责人审批远程登录账号申请表,确定用户权限;
(3) 网络管理员根据远程登录账号申请表进行网络设置,通知用户,并负责远程登录账号申请表的归档;
(4) 网络管理员须根据用户申请的期限,及时关闭到期的远程登录账号。

2)远程登录账号检查流程

(1)网络管理员每三个月将远程登录账号清单提交给相关网络管理负责人;

(2)网络管理负责人审核用户远程登录账号是否合理,以及是否存在无人使用的用户账号,将审核结果填写在远程登录权限检查表上,并签字确认;

(3)在网络管理负责人的监督下,网络管理员根据审查结果,关闭不合理和无人使用的远程登录用户账号,并签字确认;

(4)远程登录权限审查结果须抄报给本单位信息安全管理负责人,并由其负责归档。

五、第三方访问控制

1. 第三方服务合同的信息安全监督

与第三方供应商达成的合同或协议须明确说明企业的信息安全要求。如果合同或协议涉及其他方,授权第三方访问的协议须包含其他方的访问授权和访问条件。

合同执行部门须对第三方在合同执行过程中的安全行为按照合同的要求进行监督。

2. 第三方人员对应用系统访问的管理措施

(1)第三方人员需要访问企业应用系统时,须填写用户账号及权限管理表,说明账号使用的目的、时间和期限,并得到相关业务部门主管领导的批准;

(2)应用系统负责人审阅用户账号及权限管理表,确保其权限分配符合职责分离的要求,并签字确认;

(3)应用系统管理员负责在系统中创建用户账号,通知用户,并负责用户账号及权限管理表的归档;

(4)访问结束或访问期限到期,应用系统管理员须及时收回相应的访问权限。

3. 第三方人员对系统远程登录的规定

(1)第三方人员如需要远程登录企业内部网络,须事先提出申请,填写远程登录账号申请表,由相关负责人员审批;

(2)网络管理员根据审批的结果赋予用户账号;

(3)访问结束或期限已到时,网络管理员须及时收回相应的远程登录权限。

六、信息安全控制项目

企业信息安全控制方面的研究/建设项目主要有信息安全制度与标准完善、基础设施安全配置规范开发和应用系统安全合规性实施。

1. 信息安全制度与标准完善

(1)项目目标:完善信息安全制度与标准体系,满足国家对等级保护实施的要求,规范信息安全管理,保障信息安全工作顺利开展。

(2)项目范围:项目工作范围包括企业信息安全制度与标准的制定和完善、试点验证以及推广培训工作。信息安全制度与标准主要涵盖信息安全管理办法、信息安全管理规范及信息安全技术标准。

(3)主要任务:收集企业信息安全制度标准管理现状,分析企业制度与标准体系完善方面的需求;完善制度和标准体系,明确各个管理办法、管理规范和技术标准所要解决的问题和针对的风险;细化制度和标准体系中的各项控制要求,制定控制措施,并制定相应的管理办法、管理规范和技术标准;在试点单位开展制度与标准体系的试运行,根据试运行的情况进行完善;设计制度和标准体系的培训材料,开展、推广培训工作。

2. 基础设施安全配置规范开发

(1)项目目标:制定满足安全域和等级保护要求的信息技术基础设施安全配置规范,提高信息技术基础设施的安全防护能力。

(2)项目范围:制定各类网络服务和协议在各安全域内的使用限制和规定,以及网络服务安全配置规范;制定企业广泛应用的各类网络设备、网络安全设备、主机操作系统、数据库管理系统、应用服务器、中间件等主流软硬件基础设施的安全功能配置规范,至少涵盖系统功能、身份认证、访问控制、审计跟踪、远程维护等方面;明确企业各类主流软硬件基础设施的安全补丁要求。

(3)主要任务:收集涉及的信息技术基础设施与安全域的现状信息,制订测试环境建设策略;针对具体的网络服务协议和相应软件,设计其在不同的安全域内、承担不同功能角色、所属不同安全等级的安全配置规范和操作细则,并完成测试案例开发;在测试环境中完成配置测试工作,根据测试结果调整安全配置的设计;开展安全配置试点实施工作,进行安全配置的验证与改进;开展安全配置的培训与推广工作。

3. 应用系统安全合规性实施

(1)项目目标:提供专业水准的信息安全指导与服务,支持国家等级保护、企业内部控制等合规性要求的实施,使信息化建设与应用满足合规性要求。

(2)项目范围:符合信息系统等级保护、内部控制要求等的相关规范制、修订,重要系统安全等级确定,应用系统合规性开发和实施以及登记备案等工作。

(3)主要任务:修订等级划分方案,包括改进信息系统与网络的定级方法、流程,细化基本保护要求;确定企业统一推广的信息系统安全等级与保护要求;提出等级保护总体方案;实施重要的在建信息系统合规性控制措施,包括确定合规性需求、设计安全架构与信息安全控制措施、辅助相关项目组进行控制措施实施等工作;对在用信息系统辅助进行等级保护基本要求的确定及合规性评估,设计并实施改进方案。

第六节 信息安全技术体系

信息安全是一个非常复杂的综合领域。信息安全具有信息系统所具有的各种特性,同时也具有自身的独特性,包括相对性、动态性、潜在性、全生命周期特性、层次性、业务相关性、综合性等。因此,需要从信息系统安全的不同层次和角度去分析设计,从而形成企业完整有效的信息安全技术体系。

一、信息安全技术体系

完整的信息安全技术体系包括7个层次。

（1）物理环境层：机房环境安全，网络链路安全，机房访问安全等。

（2）操作系统层：病毒防御及升级管理，桌面系统补丁管理，客户端管理，服务器补丁管理等。

（3）网络层：网络扫描，接入控制，IP地址管理，边界安全控制，流量控制，带宽管理，传输加密，防火墙，VPN，入侵检测等。

（4）主机层：主机扫描，服务器群防火墙等。

（5）数据层：数据备份和恢复，数据加密存储，数据访问控制等。

（6）应用层：防止垃圾邮件、病毒邮件，局域网内多动态主机配置协议（DHCP）服务，身份管理与认证，应用系统访问控制，内容管理，用户管理等。

（7）策略制度层：即制度规范层次，包括管理制度、技术规范、安全策略管理和密码策略管理等。

二、信息安全技术基础设施

1. 全面的物理层安全设施

从物理环境角度讲，地震、水灾、火灾、雷击等环境事故，电源故障，人为操作失误，电磁干扰，线路截获等，是物理层安全需要考虑的主要因素。企业在物理层安全设计与实施中重点考虑环境安全、设备安全、线路安全3大要素。如重要机房都配备有UPS电源、精密空调、自动消防、电子门禁等设施；企业广域网信道普遍采用双运营商的双链路、双路由器、双核心交换机，避免网络层的单点故障。

2. 层次化的网络层安全设施

1）防火墙

防火墙是实现网络信息安全最基本的设施，采用包过滤或代理技术，有效监控内部网和外部网之间的任何活动，防止恶意或非法访问。从网络安全角度上讲，企业需要设置不同的网络安全域，在各安全域的网络边界，以及内网和因特网边界处部署防火墙，并实施相应的安全策略控制。另外，为了控制外部对关键服务器的授权访问，一般把对外公开服务器集中起来划分为一个专门的服务器子网，设置防火墙策略，实现对它们的安全访问。

2）入侵检测（IDS）系统

IDS是近年出现的新型网络安全技术，是网络安全技术体系的一个重要组成部分。通过从计算机网络系统中若干关键节点收集信息并加以分析，监控网络中是否有违反安全策略的行为或者是否存在入侵行为，提供安全审计、监视、攻击识别和反攻击等多项功能，并采取相应的行动，如记录攻击过程、跟踪攻击源、紧急告警、断开网络连接等。企业应该在信息网络中统一部署入侵检测（IDS）系统。

3）虚拟专用网（VPN）

VPN（Virtual Private Network）是一种基于公共数据网，向用户提供的一种类似于直接连接到企业内网的服务。为方便移动办公人员从外网登录企业内部网，企业需要部署统一的VPN系统。

4)网络监控系统

网络监控系统主要是对网络链路、网络设备、服务器、中间件、数据库和应用系统等进行自动化的集中监测和管理,自动进行事件关联和根源分析,目的是快速定位、诊断故障,有效协调、调度信息资源,缩短故障处理时间。企业要根据需要部署层次化的网络监控系统。

3. 统一的桌面管理系统

桌面管理系统是一个面向系统加固管理的解决方案。它可以在系统中的任何一个节点创建软件包,并完成软件包向目标机的分发、安装和管理,从而在公司范围内以一种集中一致的方式进行系统加固补丁的安装、配置、校验和卸载。企业要统一部署此类系统,实现补丁自动分发、资产管理以及应用系统部署等功能。

4. 统一完整的企业防病毒系统

企业应该采用集中监控、分级部署的方式,在总部和各成员企业部署层次化的防病毒系统,作为全公司统一的计算机病毒管理和监控平台,实现病毒事件的收集、分析、关联和管理,实现防病毒事件处理和报告管理、病毒事件报警管理。因为在网络环境下,病毒的传染范围无所不在,传染的速度顷刻之间,感染的后果令人生畏,所以防病毒这一日常维护工作突显其重要性、艰巨性和挑战性,企业防病毒系统要特别注重统一部署和统一更新,并确保消除死角。

三、信息安全技术项目

企业信息安全技术方面的建设项目主要有:身份管理与认证、网络安全域实施、桌面安全管理、系统灾难恢复、信息安全运行中心建设。

1. 身份管理与认证

(1)项目目标:建成集中身份管理与统一认证平台,实现关键和重要系统的用户身份认证,提高用户身份管理效率,保证系统访问的安全性。

(2)项目范围:设计、开发和实施企业信息系统用户身份管理与认证平台,建立系统配套的管理制度、服务团队。项目的实施范围包括:企业所有单位,在用和在建的重要信息系统。

(3)主要任务:调研企业信息系统的用户身份管理现状;建立基于公共密钥体系(PKI)的数字证书用户身份信任模型;建设统一的公共密钥体系基础设施,包括认证中心、证书登记中心、密钥管理中心等;建立身份管理与统一认证平台;制定与身份管理、统一认证服务相关的管理办法与实施细则;规划建设身份管理与统一认证中心,包括制定身份管理与统一认证服务的工作流程、设计身份管理与统一认证服务的岗位、职责等;推广身份管理与统一认证平台实施应用,实现与所服务的应用系统的集成。

2. 网络安全域实施

(1)项目目标:设计并实施企业网络安全域保护策略,构筑网络安全纵深防御体系,提供安全可信的网络环境。

(2)项目范围:覆盖企业计算机网络安全域的设计、划分、试点实施以及推广实施的全过程,另外包含网络安全防护相关的管理办法和实施细则的制定与完善。

(3)主要任务:收集网络结构现状、信息系统的网络需求;对企业计算机网络进行网络安全域划分,设计安全的网络结构以及相应的防护策略;完善与网络安全相关的管理办法与实施细则;设计网络安全改造方案;进行网络安全域试点改造,实现符合网络安全域划分的网络结构,包括调整网络拓扑结构、调整网络设备部署与配置等;调整信息系统的部署和安全配置;建立网络安全纵深防御体系,包括现有信息安全设施的配置调整、新增设施的采购与部署;进行安全域推广实施工作等。

3. 桌面安全管理

(1)项目目标:建立桌面安全管理系统和防病毒体系,实现桌面计算机管理和行为审计,提高桌面安全防护及应急响应能力。

(2)项目范围:面向企业全部桌面终端,提升系统自身安全防护能力,优化系统管理功能,构建防病毒技术体系和完善防病毒响应体系等。

(3)主要任务:进行桌面安全体系的优化提升,包括设备扫描、软件发放、桌面安全监控和文档保护等功能;设计、完善桌面安全与防病毒专业服务与响应流程,包括制定桌面安全管理流程、桌面安全事件响应流程,明确桌面安全与防病毒专业服务与响应的相关职责;完善与桌面安全管理、病毒防范相配套的管理制度与实施细则;对相关的岗位开展培训,培养桌面安全与防病毒方面的专业人员等。

4. 系统灾难恢复

(1)项目目标:设计和建设企业信息系统灾难备份中心,实现关键和重要信息系统及其数据的容灾备份与灾难恢复,保证数据的安全性、系统的可用性和业务的连续性。

(2)项目范围:涵盖设计关键与重要信息系统灾难恢复总体方案,制定灾难恢复计划及相关制度,建设相关的基础设施、系统和服务团队等。

(3)主要任务:针对关键与重要信息系统进行业务风险分析和业务影响分析;确定容灾备份级别及相关要求;制订灾难恢复策略,设计容灾备份与灾难恢复总体方案;制定与容灾备份、灾难恢复相关的管理办法与实施细则;建设容灾备份与灾难恢复中心基础设施,包括灾备中心选址,灾备中心基础设施建设,灾备中心基础设施管理、运行、维护相关的制度、流程和组织设计等;建设容灾备份与灾难恢复系统,包括建设集中容灾备份数据存储系统、软硬件及网络传输平台、重要应用系统灾难恢复系统,设计并建设容灾备份与灾难恢复系统管理、运行、维护相关的制度、流程和组织等。

5. 信息安全运行中心

(1)项目目标:建立企业信息安全运行中心,形成安全监控信息汇总枢纽和信息安全事件协调处理中心,提高信息安全事件预警和响应能力。

(2)项目范围:涵盖企业信息安全运行中心的设计、建设全过程,包括建立集中的信息安全运行中心,实现安全信息与事件管理系统与网络设备、安全设施、信息系统的集成等。实施范围包括企业所有单位。

(3)主要任务:调研现状,分析安全信息与事件管理需求;设计并建设信息安全运行中心,包括:建立安全信息与事件管理系统,设计安全运行中心运行维护流程和安全事件应急流程、管理办法与实施细则,建设信息安全运行中心技术团队等;实施信息安全运行中心试点工作;实现安全信息与事件管理系统与其他各信息系统、设备的集成;进行信息安全运行中心的应用推广等。

附录 5-1 用户账号及权限管理表示例

编号：_____ - _____ - AQ03 - 20__/__/__ - ___
　　　单位简称　　　部门简称　　　表单号　　　填表日期　　序号

申请人		申请部门/岗位	
联系方式		申请日期	
申请类别	□账号申请　　□权限变更　　□权限撤销		
申请的系统名称			
申请权限			
申请人主管领导审批意见	申请　□符合　□不符合　申请人的岗位职责需要 签　字：　　　　　　　　　　　　　　　　　　　年　月　日		
其他部门审批（如有需要）*	申请　□符合　□不符合　申请人的岗位职责需要 签　字：　　　　　　　　　　　　　　　　　　　年　月　日		
分配/变更的权限	用户 ID： 权限分配/变更描述：		
系统负责人		审批日期	年　月　日
实施人		实施日期	年　月　日

注：①"申请权限"由申请人填写所需的权限或能够进行的操作等。
　　②"分配/变更的权限"中，实施人应填写分配给申请人的用户 ID，并对所分配的权限进行描述，如对文件或程序的查询、更改、删除等操作权限。

附录 5-2　口令重置申请表示例

编号：_____ - _____ - AQ05 - 20 / / - ____
　　　　单位简称　　　　　　部门简称　　　　　　表单号　　　填表日期　　　序号

申请人姓名		申请日期	
申请人部门/岗位		联系电话	
口令重置原因及原账号			
系统管理员确认	在____工作日内为申请人重新设置临时密口令。 　　签　字：　　　　　　　　　　　　　　　　　　　　　年　月　日		

附录 5-3　职责分离矩阵示例

编号：_____ - _____ - AQ01 - 20 / / - ____
　　　　单位简称　　　　　　部门简称　　　　　　表单号　　　填表日期　　　序号

检查部门	
检查内容/结果	应用系统管理员与操作系统管理员是否分离 是□　否□_____ 应用系统管理员与数据库系统管理员是否分离 是□　否□_____ 业务系统使用人员与系统管理人员是否分离 是□　否□_____ 信息系统管理活动的操作者与授权者是否分离 是□　否□_____ 系统程序开发人员与系统使用人员是否分离 是□　否□_____ 系统程序开发人员与系统管理人员是否分离 是□　否□_____ 项目立项与项目审批是否分离 是□　否□_____ 项目实施与项目验收是否分离 是□　否□_____ 注：① 如有不适用的情况不用选是或否，只需在横线上填写"不适用"。 　　② 如果选择否，则在横线上填写情况说明。
改进计划	
确认	信息安全管理负责人签字：　　　　　　　　　　　　　　　　　年　月　日

附录 5-4　应用系统权限检查表示例

编号：_____-_____-AQ06-20__/__/__-___
　　　　单位简称　　　　部门简称　　　　表单号　　填表日期　　序号

检查部门		检查人	
被查部门			
检查对象	应用系统名称： 服务器/设备名：　　　　　　IP 地址：		
检查内容	1. 审核用户 ID 的使用人。 2. 检查用户 ID 所属群组及角色分配的合理性。		
检查结果及结论	管理用户权限设置是否符合互斥岗位角色分离原则： □ 是 □ 否　附：不符合名单（描述包括用户 ID、现有权限及不符合情况）： 　　　　1. _____ 　　　　2. _____ 　　　　3. _____ 　　　　…… 用户权限设置是否符合互斥岗位角色分离原则： □ 是 □ 否　附：不符合名单（描述包括用户 ID、现有权限及不符合情况）： 　　　　1. _____ 　　　　2. _____ 　　　　3. _____ 　　　　…… （检查结果可附件）		
确认	是否需要修改现有权限设置　□ 是　□ 否 应用系统负责人签字：　　　　　　　　　　　　　　　年　月　日		
需要修改系统中现有权限设置时填写			
系统管理员修改确认	签　字：　　　　　　　　　　　　　　　　　　　　　年　月　日		

附录 5-5 操作系统安全配置检查表示例

编号：_____ - _____ - AQ09 - 20 ___/___/___ - ___
单位简称　　　部门简称　　　　表单号　　　填表日期　　　　序号

服务器名：　　　　　　　　　　　　IP 地址：

序号	安全配置要求	执行情况	备注
1	安装最新的操作系统补丁程序		
2	所有在生产环境中运行的 Windows 服务器不能安装成多操作系统		
3	禁用或删除不是应用必须的默认账号，及时清除不再使用的用户账号		在管理工具—计算机管理—本地用户和组下
4	系统如不需要 OS/2 和 POSIX 子系统，就应删除。可以从 HKEY_LOCAL_MACHINE\SYSTEM\CurrentControlSet\Control\SessionManager\Subsystems\Optional 注册表键中删除 OS2 和 POSIX 注册表值，然后删除 %systemroot%\system32 中的相关文件（os2*、posix* 和 psx*）		在"运行"中键入 regedit，进入注册表编辑器
5	把共享文件的权限从"everyone"组改成"Authenticated Users"		
6	删除系统所有的不必要的文件共享，限制用户对共享文件的访问权限		
7	使用 NTFS 文件系统		
8	关闭不必要的服务。除非应用需要，否则 Windows 服务器上应关闭以下服务： • ClipBook Server • Remote Registry • Messenger • Spooler(unless print spooling is needed.) • Routing and Remote Access		在"运行"中键入 services.msc

续表

服务器名:		IP 地址:		
序号	安全配置要求	执行情况		备注
9	如无必要不要安装和使用以下附加程序： • Internet Information Server（IIS）FTP Publishing Service、IIS Admin Service、Network News Transport Protocol（NNTP）、Simple Mail Transport Protocol（SMTP）以及 World Wide Web Publishing Service • SQL DBMS Server • Microsoft Net Meeting/ILS Server • Microsoft Transaction Server(MTS) • Microsoft Front Page Extensions for IIS • SNMP service • Terminal Services			
10	开启审核策略。 开启以下审核策略： • 审核策略更改　　成功＋失败 • 审核登录事件　　成功＋失败 • 审核对象访问　　失败 • 审核目录服务访问　失败 • 审核特权使用　　失败 • 审核账户管理　　成功＋失败 • 审核系统事件　　成功＋失败 • 审核账户管理　　成功＋失败			管理工具—本地安全策略—安全设置—本地策略—审核策略
11	开启账户锁定策略。 策略的设置如下： • 复位账户锁定计数器30 分钟 • 账户锁定时间30 分钟 • 账户锁定阈值5 次			管理工具—本地安全策略—安全设置—账户策略—账户锁定策略
12	开启密码策略。 策略的设置如下： • 设置密码长度最小值为6 位 • 设置密码最短使用期限为30 天 • 设置密码最长使用期限为180 天 • 设置强制密码历史最少为5 个 • 设置密码必须符合复杂性要求（包含大小写字母、数字、特殊符号）			管理工具—本地安全策略—安全设置—账户策略—密码策略

续表

服务器名:		IP 地址:		
序号	安全配置要求		执行情况	备注
13	配置用户权利指派。 • 备份文件和目录——建议用管理员账号和 Backup Operators 组,删除 administrators 组及其他组 • 管理审核和安全日志——建议用管理员账号,删除 administrators 组及其他组 • 关闭系统——建议用管理员账号,删除 administrators 组及其他组 • 还原文件和目录——建议用管理员账号,删除 administrators 组及其他组 • 管理审核和安全日志——管理员账号 • 配置单一进程——管理员账号 • 取得文件或对象的所有权——管理员账号 • 从远端系统强制关机——无 • 装载卸载设备驱动程序——管理员账号 • 磁盘配额——管理员账号			管理工具—本地安全策略—安全设置—本地策略—用户权利指派
14	如果不需要就应关闭系统的默认共享。 方法一:通过修改注册表来关闭系统的默认共享: • 关闭 c＄/d＄……/admin＄一类的缺省共享 HKEY_LOCAL_MACHINE\SYSTEM\CurrentControlSet\ 　　Services\LanmanServer\Parameters 项下添加键值"AutoShareServer",类型为"REG_DWORD",值为"0"。 • 关闭 ipc＄ HKEY_LOCAL_MACHINE\SYSTEM\CurrentControlSet\Control\LSA 的 RestrictAnonymous 项设置为"1",这样就可以有效地禁止空用户的连接了。 方法二: 如果服务器不做文件共享及打印共享服务,可以直接关闭 server 服务			
15	确保 Windows 服务器时间与本地时间符合,或与网络时间服务器时间同步,禁止未经授权改变服务器时间			
检查人:				年　月　日
审核人:				年　月　日

附录5-6 数据直接访问申请表示例

编号：_____ - _____ - AQ12-20___/___/___-___
单位简称　　　　　部门简称　　　　　表单号　　　填表日期　　　序号

申请人		申请部门		申请日期	
系统名称					
数据直接访问需求					
申请人主管领导审批	申请 □符合 □不符合 申请人的岗位职责需要 签　字：　　　　　　　　　　　　　　　　　　　　　　　　　　　年　月　日				
其他部门审批（如有需要）	申请 □符合 □不符合 申请人的岗位职责需要 部　门：　　　　　　　　　　　　签　字：　　　　　　年　月　日				
操作说明	操作步骤： 操作对象： 操作结果：				
执行人	签　字：　　　　　　　　　　　　　　　　　　　　　　　　　　　　年　月　日				

注：① "数据需求"由申请人填写需要查询的相关数据。
　　② "操作说明"由执行人填写，如使用的语句或脚本、查询的数据库等操作。

附录 5-7 机房出入登记表示例

编号：_____ - _____ - AQ14 - 20 __ / __ / __ - ___
　　　单位简称　　　　　部门简称　　　　　表单号　　　填表日期　　　序号

姓名	单位	进入机房事由	进入机房授权人员签字	日期/时间（进入）	日期/时间（离开）

附录 5-8 边界网络出口登记表示例

编号：_____ - _____ - AQ16 - 20 __ / __ / __ - ___
　　　单位简称　　　　　部门简称　　　　　表单号　　　填表日期　　　序号

序号	业务需求	IP 地址	所属单位	连接对象	提供服务内容	填写人确认签字

附录 5-9　边界网络出口申请表示例

编号：_____ - _____ - AQ15-20 _/_/_ -___
　　　单位简称　　　部门简称　　　表单号　　　填表日期　　　序号

申请部门		所属单位		申请日期	
申请原因 （业务需求）	（本栏可附件）					
连接对象					
提供服务内容					
信息管理部审批	申请　□符合　□不符合　申请单位业务需要 　　签　字：　　　　　　　　　　　　　　　　　　　　年　月　日				

附录 5-10　防火墙安全配置检查表示例

编号：_____ - _____ - AQ17-20 _/_/_ -___
　　　单位简称　　　部门简称　　　表单号　　　填表日期　　　序号

设备名：		IP 地址：	
序号	安全配置要求	执行情况	备注
1	防火墙的设置中至少包括以下这些内容： • 数据包的源地址——计算机系统的三层网络地址（网络上产生的计算机数据包的第三层网络地址，如 IP 地址）或网络数据包来源（如 IP 地址 192.168.1.1） • 数据包的目的地址——计算机系统的三层网络地址或网络数据包的目的地（如 IP 地址 192.168.1.2） • 数据包协议类型——源系统和目的系统之间的通信交流所使用的特定的网络协议，通常是二层的以太网协议或三层的 IP 协议		

续表

设备名：		IP 地址：		
序号	安全配置要求		执行情况	备注
2	阻挡未经授权的源系统的数据流访问防火墙系统（特例是 SMTP 25 号端口上可未经授权的源系统数据包访问防火墙本身）			
3	阻挡所有来自外部网络的包含了 ICMP（互联网控制消息协议）的网络数据包			
4	阻挡来自外部网络仿冒内部地址的数据流。（需要防火墙支持相应功能）			
5	阻挡所有来自未经授权的网络且包含了 SNMP（简单网络管理协议）的网络数据包			
6	阻挡所有在目的地址或源地址中包含了 127.0.0.1（localhost）的网络数据包			
7	阻挡所有在目的地址或源地址中包含了 0.0.0.0（localhost）的网络数据包			
8	阻挡所有目的地址或源地址中包含了广播地址的网络数据包。（如果与现有应用不冲突）			
9	阻挡数据包里包含了 IP 源地址中路由信息的网络数据包			
10	使用软件防火墙时，必须对防火墙所基于的操作系统进行安全设置，防止由于操作系统平台的漏洞，导致防火墙安全防护的失效			
11	定期由专人负责察看防火墙日志文件及告警信息，并进行分析处理			
检查人：				年　月　日
审核人：				年　月　日

附录 5-11 远程登录账号申请表示例

编号：_____ - _____ - AQ18-20 / / -___
　　　　单位简称　　　　部门简称　　　　表单号　　填表日期　序号

申请人姓名		申请日期	
申请人部门/岗位		联系电话	
登录时间/期限			
申请原因			
申请人主管领导审批	申请人岗位职责描述		
	申请 □符合 □不符合 申请人的业务需要　　　签　字：　　　　　　　　　　　　　　　　年　月　日		
授予申请人的远程登录权限	用户ID： 权限分配描述： 权限有效期：		
网络管理负责人	申请 □符合 □不符合 申请人的业务需要　　　签　字：　　　　　　　　　　　　　　　　年　月　日		
网络管理员		实施日期	年　月　日

第六章 信息系统运行维护体系建设

在信息系统生命周期中,系统建设的时间和成本只占相对小的一部分,而运行阶段占了整个时间和成本的主要成分,足见信息系统运行维护的重要性,可以说信息系统是"三分建设、七分运维(指运行维护)"。当前,大多数企业信息技术基础设施基本建成,办公管理系统、经营管理系统和生产运行管理系统陆续完成实施并投入应用。企业信息化工作从以信息系统建设为主逐步进入信息系统建设和运行维护并重的新阶段。

在这个新阶段,企业信息系统运行维护工作面临着新的形势和任务。企业需要从服务并支撑业务运营发展出发,树立新的运行维护理念,建立包括组织、制度、流程、技术支撑、绩效考核的信息系统运行维护体系,全面提高运行维护服务的质量和水平,保障系统高效、稳定、安全运行和对用户应用的优质服务。

第一节 运行维护概述

一、系统运行维护的发展趋势

1. 运行维护需求多样化

随着集中统一的企业级信息系统建设和应用,网络和应用系统的地域覆盖范围往往遍及所在省市甚至全国,系统的功能覆盖范围扩展到企业的所有主营业务和企业各个层次的方方面面,管理好、运行好、应用好这些网络和系统不再只是单纯的单项技术服务,而是包括业务流程、业务运营相关系统的全天候、全方位的运行维护支持和服务。

2. 运行维护对象复杂化

从技术角度看,现在的信息基础设施建设和应用系统技术越来越复杂,设备种类和数量越来越多,用户范围和数量越来越大,系统服务水平要求越来越高,问题和风险越来越突出,远远不是一个信息技术部门、几个人就能从容应对的事情。从管理角度看,系统复杂多变,系统各供货厂商沟通协调、各类业务用户应用服务都存在复杂性,运行维护已经上升为复杂的服务管理,而远非纯技术那么简单。

3. 运行维护模式集中化

企业信息系统数据和应用的高度集中,在带来集成共享巨大优势的同时,也使信息系统的风险高度集中。与此相适应,运行维护工作正逐渐从分布式的个人支持转向集中式、专业化的团队支持。企业迫切需要建立集中统一的运行维护服务模式,实现信息化资产集中管理,实现信息基础设施、应用系统、桌面服务和信息安全等全面监控和统一运行维护服务。

4. 运行维护队伍专业化

由于上述的三种趋势,使得几个技术能人的单打独斗或某单项技术团队的运行维护服务已经不能保障集中统一信息系统的稳定运行,企业急需建立专业化的运行维护技术队伍,包括信息技术基础设施技术团队、桌面维护专业技术团队、各主要应用系统维护技术团队等。要在信息系统建设过程中着力培养锻炼企业自己的专业运行维护队伍,充分利用产品和服务供应商的专业化技术支持和服务,并根据企业实际妥善运用专业化运行维护外包机制,使运行维护工作尽快走向科学化、规范化和专业化。

5. 运行维护工作流程化

近几年,实施流程化管理成为国际著名的IT基础架构库(ITIL)运行维护管理解决方案的重要成功实践。ITIL是管理科学在信息系统运行维护中的应用,它从复杂的IT管理活动中梳理出各行业、组织所共同的最佳实践(如事件管理、问题管理、变更管理、配置管理、服务水平管理、可用性管理等),然后将这些流程规范化、标准化;明确定义各个流程的目标、范围、职责、成本、效益、实施过程、主要活动、主要角色、关键成功因素、绩效评价指标以及与其他流程的相互关系等。学习最佳实践、切合企业实际的流程化运行维护,将确保运行维护服务为业务运作提供更好的支持。

6. 运行维护手段系统化

当前信息系统运行维护的复杂度和时效性已经远远超过了人类自身的自然监测和控制能力。解决这些问题,不但要靠人,还要靠制度、靠流程,更要充分利用系统化、智能化的运行维护技术保障体系,通过技术来体现人的意志、固化运行维护流程,监控、管理各种运行维护对象,就是说要用信息系统管理信息系统运行维护。信息化先进企业大都应用先进的技术工具,搭建了统一高效的信息系统运行维护管理平台,实现了信息系统的集中管理与监控,包括:机房环境管理、网络管理、安全管理、系统管理、存储备份管理、应用系统管理和客户端管理,提供了服务台、服务流程、知识库管理等系统支持能力。

7. 资金预算科学化

当网络和信息系统成为企业的电子神经系统和日常运营的基础平台以后,系统运行维护就上升到企业业务运营管理和保障的高度。而现实国内企业原来比较普遍存在的"重建设、轻运行维护"的问题更加突出,大部分单位都面临运行维护费用预算方面的难题,普遍存在费用无法单独列支或经费不足的情况,存在相关制度的缺失现象。运行维护费用是运行维护服务管理体系持续运行的资金保障,这个保障不落实,运行维护体系和系统运行都将难以保障。国内外信息系统运行维护的最佳实践和成功经验是运行维护费用管理科学化、标准化,即清晰定义运行维护目标和运行维护费用的构成要素,规范运行维护费用预算的口径和标准,并将其与信息化建设费用、日常办公经费相区分。运行维护费用通常有两种计算方式:第一种是比例系数法,即将维护对象的资产值乘以一个系数,此法比较适用于硬件维护费用,好处是容易计算,不足是过于粗放,对应用系统的维护费用难以准确计算。第二种是工作量法,按运行维护工作量计算费用,好处是比较精细化,但要求管理成熟度较高。

二、系统运行维护新理念

1. 从技术支持向服务业务转变

在企业信息化发展的第二阶段,确保企业信息系统的安全稳定运行已关系到企业业务的运营和发展,运行维护工作需要正确定位,转变理念。做好运行维护工作,保证各个信息系统安全、稳定、高效运行,为用户提供良好的应用服务,及时解决出现的问题,是企业各项业务正常开展的重要保障,也是信息化效益的重要体现。系统运行维护不是单纯的技术问题,而是管理问题,要努力实现技术思维到管理思维的转变;系统运行维护是为企业业务提供高质量的保障服务,不是传统意义上的纯技术性工作,要努力实现运行维护管理到服务管理的转变。

2. 加强主动检修防护

运行维护不能再沿用被动防守的策略和做法,弄得维护人员天天提心吊胆,疲于奔命,工作辛辛苦苦,系统却频出问题,用户意见不少。要未雨绸缪,精心计划,利用节假日或系统应用的空闲时间,对系统进行主动的离线检查和维修,排除隐患,定期开展应急预案演练,备好配件,保证系统在线的稳定运行。

3. 消除设备单点故障

信息系统的稳定运行首先要依靠系统自身的强健和稳定,仅靠人是无法保证的,要在技术和管理上采取一切可能的措施保证系统的低故障率和高可用性。信息系统硬、软件和运行环境的设计、实施都要避免单点故障。首先系统要采用可靠性高、扩展性好、技术先进的架构和部署方案。其次系统要及时进行必要的完善、升级、扩容。同时,要大力改善和提升机房、场地、网络等基础设施的运行和安全技术措施。

4. 提供一站式服务

运行维护不但要实现运行维护模式的集中统一,而且要实现服务接口的统一,设置统一服务电话和电子邮箱,配备相关岗位、人员和流程,实行"一站式服务",并对服务全过程进行跟踪,向用户提供"端到端的服务"。为此,要持续强化运行维护管理体系;在系统建设阶段就注意确定运行维护责任,实现建设与应用的衔接;构建并不断完善三级运行维护体系,实现运行维护的上下配合;整合运行维护资源,实现应用维护与系统维护的分工协作;开展运行维护巡检,实现静态与动态相结合的全面的系统运行状态监控。

5. 上门巡访重要用户

对企业信息系统的重要和关键用户,如企业的各级领导和关键业务岗位人员,要坚持主动上门巡访服务,解决他们的问题,了解他们的需求,倾听他们的意见。要上门向他们提供个性化的应用系统和计算机使用培训和演示,树立信息技术服务部门的良好团队形象,促进机关和业务部门的信息化应用水平。

三、系统运行维护的目标原则

1. 运行维护管理目标

运行维护管理的目标是:树立"面向业务服务"和"变事后处理为主动预防"的运行维护管理理念,有效整合企业各类信息技术和服务资源,建立并完善持续、高效的服务体系和机制,大力推进"服务集中化,管理流程化,队伍专业化",确保系统 7×24 小时稳定、高效、安全运行,支持企业业务运营与发展。

要实现这个目标,企业要建立一套适应自身业务和管理成熟度的,融合组织、制度、流程、人员、技术的运行维护体系,健全组织机构,完善规章制度,优化工作流程,加强技术支撑,规范绩效考核。要实行集中统一的运行维护管理模式,由分散服务向集中服务转变;建立规范标准的运行维护工作流程,由职能管理向流程管理转变;应用先进、实用的运行维护工具,由被动救急式运行维护向主动防护式运行维护转变;建立统一高效灵敏的运行维护系统平台,由零散无序服务向系统有序服务转变;建立科学适用的绩效考核指标,由粗放管理向精细管理转变。

2. 运行维护管理原则

为确保信息系统稳定、安全、高效运行,企业在运行维护过程中坚持以下原则:

(1)统一性原则。在企业信息管理部门的领导下,建立统一的运行维护体系,制定统一的运行维护流程和考核规范。

(2)可靠性原则。以信息系统 7×24 小时不间断运行为目标,协调部署运行维护资源,强化系统自身抗风险能力,加强系统自动监控和人工巡检,加强突发事件风险评估,制定完备实用的应急预案。

(3)便捷性原则。明确各运行维护环节的职责,制定规范的工作流程,提供"一站式"服务;运行维护支持人员统一着装,挂牌服务;适当延长运行维护支持时间,确保为用户提供便捷、实用、满意的服务支持。

(4)高效性原则。对用户提出的问题及时受理并反馈,提高响应速度。研究新问题,学习新技术,对所维护的信息系统定期进行巡访、回访,提高用户的使用能力和防范意识。不断完善运行维护支持的考核评估机制,确保运行维护支持工作的高效运行。

(5)经济性原则。建立合理的运行维护体系,提高人力资源的利用率和系统的运行效率,降低运行维护成本。

四、系统运行维护体系架构

初级阶段传统的、被动的、零散的、救急式运行维护支持和服务对网络、设备、系统、用户等的管理和服务是分散的、不关联的,没有实现数据、信息和知识库的共享,没有实现规范化和流程化,是粗粒度、低效率的,这种服务模式和手段将越来越难以适应企业信息化的发展要求。企业迫切需要借鉴业界先进经验,综合考虑组织、人员、制度、流程、技术和考核等方面的因素,建立满足企业信息化发展要求的运行维护综合服务体系,简称运行维护体系。

完整的运行维护体系逻辑架构如图 6-1 所示,包括组织体系、制度体系、流程体系、技术支撑体系和绩效考核体系 5 个部分,环环相扣,共成一体,全面提升运行维护工作的科学化、规

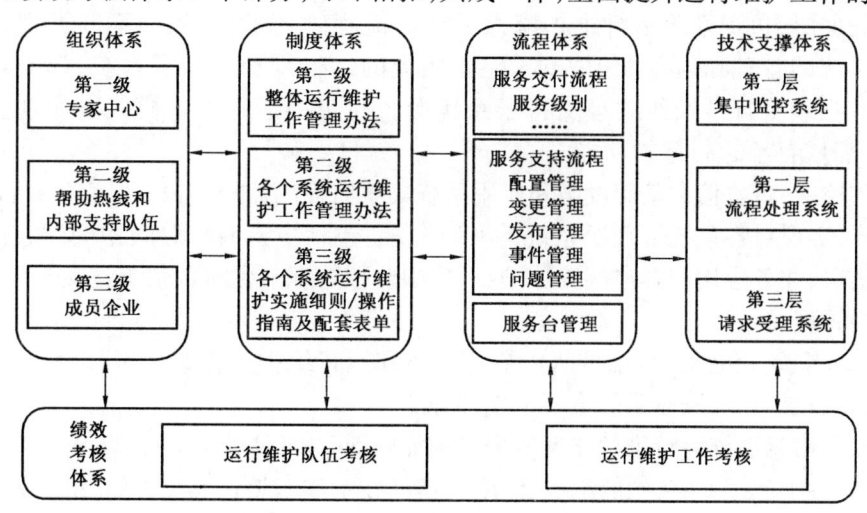

图 6-1 企业信息系统运行维护体系逻辑架构

范化、专业化水平,为企业运营和发展提供满意的服务。

(1) 运行维护组织体系。建设三级运行维护体系:一级由专家中心负责,二级由帮助热线和内部支持队伍负责,三级由各成员企业负责。

(2) 运行维护制度体系。由"企业整体运行维护工作管理办法"、"各个系统运行维护管理办法"、"各个系统运行维护实施细则或操作指南及其配套表单"三个层次组成。

(3) 运行维护流程体系。覆盖运行维护工作的全过程和各方面,包括系统管理、网络管理、系统开发管理等管理活动和变更管理、资产管理、问题管理等诸多流程。ITIL 把运行维护活动归纳为服务台管理、服务支持与服务交付三个方面。服务支持有 5 个核心流程:配置管理、变更管理、发布管理、事件管理和问题管理。服务交付有 5 个核心流程:服务级别管理、财务管理、可持续性管理、容量管理和可用性管理。

(4) 技术支撑体系。是系统运行维护管理的重要实现手段,是具体落实制度体系和流程体系的技术支撑平台。健全技术设施和运行维护工具,杜绝系统单点故障,加快建设自动化、智能化的运行维护技术支撑体系,加强系统例行维护和应急措施,保证系统 7×24 小时安全稳定高效运行,保障业务应用连续性。

从功能角度看,技术支撑体系主要包括:运行维护服务门户、帮助热线/呼叫中心软硬件及管理系统,桌面系统运行维护支撑系统/技术措施,基础设施运行维护支撑系统/技术措施,应用系统运行维护支撑系统/技术措施。这些技术支撑子系统/技术措施及其整合集成,构成企业统一完整的系统运行维护支撑体系,支撑企业信息系统运行维护工作的专业化、流程化和自动化。

从流程角度看,技术支撑体系包括 3 个层次:请求受理层、流程处理层和集中监控层。

请求受理层,面向系统用户的系统服务请求响应窗口和面向运行维护人员的体系运行管理窗口,包括信息展示、服务台等子系统,提供对用户的运行维护请求界面与对服务人员的运行维护受理处理界面,在请求受理界面上实现集中运行维护的统一管理功能、信息展示功能和交互功能。

流程处理层,负责系统运行维护流程运行的流程管理平台,根据不同类型信息基础设施和应用系统的管理和运行维护需求,建立相应的运行维护支撑子系统,建立各系统知识库、配置库、报表及日常操作共享支持子系统等。在集中运行维护模式下实现流程执行和管理控制,完成各项运行维护功能。

集中监控层,负责信息基础设施和应用系统集中监控的监控平台,即信息系统的管理信息系统(SMS),实现对各系统管理子系统的实时监控,包括主机、数据库、中间件、存储备份、网络、安全、机房、业务应用和客户端等,并通过集中监控管理平台对各系统管理子系统进行综合处理和集中管理。

(5) 绩效考核。包括运行维护队伍绩效考核和运行维护工作绩效考核两个方面,并构成企业整体信息化工作考核体系的重要组成部分。

××集团信息系统运行维护体系架构实例如图 6-2 所示。

关于图 6-1 和图 6-2 中的组织、制度、流程、技术和考核这五个方面,组织体系将在第八章中展开讨论;技术支撑体系,因较多涉及信息化建设项目和具体技术问题,本书不再进一步讨论;其余的制度、流程和考核等在本章以后逐节展开阐述。

第六章 信息系统运行维护体系建设

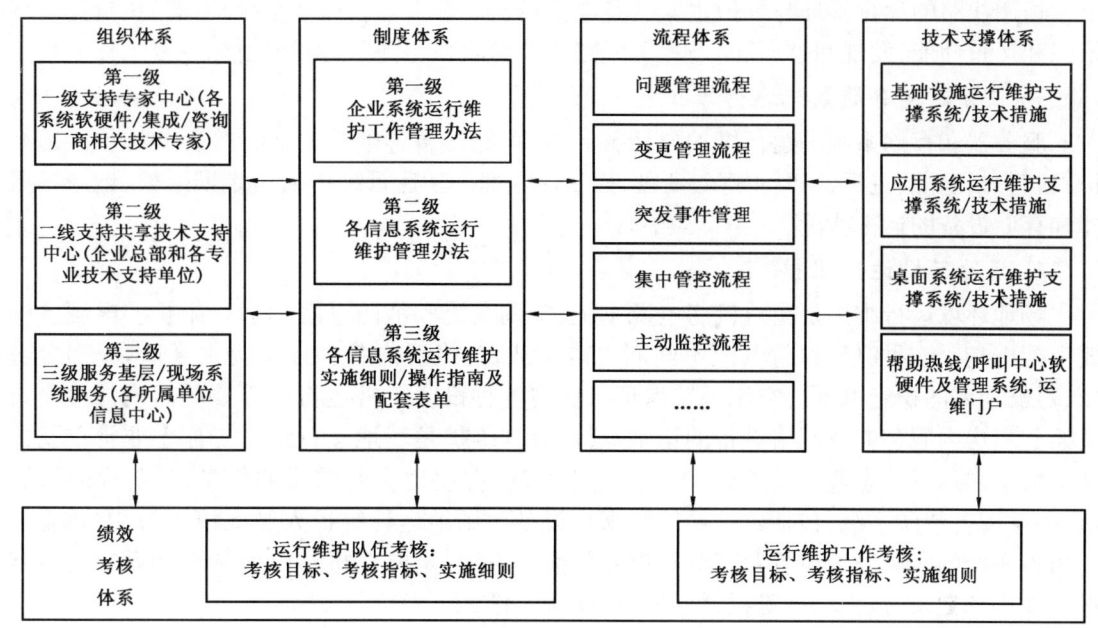

图6-2 运行维护体系架构实例

第二节 运行维护的基本任务

运行维护的基本任务包括：基础设施运行维护、系统软件运行维护、办公管理系统运行维护、生产管理系统运行维护、经营管理系统运行维护和桌面平台运行维护等。

一、基础设施运行维护

基础设施是指包括通信线路、交换机、路由器等网络设施以及服务器、存储、备份等计算机硬件设备。这些技术设施作为信息系统运行的基础，需要保持不间断的良好运行状态。要增强运行维护人员的主动预防主动服务意识，充分利用节假日对工作影响最小的时机，主动进行系统检查和维修。在充分考虑安全、环保以及节能等因素的前提下，确保信息系统基础设施的正常运行。

1. 网络设备运行维护

网络设备包括：电信信道接入/接出设备、负载均衡设备、防火墙设备、核心交换机和代理服务器设备、入侵检测设备、路由器设备、VPN设备、各层交换机设备、配线架、网络机柜和各楼层交换机等。这些设备的管理维护要做到"日常维护要勤，发现问题要准，处理问题要快，更改配置要细，更改前要备份，更改后要存档"。在维护网络设备和更改配置时填写"网络设备维护登记表"、"网络设备配置更改登记表"，并存档。示例见附录6-1、附录6-2。

2. 网络线路（信道）运行维护

线路（信道）是指室外网络线路，包括从中国网通、中国电信、中国铁通等电信运营商租用的线路，以及企业自建线路。

租用线路的运行管理与维护主要由各电信运营商负责。企业运行维护部门负责监测线路状态和运行性能,发现问题,及时与相关线路运营商联系,并配合做好抢修、恢复工作。

3. 服务器和存储系统运行维护

服务器和存储系统的运行维护包括服务器、存储设备等硬件的运行管理与维护。运行维护内容包括电源、主板、CPU、内存、硬盘、控制器等部件。运行维护人员定期巡检,记录各服务器和存储设备的运行状况。

4. 场地环境运行维护

场地环境运行维护是指对机房电源系统、空调系统和消防系统的运行维护。电源系统主要由配电柜、包括 UPS 和蓄电池不间断电源组成,为机房内各种设备提供合适频率、合适电压、足够功率的稳定电源。空调系统保证机房内各种设备正常运行所需要的温度、湿度,直接关系到机房内服务器及网络设备的正常运行,对其维护是场地运行维护工作中非常重要的一环。机房内运行着企业运营所需的各种应用系统,存储着企业重要的信息,是防火的重要场所,必须配备消防系统,包括监控系统和灭火设备。场地运行维护人员在值班时,要熟悉设备和监控系统的实际安装位置及其维护保养与使用方法,定时对机房电源和空调系统运行状况进行巡查和记录,认真填写班报,做好值班交接工作。

二、系统软件运行维护

系统软件的运行维护包括操作系统、数据库和备份的运行维护。

1. 操作系统运行维护

操作系统运行维护是指服务器端操作系统的运行维护。运行维护的内容主要包括操作系统补丁管理,操作系统的日常文件系统、日志、网络接口、磁盘 I/O 等监控管理,操作系统优化和系统故障排查等。运行维护人员填写操作系统检查记录表和操作系统配置变更表等表格并存档。

2. 数据库运行维护

数据库运行维护是指对服务器端数据库的运行维护。运行维护的主要内容包括数据库备份、恢复,数据库表空间管理、文件管理、容量管理、补丁管理、参数调整、数据库健康检查、性能优化、故障排查等。运行维护人员填写数据库检查记录表和数据库配置变更表等表格并存档。

3. 备份管理

备份软件是系统运行维护不可缺少的重要工具,用于操作系统备份、重要文件系统备份、数据库备份等。备份软件管理包括对备份作业进行监控和检查,对产生的故障进行排查,并定期针对已进行的备份进行恢复测试。运行维护人员填写备份记录表和备份恢复测试记录表等表格并存档。示例见附录 6-3、附录 6-4。

三、办公管理系统运行维护

办公管理系统包括电子邮件、信息门户及视频会议等系统。办公管理系统运行维护要加强主动预防性检修维护,增强运行维护人员的主动服务意识,增加对系统的定期巡访和用户回访,确保这些应用系统成为企业及员工安全、高效的日常工作平台。

1. 电子邮件系统

电子邮件系统作为企业内部及对外传输电子文件的基本应用系统,在企业的生产、经营、管理活动中发挥着重要作用。做好本系统的运行维护工作,就是要确保电子邮件系统高速、安全、可靠地运行。

电子邮件系统的运行维护包括:配置 DNS 域名服务器;制定电子邮件系统服务器、客户端、邮件内容等安全策略和账号管理等制度,如命名、口令、开户/注销等规定,保障邮件客户端安全;严格执行相关权限审批制度。

电子邮件系统的运行维护可设置为中心站点、区域站点和成员企业账号管理员三级管理架构。中心站点负责监控、维护整个电子邮件系统,保障系统的正常运行。区域站点在中心站点的支持下,负责本区域站点的运行维护工作。成员企业账号管理员按照电子邮件系统服务工作流程,为本单位电子邮件用户提供服务。

2. 信息门户

信息门户运行维护是对企业外部网站和企业内部信息门户的管理和运行维护。工作内容包括:企业对外网站和内部信息门户系统的日常运行维护,制定信息门户管理办法,外部信息、公共信息的收集和更新,协助有关部门配合企业重大活动制作相关专题;栏目信息内容更新;管理门户网站的安全与备份;监测门户网站系统工作状况,编写网站工作月报等。

3. 视频会议系统

视频会议系统已经普遍得到企业高层领导的重视和使用,但由于系统涉及领导层次高,覆盖面宽,传输环节多,技术复杂,实时性强,质量要求高。一方面要注意备份主要线路和关键设备,从技术和设备上确保视频会议的正常运行;另一方面要保障运行维护技术力量,加强系统运行维护支持的技术培训,提高运行维护能力。要尽快摆脱会间意外故障概率高、承办人员和支持人员高度紧张、疲于奔命的被动局面。

视频会议系统运行维护工作包括:会场终端设备、网络信道和信道带宽检查等日常维护;根据会议通知建立会议模板,按时进行呼叫;会前系统调试,会间系统音响、灯光、镜头设置,会后信息收集、文档资料整理;统计汇总视频会议系统使用情况;编制视频会议系统运行周报和年度运行情况报告。

4. 病毒防护系统

病毒防护的范围包括企业全部的计算机网络、服务器、台式计算机、笔记本电脑等。

病毒防护工作包括:制定并完善计算机病毒应急响应及处理机制,示例见附录 6-5;设置防病毒服务器,安装防病毒软件,并建立防病毒网站,为用户提供防病毒工具和补丁软件下载服务;负责大规模计算机病毒爆发时的应急处理;负责每季度对防病毒系统进行一次巡检,同时完成防病毒总结报告。防病毒总结报告示例见附录 6-6。

四、业务应用系统运行维护

业务应用系统包括各生产运行管理系统、以 ERP 为核心的经营管理系统、和辅助决策管理信息系统。

业务应用系统运行维护除了要求运行维护人员具备必要的信息系统相关技术能力外,还需要具备相关的业务知识。具体工作内容包括:维护业务应用系统运行环境,向一线或现场用户提供操作指导;处理用户支持请求,并将解决方案及时反馈给用户,对自身不能解决的问题向上级或外部供应商寻求支持;向用户提供有关业务流程和系统操作方面的持续培训;根据业务部门的审批定义用户对系统的操作权限;协调解决网络、硬件及与业务应用系统相关的问题;沟通协调系统内各级运行维护支持;收集、筛选和协调业务需求,通过完善性维护扩大系统功能,提升系统能力;做好日常备份及系统安全各项工作等。

五、桌面平台运行维护

桌面设备维护是指对个人办公电脑设备及打印机、扫描仪等外围设备的定期检测和维护,目标是保证用户端桌面设备及软件的正常运行。在维护过程中,主要针对桌面设备和桌面软件进行预防性维护和恢复性维护。

桌面软件维护是指对微机操作系统、日常办公软件、防病毒客户端、应用系统客户端的维护,包括软件备份、操作系统整理、桌面软件补丁升级、病毒防护等。

第三节 运行维护制度体系

一、运行维护体系架构

信息系统运行维护制度体系包含在图6-1和图6-2所示的运行维护体系整体架构之中。运行维护制度体系由三个层次的制度组成,第一级是企业信息系统运行维护工作管理办法,涵盖企业信息系统运行维护管理全过程,是指导运行维护工作的纲领,包括运行维护组织、年度运行维护计划编制、日常运行维护、事件处理、系统升级、运行维护考核等部分。

第二级是各系统运行维护管理办法。根据各重要基础设施、各办公管理系统、生产管理系统和经营管理系统运行维护工作的实际情况、管理及服务需要,分别制定各系统具体的运行维护管理细则,其主要内容包括:明确该信息系统的管理部门及职责,规定该信息系统运行维护单位的工作任务,规定信息录入及使用要求,明确相关的考核与奖惩事项等。

第三级是各系统运行维护操作指南及其配套表单。在第二级管理办法的基础上,按照精细化管理需要,对系统某些方面的运行维护工作的具体实施过程与操作程序所做出的细化准则或指南,并根据需要制定配套的表单,用于记录、备案人、物、行为等信息和统计需要的各种基础信息。

上述运行维护制度第一级实际上是一个管理办法,第二级是单一系统运行维护管理细则的集合,第三级是与第二级对应配套的系统运行维护相关表单的集合。系统运行维护第二级和第三级制度的数量和内容即使在整个信息化工作管理制度中也占有最大的比重。

这里需要指出,运行维护制度第二级和第三级是否分立完全取决于具体系统运行维护工作的实际需要,对于多数不是特别复杂的信息系统,常可将其运行维护办法、细则和配套表单合并为一个管理办法,即不再有第二级和第三级之分。本书下面也不再对第三级制度进行举例和叙述。

二、运行维护工作管理办法实例

企业信息系统运行维护工作管理办法的目标是规范信息系统的运行维护和管理工作,保证系统长期稳定、高效运行。办法所指信息系统包括办公管理系统、生产管理系统、经营管理信息系统和信息技术基础设施。办法适用于企业总部及各成员企业;各成员企业可参照该办法制定相应的实施细则。

企业系统运行维护工作的关键流程如图6-3所示,包括:年度运行维护计划编制、日常运行维护、事件处理、系统升级、运行维护考核五个子流程,运行维护考核将在本章最后叙述。

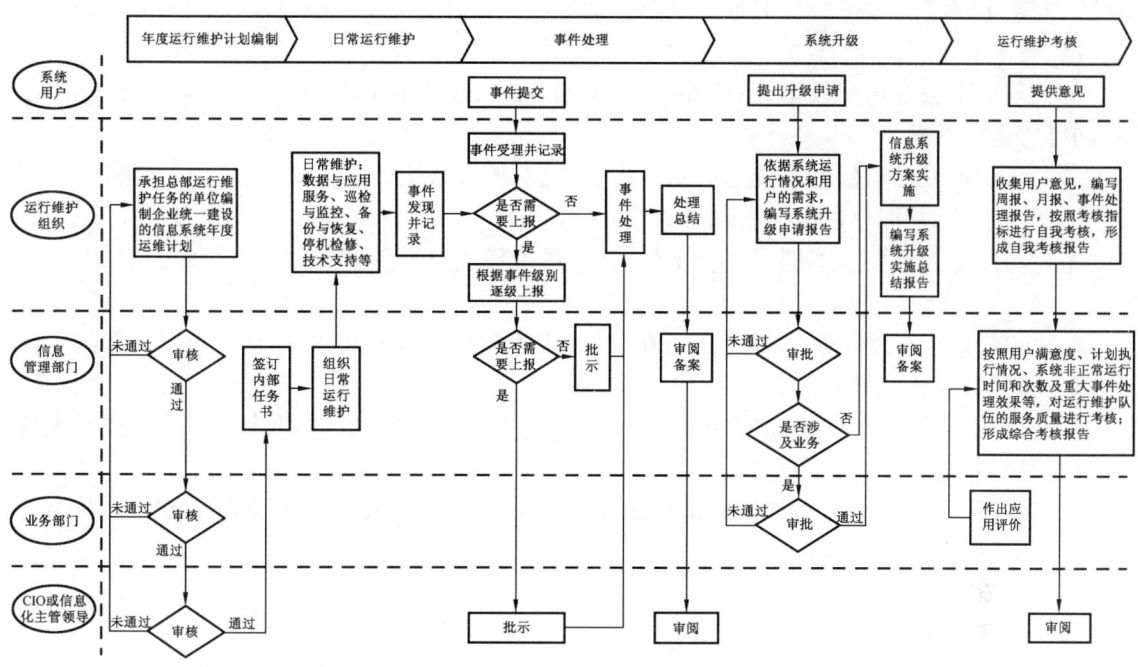

图 6-3　企业信息系统运行维护工作关键流程

1. 运行维护组织及其职责

信息管理部门是信息系统运行维护的主管部门,负责会同相关业务部门审定系统运行维护计划,下达运行维护任务,监督日常运行维护工作,组织运行维护工作考核。

运行维护队伍包括总部运行维护队伍、区域网络中心和各成员企业运行维护队伍。

总部运行维护队伍由信息技术服务中心及其他承担信息技术总体规划项目建设的技术支持单位人员构成,负责企业统一建设的信息系统运行维护工作,为区域网络中心、各成员企业的运行维护队伍提供技术指导和支持。

区域网络中心运行维护队伍由所在单位的信息中心人员组成,负责承担本区域内相关应用系统和基础设施运行维护工作,为区域内各企事业单位提供技术支持服务。

各成员企业运行维护队伍负责本单位信息系统的运行维护工作。不具备维护条件的,可将本单位信息系统运行维护委托所在区域网络中心负责。

2. 年度运行维护计划编制

总部运行维护队伍负责编制企业统一建设的信息系统年度运行维护计划。内容包括运行维护目标、内容、人员、进度计划、经费预算、运行维护考核指标等。

由信息管理部门和相关业务部门审核企业统一建设的信息系统年度运行维护计划,报主管领导批准后,由信息管理部门与内部支持队伍签订内部任务书,经费由财务部门下达。

各成员企业运行维护队伍参照总部信息系统年度运行维护计划,编制本单位信息系统年度运行维护计划,运行维护的费用进成员企业年度预算。

3. 日常系统运行维护

信息系统运行维护工作坚持"变事后处理为主动预防"的理念,树立主动服务意识,保证系统7×24小时稳定运行。日常维护工作包括数据与应用服务、巡检与监控、备份与恢复、停机检修、技术支持等。

数据与应用服务包括数据库、应用系统、操作系统、用户管理、系统安全、服务器、存储设备、网络等运行维护。

巡检与监控人员对信息系统运行状况进行监控,检查系统日志,填写巡检记录,报告、处理发生的异常事件,并汇总逐级上报信息管理部门。

备份与恢复人员按方案进行系统备份,并在系统环境发生重大变化时,对系统和数据进行恢复。

停机检修由运行维护队伍制定详细方案,报信息管理部门审批,经信息系统应用部门确认后,按方案进行停机检修。

各级运行维护队伍负责解决系统运行和用户应用过程中遇到的各种问题,提供技术支持并及时反馈用户。

法定节假日前,各级运行维护队伍在信息门户上发布值班人员名单及联系方式。节假日结束前,提前监测系统运行情况。

4. 事件处理

事件处理分为日常事件处理和突发事件处理两类。

日常事件包括:用户在应用信息系统过程中提交的问题,维护人员监测、检查发现的事件,系统自动报警产生的事件。日常事件处理包括记录、处理、反馈和报告四个环节。

突发事件包括:系统非正常停机、广域网中断、机房停电、非法入侵、病毒大规模爆发、自然灾害等导致信息系统不能正常运行,影响用户应用的事件。

突发事件按影响范围和严重程度分为三级。一级为影响全局的突发事件,二级为影响局部或一个系统的突发事件,三级为影响个别用户的突发事件。发生一、二级突发事件应逐级上报信息管理部门。

突发事件处理包括编制突发事件处理预案、演练、处理突发事件、事件评估四个环节。

突发事件处理预案包括突发事件处理流程和模拟演练方案,运行维护队伍负责制订预案,完成后上报信息管理部门审批。

各成员企业定期按照模拟演练方案进行演练,并完善应急预案和模拟演练方案。

发生突发事件,现场人员应遵循预案进行处理,同时根据突发事件的级别,逐级上报上一级信息管理部门,信息管理部门根据情况上报主管领导。

突发事件处理结束后应编写突发事件处理总结报告,逐级上报上一级信息管理部门,信息管理部门根据情况进行事件评估,并将评估结果上报主管领导。

5. 系统升级

系统升级是指基础设施、操作系统、数据库及应用系统的版本更新、补丁安装和配置修改等活动。

依据系统运行情况和用户的需求,运行维护队伍负责编写系统升级申请报告。申请报告的内容包括系统当前存在的问题与分析,升级的目的、内容、范围,升级的必要性和可行性,升级方案及实施计划,经费预算等。升级申请报告上报信息管理部门及相关系统应用部门审批。

运行维护队伍负责信息系统升级方案实施,系统升级前应将系统、数据做完全备份,测试和试运行完全正常后,转入正式运行。

运行维护队伍负责编写系统升级实施总结报告并上报信息管理部门。

三、系统运行维护管理细则实例

随着每一个信息系统试点工作的结束,应用推广不断展开,做好系统的运行维护工作,持续推进系统应用变得尤为重要。在系统进入全面推广的中、后期,制定并印发该系统的应用与运行管理细则,对于保证系统长期稳定运行,持续为业务管理提供支持起着至关重要的作用。

下面以××集团《HSE系统管理细则》为例,简要说明具体信息系统管理细则的主要内容。除了在总则和附则中应明确制定本系统运行管理细则的目的、适用范围、解释部门及生效日期之外,细则包括以下四个主要部分。

1. 明确信息系统的管理部门及职责

《HSE系统管理细则》明确规定安全环保部门是系统应用的归口管理部门,负责推进业务应用及组织系统应用情况的年度考核;信息管理部门是系统建设与运行维护的归口管理部门,负责审核系统建设及运行维护计划,监督并考核日常运行维护工作。各企业的安全环保部门分级承担相关职责和任务,安全环保部门负责确定用户权限,监督用户使用情况,确保数据及时、准确、完整,负责本单位应用考核;信息部门承担现场技术支持工作,按照业务部门要求,创建或变更用户,解决相关问题。运行维护中心作为HSE信息系统的技术支持单位,具体负责系统日常运行维护工作,发现、解决问题,定期向集团公司安全环保部门、信息管理部门汇报系统应用及运行状况,制定系统升级计划等。

2. 规定信息系统运行维护单位的工作任务

系统运行维护单位的主要的任务是做好系统的运行维护工作,保证HSE信息系统7×24小时稳定运行,保障系统安全等。

HSE信息系统运行维护的具体工作包括:服务器、存储设备、数据库和应用系统的安装维护、故障处理、病毒防护、系统备份、性能优化和软硬件升级;用户管理、基础数据维护,系统功能扩展,疑难问题解答,用户培训、用户回访和现场服务等工作。

此外,还要规定如何应对突发事件,事件的分级标准,应急预案的制定,应急演练等内容。

3. 规定信息录入及使用要求

详细规定系统内各类业务数据填报的原则、时间要求、数据质量要求,成为各级健康、安全、环保人员日常工作中使用HSE信息系统的指导,各级业务管理人员需按照这些规定,及时录入数据,定期查阅相关信息,掌握本单位使用情况,及时掌握HSE业务管理动态,使HSE信息系统真正成为HSE业务管理的统一平台。

4. 明确相关的考核与奖惩事项

考核分为两部分。安全环保部门按月对各企业的系统应用情况进行考核,年度考核参照各月度考核结果,并作为年度安全环保先进企业评选的重要内容。对运行维护单位的考核由安全环保部门、信息管理部门共同组织。考核内容包括:用户满意度、运行维护计划执行情况、HSE信息系统非正常运行时间和次数、突发事件处理情况等内容。HSE系统管理细则示例见附录6-7。

第四节 运行维护流程体系

运行维护流程的建立和不断完善是运行维护工作的重要内容和保障。本节以××集团的运行维护的某些主要流程为例进行叙述，包括问题管理流程、变更管理流程、突发事件管理流程、集中管控数据维护流程和主动监控流程。

一、问题管理流程

问题管理流程旨在解决信息系统运行过程中用户提出或系统发生的问题，尽快恢复被中断或受到影响的信息系统。

1. 问题管理流程

问题管理流程如图6-4所示，其主要过程为：首先，帮助热线受理最终用户提交的问题，进行问题的分类和判断，如果问题能解决，则直接将解决方案反馈给用户；否则将问题上传，向二级共享支持中心寻求支持。二级共享支持中心接到帮助热线转来的请求后，判断问题是否能解决，如果能解决，则将解决方案通过帮助热线反馈给最终用户；否则进一步将问题传递到一级专家中心。一级专家中心评估二级共享支持中心提报的问题，判断该问题是否为重大问题。如果不属于重大问题，指导二级共享支持中心制定解决方案，如果需要可以协调外部厂商提供解决方案；并通过帮助热线向用户提供解决方案。如果属于重大问题，则需要向信息管理部门汇报，并根据信息管理部门的指导意见，组织协调各方力量和资源，制定解决方案。

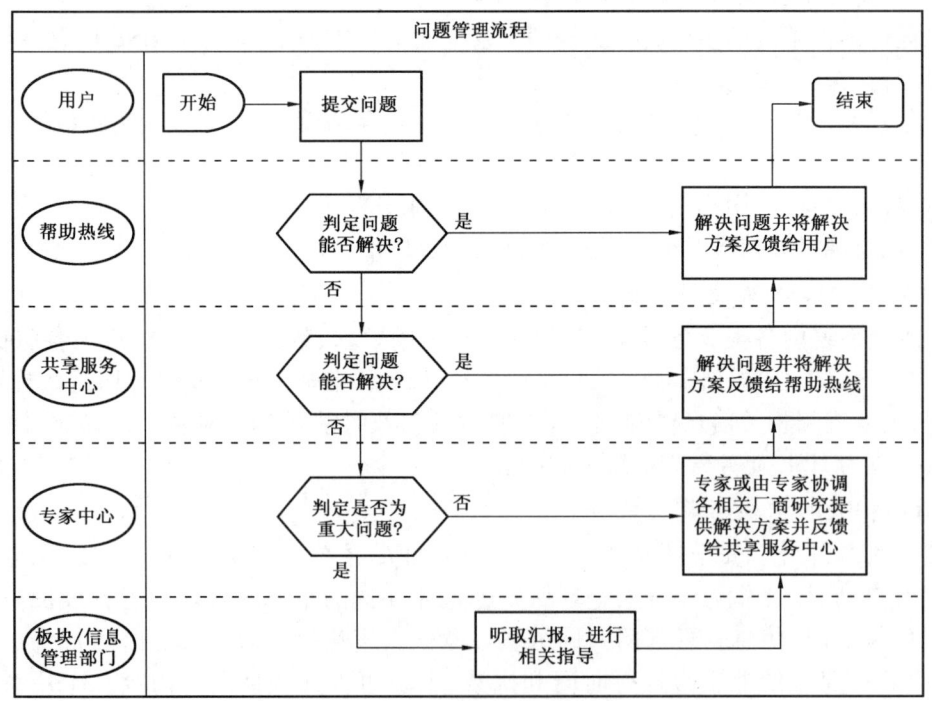

图6-4 问题管理流程

问题的提报、上传主要通过问题跟踪软件实现,也可以通过电子邮件、传真或电话等适当渠道解决用户问题。

2. 问题分级

按照问题对系统的影响程度,可将其分为高、中、低三个级别:

(1)高级别问题:影响到大多数用户工作,如系统崩溃、网络瘫痪和全局性安全问题;或者虽然只影响到部分用户,但是严重影响业务部门进行业务处理的问题。

(2)中级别问题:影响到部分用户工作,如库存管理系统发生故障影响到物资管理部门的工作,或发生在部分用户的系统非法入侵和病毒攻击等。

(3)低级别问题:影响到个别用户工作,如用户办公计算机硬软件故障和办公软件安装等。

3. 问题的报告和解决

帮助热线、共享支持中心和专家中心负责将信息系统每周的运行维护支持工作情况向信息管理部门报告,并说明未解决问题的状态和原因,对不同级别的各种问题做好记录,对解决方案和报告进行存档。

问题上报的时间和汇报方式根据问题重要程度的不同而有所不同。对于高级别的问题,在问题确认的第一时间,组织最强力量处理问题,由相关负责人以最快速度报告主管部门领导,并随时向主管部门领导汇报解决问题的进展情况;问题解决后要形成书面报告,同时抄报相关部门及负责人。对于中级别的问题,在问题级别确认后,相关支持人员及时向本部门负责人报告情况,部门负责人及时向相关部门和受影响单位领导报告问题的解决情况,并形成书面解决报告同时抄报相关部门及负责人。低级别问题,相关支持人员按问题处理流程进行处理,同时负责问题的每周汇总,通过支持工作周报和"问题分类汇总周报表",向主管领导提供各个级别问题的处理情况周工作报告。

二、变更管理流程

变更管理流程就是对变更的申请、审批、实施的管理流程,采用标准的方法和步骤,管理和控制所有对信息系统有影响的变更。通过变更管理流程,可以管理和引导用户变更需求,减少或消除由于变更不当或实施准备不充分等原因产生对信息系统的影响,维护系统的完整性。

变更管理流程包括如下步骤:

1. 变更申请的提出

变更申请人提出变更申请,对变更的内容、原因和影响进行详细描述,并由该系统最高运行维护负责单位指派专人为变更管理负责人,审查变更申请,并完善其内容。

2. 变更申请的分类、评估和审批

变更管理负责人对变更存在的风险进行初步评估,提出可能与业务关联而产生的影响,供决策参考,并对变更分类提出初步判断,如果是紧急变更,则按照紧急变更子流程执行;如果是一般变更,则制定变更计划,并准备实施。

变更负责人从技术、成本、服务、资源等方面评估变更影响。要考虑实施变更需要的信息技术、业务和其他资源,包括可能的成本、需要的人员、需要的时间以及其他新的基础设施,以及变更实施后需要增加的日常工作资源等。此外,变更评估需考虑该变更与已计划变更的关系,避免变更之间的冲突,合并类似变更,降低变更成本,综合平衡不同变更间彼此的影响。

3. 变更的实施

变更负责人负责制定变更计划,协调相关资源,完成实施准备工作;组织人员按计划在测试系统中实施变更,对变更内容进行测试;在变更测试完成后,再由用户对变更测试进行确认。要对变更过程实施实时监控,并在必要时进行协调,直至达到预期目的。

4. 变更后评估

变更实施后,变更负责人应组织对变更实施的结果和影响进行评估,审查变更是否达到目的,用户对变更是否满意。由变更负责人向变更申请人员反馈变更结果。

三、突发事件处理流程

只有建立完善的突发事件应急预案和事件处理制度与流程,才能保证对突发事件进行及时有效的控制和处理。

1. 突发事件报告、分类和评估

帮助热线人员在获知突发事件后,立即向运行维护值班经理汇报;值班经理判断突发事件类型,若是系统及设备故障,立刻通知共享支持中心和专家中心的技术人员解决。相关技术人员在接到通知后,立即前往故障现场,提取系统故障记录与相关的提示信息,以了解故障原因;若是外界不可抗拒的事件,要及时通知运行维护团队负责人。

2. 突发事件上报

如技术人员在特定时间内未能将信息系统恢复,则由值班经理通知运行维护团队负责人,并联系相关外部供应商立即到现场解决问题。

3. 突发事件处理

启动应急预案,在上级应急组织统一指挥协调下,本级应急组织全力配合,完成突发事件的处理。突发事件发生现场单位的应急组织要保持紧张、有序、高效的应急工作状态;应急及抢修遵循先上级、后下级,先重点、后一般的原则;应急通信系统保持良好状态,实行24小时值班;所有相关人员应坚守工作岗位待命;主动与上级有关部门联系,及时通报有关情况。

4. 突发事件通报

运行维护团队负责人评估突发事件的影响面,并将该事件的原因、状态以及事态进展通知相关各方。

5. 突发事件后果评估

突发事件解决之后,运行维护团队负责人组织对该突发事件进行分析,总结应对突发事件的经验,提高以后此类突发事件的应对处理能力。

四、集中管控数据维护流程

在系统的日常应用中,经常需要新增相关主数据,主数据的申请创建和维护工作由集中管控数据维护流程进行管理。

集中管控数据维护流程如图 6-5 所示。

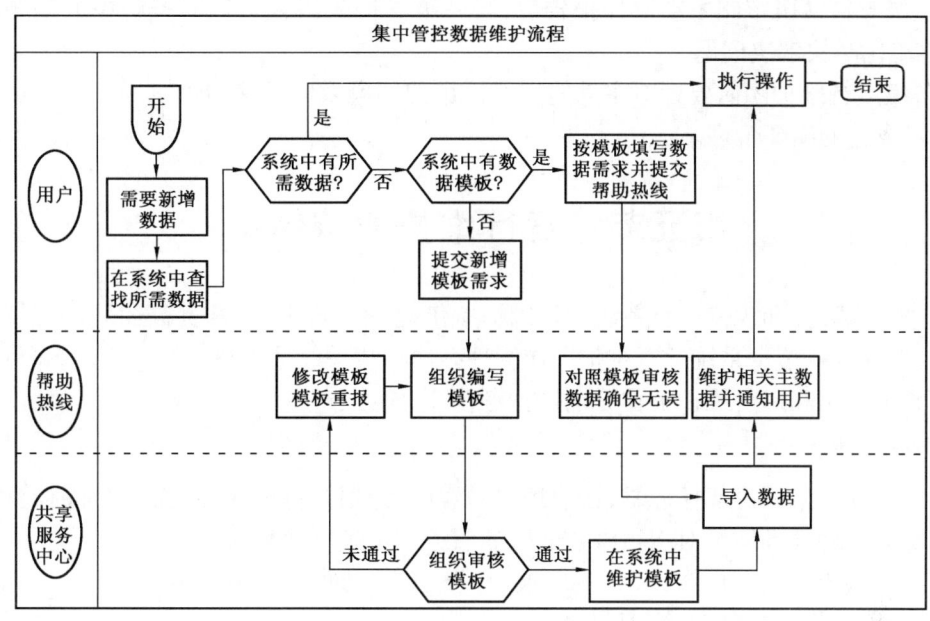

图6-5 集中管控数据维护流程

1. 填报新增数据需求

用户在业务操作中发现有新增数据需求,在系统中查询所需数据不存在的话,进一步检查是否有模板,帮助热线可为用户提供模板查询渠道和手段。若已有模板,则按模板填写数据新增需求,经由帮助热线审核无误后,上报给共享支持中心。

2. 新增数据模板

如果没有数据模板,帮助热线根据用户提交的需求,组织人员编写数据模板,并上报给共享支持中心审核。若审核没通过,共享支持中心通知帮助热线对模板进行修改并重新提交;若通过,则在系统中维护模板,并导入用户新增数据。

3. 导入新增数据

共享服务中心审核帮助热线提交的用户新增数据需求,无误后进行数据导入工作;完成后,通知帮助热线维护相关主数据。帮助热线维护完成,及时通知相关用户,以便用户进行业务操作。

为了保证响应时间尽量短,数据管控负责人在上报数据时对数据的准确性进行认真检查,避免数据的往复传递,耽误数据提供时间。

五、主动监控流程

主动监控流程是指支持人员对系统运行情况进行定期的监控,以便及时发现问题,减少突发事件发生,有效降低系统风险。

主动监控流程主要包括:

(1)一级支持人员定期(如每周)监控系统的运行情况,并向上级支持队伍填报主动监控报告。

(2) 上级支持队伍审阅主动监控报告后,与一级支持队伍人员针对报告中的问题进行沟通,督促该单位尽快解决问题。

(3) 各级运行维护团队要针对主动监控所提出的问题及时反应,加以改进,并形成从发现问题到完成改进的闭环管理。

第五节　运行维护考核体系

为了进一步加强和规范信息系统运行维护队伍建设与管理,不断提高团队的支持能力与服务质量,根据企业信息系统运行维护工作管理办法和相关绩效考核办法的规定,每年对信息系统运行维护队伍和运行维护工作分别进行考核。

一、考核工作思路

信息管理部门根据内部任务书,按照用户满意度、计划执行情况、系统非正常运行时间、故障次数及重大事件处理结果对运行维护队伍的服务质量进行考核。

运行维护队伍收集用户意见,编写周报、月报、事件处理报告,按照考核指标进行自我考核,形成自我考核报告,报信息管理部门。

信息管理部门每年组织1~2次用户满意度测评;对照考核指标,对运行维护队伍进行综合考核,形成综合考核报告。

由运行维护队伍自我考核和信息管理部门综合考核加权得出业绩考核结果,报信息主管领导。信息管理部门根据考核结果,完善下一年度运行维护计划。

二、服务队伍考核

企业信息管理部门负责运行维护服务队伍绩效考核的组织管理,各运行维护服务单位负责相关评价材料的准备,并指定专人负责评价材料的组织、上报等各项工作。

运行维护服务队伍绩效考核的主要内容包括:人员配备到岗率、胜任度、知识转移、重视度、服务合同完成率、工作质量、满意度、特别控制指标等。

运行维护服务队伍绩效考核每年至少进行一次,并按年度正式公布各系统服务队伍考核结果排队情况。考核结果作为服务队伍工作检查、评奖表彰、优化提升队伍能力和水平的重要参考依据。

三、运行维护工作考核

企业信息管理部门负责运行维护工作绩效考核的组织管理,各运行维护单位负责相关评价材料的准备工作,并指定专人负责评价材料的组织、上报等各项工作。

运行维护工作绩效考核的主要内容包括:服务级别协议情况、服务级别承诺的兑现情况、系统平均无故障情况、重大事件处理效果、客户满意度等,详见第九章。

每年对各信息系统运行维护工作进行一次绩效考核,考核结果按综合得分排队并正式公布。考核结果作为信息系统运行维护工作检查、评奖表彰、优化提升服务能力和水平的重要参考依据。

附录6–1　网络设备维护登记表示例

设备巡检记录表

编号：_____ - _____ - YW01 - ___/___/___ - ___

| 单位简称 | 部门简称 | 表单号 | 填表日期 | 序号 |

检查日期	检查对象（可加附件）	检查结果	处理措施	检查人

注：① 表中各栏均应填写；
② 检查对象列表应包括检查范围内所有设备的名称和编号；
③ 设备的检查内容包括设备电源、风扇、指示灯、报警信息、机房温度及湿度等；
④ 检查人应手工签名。

附录6-2 网络设备配置更改登记表示例

网络设备配置更改登记表

编号:_____-_____-BG02-__/__/__-___
　　　单位简称　　　部门简称　　　表单号　　　填表日期　　　序号

变更申请(变更申请部门填写)	
变更名称	
申请人	申请部门
变更类型	□ 应用系统　□ 系统环境
变更原因及内容描述: 变更时间: （本栏可为附件）	
申请人主管领导审批: 变更申请　□ 符合　□ 不符合业务需求	签字:　　　　　　　　　年 月 日

变更受理(应用系统负责人/信息技术部门负责人)		
业务需求符合性	□ 符合　□ 不符合	
变更优先级	□ 高　□ 中　□ 低	
变更测试	□ 需要测试　□ 不需要测试	签字:　　　　　年 月 日

注:① 应用系统变更受理审批由应用系统负责人审批签字;
　　② 系统环境变更受理审批由信息技术部门负责人审批签字。

附录6-3 备份记录表示例

备份记录表

编号:_____ - _____ - YW09 - __/__/__ - ___
　　　　单位简称　　　　部门简称　　　　表单号　　　填表日期　　　序号

日期	时间	备份作业编号	备份数据	状态	操作人

注:① 表中各栏应全部填写;
　　② 操作人应手工签名。

附录 6-4 备份恢复测试记录表示例

备份恢复测试记录表

编号：_____ - _____ - YW10 - __/__/__ - ___
　　　　单位简称　　　　　部门简称　　　　　表单号　　　　填表日期　　　　序号

以下内容由备份恢复测试申请部门填写	
备份恢复测试名称	
申请部门	申请人
应用系统负责人审批	签　字：　　　　　　　　　　　　　　　　　年　月　日

以下内容由备份恢复测试实施部门组织填写	
备份恢复测试步骤	
备份恢复测试结果	
实施人签字	签　字：　　　　　　　　　　　　　　　　　年　月　日
应用系统负责人审批	签　字：　　　　　　　　　　　　　　　　　年　月　日

注：① 表中各栏应全部填写；
　　② "备份恢复测试步骤"应详细描述，如有必要，可以附件方式补充说明；
　　③ 签字处应是手工签名。

附录6-5 计算机病毒应急响应及处理机制示例

以下内容由帮助热线支持人员填写			
问题提交人		提交日期	
所属部门/岗位		联系电话	
问题类型		问题重要程度	□高 □中 □低
问题描述			
帮助热线支持人员签字：			年 月 日

以下内容由问题解决人员填写			
问题解决人员		联系电话	
问题原因			
解决方法			
解决时间			
问题解决人员确认	签 字：		年 月 日
帮助热线支持人员确认	签 字：		年 月 日

附录 6-6 防病毒总结报告示例

防病毒总结报告

编号：_____ - _____ - YW14 - ___/___/___ - ___
 单位简称　　　　部门简称　　　　表单号　　　填表日期　　序号

序号	问题类型	问题重要程度	问题总量	已解决问题数量	未解决问题数量
		汇总期间：年 月 — 年 月			
		□高　□中　□低			
		□高　□中　□低			
		□高　□中　□低			
		□高　□中　□低			
		□高　□中　□低			
小计					
问题分析	帮助热线支持人员签字：　　　　　　　　　　　　　　年　月　日					
部门主管意见	签　字：　　　　　　　　　　　　　　　　　　　　　年　月　日					

附录 6-7 HSE 系统管理细则示例

×××公司 HSE 系统管理细则

第一章 总 则

第一条 为了规范×××公司健康安全环保（以下简称 HSE）信息系统管理，促进公司 HSE 管理水平的提高，结合公司实际，制定本办法。

第二条 HSE 信息系统是公司统一的 HSE 业务管理平台，是公司 HSE 管理体系的重要组成部分。通过信息传递与共享，优化 HSE 业务流程，夯实 HSE 管理基础，强化决策支持。

第三条 本办法适用于公司总部及所属各地区公司（以下简称各分公司）HSE 信息系统应用和运行维护。

第二章 管理部门及职责

第四条 公司安全环保部是 HSE 信息系统应用的归口管理部门，负责制修订 HSE 信息系统应用管理文件，确定各业务模块的具体内容，对 HSE 信息跟踪检查、数据分析和业务技术支持，对各分公司 HSE 信息系统应用情况进行年度考核。

第五条 公司信息管理部是 HSE 信息系统建设和运行维护的归口管理部门，负责审核 HSE 信息系统建设和运行维护的计划及实施方案，监督考核 HSE 信息系统运行维护技术支持队伍（以下简称支持队伍）的日常维护工作。

第六条 各分公司 HSE 业务部门是本单位 HSE 信息系统应用的归口管理部门，负责确定本公司各级用户的职责与权限，按照业务管理要求监督检查各级用户的使用情况，保证 HSE 信息系统中的数据及时、准确和完整，进行数据分析，负责所属单位 HSE 信息系统应用的考核。

第七条 各分公司信息管理部门负责本单位 HSE 信息系统运行维护与现场支持工作，根据 HSE 业务管理部门的要求，创建用户或变更权限，负责解决用户在计算机和网络方面的问题。

第八条 支持队伍由公司安全环保部和公司信息管理部共同确定，是 HSE 信息系统的信息技术支持单位，具体负责 HSE 信息系统的日常运行维护工作，包括运行维护计划的起草和实施，解决系统运行中出现的各类问题。负责监督检查各分公司 HSE 信息系统的运行使用情况。

第三章 信息录入及使用要求

第九条 各分公司 HSE 业务相关部门和基层单位，负责各自相关信息的录入。

第十条 日常工作信息，如检查结果、隐患识别和监测数据，应在 5 个工作日内完成录入；基础类信息，如人员和设备，应在 10 个工作日内完成录入；公司统一要求的报表类信息，如安全事故管理报表、环境保护报表和职业卫生档案信息，应在所要求的截止日期内完成。

第十一条 安全监督管理信息的数据录入,应在工作完成、数据变更或事件发生后的规定时间内完成。在 5 个工作日内完成录入的数据有:"三违"记录,危害因素识别与评价结果,作业程序变更,安全检查结果,不符合项报告/隐患整改通知单,安全隐患及其治理情况;在 10 个工作日内完成录入的数据有:年度安全目标,员工安全档案和安全管理人员信息的变更,危险源、特种设备、安技消防设备和危险品等基础信息的变更,安全教育、培训和宣传,应急演练,第三方信息,建设项目安全评价,在役装置的安全评价;按国家和公司相关要求,及时录入事故信息。

第十二条 环境管理信息的数据录入,应在工作完成、数据变更或事件发生后的规定时间内完成。在 5 个工作日内完成录入的数据有:环境因素识别与评价,污染物监测结果,环境检查结果,不符合项报告/隐患整改通知单,环境隐患及其治理情况;在 10 个工作日内完成录入的数据有:年度环境目标,污染源、放射源、射线装置和环保设施等基础信息的变更情况,建设项目环境评价,清洁生产审查报告;按国家和公司相关要求,制作环境统计月报,及时录入环境事故和省级以上环境保护荣誉信息。

第十三条 职业健康管理信息的数据录入,应在工作完成、数据变更或事件发生后的规定时间内完成,在 10 个工作日内完成录入的数据有:年度职业健康目标,职业健康基础配置(人员、岗位和监测点),个人防护用品和防护设施信息,职业病危害因素监测计划及结果,职业健康体检计划及结果,建设项目职业卫生评价,野外作业信息;按国家和公司相关要求,制作职业卫生档案,及时录入职业健康事故信息。

第十四条 各级 HSE 相关部门的管理人员,应熟练掌握 HSE 信息系统的使用技能,充分利用 HSE 信息资源,为本单位提供业务支持。

第十五条 各级 HSE 主管领导和管理人员要定期查阅 HSE 信息系统的相关数据,检查所属单位的使用情况,及时掌握本单位 HSE 管理工作动态。

第十六条 HSE 信息系统中的数据可作为各项业务检查、认证审计等管理活动的有效文件,与纸质资料具有同等效力。

第四章 运行维护与安全保障

第十七条 HSE 信息系统的运行维护分为系统维护和技术支持。系统维护工作包括:服务器、存储设备、数据库和应用系统的安装维护、故障处理、病毒防护、系统备份、性能优化和升级;技术支持工作包括:用户的创建和权限变更,基础数据维护,系统功能扩展,用户疑难问题解答,用户培训、回访和现场服务,以及新增单位 HSE 信息系统的建设实施。

第十八条 支持队伍应对各分公司 HSE 信息系统的使用情况进行日常监控,填写维护日志,编写周报、月报和事件处理报告,并上报公司安全环保部和信息管理部。

第十九条 支持队伍应依据 HSE 业务需求制定升级方案,经公司安全环保部和信息管理部批准后实施;全面准确记录系统调整情况,整理保存完整的技术档案。

第二十条 支持队伍负责编制 HSE 信息系统突发事件的应急预案,负责突发事件的紧急处理。当 HSE 信息系统由于非正常停机、网络中断、机房停电、非法入侵和病毒大规模爆发,导致不能正常运行时,支持队伍应及时启动应急预案,快速修复,保障 HSE 信息系统可靠运行。

第二十一条 HSE 信息系统突发事件分为三级:2 小时以上未能恢复工作的为一级,2 小时之内恢复工作的为二级,1 小时之内能完全恢复工作且没有影响用户使用的为三级。一、二级突发事件及处理情况上报公司安全环保部和信息管理部。

第二十二条 支持队伍要保障业务数据安全,建立系统数据的定期异地备份机制;严格控制 HSE 信息系统数据的备份和恢复,严禁未经授权将数据拷贝出 HSE 信息系统。

第二十三条 各分公司信息管理部门要保障本单位业务数据安全,完善用户权限变更和相关移交手续。

第二十四条 各级用户要保障本岗位业务数据安全,遵守保密规定,不得擅自提供或发布 HSE 信息系统数据,不允许未经授权的人员使用系统,对账号和口令负责,不得将用户账号和口令转交他人。

第五章 考核与奖惩

第二十五条 公司安全环保部将各分公司 HSE 信息系统应用情况,作为考核年度安全环保先进单位的重要内容,对于在使用中提出合理化建议、及时准确录入数据的单位和个人给予表彰。

第二十六条 公司安全环保部对各分公司 HSE 信息系统应用情况进行月度考核,标准如下:按公司要求及时汇总提交报表,在规定期限内完成相关数据录入,遵守保密规定。违反上述标准之一者,视为不合格。

第二十七条 公司安全环保部根据月度考核结果,进行年度考核,标准如下:全年 10 个月及以上考核结果为合格的公司,年度考核结果为优,全年 6 个月及以上考核结果为合格的公司,年度考核结果为良,全年 6 个月以下考核结果为合格的公司,年度考核结果为差。

第二十八条 公司安全环保部和信息管理部,按照用户满意度、运行维护计划执行情况、HSE 信息系统非正常运行时间和次数、突发事件处理情况等,对支持队伍的工作进行考核。

第二十九条 对违反 HSE 信息系统安全保密规定的,按《×××公司机关秘密载体保密管理规定》执行。

第三十条 因工作疏忽导致 HSE 信息系统发生严重故障的单位和个人,按公司信息管理部相关管理办法执行。

第六章 附 则

第三十一条 各分公司应参照本办法,制订本公司 HSE 信息系统管理细则。

第三十二条 本办法由公司安全环保部和信息管理部负责解释。

第三十三条 本办法自发布之日起生效。

第七章　信息化管理制度与技术标准体系建设

企业信息化管理制度是围绕企业信息化的规划、设计、管理、实施、运行、维护、完善等过程而设计的一整套管理规范,适用于企业信息化建设与应用的全过程,是企业信息化建设、运行维护的行动纲领与行为准则。

企业信息技术标准(以下也称"信息化标准"或"信息标准")一般指围绕信息技术开发、应用和信息系统建设、运行、维护、管理而制定的一系列可重复使用的规则、导则或特性文件,是为了获得最佳秩序和最大效益,在信息化全过程中必须不断完善和认真遵守的技术规定,是企业信息化建设过程中一项至关重要的基础性工作。

信息化管理制度和技术标准建设既是企业信息化建设的重要内容,又是企业信息化工作极为重要的"软环境"保障。

考虑到本书从第二章开始已逐一对企业信息化建设和应用的管理问题作了重点描述,管理工作的一些主要制度和关键流程都已涉及,本章将主要论述企业信息技术标准体系建设。

第一节　管理制度体系

一、管理制度体系构建方法

在信息化建设过程中,企业大都陆续制定了一些急需的工作管理制度。但整体而言,这些制度尚未形成比较完整的体系,主要表现是:制度框架不清晰、不完整,各项制度不集成,一些制度要求不统一。随着全局性信息化建设的逐步深入、信息化组织机构逐步健全,建设完善的信息化工作管理制度体系是不可缺少的重要环节。在信息化建设体系中,信息化管理制度作用如图7-1所示。

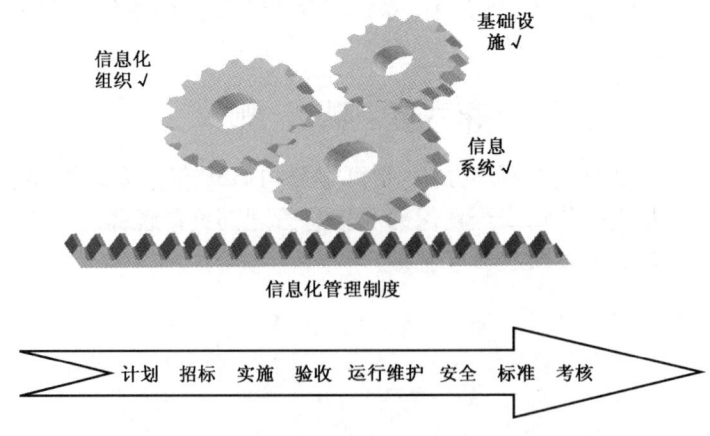

图7-1　信息化管理制度的基础保障作用

企业需要从信息化建设和应用的全局出发,认真清理原有规章制度,进行深入研讨,按照"自上而下、逐步细化,基于流程、顺序展开"的工作思路,设计和建设企业统一的信息化管理制度体系。

自上而下,就是从企业整体管理出发,分上、中、下不同层次设计信息化管理制度体系架构。

逐步细化,就是制度体系中第一(最高)层次的制度比较宏观,是管理工作的总纲;第二(中间)层次的制度比较具体,是中粒度的管理,是各项工作的管理指南和办法;第三(最低)层次的制度更加具体,是细粒度的管理,是某项工作或信息系统管理的具体办法、实施细则以及配套表单等。图7-2示出了这种从"信息化工作纲领"到"信息化各项工作目标与要求"再到"实施细则"的信息化制度体系建设总体思路。

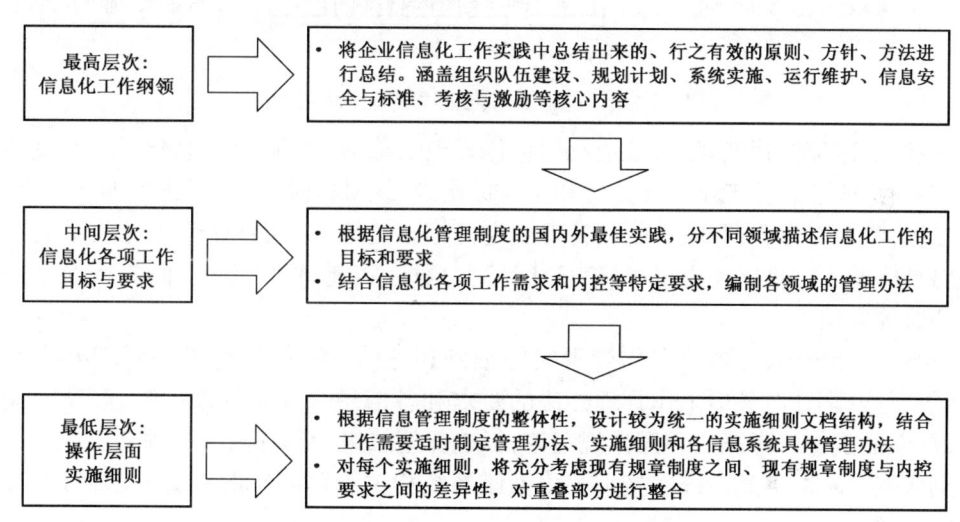

图7-2 信息化制度体系建设总体思路

基于流程,就是理顺工作流程,找准关键环节,明确流程各环节相关部门/单位的职能和责任,根据流程设计的结果制定管理办法和实施细则,提高制度的针对性、高效性和操作性。

顺序展开,一是按流程横向依次展开,二是按层次纵向逐级深入细化。基于流程的制度体系设计和编制方法如图7-3所示。

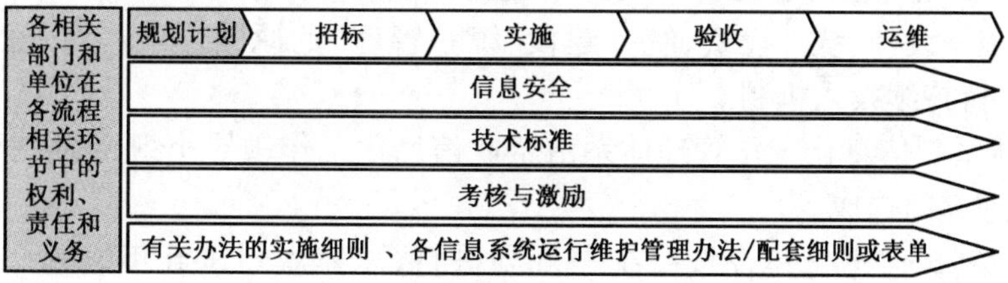

图7-3 制度体系设计和编制方法

二、管理制度总体架构

按照上述管理制度体系构建方法设计的企业信息化管理制度体系如图7-4所示,体系分为管理规定、管理办法和管理细则三个层次。

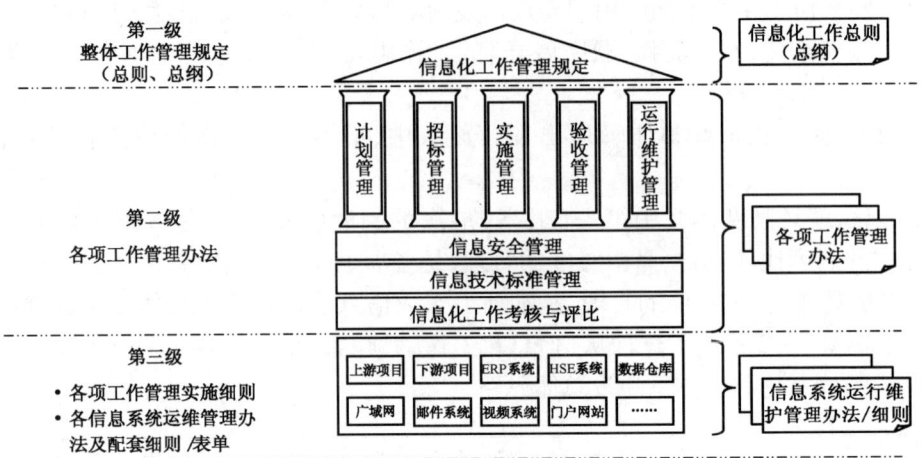

图7-4 企业信息化管理制度体系实例

第一级,整体工作管理规定,是企业信息化管理的总纲、总则,是信息化管理制度体系的核心,主要明确企业信息化工作指导方针和工作原则、组织机构及职责、工作范围及要求等。

第二级,各项工作管理办法,是在管理规定的框架指导下,对企业信息化的不同工作领域分别提出具体的工作目标和要求,是信息化计划、招标、实施、验收、运行维护、安全、标准、考核等方面的管理办法。

第三级,管理细则,即各项工作管理实施细则和各信息系统运行维护管理办法及配套细则/表单等,是分别针对各项工作管理办法的要求和各信息系统运行维护管理工作,制定的项目、系统层面的具体管理办法和操作规程等,以确保第二级管理办法的各项要求在执行和操作层面落到实处。不同信息系统实施细则根据该系统相关管理办法的有关要求制定,文档架构基本保持一致。

三、信息化工作管理规定实例

企业信息化工作管理规定包括信息化工作总则、管理体系及队伍建设、规划计划管理、信息化项目实施管理、信息系统运行维护管理、信息系统安全管理、信息技术标准管理等方面的内容。要点如下:

(1)总则。企业信息化建设遵循"统一、成熟、实用、兼容、高效"的指导方针,坚持"统一规划、统一标准、统一设计、统一投资、统一建设、统一管理"的原则,坚持公司发展理念,坚持集中统一管理,坚持持续投入机制。

(2)管理体系。信息化工作管理体系由企业信息化工作领导小组、信息管理部门、各成员企业的信息管理部门构成。

(3)建设规划。信息化建设按照统一规划进行,总体规划每五年编制一次,每年进行评估,根据需要进行滚动调整。

(4)项目实施。信息化项目实施所需的软件、硬件产品和咨询服务应通过招标选择,一次招标、分期执行;实行项目经理负责制,采用规范的项目管理方法,严格控制项目范围,按阶段确定里程碑,按计划实施;总部和各成员企业、信息部门和业务部门、内部队伍和外部队伍在项目组织内紧密合作,发挥各方面的积极作用。

(5)项目验收。项目验收的基本标准是项目范围符合总体规划和可行性研究报告批复要求,项目投资不超预算,项目按计划上线和系统得到实际应用。项目验收分阶段进行,包括阶段验收、上线验收和竣工验收。

(6)信息系统运行维护管理。信息系统运行维护工作坚持主动预防的先进理念,树立主动服务意识,保证系统 7×24 小时稳定、可靠运行。

(7)信息系统安全管理。实施信息系统安全等级保护,建立健全先进实用、完整可靠的信息系统安全体系,保证系统和信息的完整性、真实性、可用性、保密性和可控性,保障信息化建设和应用,保障信息资产的安全。

(8)信息技术标准管理。统一组织制定、宣贯、更新、检查全局性信息标准,各具体信息系统的标准规范在该系统项目实施过程中研究制定和施行。

(9)信息化工作考核与评比。企业每年对成员企业信息化工作和信息化建设内部支持队伍进行考核,主要内容包括信息化工作方针政策、标准和总体规划执行情况,领导重视和业务人员参与信息化建设情况,信息系统及基础设施等建设、应用和维护情况,信息化组织队伍建设状况,信息安全工作情况等。

四、各项信息化工作管理办法实例

企业信息化管理制度体系第二级中的各项工作管理办法主要包括:信息技术总体规划计划管理办法、信息化项目招标管理办法、信息化项目实施管理办法、信息化项目验收管理办法、信息系统运行维护管理办法、信息系统安全管理办法、信息技术标准管理办法和信息化工作考核与评比办法。如图7-5所示。

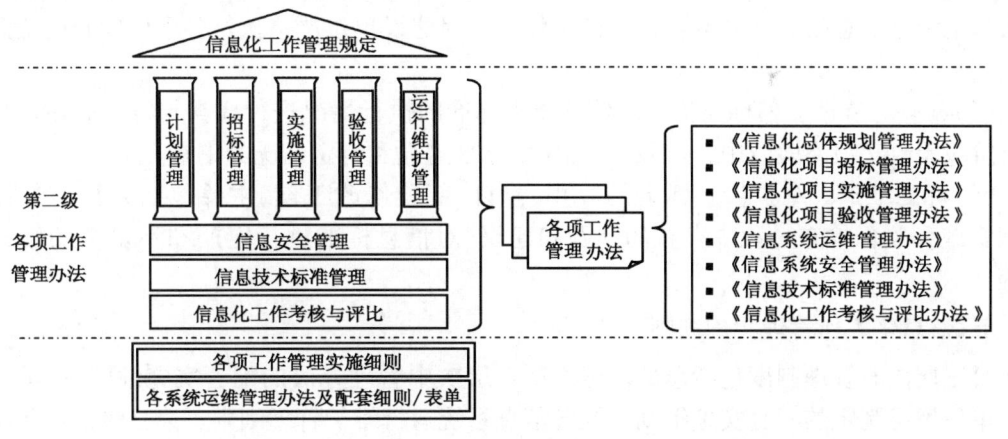

图7-5 企业信息化管理办法

以《信息技术标准管理办法》为例,管理办法涵盖的主要流程如图7-6所示。

标准管理办法围绕图7-6所示的主要流程制定,包括管理组织与职责、注册与立项、制修订与发布、宣贯与执行、检查与复审、维护六个部分。概述如下:

(1)管理组织与职责。企业标准化主管部门是标准化工作的统一管理机构,信息技术专业标准化委员会(以下简称信标委)是信息技术标准管理的技术组织,信息管理部门是信息技术标准化工作的主管部门。

◆ 企业信息化管理实务 ◆

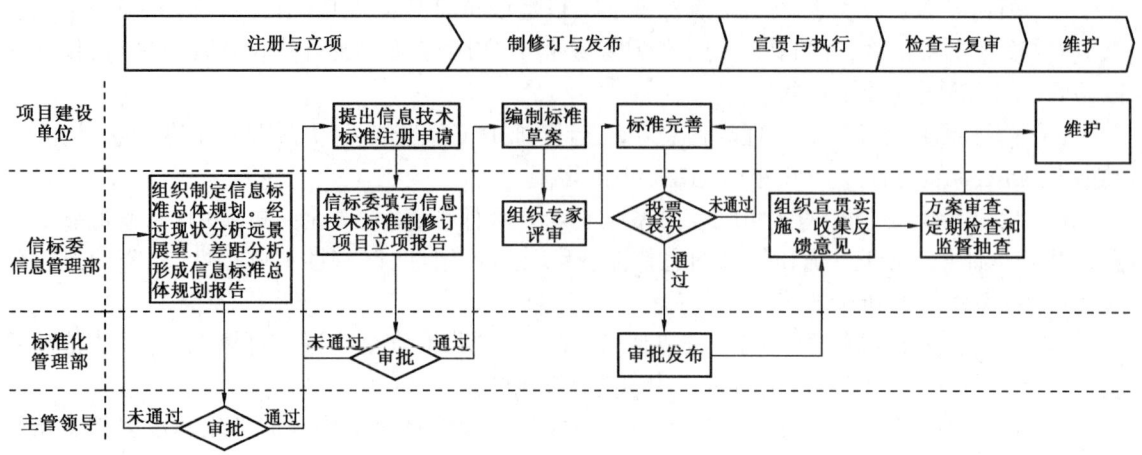

图 7-6 信息技术标准管理流程

（2）注册与立项。项目建设单位向信息管理部门提出信息技术标准注册申请。信标委协调确定编制方案及标准制修订项目建议书，报标准化主管部门立项。企业标准制修订项目立项报告示例见附录 7-1。

（3）制修订与发布。包括标准起草、征求意见、专家审查、委员表决、批准发布五个环节。起草单位依据编制方案编写标准草案，信息技术专业标准化委员会组织征求意见、专家审查及委员表决，表决通过后的标准由企业标准化工作主管领导批准发布。

（4）宣贯与执行。信标委对信息技术标准的宣贯与执行进行统一管理。各级信息管理部门认真组织好信息技术标准的宣传贯彻工作。项目建设单位严格执行各项已发布的信息技术标准。

（5）检查与复审。信标委负责对信息技术标准的执行情况进行检查与复审。在信息技术项目阶段验收和最终验收中，包括对信息技术标准遵循和制定情况的审查。

（6）标准维护。维护涉及标准的废止、修订、部分修改工作，主要包括分析信息标准在贯彻实施和监督检查过程中存在的问题和建议，对信息标准进行定期和不定期的修订与维护等。

五、信息化工作管理实施细则

第三层次的管理制度包括总部制定的第二层次中管理办法的配套实施细则、成员企业结合本单位情况制定的配套实施细则以及各信息系统运行维护管理细则。第三级信息化工作管理实施细则如图 7-7 所示。

各信息系统运行维护管理细则/表单成为企业信息化管理制度第三级的主体。对于所有信息系统，在其上线时都应充分借鉴现有模式制定各自的运行维护细则，并补充到管理体系的这一层次中。

在第六章讨论的各信息系统运行维护管理细则，包括与其配套表单等，在企业信息化整个管理制度体系中，也处于第三级。有鉴于此本书不再举例赘述。

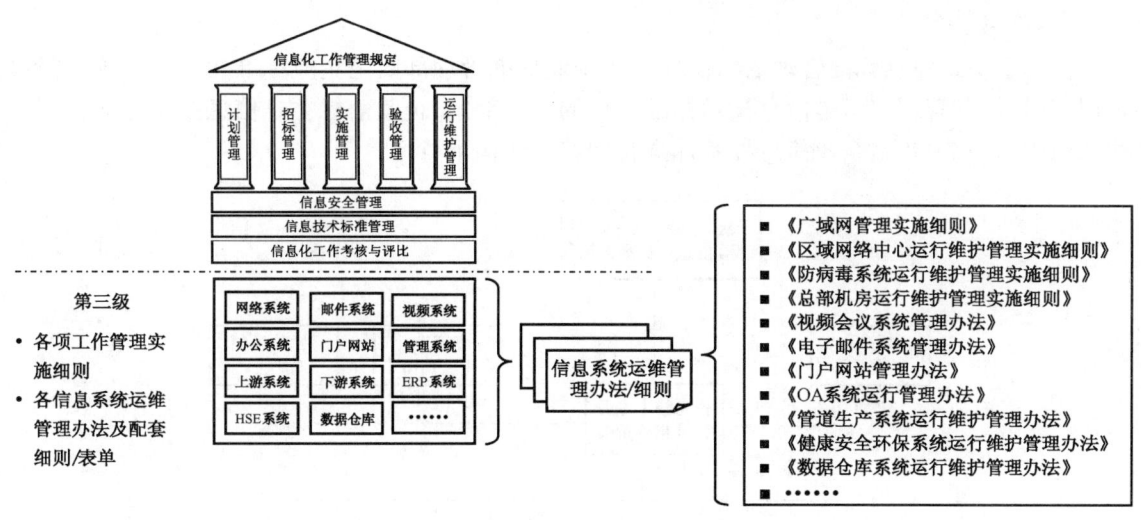

图 7-7 信息化管理实施细则

第二节 信息技术标准概述

一、工作目标

企业信息技术标准工作范围是制修订企业办公管理系统、生产管理系统、经营管理应用系统和网络基础设施等方面的技术规范和标准。主要任务包括：建立一套信息技术标准体系，为信息系统建设与应用提供支持与服务；建立一套信息技术标准管理流程，保障整个标准体系的贯彻与实施；建成一个标准服务系统平台，对信息标准进行统一管理、维护和服务。

企业信息化建设中的标准化工作要实现以下主要目标：

(1)服务全局，实现信息指标体系标准化。企业信息标准体系是指一定范围内所有信息的标准，按其内在联系所组成的、科学的有机整体，是企业进行经营管理的基础。要服务全局，着眼于全面支撑企业业务运营和发展的需要，建立科学、实用、完善的信息标准体系。

(2)保障建设，实现信息系统开发标准化。要在系统开发中遵守统一的系统设计规范、程序开发规范和项目管理规范，提高信息系统开发的效率、成熟度和成功率，提升系统的产品化程度。

(3)面向应用，实现信息分类编码标准化。信息分类编码是对一些常用的、重要的数据元素进行分类和代码化，信息分类必须遵循科学性、系统性、可扩展性、兼容性和综合性等基本原则，从系统工程的角度出发，遵循国际标准→国家标准→行业标准→企业标准的采标顺序，建立适合和满足本企业信息化建设与应用需要的信息编码体系和标准，提高信息系统应用的广度、深度和效益。

(4)促进集成，实现信息交换接口标准化。要对信息系统内部和信息系统之间各种软件和硬件的接口与交换方式以及信息系统输入和输出的格式统一制定规范和标准，促进系统集成和信息共享。

二、组织架构

标准组织是信息标准管理的组织保障。企业标准管理部门是企业标准化工作的统一归口管理部门,信息管理部门是信息技术标准管理的主管部门,企业信标委是信息技术标准管理的技术组织。图7-8是企业信息技术标准管理组织架构示意图。

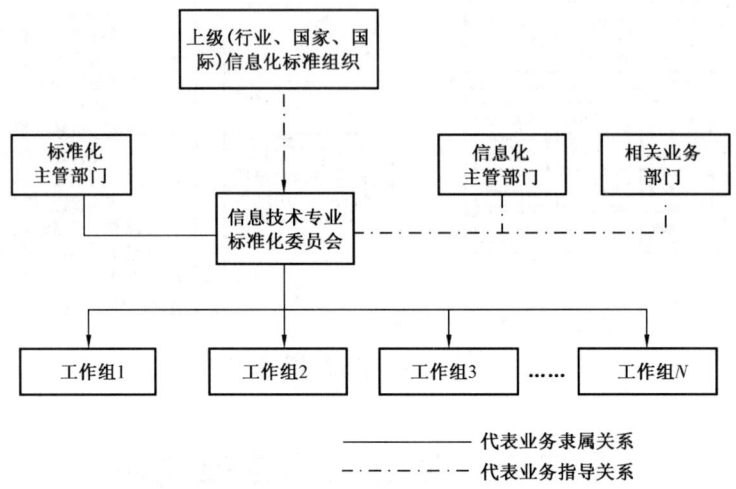

图7-8 企业信息技术标准管理组织架构示意图

各部门的主要工作职责如下:

(1)企业标准化主管部门,负责审批企业信息标准工作年度计划,审批发布企业信息标准,对重点标准项目进行抽查。

(2)企业信息化主管部门,负责编制和审核信息技术标准总体规划、年度计划;组织制订、实施、宣贯、检查各项信息技术标准;指导各信息化项目、相关企业的信息标准化工作;组织开展与国内外相关标准组织间的研究合作。

(3)标准相关业务部门,负责提出相关标准制定需求,派员参与本业务相关的信息技术标准制定、修订和审核,推进相关标准在本业务领域的实施。

(4)信标委,负责组织委员和专家对信息技术标准进行审核和表决,负责与相关信息技术标准组织的联络工作。信标委下设秘书处负责日常工作。

(5)标准工作组,是负责具体标准制修订的项目组织,由信标委组织筹建,报经信息管理部门批准成立,负责提出标准制修订工作方案,并在企业标准体系规划的指导下制定相关标准。

三、工作思路

经过多年的发展和积累,国际、国家信息化标准体系日臻完善,行业标准初具规模,大部分企业制定并施行了许多迫切需要的企业信息技术标准。

但整体而言,企业信息技术标准工作在企业内部和不同企业之间发展很不平衡,还不能很好地适应信息化全面推进、发展、应用的要求。有的标准没有及时制定;有的标准由于制定较早、与实际符合度不足又缺乏维护、更新,无法在信息系统建设中实际使用;有的企业标准没有形成体系,一致性较差;有的标准执行力度不够,甚至被弃置不用。

企业信息管理部门需要根据信息技术总体规划,借鉴国际经验,结合公司实际,研究制定信息技术标准工作规划和标准体系。

第一,牢固树立"服务业务、服务建设、服务集成、服务应用"的理念。信息技术标准服务于企业业务的运营和发展,服务于信息系统建设和运行维护,服务于信息系统、数据、应用和流程的集成,服务于信息系统广泛深入的应用,服务于信息资源的共享、开发和增值。

第二,坚持统一标准、采标优先、制标补充、采制结合的原则。企业要按"国际标准(含实际上的工业标准)──→国家标准──→行业标准"的采标顺序优先采用外部标准,以保证系统的开放性及其与外部系统的链接与共享。只有在没有外部相关标准或不能支持本企业业务的情况下,企业才需要制定本企业标准。标准必须在企业范围内完全统一,在工作流程和信息系统中固化,杜绝不执行标准和不同部门、单位执行不同标准的乱序现象。

第三,在信息系统建设项目实施过程中同步制定应用系统设计、开发、运行维护等标准。这些围绕和服务于信息系统的标准,是无法先行制定的,强行提前制定也多是无本之木,没有生命力。这些标准、制度一定要在项目实施中研究制定,在系统应用中验证、修改与完善。

第四,充分发挥业务部门对制度标准起草和执行的主导作用。信息系统的价值通过业务应用加以体现,信息技术标准归根结底是为业务部门、为业务运营发展服务的。和信息系统建设一样,信息标准制定如果没有相关业务部门提出需求,没有相关业务人员参与,没有相关业务部门推动施行,标准是制定不出来的,即使制定了也难免一纸空文的命运。

第五,设立跨项目的项目组织,建设并动态完善公共数据或称主数据(Master Data)编码。企业许多信息系统都会用到组织、人、财、物等公共数据编码。如果这些代码由各系统自行定义和管理,对企业应用的集成和信息共享将是一场灾难。同时,由于公共数据编码工作量巨大、涉及面很广,需要按信息化建设项目进行建设和管理,要组织覆盖各信息系统、各相关专业的项目组织体系,并借助规范的流程和编码系统平台,建设并动态完善企业公共数据编码,为信息系统建设和应用提供全方位的公共数据编码服务。

第六,切实强化制度标准的支持维护和执行监督。信息技术日新月异,企业业务不断创新,为技术和业务服务的标准也不能一成不变,也必须加强维护,适时更新,增强标准的科学性、准确性和生命力。要把标准执行情况列入信息化工作绩效考核与激励指标体系,进行定期或不定期的检查、监督。企业信息系统相关的标准一般应为实质上的强制性标准,并固化到实际运行的应用系统中。信息系统相关的标准如不与系统和应用绑定,而是推荐执行,其效力和效益将大打折扣。

第三节 信息技术标准体系

一、体系架构

信息技术标准体系是企业所有信息技术标准的一个完整视图,它从各个层面自上而下地描述标准的结构,并对标准进行分类汇总,详细说明各项标准之间的关系。

信息技术标准大致包括数据标准、应用标准、基础设施标准、信息安全标准、运行维护服务标准和管理标准六大类。

(1) 数据标准,指包括基础性数据,以及专业数据的源头采集、过程处理、质量控制、存储和共享等规范。

(2) 应用标准,指应用系统实施之前、实施过程中涉及的技术规范、产品标准,以及关于该系统的配置、二次开发、测试、验收等相关方法和模板等。

(3) 基础设施标准,指支撑各个应用信息系统共享的基础设施相关的技术规范、产品标准和管理规定。

(4) 信息安全标准,指渗透到信息化各个方面有关设施,信息和系统安全方面相关的技术标准、方法和规定。

(5) 运行维护服务标准,指对信息系统的运行维护进行流程化、统一化监控和管理的相关规定。

(6) 管理标准,指对信息技术建设与应用、支持与服务相关的管理规定和方法,是适用多个应用系统的基础性、全局性和通用性规范。

××集团的这六大类的信息标准及信息标准子类组成的信息标准体系如图7-9所示。

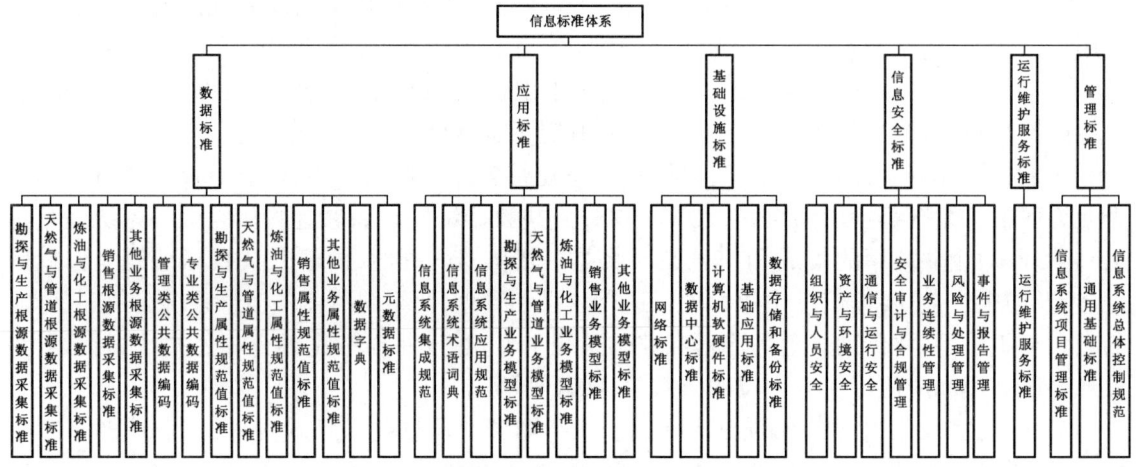

图7-9 企业信息标准体系示例图

二、体系分类说明

1. 数据标准

数据标准是企业信息标准的核心。数据分为企业基础数据和专业数据。

企业基础数据是指在多个信息系统共同使用,具有公共性、基础性的数据。企业专业数据是指与专业生产直接相关,并局限在某一个生产管理系统或几个系统中的数据。主要包括产品研发、生产制造、产品营销、支持服务、综合管理过程中涉及专业数据根源采集、属性规范等数据。

数据标准工作的重点在于企业基础数据的标准化,以及数据交换和共享的规范化。

由于企业专业数据与业务流程直接相关,并且其使用范围往往局限于某几个紧密耦合的系统中,其数据的共享及交换往往已经由成熟的、商业化的生产管理信息系统完成,相关标准化工作应在具体的专业信息系统实施时完成。

综合考虑企业基础数据和专业数据在这两方面的需求,企业数据标准分为基础数据标准和专业数据标准两部分。基础数据标准包括元数据、数据词典、公共数据编码等。专业数据标准因企业和行业的不同而有所不同,以××集团为例,具体包括勘探与生产专业数据标准、天然气与管道专业数据标准、炼油与化工专业数据标准、销售及其他专业数据标准的根源采集、属性规范等。企业数据标准如图7-10所示。

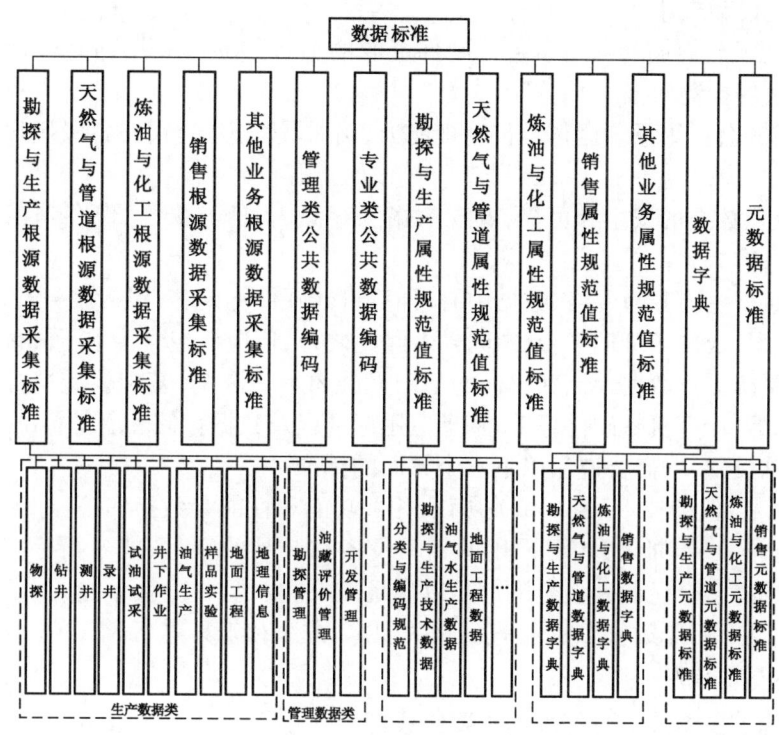

图 7-10 企业数据标准

2. 应用标准

随着信息系统建设加速与应用范围的大规模普及,应用层标准需要着重在信息系统的应用和集成方面进行提升,促进信息系统的有效及持续应用。各信息系统项目经理部要及时发布其业务模型标准和信息系统集成规范,从而规范业务源数据的采集工作,确保依据业务模型标准实现源数据的定岗、定时、定点准确采集。

应用标准主要包括信息系统集成规范、信息系统术语词典、信息系统应用规范以及与数据层源数据采集标准配套的业务模型标准四大类。企业应用层标准如图7-11所示。

3. 基础设施标准

基础设施标准指网络、数据中心、计算机软硬件等基

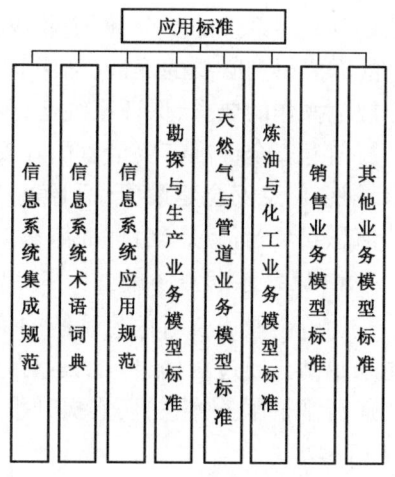

图 7-11 企业应用层标准

础设施标准,其关键目标是规范基础设施的运行与维护,使应用系统尽可能共享基础设施,降低成本,防止基础设施资源闲置和短缺并存等问题的发生。主要体现在:

(1)保障信息系统在安全、可靠、稳定、高速的网络环境下建设和运行,从而实现依托于信息系统日常业务的持续性。

(2)全面提升数据中心的建设水平、运行维护管理能力和节能管理能力,使数据中心更好地支持信息化建设和应用。

(3)指导服务器、存储和网络设备等硬件资源的整合和充分利用,降低软硬件投资成本,使企业获取较大的投资回报。

(4)提升视频会议等系统运行维护管理能力,确保其稳定运行,使各级用户享受系统带来的便利。

(5)确保企业数据的安全和可靠,实现数据从存储、备份与恢复、保存到销毁整个生命周期内的管理和保护。

基础设施通常主要分为网络、数据中心、计算机软硬件等内容,包括服务器、客户端硬件及操作系统、数据库、云技术管理平台、中间件。除此之外,还应该包含为电子邮件、视频会议、即时通信等应用系统提供数据存储和备份的基础设施内容。因此,基础设施层标准分为网络标准、数据中心标准、计算机软硬件标准、基础应用标准以及数据存储和备份标准五类。

对每类基础设施,均需要遵从以下三个方面的标准:

(1)技术规范:包括技术路线、相关协议、相关功能和性能参数指标等。

(2)产品标准:已审批通过、可采用的相关设备和产品的型号、技术指标等。对某类型的设备和产品可选择多个厂商和型号的产品以满足需求。

(3)管理规定:基础设施运行、管理的相关规定、方法和工具等。

4. 信息安全标准

信息安全标准是企业信息标准的重要组成部分。

企业的信息安全需要保障企业信息系统安全、信息安全、物理安全、运行安全,保护企业业务数据和信息的机密性、完整性和可用性,确保网络系统、主机操作系统、中间件系统、数据库系统及应用系统的安全,使企业业务和管理信息系统相关的环境安全、设备安全及存储介质安全的需要得到必要的保证,确保业务和管理信息系统的各种运行操作、日常监控、变更维护符合规范操作的要求,保证系统运行稳定可靠。

信息安全标准需要借鉴国际安全标准的成果,同时满足国家等级保护制度的信息安全要求,配合信息安全建设项目和信息安全管理人员在企业的信息化建设和运行维护中保障企业的信息安全。信息安全标准体系如图7-12所示。

5. 运行维护服务标准

随着企业运营对信息系统的依赖程度越来越大,对信息系统管理和服务质量的要求也就越来越高。通过对信息系统运行维护流程标准化的梳理、建设与执行,构建起运转高效的信息化运行维护服务体系,切实提升信息化对业务的支撑力度。运行维护服务标准体系如图7-13所示。

6. 管理标准

管理标准在信息化建设中体现为全局性、基础性及通用性的原则,具备宏观指导意义,具

第七章 信息化管理制度与技术标准体系建设

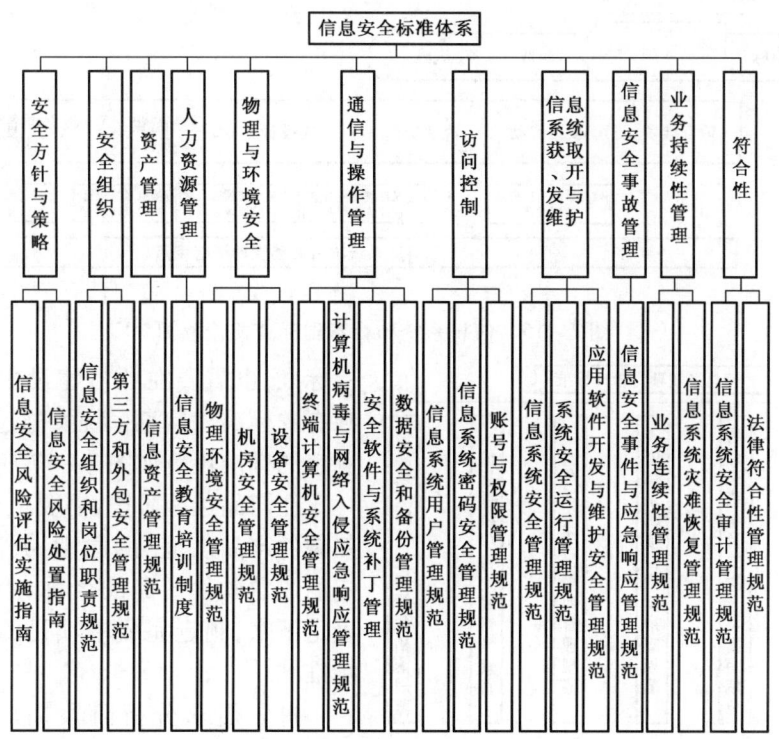

图7-12 信息安全标准体系

有长期稳定性及指导性的特点,包括通用基础标准、信息系统项目管理标准和信息系统总体控制规范,应用对象是信息系统项目实施团队,范围是信息系统实施过程中的各个阶段,重点是工作任务交付的规范性管理。通用基础类标准在信息系统项目中应用,一方面为项目经理部提供信息标准的总体约束框架;另一方面制定实施、应用的标准,以此指导并敦促项目经理部按标准进行系统实施与应用。通用基础标准体系如图7-14所示。

图7-13 运行维护服务标准体系

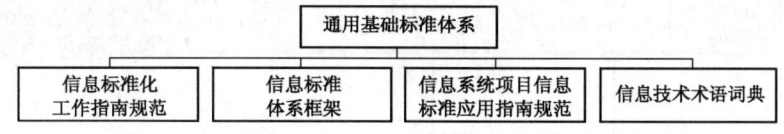

图7-14 通用基础标准体系

信息系统项目管理标准规范包括项目准备、项目启动、现状调研、方案设计、用户培训、系统上线阶段应该完成的项目工作任务或应该具备的条件。信息系统项目管理标准覆盖范围如图7-15所示。

信息系统项目管理标准体系如图7-16所示。

三、系统建设过程中的标准建设和应用

企业信息系统都是通过信息化项目建设的。信息系统实施过程中,既需要遵循企业的统

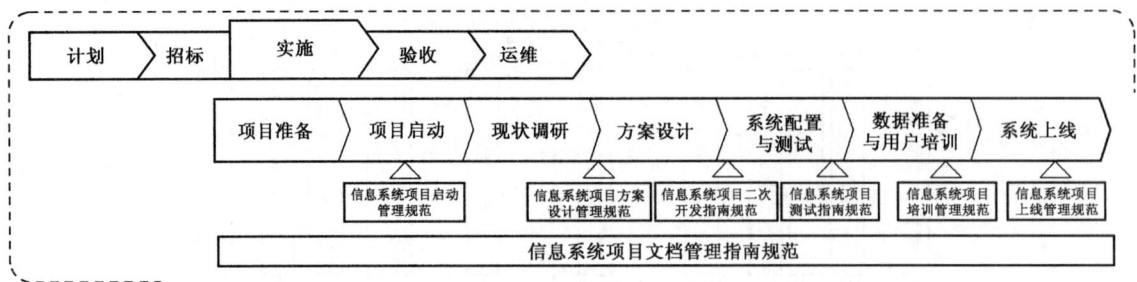

图 7-15 信息系统项目管理标准覆盖范围

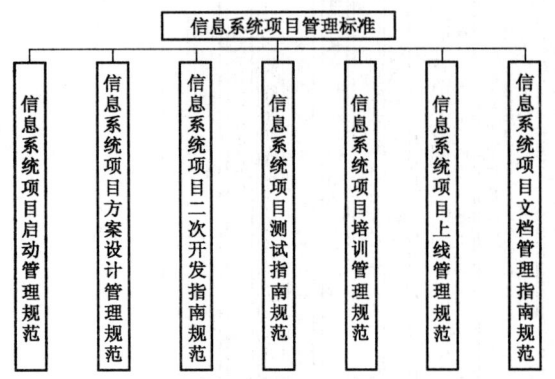

图 7-16 信息系统项目管理标准体系

一标准,也需要在项目建设中临时制定系统独有的标准。信息系统实施过程需要遵循和制定的标准规范如图 7-17 所示。

在产品选型阶段,需要根据"应用系统成熟软件产品规范"的原则、方法和模板,将选定的成熟软件产品的名称、版本号作为标准确定下来,制定完成本项目的成熟软件产品标准。

进入需求分析阶段,首先要考查是否需要专业数据标准,是否有现成的专业数据标准可以采用,必要时由专业系统实施

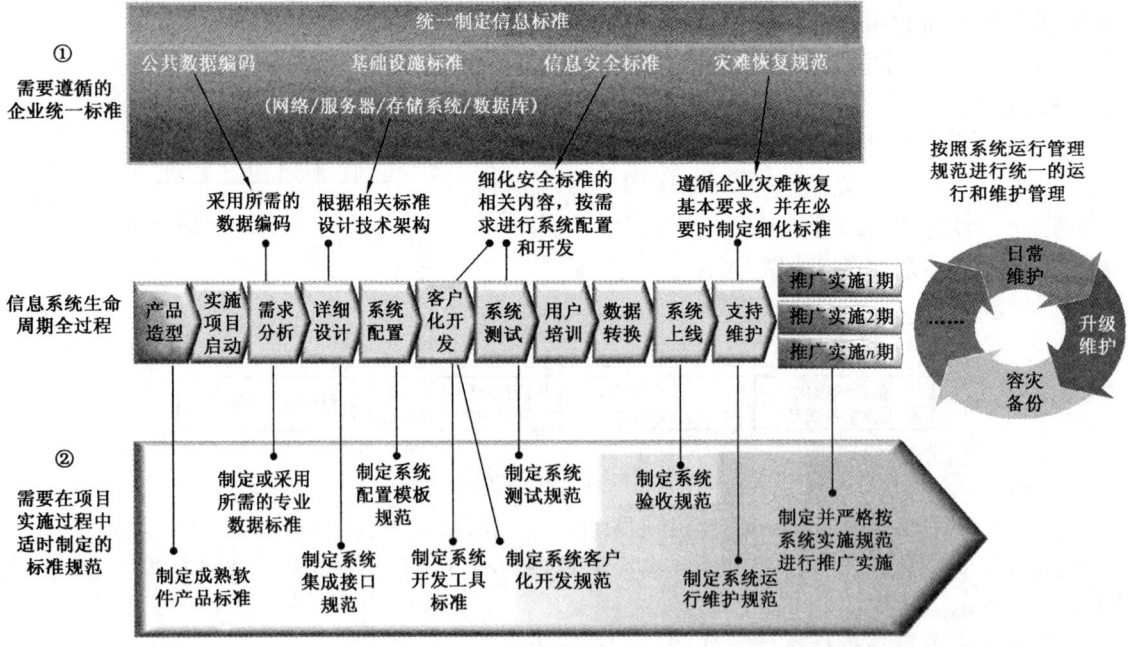

图 7-17 信息系统实施过程中需要遵循和制定的信息标准规范

团队制定必需的专业数据标准,并在系统实施过程中加以应用。其次,还要考查本系统需要采用哪些公共数据编码,并分析现有的公共数据编码是否能满足系统需要。如果不能满足,则需向有关部门提出修改意见,之后要按公共数据编码的内容来进行系统配置与开发。

在详细设计阶段,一是根据"应用系统接口规范"的原则、方法和模板,清楚定义本系统与其他系统的接口需求,包括要调用的系统功能、要交换的数据内容、格式、数据量、交换频率等,从而制定本系统的集成接口规范。二是在设计网络、服务器、存储系统、桌面系统等技术架构时,要参考并遵循相关的基础设施标准。

在系统配置阶段,一是根据"应用系统配置模板规范"的原则、方法和模板,明确定义本系统的配置参数和配置流程,细化并制定本系统的配置模板,以保证未来推广实施的各个系统配置的统一。二是参考公司统一制定的相关信息安全标准,细化信息安全标准的相关内容,按标准的要求对系统进行配置和开发。

如果系统需要进行客户化开发,一是根据"系统开发工具标准"的总体规定,细化并制定本系统的开发工具标准,包括系统开发工具、数据库开发工具等,并要在试点阶段和推广阶段严格执行,不允许项目成员擅自改变工具的版本,更不允许使用其他不兼容的开发工具;二是根据"应用系统二次开发规范"的总体规定,细化并制定本系统的二次开发规范,包括程序编码规范、变量和函数命名规范、数据库开发规范等,并在二次开发过程中严格执行。

在系统测试阶段,要根据"应用系统测试规范"的总体规定,细化本系统的测试案例、测试脚本、缺陷跟踪记录等,制定本系统的测试规范。

在系统上线阶段,要制定本系统验收规范,明确系统上线标准、上线流程和系统验收方法,保证未来推广阶段各系统具有相同的质量。

系统上线完成后进入后续的支持与维护,一是要对前几个阶段制定的关于本系统的"成熟软件产品标准"、"系统集成接口规范"、"系统配置模板规范"、"系统开发工具标准"、"系统二次开发规范"、"系统测试规范"、"系统验收规范"等进行统一归纳和整理,形成完整的"×××系统实施规范"。在未来的推广过程中,要严格按照该实施规范进行推广,并充分借鉴试点过程中的经验和教训,保证推广过程和系统的统一性,提高推广效率;二是要根据"应用系统运行管理规范"的总体规定,细化服务水平管理、应用系统备份管理、应用系统问题处理、应用系统日志管理、应用系统变更管理、在线帮助、用户服务支持等规范,为本系统制定有针对性的运行管理规范,以指导本系统的运行和维护工作;三是要遵循"灾难恢复规范"的基本要求,分析本系统哪些内容需要纳入灾难恢复计划中,必要时对灾难恢复规范进行细化,制定针对本系统特点的灾难恢复流程、问题报告机制,以及灾难恢复测试和演练计划等。

在推广实施以及系统运行过程中,要严格执行"系统实施规范"、"系统运行管理规范",在执行中根据实际情况对标准提出修改建议,从而实现系统实施、运行和应用全过程的标准化和规范化。

第四节　公共数据编码信息平台实例

本节主要以××集团公共数据编码平台为例,介绍和讨论企业公共数据编码建设、维护和应用的主要问题。

一、项目背景和需求

随着信息化建设的推进,信息系统数量的日益增加,对系统间的数据集成及共享需求日益突出,其中实现基础的、公共的数据集成及共享最为迫切。如何将分散、孤立的各类信息变成网络化的信息资源,将众多"孤岛式"的信息系统进行集成,实现信息的快捷流通和广泛共享,是企业信息化过程中亟待解决的问题。

业务发展需要和信息系统应用的深入,使企业出现了如图7-18所示的两个方向的数据集成需求。一是企业职能管理方向的纵向集成,从企业的管理需求出发,要求从总部到各业务主管部门、成员企业直到最小的业务单元,保障数据的纵向一致性。这就要求数据的定义不仅要满足最基本的业务操作需要,还要从数据的分类、基本元素和数据模型方面统一规划,使底层的业务数据能够按照标准、规范、科学的方式逐级向上实现集成。二是企业价值链方向的横向集成,需要从勘探开发、管道、生产及销售价值链方向,保障数据的横向一致性。

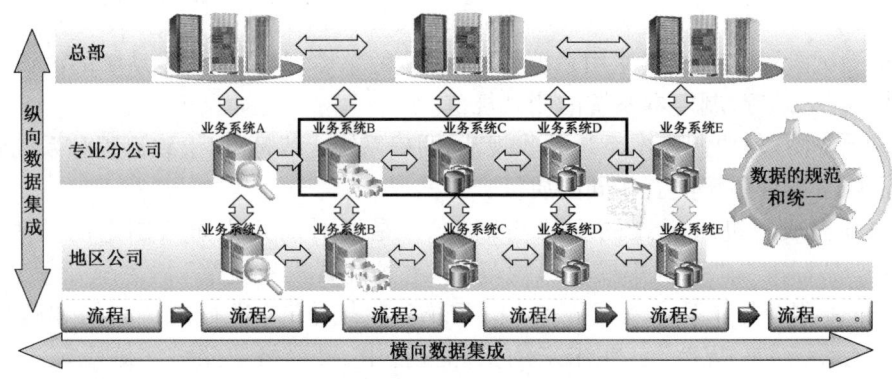

图7-18　企业纵横向信息集成需求

要实现企业信息系统纵横两个方向的数据统一和集成,必须制定统一的公共数据编码标准,设计统一的公共数据编码,建立保障公共数据编码有效性、及时性的维护流程,搭建保障各信息系统间公共数据编码一致性的公共数据编码平台。

这里所称的公共数据编码主要是企业组织机构数据编码、人事数据编码、会计科目数据编码、固定资产数据编码、物资数据编码、设备数据编码、客户数据编码、供应商数据编码、基础及其他数据编码共九大类公共数据编码,如图7-19所示。

公共数据编码平台的总体功能需求,一是功能完备,针对性强。公共数据编码平台需要提供公共数据申请、审批、查询、集中编码管理等功能。这些功能必须较好地满足企业目前的公共数据标准管理的需要,同时系统要具有工作流功能,实现企业内部对公共数据的管理和审批。二是与ERP系统实现良好集成。三是具有良好的兼容性和扩展性。平台作为开放的数

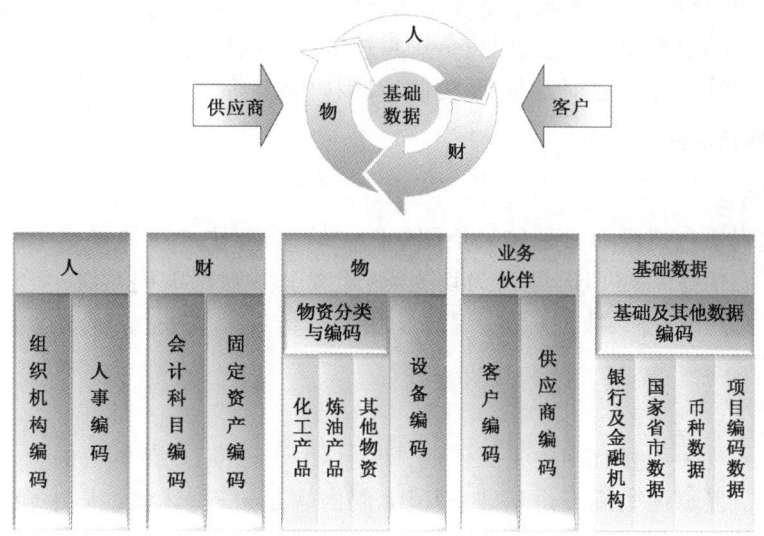

图 7-19 企业九大类公共数据编码

据交换平台,不仅要满足与企业 ERP 系统之间进行数据传输的需要,而且要满足与企业其他既有的和未来系统之间进行数据交换要求。四是成熟度高、总体拥有成本低。平台在性能、系统管理方面要具有成熟的功能和流程,降低实施风险,保护企业投资。

公共数据编码平台的建设和应用主要面向两类服务对象。一是正在建设和应用的各信息系统,也可视为平台的信息系统用户,与这些应用系统集成,实现公共数据编码的同步、数据映射等。另一类服务对象是公共数据编码的各类用户,包括:数据查询/申请用户、审核用户、管理用户等。公共数据编码平台用户如图 7-20 所示。

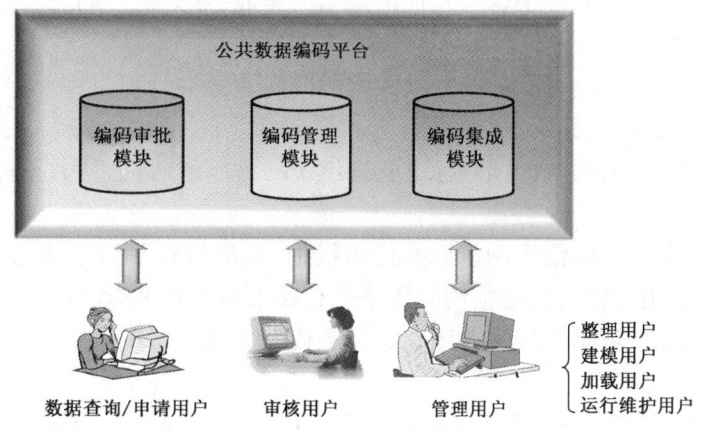

图 7-20 公共数据编码平台用户

数据查询/申请用户:依据查询条件,对规定范围内的数据进行查询;对规定范围内相应类别的新增公共数据进行申请、修改或扩展。

审核用户:根据配置流程对规定范围内相应类别公共数据的申请、修改或扩展进行审批。

管理用户:包括整理用户、建模用户、加载用户和运行维护用户四种。其中整理用户负责对原始数据的归类、查重、规范等数据整理工作;建模用户负责根据公共数据标准在公共数据编码平台建立对应的数据模型;加载用户负责对规范化后的数据进行加载;运行维护用户负责平台的用户管理、权限分配、数据发布、系统监控、编码管理等。

二、项目目标与思路

1. 项目目标

公共数据编码平台建设项目是××集团"十一五"信息技术总体规划中的项目。项目目标是以该集团核心信息系统 ERP 建设为切入点,建立公共数据编码系统平台,为各信息系统建设和应用提供统一的公共数据标准、编码及相关运行维护服务,保证集团公共数据的一致性,实现数据共享。

2. 主要任务

公共数据编码平台项目有四项主要任务,即制订编码标准、规范编码内容、建设编码平台、建立组织与流程。制订编码标准是基础,规范编码内容是过程,建设编码平台是技术手段,建立组织与流程是前提与保障。

制订编码标准:与业务部门共同制订九大类公共数据编码标准。数据标准内容包括确定分类规范、编码结构、数据粒度、属性描述等。

规范编码内容:收集整理公共数据,确定公共数据对象属性,完成公共数据编码,建设符合数据标准和规范的公共数据编码库。包括按照数据标准进行数据检查、数据排重、数据编码、数据加载等。

建立组织与流程:建立公共数据管理组织和管理流程,包括建立标准管理和编码管理的运行维护组织架构,建立并完善管理流程,实现知识转移等。

建设编码平台:建设公共数据编码平台,为公共数据的管理提供系统支撑,实现编码申请、编码管理和编码发布功能;实现平台与其他信息系统集成;建立统一的公共数据编码运行维护体系;完成平台推广应用。

根据业务管理特点和要求的不同,公共数据的归口业务主管部门将采用集中制、审批制和备案制三种方式对公共数据编码进行管理。

集中制,由总部组织公共数据编码标准管理组统一编制、修订公共数据标准编码并在平台上颁布。

审批制,由应用单位根据流程制定标准代码报批,批准后在平台上颁布。具体过程是:需求由各应用单位指定用户在公共数据编码管理平台按照标准模板填制后提交,经由相应级别的标准审核员审核批准,依据管理平台固化的标准代码规则进行编码,再加载到管理平台的编码库中。

备案制,企业各下属单位根据总部数据标准制定的总体规则和模板,自行编制和维护代码,并按照工作流程报相关上级单位审批后,提交给公共数据编码管理平台统一管理。

3. 总体原则

公共数据编码平台建设的总体原则是:继承完善,相互借鉴;集中管理,并行建设;滚动发展,保障应用。

继承完善,相互借鉴:充分借鉴国内外同行的经验和成果;充分收集、研究现有行业、企业和现有标准;结合实际合理继承和应用。

集中管理,并行建设:公共数据标准实行统一管理,包括总体原则制定、公共数据标准颁布与管理等;按企业数据需求统一划分类型,统一制定标准,各信息系统间按照标准进行协调、并行建设。

滚动发展,保障应用:数据标准在应用系统实施过程中逐步完善;每实施一个项目,对标准完善一次,包括完善规则及编码,循环反复,滚动发展;每一次完善成果均在公共数据编码平台和相关应用系统中实际应用。

4. 工作思路

数据取自于业务,编码用之于业务,公共数据标准建设的全过程都离不开业务部门的支持和参与。公共数据编码平台建设与应用的阶段特征如图7-21所示。特别是在公共数据编码初步实现标准化、流程化之后,尤其需要在业务部门主导、信息部门协调的工作方式下,全面深入落实公共数据编码管理体系,将体系流程细化到部门、处室和和相关员工,保证标准和编码的持续完善和实际运行。

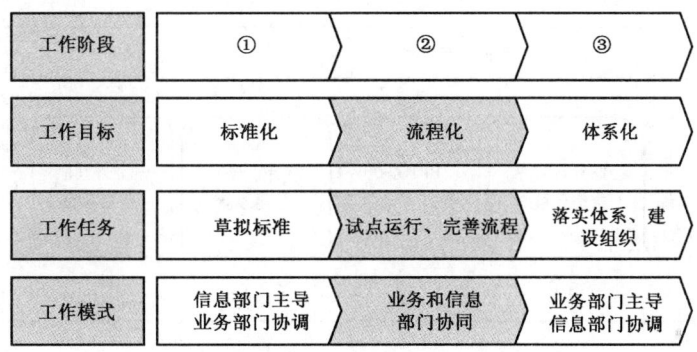

图7-21 公共数据编码平台建设与应用的阶段特征

公共数据编码工作按以下总体思路推进:

(1)建立公共数据编码标准组织体系。总部职能部门和各业务主管部门按照数据对象细分,组建九个协调小组,加强联系,主动推进。建立九大类公共数据的专家队伍,为各成员企业信息系统建设和应用提供相关服务。总部集中建设编码审核队伍,推动资源共享。成员企业建立数据管理队伍,加强现场相关维护服务。成员企业之间建立服务互助机制,加强工作协调和知识共享。

(2)实施公共数据编码标准层次化培训。总部分期分批举办各类公共数据编码标准培训班,全面提高数据负责人和数据管理员的素质。各职能部门、各业务主管部门组织开展公共数据编码标准业务知识培训。组织标准化专家到典型成员企业实地考察、指导、分享数据编码标准建设工作经验。分批组织数据编码审查员、成员企业标准化代表、优秀数据管理员到各ERP蓝图会审研讨会进行专题培训。对成员企业指派的数据管理员分期分批进行集中培训;对即将实施ERP企业的相关人员进行提前培训。

(3)建立健全公共数据编码标准工作六项制度。分别为:成员企业数据负责人抓数据管理组织建设工作责任制度,总部职能部门和业务主管部门公共数据标准化工作半年总结制度,公共数据质量提升季度汇报制度,公共数据编码标准管理工作大事记制度,公共数据管理员目标承诺管理制度,公共数据管理员考核制度。

(4)形成大力推进公共数据编码标准工作的合力。一是依托协调小组和专家队伍加快公共数据编码标准的制修订,审议现行标准,发布企业标准,使信息化建设中的公共数据编码有标准可依。二是努力培养公共数据编码工作的示范单位和数据负责人。开展"示范单位"活动,培养管理协调能力强、工作成效突出的数据负责人,增强成员企业带动基层业务人员提高数据质量的能力和水平。三是大力发展成员企业数据管理员,通过"挂牌子、定岗位"等形式,构筑广大数据管理员发挥作用的平台。四是强化公共数据编码工作的考核与激励。健全推进数据质量定期分析制度,在成员企业开展"争创数据编码标准管理标杆企业、争当数据编码标准好领导、争做数据编码标准好管理员"的活动。

三、系统方案

1. 设计原则

公共数据编码平台与企业其他信息系统数据关系如图7-22所示。

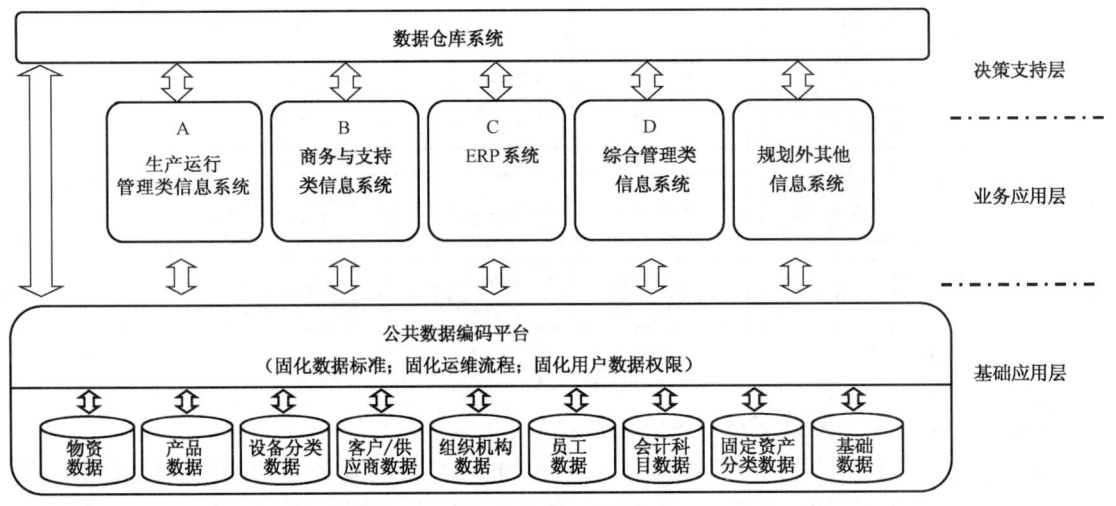

图7-22 公共数据编码平台与其他信息系统数据关系

从图7-22中可以看出公共数据编码平台是企业各类信息系统公共数据的交换中心,通过平台中统一管理的数据标准和数据编码,可以使其他信息系统实现数据标准和编码的统一,促进和实现数据的纵横向集成与共享。

鉴于公共数据编码平台公共数据交换中心的定位,其设计贯彻了以下原则:

(1)先进性。充分参照国内外大公司的成功实践,在建成较长一段时间内保持技术、功能和流程的先进性。

(2)易用性。确保相关员工能够快速掌握、便捷应用。

(3)扩展性。适应公司的各种情况和业务的不断变化。

(4)稳定性。提供对相关用户和信息系统的不间断服务。

(5)安全性。保障系统本身和相关数据的安全。

2. 功能架构

公共数据编码平台总体功能架构如图7-23所示。

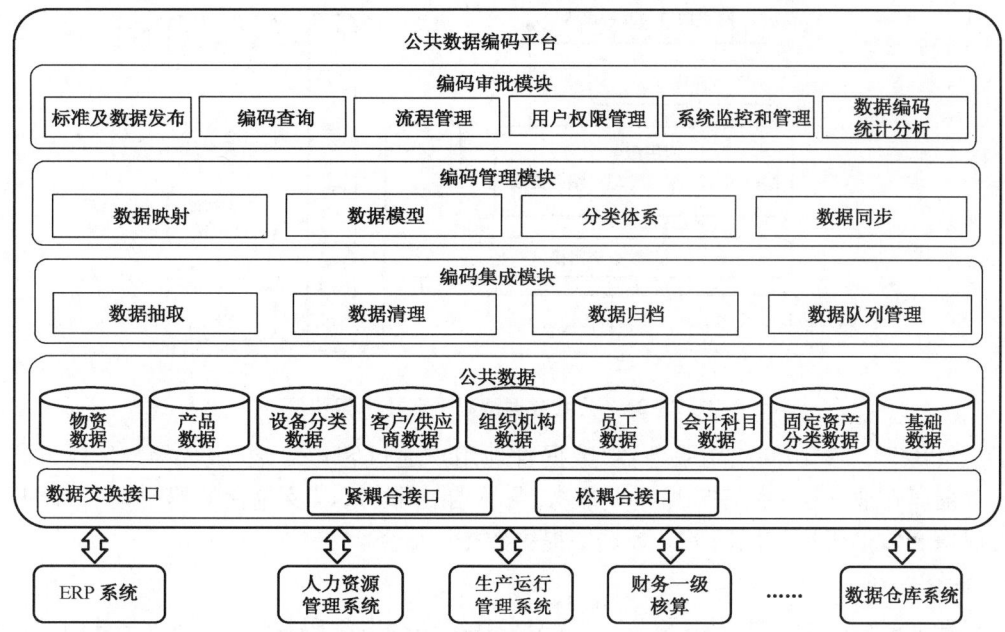

图7-23　公共数据编码平台总体功能架构

公共数据编码平台功能架构从系统面向的用户、管理的数据和服务的应用系统等需求出发进行设计，包括三个主要模块：编码审批模块、编码管理模块、编码集成模块。

编码审批模块主要面向各成员企业业务人员和数据编码负责人。这部分用户直接通过浏览器实现公共数据编码的查询、申请等功能，同时审批模块还提供流程管理、用户权限管理、数据编码统计分析、系统监控与管理等服务，实现系统平台的监控、用户管理、安全管理等功能。

编码管理模块主要面向公共数据编码管理人员，通过客户端软件来实现公共数据编码的数据模型建设、映射、分类等，并管理跨系统的数据同步工作。

编码集成模块主要功能是完成与其他信息系统的数据交换，提供数据集成的功能。编码集成模块通过消息中间件或接口等来实现公共数据编码平台与其他系统的集成，主要功能有：从其他系统中抽取、清理数据，并进行数据归档管理和数据队列管理等。这些功能可以实现数据交换，保证与应用系统的数据同步。平台使用数据抽取工具从其他系统的公共数据集中抽取数据，为后续的标准化处理做好准备，同时在进行数据交换时，对大规模不规范数据进行清洗，实现数据的自动校验和转换。然后由平台集中管理，将需要同步的数据放在数据队列中，按照同步或异步通信方式发送给各相关应用系统。

3. 技术架构

公共数据编码平台技术架构如图7-24所示。

系统分用户层、业务层和数据层三个层次。在用户层，一般编码申请和审批用户通过浏览

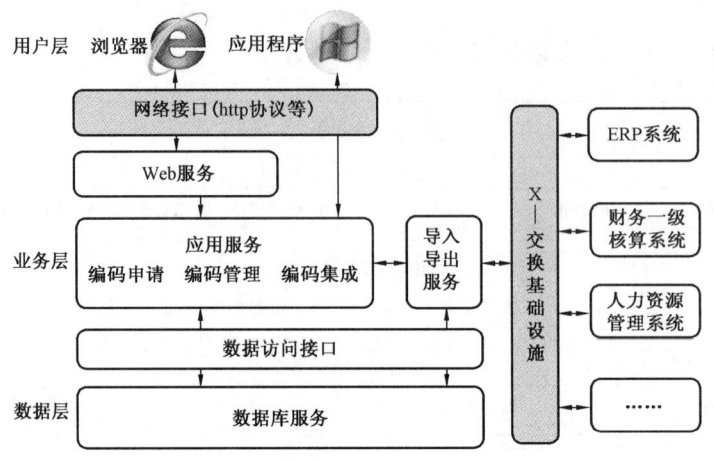

图 7-24 公共数据编码平台技术架构

器/服务器(B/S)方式访问应用服务器,数据管理用户通过客户终端/服务器(C/S)方式访问应用服务器。在业务层,系统提供 Web 服务、导入导出服务,以及包括编码申请、编码管理和编码集成核心数据管理应用服务。数据层提供数据库服务。

4. 接口设计

编码数据从两个途径进入系统,一是从现有系统中获取编码数据,二是业务部门的用户在平台中申请编码数据。这些数据在系统中经过整理,按照统一的结构存储,提供给其他需要的应用系统使用。如需要也可以与现有应用系统中的编码数据进行数据映射,为各个应用系统集成提供公共数据编码。

公共数据编码平台与其他系统之间的接口有两种:第一种是紧耦合方式,针对数据交换量大、变化频繁的应用系统,通过针对每个应用系统的特定需求开发相应的接口或中间件实现紧耦合,即应用系统完全依赖公共数据编码平台创建编码,然后同步到相关应用系统中,实现公共数据编码审批流程的统一。第二种是松耦合方式,针对数据交换量小、变化频率小的应用系统,通过导入、导出的方式,实现信息系统与平台公共数据编码的定期同步。

四、项目进展与效益

2006 年以来,配合 ERP 系统试点的实施,该集团成立了公共数据标准项目经理部,完成了对试点单位客户、供应商和产品的编码工作,制定了相应的运行维护流程,形成了一套公共数据标准化的实施方法。同时与合作伙伴一起,根据 ERP 项目需求开发了部分系统功能,完成了对试点单位上述标准及流程的固化,实现了不同试点单位的数据统一编码并与 ERP 系统集成。

2007 年,随着试点项目的成功,经过总结试点经验和分析应用系统建设对公共数据编码的需求,对公共数据编码平台建设项目进行重新评估,调整了项目的实施范围和深度,开始了更大范围、更大力度的实施推进工作。

从项目启动至今,项目组织制定了产品、物资、客户、供应商、组织机构、人员、会计科目、银行及金融机构、中间品、投资项目、基础数据等公共数据编码及维护管理流程。

公共数据编码平台项目建设促进了两项重大变革并产生了深远影响。一是将信息标准从建议标准变成了强制标准。项目第一次将标准、编码、业务在企业范围内紧密实时地捆绑在一起。二是通过编码统一实现了业务信息的横向统一,配合产销协调,推进了跨业务主管部门的业务协同。项目建设和应用后,大幅提高了数据的准确性和一致性,减少了数据合并、整理、对比等工作量,提高了工作效率,许多潜在效益正在逐步显现出来。企业数据管理水平与业务效益提升关系如图7-25所示。

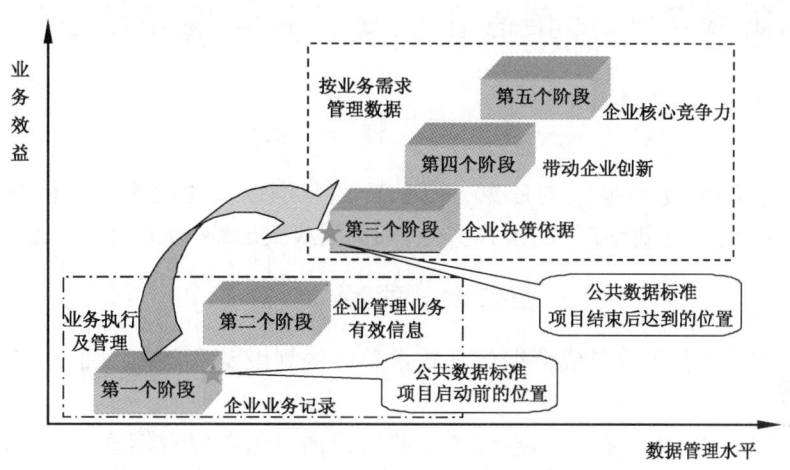

图 7-25 企业数据管理水平与业务效益关系

总之,公共数据编码平台的建设和应用,使该集团公共数据管理水平上升到一个新的发展阶段。

附录 7-1 企业标准制修订项目立项报告示例

标准名称:
制定或修订:
起止时间:
所属专标委:
申报单位:
申报日期:
报告内容:

一、任务要点(目的、意义,主要工作内容,产品或技术标准的市场需求及在国内外所处的技术水平):

二、国内外情况简要说明(国内生产技术状况、国外企业有哪些同类标准及主要数据,以及采标情况):

三、主要内容大纲及章、条的目次:

四、预期达到的效果(经济效益和社会效益):

五、主要措施、经费预算(注明其主要用途):

六、起草工作组组成(包括组长和成员的单位、姓名、职称及分工):

七、进度安排：
八、申报立项单位意见：
九、所属单位标准化主管部门意见：
十、专业标准化技术委员会审核意见：

附录7-2 信息化项目实施管理办法示例

第一章 总 则

主要内容包括：制定本办法的依据、原则、应用范围以及建设模式。信息技术项目按照"试点、制定标准模板，分期推广"的模式实施，确保建成集成统一的信息系统。

第二章 项目准备

（1）申请的提出：企事业单位依据信息技术总体规划以及本单位的业务需求，向信息管理部提出项目试点或推广申请。

（2）试点和推广单位的确定：信息化主管部门依据申请单位对信息化工作的重视程度、其业务的代表性以及信息技术基础情况等，确定试点建设单位和推广建设单位。

（3）项目指导委员会及项目经理部的组成：项目指导委员会由信息技术主管领导、业务主管领导，信息化主管部门、业务主管部门和项目建设单位负责人组成；项目经理部由信息化主管部门、业务主管部门、项目建设单位和内部支持队伍的业务和技术骨干联合组成。

（4）项目指导委员会主要职责为：审查和批准项目技术方案；审查和批准项目实施计划；审查和批准项目阶段工作计划；协调相关部门关系；组织项目竣工验收。

（5）项目经理部主要职责为：制定项目章程和工作计划；组织项目实施工作；控制项目范围；协调项目相关单位和部门合作；实施项目成本管理、质量管理和风险控制；向项目指导委员会汇报项目进展情况。

（6）项目实施过程中，总部与项目建设单位、业务部门与信息部门、内部队伍与外部队伍在项目组织内紧密合作。

第三章 项目启动

（1）信息化主管部门组织召开项目启动会，宣布项目指导委员会和项目经理部人员组成及职责，安排布置项目实施任务，提出项目实施要求。

（2）项目启动会按总部和项目建设单位两级召开。参加人员包括信息主管领导、业务主管领导，信息部门、业务部门和内部支持队伍负责人。

（3）项目经理部负责编制并宣贯项目章程，内容应包括项目范围、进度、人员、沟通、培训、成本、质量及风险。确定里程碑及主要可交付成果，分解任务并明确人员职责分工。

（4）项目经理部组织内部培训，包括项目管理知识和方法论、可行性研究成果、主流技术和最佳实践。

（5）信息化主管部门按合同要求填写首期付款通知单，财务部门负责支付。

第四章 现状调研

（1）按照项目实施计划的安排，项目经理部负责制定现状调研和需求分析计划，包括目的、任务、方法与工具、调研提纲。调研模式包括调研问卷、访谈和研讨。

（2）项目经理部负责对建设单位进行调研。包括建设单位组织结构、业务现状、发展计划及行业发展趋势，信息技术应用现状、最佳实践及发展趋势。形成现状调研报告。

（3）项目经理部负责需求分析。包括业务需求分析、功能需求分析、技术需求分析。分析组织机构、业务流程，绘制业务和数据流程图；详细阐述系统功能需求及优先级；详细描述网络、服务器、客户化、系统安全、系统管理、灾难恢复各项技术需求。

（4）项目经理部负责进行差距分析。将系统可以实现的功能与收集来的用户实际需求进行比对，界定项目范围，明确系统功能。

（5）项目经理部负责编制现状调研与需求分析报告。包括建设单位业务综述、业务系统评估、信息技术评估、趋势概述、业务需求、功能需求、技术需求，差距分析、范围描述。

（6）现状调研与需求分析报告得到项目建设单位、业务主管部门确认后，由信息化主管部门报信息主管领导审批。

第五章 方案设计

（1）项目经理部负责制定方案设计计划，确定设计思路、原则，进行系统总体架构设计、逻辑设计、详细方案设计。

（2）系统总体架构设计包括应用、技术和数据架构设计；系统逻辑设计包括应用拓扑结构、业务及功能模块关系、数据流动关系。

（3）系统详细方案设计包括业务描述、业务流程、内部控制关键点；系统功能描述、功能模块组成和相互关系；应用集成设计；用户界面设计；主要算法设计；异常处理设计；安全性设计；硬件平台解决方案。

（4）详细方案设计报告由信息化主管部门组织审查后，报信息主管领导审批。

第六章 系统配置与测试

（1）项目经理部负责编制系统配置与测试计划，进行系统集成、功能配置、客户化开发、系统测试。

（2）系统集成包括硬件设备安装与调试、软件系统安装与调试、软硬件系统集成。

（3）功能配置包括参数设置、流程定制、角色定义、权限分配，记录配置步骤，形成配置文档。如果进行配置调整，必须及时更新配置文档。

（4）客户化开发包括编制开发说明书、建立开发标准、按标准进行程序开发。

（5）系统测试包括建立与生产环境隔离的测试环境，编制测试用例，进行原型系统测试、单元测试、模块测试、集成测试、压力测试、用户满意测试，编制测试报告。测试中还要考虑与内部控制相关的系统安全访问、系统接口、数据输入/输出和数据完整性等关键控制点。测试后的系统源代码交信息管理部，指定专人保管。

（6）测试报告得到相关用户检验并签字确认后，由信息管理部报信息主管领导审批。

第七章 数据准备及培训

(1) 项目经理部负责制定数据准备计划和用户培训计划,进行数据准备、数据迁移、用户培训及考核。

(2) 数据准备包括数据分析,引用或制定数据管理标准与规范,设计数据格式,进行数据收集、数据清理和质量控制。

(3) 数据迁移包括明确迁移格式和范围,编制完整性和准确性测试方法以及意外情况处理程序,实施数据迁移,由用户对迁移结果进行检验并签字确认。

(4) 用户培训包括编制用户手册,培训系统功能和操作规程,进行系统实际操作演练。

(5) 考核是对经过培训的业务用户及系统维护人员进行理论考试及实际操作测评,通过后颁发证书,实行持证上岗。

第八章 系统上线

(1) 项目经理部与项目建设单位共同组织制定系统上线计划,经信息管理部审核并报信息主管领导与项目指导委员会审批后,进行上线准备,实施系统上线,提出运行维护建议。

(2) 上线准备包括编制上线检查清单,确定上线时间,明确人员分工,制定回退机制,进行数据检查,进行上线动员。

(3) 实施系统上线包括填写上线检查清单,确认系统环境准备就绪,召开系统上线会议,下达上线指令,启动系统。

(4) 运行维护建议包括先进的运行维护理念及方法、维护机制、维护队伍、年度维护费用。

(5) 项目经理部组织编制项目总结报告,做验收准备,归整纸质及电子项目资料,交信息化主管部门。

附录 7-3 信息资产管理规范示例

1. 目的

信息资产管理规范的目的是明确在公司如何识别信息资产,建立资产清单,并进行科学而有效的分类,然后在各个管理层对资产落实责任,进行恰当的管理,为企业的资产提供适当的保护,确保信息资产得到与其重要性匹配的保护措施。

2. 应用范围

信息资产不仅包含计算机、通信设备、磁介质,而且包含对企业有重要价值的档案资料、人员、企业形象、服务等。本标准主要说明对这些信息资产进行的安全管理,其主要应用范围是公司总部及成员企业的信息资产管理部门及信息资产应用部门。

3. 主要内容

在信息安全管理体系建立、实施和运行过程中,资产主要采取以下几种控制方式进行管理,需要在这些方面对资产的安全建立规范。

(1) 资产清单。

在清晰地识别所有资产后,组织应根据资产的重要性形成文件。资产清单应包括所有为从灾难中恢复而需要的信息,包括资产类型、格式、位置、备份信息、许可信息和业务价值。

(2)资产责任人。

与信息处理设施有关的所有信息及资产应由组织的指定部门或人员承担责任。

(3)资产的合格使用。

与信息处理设施有关的信息和资产的可接受的使用规则应被识别、形成文件并加以实施。

(4)信息分类指南。

信息应按照它对组织的价值、法律要求、敏感性和关键性予以分类。

(5)信息的标记和处理。

应按照组织所采纳的分类机制建立和实施一组合适的信息标记和处理程序。

附录7-4 计算机病毒与网络入侵应急响应管理规范示例

前言
1 范围
2 规范性引用文件
3 术语和定义
4 组织机构及职责
  4.1 信息化主管部门
  4.2 各企事业单位信息主管部门
5 计算机病毒事件分类与分级
  5.1 计算机病毒事件分类
  5.2 计算机病毒事件分级
    5.2.1 Ⅰ级事件(特别重大)
    5.2.2 Ⅱ级事件(重大)
    5.2.3 Ⅲ级事件(较大)
    5.2.4 Ⅳ级事件(一般)
6 网络入侵事件分类与分级
  6.1 网络入侵事件分类
  6.2 网络入侵事件分级
    6.2.1 Ⅰ级事件(特别重大)
    6.2.2 Ⅱ级事件(重大)
    6.2.3 Ⅲ级事件(较大)
    6.2.4 Ⅳ级事件(一般)
7 应急响应
  7.1 预防与预警
  7.2 应急响应启动
  7.3 应急响应流程

7.3.1 计算机使用人员
7.3.2 各企事业单位信息主管部门
7.3.3 信息化主管部门
7.3.4 外部安全公司
7.4 恢复与重建

附录7-5 信息系统灾难恢复管理规范示例

前言
信息系统灾难恢复管理规范
1 范围
2 规范性引用文件
3 术语和定义
4 灾难恢复的组织机构
 4.1 综述
 4.2 构成及职责
5 灾难恢复需求分析
 5.1 风险分析
 5.2 业务影响分析
 5.3 确定灾难恢复需求
6 灾难恢复策略制定
 6.1 灾难恢复能力等级
 6.2 灾难备份中心布局
 6.3 灾难备份中心建设模式
 6.4 对灾难备份中心的要求
7 灾难备份中心运行维护
 7.1 运行维护目的
 7.2 运行维护内容
 7.3 运行维护管理信息系统
 7.4 灾难恢复预案的演练
8 灾难恢复预案
 8.1 预案的目的
 8.2 预案的制定
 8.3 预案的管理
9 应急响应和灾难恢复
 9.1 应急响应流程
 9.2 灾难恢复
 9.3 重建与回退

10　演练及培训
　　10.1　灾难恢复演练
　　10.2　认知与培训
附录 A　（资料性附录）
附录 B　灾难恢复预案框架

第八章 信息化组织队伍建设

企业信息化是一场深刻的革命,是关系企业生存改革发展战略全局的工作,必须建立清晰的管理体系,统筹协调,加强领导。这个体系包括三个层次,即信息化领导决策体制,行使统一管理职能的信息管理部门,信息化建设和运行维护队伍。建设和运行维护队伍又包括两个方面,一是科学合理、联合协作的三级信息化建设项目组织,二是专业化、层次化的信息系统运行维护服务体系。与整个组织队伍体系密切相关的还有配套的信息化培训体系、制度体系和考核体系。本章主要展开讨论领导体制、管理部门、项目组织体系、系统运行维护服务体系和信息化培训体系建设。

第一节 信息化组织队伍建设概述

一、企业信息化组织队伍的发展趋势

企业信息化组织队伍的发展是与信息化建设的发展历程同步的,伴随着管理理念和技术的进步、信息化应用的不断深入,企业信息化组织队伍建设经历了不同的时期,日趋成熟。

在20世纪60—80年代,流程化管理开始深入,新的管理和组织模式不断涌现;以大型机为代表的计算机技术占据信息技术的主导地位,局域网和客户终端/服务器(C/S)应用架构开始出现;单机、单项业务管理信息系统,包括财务、库存等开始应用;信息技术主要被企业中少数计算机人员掌握和使用。这个时期尚没有信息部门,一般为附属于某管理/业务部门的系统管理员、计算站、计算机室等,负责单项事务应用软件开发与维护,只是业务发展的辅助部门。

20世纪80年代至2000年,新的管理模式不断对信息化提出新的更高的要求,信息化成为提升企业管理的重要手段和保障;互联网和个人电脑逐步普及,浏览器/服务器(B/S)应用架构开始取代C/S结构的主体地位,计算机化应用逐步深入企业管理的各个层面;部门级信息应用系统在企业中不断开发与应用。这个时期的信息部门发展成为企业直属或挂靠的信息中心,负责部门级信息系统实施与维护,开始具有一定的信息化管理职能,逐步成为支撑企业业务发展的重要力量。

2000年以来,信息技术演变和发展成为推动企业变革的关键驱动要素;新技术的应用催生新模式、新业务;"网络就是计算机"成为普遍现实;系统应用已经不再局限于个人电脑,各种终端应用不断出现;基于网络结构的应用系统成为主流;信息技术应用拓展到包括合作伙伴和客户的企业外部;开始注重建设企业级信息系统,重视业务系统集成、整合与协调运作。这一时期的信息部门大多已成为企业实施信息化统一管理的独立职能部门,负责制定服务于企业业务战略的信息技术总体规划,并按规划统一组织建设集成的企业级信息系统及其运行维护体系;设立独立的网络/信息技术中心,作为信息技术服务专业组织;企业信息化工作领导小组+主管领导的领导体制逐步健全;企业信息总监体制开始出现。

二、企业信息化组织队伍建设现状

国内企业,特别是大型集团企业,把信息管理作为企业总部的一大管理职能,逐步建立健

全了信息化领导机构和管理部门,确立了坚强有力的信息化组织领导体系,信息管理在公司治理中的地位得到提升。据不完全统计,截至 2008 年 9 月,在 130 多户中央企业中,绝大多数明确了信息的主管领导,建立了信息化领导机构;国家电网等 43 家企业设立了信息总监职位,其中 28 家的信息总监由企业副总经理担任;53% 的企业设置了独立的信息管理部门;还有不少企业在其成员企业/二级单位设立了信息化职能机构,作为二级管理部门。

但就整体而言,企业信息化领导力仍需进一步加强。一些企业领导对信息化认识水平不高,还没有真正重视信息化建设,有些企业信息化领导小组的牵头人还不具备全局决策、资源协调权利;信息化建设规划的作用没有充分发挥,或者与企业发展战略脱节,或者与业务结合不够,或者不能整合共享资源,或者缺乏预见性和指导性,或者得不到严格执行而成为一纸空文;还有部分企业没有独立的信息管理部门,甚至没有信息化归口部门,信息化组织机构成的熟度也还需要提升。有的企业的信息机构仅作为技术支持部门存在。

背负着艰巨的信息化建设和应用使命,针对信息化组织队伍建设的现状,企业要加强紧迫感,用改革创新的观念加快推进信息化组织队伍建设。

三、企业信息化管理组织的几种模式

大型企业集团的信息化管理组织模式大致有一级集中式、两级集中式、统弱分强式和独立分散式四种,反映了企业总部的信息管理机构与下属业务单元信息管理部门之间不同的管理和运作方式。

(1)一级集中式。由总部信息管理部门组织制定统一的信息化政策和总体规划,包括业务单元的信息化政策与规划。这种模式有利于实现全公司范围的快速决策,有利于信息化管理的高效运作;但在灵活性以及对下属作业单元的支持效率上相对较弱。

(2)两级集中式。信息化管理机构采用适当的集中模式,主要决策在总部进行;总部与成员企业信息化管理机构进行适当的职责划分,分工协同;这种模式兼顾了统一集中管理和成员企业业务特殊性的需要。

(3)统弱分强式。总部信息管理部门主要协调建设总部应用系统和全局性主干网络等信息基础设施;各成员企业/业务单元的信息管理部门负责本单位的信息基础设施和应用系统建设。这种模式虽然可以保证信息化建设与管理符合本业务单元的需要,但将造成各单位应用系统的重复建设和信息孤岛,在整个企业范围无法实现信息共享和业务协同。

(4)独立分散式。所有信息建设和应用的决策都在各成员企业/作业单元;总部没有信息管理部门,或者只是为企业总部机关提供信息应用系统建设技术支持的服务机构。这种模式下信息化管理的无政府状态必然导致信息系统互相封闭,信息化应用只能徘徊于各自的成员企业或作业单元操作层面。

四、企业信息技术服务组织模式

信息化建设与应用过程中需要同时加强管理与服务两种职能。这两种职能的承担主体分别是信息管理部门与信息技术服务单位。信息技术服务组织建设大致有四种模式。

(1)管理服务一体化的两级信息化组织模式。总部与成员企业都有信息化组织,都兼有管理与服务两种职能。优点是对各单位响应速度快;缺点是管理与服务职能不分,难以实现有效规范的管理,难以提供专业化、层次化的信息系统运行维护服务;信息技术服务资源无法实

现整个企业范围的整合与共享。

(2) 管理与服务分离的两级信息化组织模式。总部和各成员企业都成立信息管理部门，并将服务职能进行拆分，成立专门的信息技术服务组织。优势是分立信息化管理和服务职能，可以实施信息化的规范管理，同时又提高信息技术服务的专业化程度；不足是信息技术服务资源不能在全企业范围共享，无法提高服务的专业化水平。

(3) 区域性共享技术支持中心。整合总部和成员企业的信息技术服务人力资源，形成多个专业化分工的区域性信息技术共享支持中心。优势是有利于资源共享和发挥规模效应；不足是某些现场服务响应时间可能会相对延长（可以通过层次化的三级技术支持进行弥补）。

(4) 专业信息技术公司。成立专业化的信息技术公司，负责整个企业的信息系统建设和运行维护工作，可同时向社会上相同/相近行业的用户提供系统建设与运行维护服务。优点是充分利用信息技术人力资源，创造市场化的运行和用人机制，发挥信息技术人员职业潜能；缺点是可能出现服务垄断和服务单位过分追求自身经济效益，造成服务质量下降。

五、国内外企业信息化组织队伍模式案例

全球最具权威的IT研究与顾问咨询公司高德纳（Gartner）的研究资料显示，随着时间的推移，国际上众多企业的信息化组织普遍采取集中模式。国内企业在加强集中管控的同时，必然要求采取集中的信息化管理模式，在总部设立专职的信息管理部门，统一规划、统一管理和组织实施信息化建设，有效避免重复建设、信息孤岛等信息化顽症，为企业的运营与发展提供全面的信息化支撑。

1. 埃克森美孚公司信息化组织队伍架构

埃克森美孚公司（ExxonMobil），全球约有10多万名员工，其中信息技术人员5000多人，约占员工总数的6%。公司的信息化组织采用一级集中管理模式（图8-1），各业务主管部门和各业务单元的信息技术部门被重组，由总部信息化部门直接管理。公司的信息技术服务采取集中的内部共享服务模式，根据业务领域的特点，成立专业化的信息技术服务组织，如上游业务信息技术服务、化工业务信息技术服务等，统一向业务单位提供信息技术服务。这些信息技术服务组织与业务单元是服务与被服务的关系，没有行政隶属关系。2002年信息技术投入为20亿美元，约占销售收入的1%。

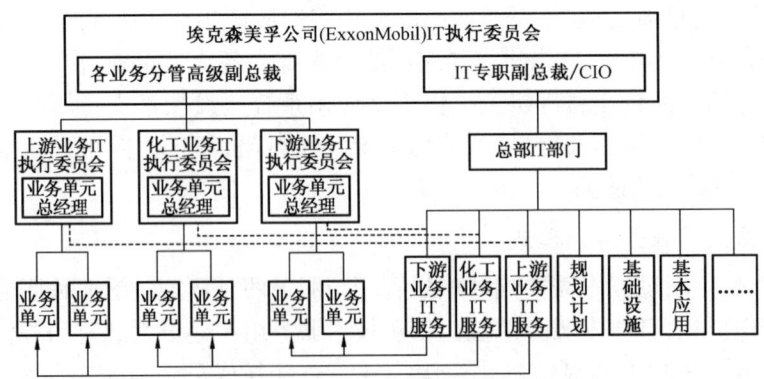

图8-1　埃克森美孚公司（ExxonMobil）信息化组织队伍架构

2. 皇家荷兰/壳牌集团信息化组织队伍架构

皇家荷兰/壳牌集团(Shell)员工近12万人,其中信息技术人员近6千人,约占员工总数的5%。公司信息化组织采用两级集中管理模式(图8-2),由一位全球副总裁担任信息总监,负责整体信息化管理和资金支出的决策,全面领导公司的信息化管理、技术支持与服务工作。在总部设立共享技术服务部门,统一承担信息系统和基础设施的运行维护工作。各业务主管部门设置信息管理部门,接受总部信息管理部门的业务指导,各业务单元的信息管理部门行政上直属于业务单元,接受业务主管部门信息管理部门的业务指导。2002年信息技术投入为30亿美元,约占销售收入的1.3%。

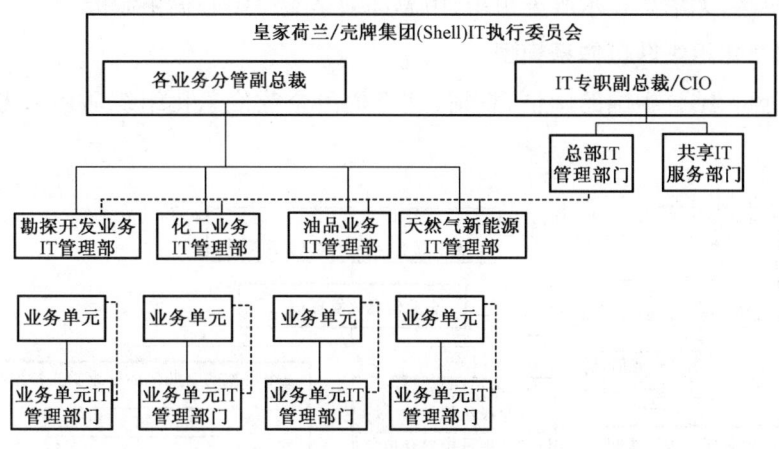

图8-2 皇家荷兰/壳牌集团(Shell)信息化组织队伍架构

3. ××集团信息化组织队伍架构示例

××集团当前的信息化组织队伍架构如图8-3所示,采用两级集中管理模式,由总部信息化工作领导小组、信息管理部、业务主管部门、信息管理部门和成员企业信息化工作领导小组、信息管理部门构成。

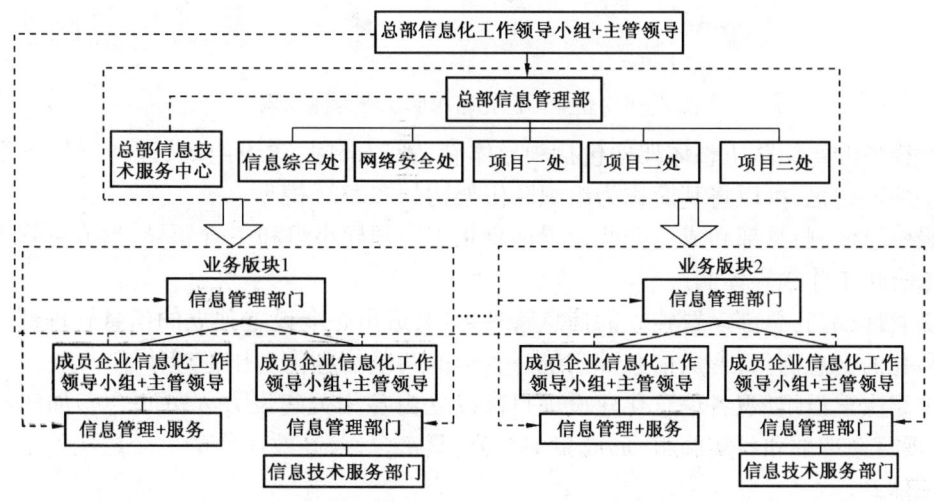

图8-3 ××集团信息化组织队伍体系架构

××集团信息技术服务主要依靠内部技术力量,加强内部资源整合和共享,逐步形成企业长期稳定的、高水平的信息化服务体系,确保信息化建设、应用和安全水平的持续提升。公司信息技术支持服务体系包括:由各区域网络中心构成的共享基础设施支持中心,由各应用系统支持单位构成的共享应用系统支持中心和由成员企业信息技术服务部门构成的一线/现场服务中心。

目前,大部分成员企业建立健全了信息管理部门和技术服务组织,其组织形式大致有三种模式,职能有所不同。模式1,设立独立的信息管理部门和技术服务部门,管理与服务相分离,其中一些单位实施技术服务外包;模式2,设立独立的信息部门,管理与服务一体化;模式3,只设立信息管理机构,无信息技术服务组织,由总部共享支持中心提供服务。

六、企业信息化组织队伍体系模型

根据以上分析,结合中国的国情、企情,这里提出企业信息化组织队伍参考体系模型(图8-4)。

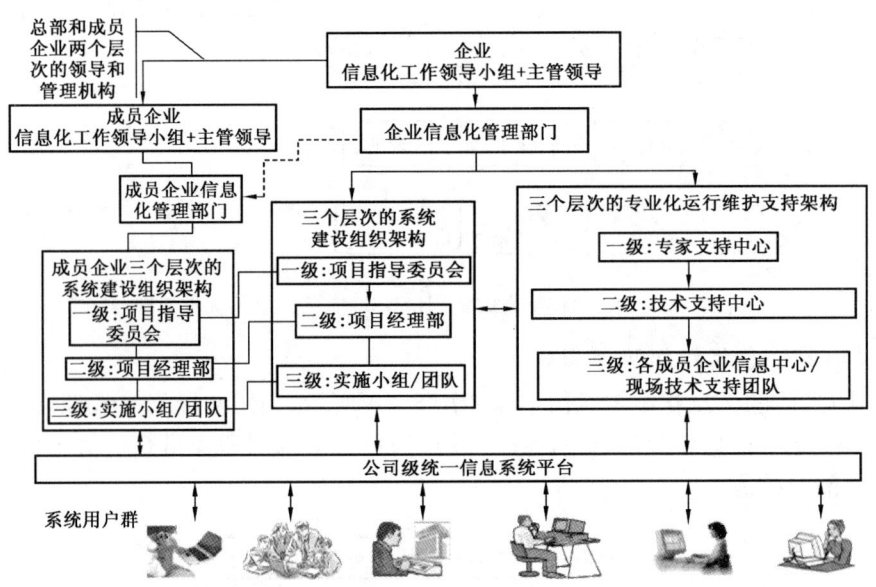

图8-4 企业信息化组织队伍参考体系模型

这个模型的组织队伍整体架构包括领导体制、管理部门、建设组织、运行维护体系四个部分。为了便于记忆,可以将其简称为组织队伍架构的"2233"模型。

两级领导体制:总部和成员企业设置信息化工作领导小组和主管领导,形成主管领导负责的两级信息化工作领导体制。

两级管理部门:总部设置独立的信息管理部门,成员企业设置独立的信息管理部门或管理服务一体化的信息部门,形成信息部门统一管理的两级信息化工作管理体系。

三个层次建设组织:各信息化建设项目都设立由各相关建设方人员联合参加的项目指导委员会、项目经理部和各实施组,形成集中办公、紧密合作、高效运作的三个层次的信息化项目建设组织体系。

三个层次运行维护体系:各信息系统建立一级专家支持中心、二线技术支持中心和三级各成员企业信息中心,同一层次逐步集成、整合、共享,形成专业化、共享化的、三个层次联动协同的信息系统运行维护支持服务体系。

相关业务的各级部门,既是信息系统业务需求和应用的主导者,又是信息系统的关键用户,更是信息化组织队伍架构的重要参与者和支持者。需要在建设组织和运行维护体系内充分实现总部和成员企业、信息部门和业务部门、内部队伍和外部团队三方面的紧密结合,互相配合,共同持续有效地推进信息化建设和应用,保障信息化对企业业务发展的全面支撑作用。

需要指出,企业因规模、业务和管理架构不同,企业信息化组织队伍模型也应因之而有所调整和变化,特别是领导、管理和运行维护体系的层次可减可加,总的原则是适应企业信息化建设和应用的发展要求,符合信息化与工业化融合的大趋势。

还需要指出,"2233"模型中的建设组织和运行维护体系既可以完全由企业内部人员组成,也可以由外部技术供应商人员组成,大多是内部和外部合理结合组成。

第二节　领导体制建设

一、企业信息化领导

信息化发展到了信息化与工业化两化融合的新阶段就是信息化更加重要,也更为复杂;推进的广度、深度和力度更大,业务运营对之依赖度随之大大增加;同时,信息化建设和运行维护的各种风险因素也急剧增多。经验表明,信息化的成功取决于"领导＋技术(IT)＋应用"这三个要素,现在"重技术,轻应用"的倾向已经扭转,需要尽快建立起更加有效的组织领导体制。

多年来,对企业信息化的首要共识就是信息化是"一把手工程"。很多企业搞信息化主要是靠领导权威去推动和协调,这是必需的,强调企业各级"一把手"的领导作用对推动全局性的信息化工作至关重要。

信息化主管领导是对企业信息资源实施管理和控制的企业副总经理/副总裁级别的专职领导人员,是"一把手"推进信息化的主要助手,负责信息化的领导工作,解决信息化的方向问题,组织完成信息化与业务深层次融合的总体设计,组织信息技术总体规划和方案的制订与实施。

信息化主管领导不仅要对信息化资源的运用、信息系统的正常运行负责,更重要的是要参与企业核心领导层的决策,决定企业的信息化战略,保证信息化战略与企业战略相配合、信息技术总体规划与企业发展规划相配套,对企业信息化建设要有决策权和资金控制权。

最近几年,国内已有机构或企业正在参照美国、欧洲等信息化管理体系进行信息总监制度建立的探索性工作。在2007年中央企业信息化工作大会上,国务院国有资产监督管理委员会要求有条件的企业要设立由企业领导班子成员担任的信息总监职位,要求进一步落实信息化主管领导的职责权限。企业信息化项目建与不建,项目建设后何时启用都应听取信息化主管领导的意见。

二、信息化工作领导小组＋主管领导体制建设

企业信息化工作领导小组＋主管领导的领导模式是目前国内企业最主要的领导体制特征。

企业信息化工作领导小组是企业信息化的最高领导和决策机构,领导小组成员由企业主

管领导、财务主管部门、信息管理部门、业务职能部门的负责人以及信息化高级专家组成。领导小组负责确定企业信息化发展方向,审批信息技术总体规划、年度计划和预算计划,部署和督导信息化重点工作,协调推进总部和成员企业信息化建设。领导小组下设办公室,具体负责各项信息化决策和工作部署的落实,办公室一般设在企业信息管理部门。

各成员企业同样设立信息化工作领导小组,作为本单位信息化工作的领导决策和推进机构,负责审查和批准本单位信息化建设中长期发展战略、信息技术总体规划、年度计划和经费预算;协调解决信息化建设的集中统一和资源共享等重大事项,推进本单位信息化建设。

在成员企业分布相对集中的地区,鼓励地区内整合信息资源,推动资源共享,减少重复投资和资源浪费,倡导成立地区信息化工作领导小组,负责协调解决本地区各单位信息化建设的集中统一和资源共享等重大事项,加强区域内的合作;明确地区内各单位信息管理与技术服务部门之间的分工,避免基础设施和应用系统等的重复建设。

第三节 管理体系建设

管理体系建设就是两级信息管理部门建设。要加快设立信息化专职管理部门,做到机构、职能、人员和责任"四落实"。

一、总部信息管理部门建设

企业总部必须设置独立的、职能健全的信息管理部门,全面管理信息化工作,不能再由其他部门兼管或代管。信息管理部门负责编制信息技术总体规划、年度计划、经费预算、管理制度、标准规范;组织信息系统建设和运行维护;开展信息技术培训、交流和对外合作;指导各成员企业信息化工作。与此同时,企业信息管理队伍要加快由信息技术型向技术+业务+管理的复合型转变。

企业总部信息管理部门主要岗位应包括部门领导、综合管理岗、规划计划岗、项目管理岗、网络建设与运行维护岗、信息安全岗、标准与内控岗和政策制度岗等。

(1)总部信息管理部门领导职责。主持部门全面工作,安排、督导部门人员工作任务;贯彻落实工作部署,组织制定和执行信息技术总体规划,提出年度工作计划和经费预算;组织企业信息化项目实施;组织企业信息系统运行维护管理;组织制定和执行信息化管理政策、制度和办法;负责对部门工作进行检查、考核和总结,并向企业主管领导报告等。

(2)综合管理岗位职责。具体组织信息化工作计划编制,检查执行情况;具体组织部门综合材料的起草工作;按照企业信息化工作规定拟定、修改、完善处室工作制度和规范,参与拟定公司信息化工作规定、制度、规范和指南;组织编制处室工作计划、工作要点、实施方案并组织实施;负责对本处室工作计划落实情况进行督促、检查和考核等。

(3)规划计划岗位职责。执行信息化工作规定和年度工作计划,负责信息技术总体规划、计划等方面业务管理;负责收集信息技术总体规划计划编制信息,组织编制信息技术总体规划和年度计划,起草年度计划报告;负责收集规划计划执行信息,分析规划计划执行情况,起草计划执行情况报告;负责处理与规划计划相关日常事务,完成相关材料归档。

(4)项目管理岗位职责。具体组织编制信息化项目建设工作计划;具体组织信息化项目建设管理;贯彻落实信息化项目建设工作计划;按照工作规定拟定、修改完善信息化项目管理办法、制度和规范等。

(5)网络建设与运行维护岗位职责。组织编制网络建设与运行维护工作计划;执行企业内部网络建设与运行维护规定和年度工作计划,组织网络建设与维护等方面业务管理;具体组织网络建设与运行维护工作;收集网络建设与运行维护信息,分析有关情况,提出建议;处理与网络建设及运行维护相关日常事务,完成相关材料归档等。

(6)信息安全岗位职责。具体组织编制信息安全工作计划,组织贯彻落实检查执行情况;具体组织信息安全体系建设与管理;按照信息化工作规定拟定、修改、完善公司信息安全工作制度等。

(7)标准与内控岗位职责。执行企业标准、内控规定和年度工作计划,组织标准与内控等方面业务管理;根据信息化建设需要,组织制定、发布、维护信息技术标准;具体组织信息系统总体控制体系建设完善工作;处理与标准、内控相关日常事务,完成相关材料归档等。

(8)政策制度岗位职责。执行信息化工作规定和年度工作计划,收集政策制度编制信息,组织编制、审核信息化工作政策制度,起草政策制度执行报告;负责处理与政策制度相关的日常事务,完成相关材料归档。

二、成员企业信息管理部门建设

各成员企业要成立独立的信息管理部门,负责本单位的信息化工作;与业务部门共同组织、协调本单位应用系统建设项目的推广实施、培训和运行维护;统一组织建设本单位个性化专业应用系统、局域网络、数据采集与控制系统等配套工程,承担配套系统运行维护管理工作。

各成员企业结合本单位管理和服务的实际情况,既可以设置管理与服务一体化的信息管理与技术服务部门,也可以分别设置信息管理部门和信息技术中心。

成员企业信息化管理和技术服务部门的职责是,制定本单位信息技术总体规划,向总部信息管理部门报送信息技术总体规划成果和建设计划;负责本单位范围内信息化项目建设和运行维护;负责总部统一建设项目在本单位实施的组织推动;执行总部各项信息化制度与标准规范,制定本单位的信息化管理规章制度和标准等。

特大型成员企业,可以根据现有信息技术队伍的实际情况,在三级单位设置管理与服务一体化的信息技术中心。具体有两种模式:一种是在三级单位设置信息技术部门,其行政隶属三级单位,二级单位的信息管理部门对其进行业务归口管理。另一种是由二级单位信息管理部门向三级单位派出直属信息技术机构,为所在三级单位提供信息管理和技术支持服务。

第四节 实施体系建设

一、项目实施组织体系

实施企业信息化项目,特别是实施大型企业的大型项目,科学合理的组织架构和工作模式极为重要。目前,很多企业都采用三个层次的项目组织体系架构:项目指导委员会——→项目经理部——→项目实施组。对企业总部统一组织实施的重大项目,既要在总部设立企业级的三层项目组织架构,还需要在各所属实施单位同步设立该单位相应的三层项目组织架构。两个级别、三个层次的项目组织架构形成上下协调一致,共同完成项目实施的完整项目组织体系。这种信息化项目2×3组织架构如图8-5所示。

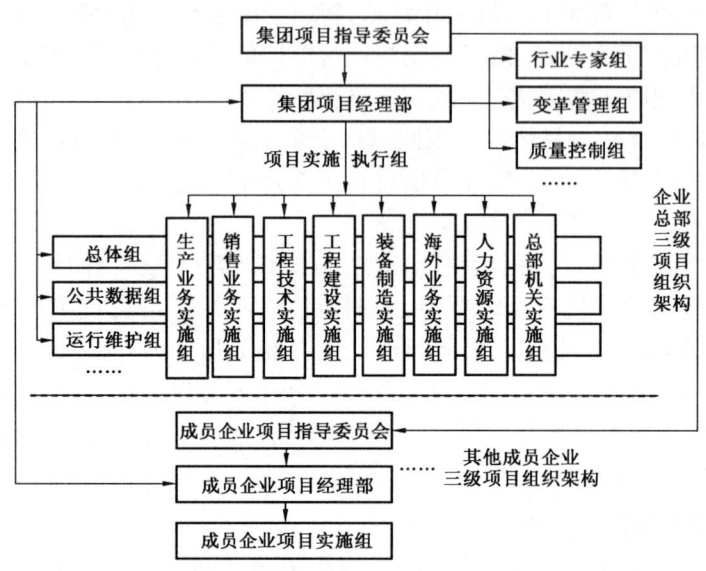

图8-5 信息化项目2×3组织架构

由信息管理部门与业务主管部门协商,提出项目指导委员会和项目经理部领导以及成员组成方案,报企业信息化主管领导批准,并在项目启动会议上宣布或者下文发布。

项目指导委员会由信息化主管领导、业务主管领导,信息管理部门、业务主管部门和项目建设单位负责人组成。其主要职责包括:审查和批准项目建设方案、实施计划和项目阶段工作计划;协调相关部门关系;组织项目竣工验收等。

项目经理部由信息管理部门、业务主管部门、项目建设单位和内部支持队伍的业务和技术负责人员组成。其主要职责包括:制定项目章程和工作计划,组织项目实施,控制项目范围,协调项目相关单位和部门合作,实施项目成本、质量管理和风险控制,向项目指导委员会汇报项目进展情况等。

根据项目的不同,项目经理部下设若干项目实施组,明确组长和主要成员,并确定其职责。一般情况下,实施组是具有相当规模的联合团队,具体完成项目实施工作。

二、项目实施组织体系实例

图8-6是某应用系统实施项目组织架构的示意图。下面对这种组织架构中各层级、各种角色的任务和责任进行简要描述。

该应用系统建设项目由应用单位、项目内部技术支持单位和外部实施方共同完成。考虑到项目的业务特点及项目的复杂性,项目采取监理、咨询、集成商、各专业软件开发商和内部支持队伍共同参与的项目组织模式。在公司总部和所属实施成员企业都成立相应的项目实施组织机构,承担项目实施工作。需要强调,生产协调部门和工程技术部门是该系统主要业务应用

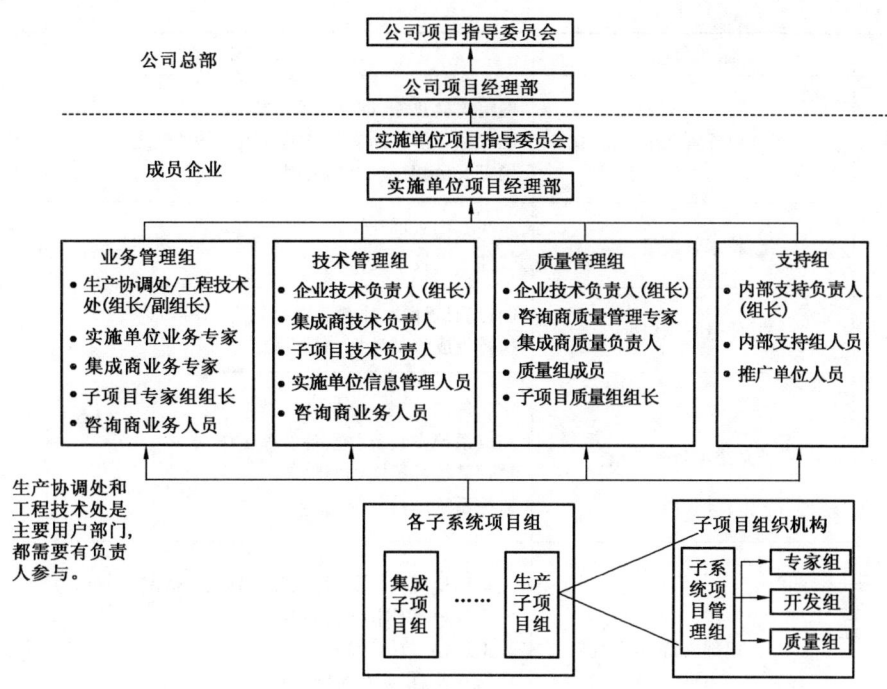

图 8-6 应用系统实施项目组织架构

部门,需要指派负责人、骨干人员参加项目组织。项目组织中各层级中的各个角色及其主要职责列于表 8-1。

表 8-1 项目组织中各层级中的各个角色及其主要职责

组织层级	组织角色	主 要 职 责
决策层	公司总部项目指导委员会	项目总体决策与管理 协调各级机构工作,对重大事项做出决策
	实施单位项目指导委员会	审批项目策略、进度、预算、投资等
管理层	公司总部项目经理部	全面负责项目实施 控制所涉及的业务流程范围 确保有效且迅速组织解决项目实施的各种问题,以避免影响项目进度
	实施单位项目经理部	
	实施单位项目管理组	按项目经理部要求组织项目实施 解决项目执行过程中的问题 审核和签署项目各项成果、文档 严格按照项目计划,组织所需资源,确保按时上线
	开发商项目管理组	负责项目开发工作 具体实施项目、解决项目执行过程中的问题 严格按照项目计划,组织所需资源,确保按时上线

续表

组织层级	组织角色	主 要 职 责
执行层	业务管理组	确定关键业务,进行业务分析 确定项目修改而受到影响的用户并评估影响 确定安全和授权方面的要求
	技术管理组	系统架构改进 软件开发技术支持
	质量管理组	制订测试计划、质量管理计划 执行集成测试计划、实施测试
	子系统项目管理组	实施培训 完成系统安装、设置、备份等工作 整理系统维护文档资料 监控系统运行状况
	内部支持组	负责项目协调与沟通、跟踪计划执行情况 质量管理、识别风险和知识转移 数据迁移、数据管理 参与开发、集成和实施 会议及资料管理

项目实施工作由内部技术队伍、集成商、软件开发商和管理咨询商四个方面的团队分工合作,各负其责,联合完成。各实施方在项目实施中的职责分述如下。

内部技术队伍:作为甲方人员,代表甲方负责项目管理和建设,一方面进行项目监督管理,另一方面负责组织项目知识转移。具体包括:项目管理和沟通协调,参与方案制订和审查,集成测试和上线部署,数据迁移及数据标准管理,培训和知识转移实施,新增功能开发,资料管理等。

内部技术队伍分成多个组同时开展工作,参与到所有厂商的工作中。内部技术队伍人员角色描述见表8-2。

表8-2 内部技术队伍人员角色描述

角色		要 求	工 作 内 容
总负责	项目管理	了解项目背景,有大型项目管理经验	负责整个实施阶段的总体协调、项目管理和方案审查
业务	业务人员	熟悉各工程技术服务业务	前期准备、详细方案制订,子阶段负责方案制订及审查;负责系统上线试运行子阶段的系统功能跟踪等
技术	开发	新增功能开发	负责架构、系统设计与开发
	技术支持	熟悉系统操作	负责系统上线试运行子阶段的用户培训、上线部署、知识转移等

续表

角色		要求	工作内容
数据	数据管理	熟悉数据模型、数据库管理	负责数据迁移、数据标准管理
质量	测试	有系统开发经验	协助制订详细方案；负责新增功能开发、各子系统之间、功能模块之间集成的测试工作
	质量管理	有项目质量管理经验	负责项目质量管理和过程控制
系统	配置管理	熟悉配置管理工具	负责代码、文档配置管理
	软硬件管理	熟悉网络硬件、应用系统	负责软硬件管理
其他	综合管理	有较好的文字能力和沟通能力，认真、细心、敬业	负责整个项目的会议协调、会议记录、公共文档管理，管理办公场地、耗材，项目商务支持

咨询团队职责主要包括：分析选型方案，设计应用系统架构；制定系统技术架构、系统实施计划和投资计划，进行成本效益分析；系统需求分析和系统设计；整体项目实施工作管理、质量管理；提供系统试运行上线指导；协助进行运行管理评估；项目收尾工作等。

系统集成团队职责，除了开发实施企业总部、成员企业两级应用外，还要为整个系统提供技术框架和公共模块。具体包括：调研及需求分析，系统开发与集成，参与项目管理和沟通协调等。

专业软件开发团队工作职责主要包括：软件模块开发，已有模块完善，差异化需求开发，配合集成商完成专业软件的集成等。

三、项目实施队伍建设

信息化项目实施队伍既可以是企业的信息技术队伍，也可以是组建的合资信息技术公司，还可以是国内外信息技术供应商团队。这三种模式将在本节后面的运行维护组织体系建设中阐述，这里仅对企业信息技术队伍建设进行讨论。

1. 总部信息技术服务中心

企业总部不仅是企业决策管理中心，也是全局性的各种信息、信息系统和基础设施的集中之地和交换中枢，是信息系统关键用户聚集之所，必须加强信息技术支持与服务。企业要整合总部机关及其所在地的信息技术服务资源，成立总部信息技术服务中心，由企业信息管理部门归口管理。总部信息技术服务中心主要负责企业骨干网、总部局域网等信息基础设施建设与维护，总部办公管理信息系统建设与维护，总部机关信息技术资产管理和桌面系统技术服务等。

2. 共享专业信息技术中心

企业信息化建设是一项长期艰巨的系统工程，需要企业内部信息化建设队伍与项目的外部合作伙伴共同完成各个项目的实施工作。为此，企业需要整合成员企业信息技术人力资源，充分发挥各成员企业信息中心的业务特长和能力，运用市场机制，将员工数量多、技术能力强的成员企业信息中心培养锻炼成为提供信息系统实施和运行维护共享服务的专业信息技术中心（即运行维护体系中的应用系统共享支持中心）。信息管理部门结合各专业信息技术中心的业务特长和项目实施经验,明确其各自的专业服务和发展方向,将企业信息技术总体规划中的项目逐一分配落实到每一个支持单位——专业信息技术中心。

共享专业信息技术中心的使命是,在系统实施期间,作为项目建设的内部承担单位,是项目实施团队的重要力量,与实施单位及合作方紧密合作,努力学习信息技术、专业知识和项目管理方法,共同建设信息系统;在系统建成上线投入运行以后,作为项目运行维护的负责单位,承担该系统共享支持中心的职责,负责所建系统的完善、升级和运行维护工作。

共享专业信息技术中心职责,一是承担企业统一建设项目的实施工作,二是承担所建信息系统的运行维护工作,三是为企业内部没有信息技术队伍的单位提供信息技术支持服务。

共享专业信息技术中心管理运作模式是:中心由总部信息管理部门归口进行业务管理,行政上由所在单位管理,采用市场化的运行机制,从人员招聘到考核激励都尽可能与市场接轨,提高员工整体素质,留住优秀人才,为企业信息化提供专业化服务。

共享专业信息技术中心应设的主要岗位包括主管领导、综合管理岗、项目管理岗和项目实施岗等。

主管领导岗位,负责审核本单位发展规划、年度计划和预算,并上报总部信息管理部门审批;贯彻执行总部信息化管理流程、标准与规范;完成总部信息管理部门下达的任务;组织实施队伍,监督、检查和控制所承担项目的实施进度及项目成本;协调所承担的项目间的资源配置;对项目实施人员进行行政管理和业绩考核等。

综合管理岗位,负责行政事务工作,管理本单位的信息化资产,管理信息化软硬件采购招标工作,组织用户培训和技术交流等。

项目管理岗位,负责贯彻落实信息化项目实施工作计划,拟定工作制度和办法;具体组织信息化项目实施管理;负责对所管项目工作计划落实情况进行督促、检查和考核;负责对项目经理部成员的工作进行检查、考核和总结,并报主管领导;参与第三方服务商、硬软件供应商的招标工作;管理和监督各供应商项目工作进度及质量;协调供应商与项目实施单位的关系;协调供应商之间的工作;完成领导交办的其他工作。

项目实施岗位,与第三方一起参与项目的设计、开发/选型和试点上线等具体实施过程;编制项目推广方案和推广规范,参与信息系统的推广工作等。

3. 区域网络中心建设

针对大型和特大型企业广域网建设与管理,一些企业建有省市或地区网络中心或数据中心,这里统称区域网络中心。区域网络中心依托所在单位,由所在单位的信息管理与技术服务组织承担运行工作,负责本中心的网络、系统等基础设施的运行维护工作。区域网络中心要承担运行维护组织体系中的基础设施共享支持中心的任务,为网络接入单位提供共享服务。中心的运行、维护、管理费用由总部给予支持。

第五节　运行维护组织体系建设

随着信息化与工业化融合的进展,一些应用信息系统和基础设施已经由系统建设为主转变为系统建设、应用和运行维护并重。运行维护工作面临着系统复杂、用户众多、部署集中、业务高度依赖、安全需求突出等前所未有的挑战,信息技术服务也随之必须由粗放式、应急式向规范化、系统化转变,由事后处理向主动预防转变,建立专业化、分层次的运行维护组织体系迫在眉睫。

企业信息管理部门归口管理系统运行维护工作,负责统一规划建立运行维护体系,制定运行维护政策和管理办法,指导和监督运行维护实施。

企业要统一系统运行维护认识,整合系统运行维护资源,建立集中共享的三级运行维护模式,一级由专家中心负责,二级由帮助热线和内部支持队伍负责,三级由各成员企业负责。(参见图6-1和图6-2),实现以技术为中心向面向业务、以服务为中心转变,全面提高企业系统运行维护的整体有效性。

一、运行维护队伍建设模式

1. **整合培养企业专业化服务队伍**

许多大型国企都设立了信息技术服务队伍。以中国石油天然气集团公司为例,根据信息技术总体规划项目实施的需要,整合、培养和壮大现有信息技术力量比较强的成员企业信息中心,形成中国石油总部信息技术服务中心、东方物探信息技术中心等十多个在集团范围内提供共享服务的专业信息技术中心。

另外,中国石油在企业广域网改进完善过程中,依托成员企业建设了12个国内区域网络中心,负责本中心的网络基础设施软硬件的运行维护工作,为网络接入单位提供共享服务,已发展成为集团公司基础设施建设和运行维护的骨干力量,承担着信息基础设施共享服务中心的职能。

2. **改制组建合资专业信息技术公司**

宝钢集团和中国石油化工集团公司等集团企业信息技术服务队伍采取这种建设模式。

2000年,作为宝钢股份控股的软件企业,上海宝信软件股份有限公司(简称宝信软件)成立,并于2001年4月上市。公司秉承"IT服务,提升信息价值"的经营理念,凭借服务宝钢30年的经验和技术积累,全面提供具有自主知识产权的钢铁企业信息化解决方案、自动化系统集成及运行维护服务。

2002年,中国石油化工股份有限公司和电讯盈科有限公司共同出资成立合资公司——石化盈科信息技术有限责任公司(石化盈科),公司员工从成立之初的40多人迅速发展到近500人。石化盈科主要承担中国石化组织实施的信息化建设和运行维护项目,提供信息基础设施、生产过程控制与优化、生产管理信息系统、经营管理信息系统整体解决方案,以及与之配套的规划咨询、系统设计、项目实施与监理、系统运行维护等多种服务。中国石油化工集团公司各成员企业信息中心的技术队伍仍然是本单位信息系统建设和运行维护的主力军。

3. **运行维护服务外包给专业化服务公司**

市场竞争的加剧,专注核心业务成为企业最重要的生存法则之一。随着信息技术和管理思想的不断成熟和发展,信息系统外包的概念逐渐进入企业的视野。外包服务,以其利用专业化分工,以更低的价格得到更为专业、灵活的信息化应用和系统维护服务等特性,成为越来越多的企业采取的一项重要商业措施。同时专业信息技术外包服务公司从外包模式的规模经济中赚取利润,获得生存和发展。

根据企业需求的不同,信息技术外包服务类型也各有不同。一是信息技术资源整体外包,为企业提供全套的信息系统规划、采购、实施、运行维护、咨询、培训等整体服务，适用于不设立信息化部门或雇用信息技术工程师，并迫切希望降低运营成本的企业。二是单一信息化技术外包服务，为企业提供信息系统运行维护及技术支持服务，适用于现有信息技术运行维护能力不足，又要实现规范化管理，使信息系统发挥更大价值的企业。三是根据企业需求提供量身订制的各种外包服务类型。

当今信息系统建设、运行维护工作的强度与难度，与以前单一、分散的小规模应用软件相比有天壤之别。总体来看，外包在运行维护服务市场上占有一定份额。中小企业，特别是没有信息技术队伍的企业，无疑更需要和适合信息化服务外包。同时，大型企业信息化服务外包的需求也逐渐普遍和强烈起来。在2008年10月召开的第二次中央企业信息化工作会议上，国务院国有资产监督管理委员会根据对中央企业外包需求调查发现，还有相当数量的中央企业信息化建设推进得比较慢，主要是缺乏资金投入和信息化人手不足，特别是专业人才不足，有大约30%的企业有外包需求。为此，国务院国有资产监督管理委员会提出这些企业可以考虑采用外包的方式，由中央企业中的网络运营商、系统集成商、软件开发商分别统一建设信息网络平台和管理信息系统，通过按年支付租金的方式，将一次性集中的大投资分解为多次分摊的小投资。

需要指出的是，企业，特别是大型中央企业，考虑到信息安全和业务本身的连续性问题，目前还不适合运行维护工作的完全外包，不能搞运营商接管运行维护服务所有事项的"交钥匙"工程，但可以将非核心、技术复杂繁琐、且与业务运营相对独立的运行维护工作外包出去，并且外包协议中要详细规定外包内容、服务项目、服务指标、信息安全、评价考核等，以免影响服务质量和信息安全。

总之，企业要正确处理自主管理和外包的关系，不能认为外包可以解决企业信息化管理和服务的一切问题，必须想方设法抓紧充实和培养必要的信息化管理和技术人才，包括运筹运行维护工作、领导外包事务的管理人才。

二、帮助热线

帮助热线作为信息技术服务的窗口，是信息系统用户与运行维护支持组织之间的界面和接口，是提供运行维护服务的统一窗口，通过热线，向用户提供7×24小时全天候服务，实现客户服务受理、处理、跟踪、反馈的闭环管理。

帮助热线负责受理、记录用户提出的问题，解答一般问题，处理常见故障。其职责包括：记录用户在使用信息系统中出现的问题；解决用户在使用信息系统过程中遇到的困难；对自身不能解决的问题，按照问题分类、紧急程度、重要程度分派给共享服务中心相关支持人员，并进行问题跟踪；及时将处理结果反馈给用户，并进行记录和相关知识积累。

用户遇到困难和问题，都可以直接拨打服务热线电话，也可以通过电子邮件和传真或其他合适的方式发给帮助热线。

对于用户来说，帮助热线是唯一联系点，是问题的入口和出口；对于系统运行维护部门来说，帮助热线充当了过滤器的角色，可以截获并处理不相关问题和容易回答的问题，保证只有那些真正必要的服务申请转到二线技术支持，减轻二线专业人员的工作量；对于信息管理部门来说，利用帮助热线可以掌握运行维护支持的服务状况，便于客观地考核运行维护支持组织，提高运行维护支持的服务质量。

三、共享服务中心

目前,许多企业陆续建成了一批企业级信息应用系统,并在系统建设过程中为企业培养锻炼出一批技术优秀的技术团队。这些团队成为专业应用系统运行维护以及系统改进、升级的中坚力量,成为共享服务中心熟悉专业应用系统和掌握专项技术的核心成员。共享专业信息技术中心在系统进入运行维护期作为共享服务中心对外提供运行维护服务。

共享服务中心的主要职责是遵循企业保密要求,开展信息系统的运行维护工作,保证系统安全平稳运行,推动系统应用,发挥系统价值。运行维护工作主要可以分为基础运行维护和拓展运行维护两类:

(1)基础运行维护工作。主要职责为保证系统现有功能的平稳运行,支持现有业务的正常运转。工作内容包括运行维护体系建设、事件与问题跟踪处理、系统性能监控与硬件巡检及数据备份、用户和三级运行维护队伍培训、现场技术支持与数据管理维护、需求管理与系统分析调优、安全管理与控制等。

(2)拓展运行维护工作。主要职责为适应业务发展和变化的需要,推动系统应用发挥系统价值。工作内容包括新增资产扩展实施、新增需求开发与机构调整实施、应急演练与宕机后恢复处理、新技术研究与系统升级方案编写等。

共享服务中心在工作过程中接受帮助热线分派的工作任务,及时解决用户提出的问题,如果不能解决则及时提交并配合专家中心解决问题。

四、专家中心

专家中心可以按照信息系统涉及的业务领域或信息技术领域设立,主要负责为共享服务中心和用户提供技术支持,解决共享服务中心无法处理的突发事件和重大技术难题,提高解决系统应用疑难问题的能力和水平,保障系统的高可用性;根据信息系统的特点和功能设计向业务部门提出适应性的业务流程优化和调整建议,促进系统深化应用;持续跟踪产品新动态,评估产品升级的可行性,适时提出系统版本升级的建议和方案,指导共享服务中心实施系统版本升级工作;诊断系统性能和风险,对系统提出预防性维护的意见和建议;对于系统功能扩展和性能调优以及产品升级需求,提供信息技术项目架构设计、方案论证和可研报告编写的指导工作。

五、企业运行维护组织体系示例

××集团在按照信息技术总体规划集中建设统一集成的企业信息系统平台的实践中,统筹考虑、有效整合企业各类信息服务资源,建立并完善集中化、专业化、层次化、协同高效的支持服务模式、机制和体系,逐步形成了定位清楚、分工明确、协同配合的三个层次的信息系统运行维护支持体系。三级运行维护组织体系架构(图8-7),以三级现场运行维护服务为基础,以二级共享技术支持为支撑,以一级专家支持为补充,提供全面高效的运行维护支持与服务。

1. 一级专家中心

一级专家中心根据专家类别设立软件技术专家组、咨询专家组和内部专家组,由外部软件专家、外部咨询专家、内部信息技术和业务专家四类人员构成。企业还将按需向外部软硬件供应商购买特定的支持服务,以弥补自身力量的不足,保证支持体系的完整性。专家中心作为二级支持中心的支撑,负责运行维护服务整体方案的策划、技术规范的审核、系统重大故障排除和系统升级改造等,提供最高层次(难度)的专业技术支持和服务。

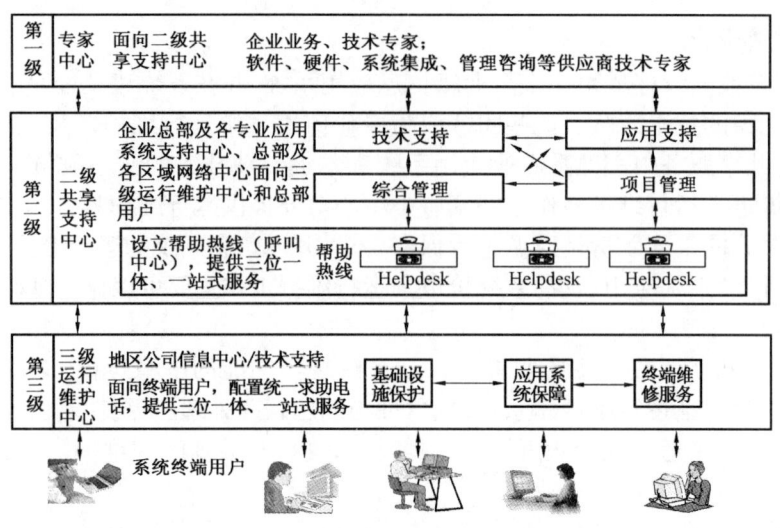

图 8-7 三级运行维护组织体系架构
Helpdesk—帮助台

对专家的资质要求如下：

(1)软件专家需精通相关软件,具有丰富的软件维护经验,能够指导解决系统缺陷,对系统提出改进意见。

(2)咨询专家需了解系统建设过程,熟悉系统整体架构及相关技术标准,具有丰富的系统实施经验。

(3)内部信息技术、业务专家需精通集团公司相关技术、业务,在相关业务领域具有丰富的实践经验,沟通能力强。一般由集团公司信息技术专家、业务管理专家或业务带头人担任。

专家中心的工作方式主要是会议研讨和现场技术支持。原则上每月召开一次专家研讨会,如遇特殊情况,临时召开专家会议。专家实行弹性工作制,当系统发生重大问题时,专家应第一时间到达现场,参与问题处理。

实践证明,××集团采用上述集中共享式运行维护模式是成功的。这种模式有利于集中式的变更控制和统一的实施策略;有利于克服技术人员不足的困难,并形成一个人才培养和储备的环境;有利于各系统支持单位和团队间的沟通交流和资源共享,并发挥各自优势,提高系统整体支持水平和应用水平。

2. 二级共享支持中心

二级共享支持中心主要承担总部统一建设项目的实施和运行维护工作,同时为其他单位提供所需服务支持。二级共享支持中心面向三级运行维护中心和总部用户,设立帮助热线呼叫中心,提供一站式服务。由各系统及其应用领域具有丰富经验的工程师组成的二级支持团队,是一级服务的技术支撑。

二级共享支持中心的主要职责包括：

(1)7×24小时热线支持与问题跟踪处理。主要指提供7×24小时帮助热线服务,包括:电话接听、电子邮件接收、即时消息接收、门户在线交流等;用户问题记录整理,包括:问题记录、问题录入运行维护管理系统、处理解决常见问题、启动问题处理程序并分送任务;跟踪处理情况并向用户反馈处理结果;整理、汇总问题及处理结果,更新、维护问题处理知识库;联系专家中心,协调解决复杂问题。

(2)系统性能监控与硬件巡检及数据备份。主要指实时监控系统性能,包括操作系统、数据库系统、应用系统、硬件资源等;定期巡检硬件运行情况,包括服务器、存储、网络设备等;实时监控系统服务器间网络,包括数据流量、网络状态等;完成计划内停机检修,包括系统运行全面检查、操作系统打补丁或升级、数据库软件打补丁或升级、应用系统软件打补丁或升级、硬件更换、布线调整等;定期系统备份,包括操作系统备份、应用系统备份、数据库系统备份;定期数据备份,包括业务数据备份、用户数据备份、配置数据备份、主数据备份等;运行管理平台的日常检查和维护。

(3)用户和运行维护队伍培训。主要指完成关键用户培训,包括现场培训、远程培训;完成三级运行维护团队培训,包括基础运行维护知识培训、操作培训;按计划培训三级运行维护团队,包括聘请专家集中培训、参加供应商培训、认证培训等。

(4)运行维护体系建设。主要指构建专业运行维护队伍,包括搭建三级运行维护组织体系、确定岗位和职责、明确人员数量等;编制并上报年度运行维护计划;定期发布项目周报,年终编写系统运行维护总结报告,做好项目验收和资料存档;更新、完善系统运行维护制度、流程、用户手册等相关文档资料;协助三级运行维护团队编制运行维护管理规范并考核;完成系统相关自查工作,达到内控要求;协助内控部、审计部完成系统内控检查及整改。

(5)需求管理与系统分析调优。主要指组织对用户的定期回访,加强与用户的沟通和交流,及时整理用户对系统的应用意见;统计分析应用系统对业务的支持;提出系统运行加速、异常操作的解决方案并实施,包括定期测试系统性能、影响系统性能因素分析、异常操作分析、优化程序逻辑、优化程序代码。

(6)现场技术支持与数据管理维护。主要指提供现场技术支持,包括:解决成员企业三级运行维护无法处理的问题,现场系统安装、调试、配置和运行维护指导;现场业务数据收集、汇总、整理和录入;系统主数据管理和维护。

(7)安全管理。主要指建立安全管理体系,规范安全管理流程,按照流程规范安全管理工作;制订安全风险评估方案以及风险规避措施;对运行维护团队进行安全培训;监督并控制系统软硬件安全管理措施的执行情况;监督并控制数据安全;总结安全管理情况,定期发布安全管理报告。

(8)新增资产扩展实施。主要指及时了解业务主管部门新增资产情况,做好与业务部门的沟通;及时完成系统在新增资产的扩展实施,包括需求调研、方案设计、系统开发、配置与测试、数据整理和加载、上线准备等。

(9)新增需求开发与机构调整实施。主要指及时了解公司组织机构和业务流程调整情况,做好与业务部门的沟通;及时了解业务部门需求变更和新增功能情况,做好与业务部门的沟通;根据业务调整和变更进行系统实施,包括调整系统参数配置、调整报表及统计指标、补充和更新用户所需业务数据项;新增功能的开发和实施,包括需求调研、方案设计、系统开发、配置与测试、数据整理和加载、上线准备等;监控系统接口运行和数据传输情况,根据业务需求变化及时调整系统接口;用户权限管理等。

(10)应急演练与宕机后恢复处理。主要指应急预案的制订与实施,包括服务质量体系、应急处理方案、应急处理的实施与效果评估;应急预案日常演练;宕机后系统的恢复处理,包括项目经理和关键技术人员及时赶赴现场,按照应急预案关停机,排查故障,上报事故,制订解决方案,按预案恢复系统,并编写故障处置报告。

(11)新技术研究与系统升级方案编写。主要指新技术跟踪研究;根据业务需求增加或调整,编写和制订系统的升级方案。

二级共享支持中心根据所承担的统建信息系统,采用项目制管理方式,设立项目经理、架构师、综合管理、安全管理、标准与设计、开发、测试、实施、软硬件管理、数据库管理、用户支持等岗位。根据工作需要,按岗位配置必要的人员,保障系统7×24小时平稳运行。各岗位人员职责如下:

(1)项目经理岗。主要职责为负责项目管理及运行维护管理体系的建设,组织开展项目运行维护工作;组织运行维护队伍培训,提高队伍素质;负责组织应急演练与宕机后恢复处理。

(2)架构师岗。主要职责为负责组织开展软硬件分析调优,组织开展新技术研究与系统升级方案编写,组织开展新增资产扩展实施方案设计,组织开展新增需求开发与机构调整实施方案设计等工作。

(3)综合管理岗。主要职责为负责协助项目经理完成项目管理、人员管理、宣传管理、文档管理、设备资产管理、供应商管理等工作。

(4)安全管理岗。主要职责为遵循公司安全及保密管理要求,制定并监督支持中心安全措施的执行。

(5)标准与设计岗。主要职责为负责按照公司各类标准要求,协助架构师完成各类方案设计工作;负责按需提出新增或修订标准的需求,负责或参与起草与本项目直接相关的标准。

(6)开发岗。主要职责为按设计方案执行系统开发与配置工作,实现系统各类功能;协助用户支持人员解决系统问题。

(7)测试岗。主要职责为按测试计划,执行系统测试工作,保障系统实现的功能满足设计要求。

(8)实施岗。主要职责为负责需求管理,负责现场技术支持与数据管理维护,负责用户培训,保障最终用户能正确应用系统,发挥系统价值。

(9)软硬件管理岗。主要职责为负责系统软硬件部署及管理,系统性能监控与硬件巡检及数据备份,负责软硬件分析调优等。

(10)数据库管理岗。主要职责为负责数据库的管理、维护、备份、恢复以及数据库的分析调优等。

(11)用户支持类岗。主要职责为负责7×24小时热线支持与问题跟踪处理等。

3. 三级运行维护中心

三级运行维护中心,即成员企业信息中心,由各成员企业信息技术服务人员组成,主要负责信息系统在本单位应用的技术支持和服务。

三级支持是系统运行维护支持的基础和前沿。主要职责包括:

(1)为最终用户提供基础设施、应用系统、桌面服务三位一体的第一线或现场运行维护服务和操作指导。

(2)提供对本单位最终用户有关业务流程和系统操作方面的适时培训。

(3)根据业务部门审批,定义最终用户的系统操作权限。
(4)收集、筛选和协调本单位业务需求。
(5)负责向二级支持中心提交支持请求,并跟踪、检查和确认解决方案。
(6)完成二级支持中心交付的运行维护任务。

第六节　专家队伍建设

依赖信息化实现高效运营的现代化企业,迫切需要一支既熟悉业务又精通信息技术专业知识的专家队伍,对企业信息化建设与应用提供高层次的支持。企业信息化专家队伍建设的目标是面向信息化建设与应用,建立由专家库支持的各主要专业虚拟专家中心,提供咨询、技术支持、技术顾问、项目评审、项目审计以及相关信息化决策支持等服务。

一、专家队伍组织模式

企业信息化专家队伍可以采用虚拟专家中心的模式进行建设。由企业各业务部门和成员企业各自领域的带头人、专家组成的虚拟小组,形成一个知识、智慧中心,充分发挥这些专门技术人才的经验和才智,实现有效和低成本的信息技术专业服务。

企业要建立专家数据库,将各类信息化人才的工作经历、执业资质、专长、考核业绩等记录在专家数据库中。通过建设专家数据库,既可以在需要时快捷进行专家调集和分配,也可以及时发现专业人才短缺的情况,指导人才的发展和培养。

二、专家队伍建设规模

企业信息技术专家队伍由公司级专家、专项技术专家和技术带头人三个层次组成。企业级专家可考虑按信息化队伍总数的5‰左右设置。专项技术专家按信息化项目根据情况设置,技术带头人按共享支持中心、区域网络中心和所属企业布局合理设置,人数不超过信息技术队伍员工总数的5%。

三、专家队伍的职能

(1)提供信息化项目决策支持。利用专家中心机制组织各专业的专家对信息化项目进行分析和评估,为领导和部门决策提供支持,提高信息化项目决策的科学性。

(2)全面介入和推动信息化项目建设。从项目立项、供应商选择、项目计划、需求分析、系统设计、实施测试、上线验收直至维护升级的各个重要阶段,使不同类型的专家依据自身的专长为信息化项目提供技术和管理等方面的支持,推进项目建设。另外,专家队伍参与到项目实施中,能够培养实施队伍,带动队伍快速成长。实施人员应利用与专家一起工作的良机,虚心主动地向专家学习和请教,使自己更快、更好地掌握各项技能。

四、专家队伍技能要求

专家队伍技能要求主要有三方面:业务知识和能力的权威性、信息化知识和能力的权威性、丰富的项目管理知识和实践经验。表8-3列出了企业信息技术专家层次、职责以及技能要求。

表8-3 企业信息技术专家层次、职责以及技能要求概览

岗位	职责	技能要求
公司级专家	全面掌握信息技术国内外发展趋势,了解同行业国际先进企业最新技术应用,熟知本企业自身的信息化现状、差距和需求,推动本企业整体信息化水平接近或达到同行业先进水平	教授级高级工程师、资深高级工程师
专项技术专家	熟悉企业信息化发展战略,跟踪某一领域专项信息技术的国内外发展趋势,准确把握本领域信息技术发展方向;精通本领域业务和信息技术知识,具有创新能力,能制订先进实用的解决方案,促进本领域的信息化水平接近或达到同行业先进水平	高级工程师及以上职称或硕士研究生及以上学历; 有国家/国际专项认证资质或在本专业有重要项目成果和较高知名度; 具有扎实的专业知识,在本领域有10年以上工作经历
技术带头人	在某一信息技术方面具有突出的技能,精通国内外先进成熟的相关产品,能解决工作中出现的重大技术难题,组织相关人员自主研发企业迫切需要的信息系统,或能带领队伍完成某一专项任务	高级工程师; 工程师及以上职称或大学本科及以上学历,具有扎实的专业知识,在本领域有5年以上工作经历

五、专家队伍培养途径

专家是企业信息化建设的骨干力量,是信息化建设成功的保证,企业需要加大专家培养和引进力度。主要培养途径如下:

(1)通过重大项目培养。重点安排具有培养前途的技术人员参与重大项目的建设;在项目建设过程中,选择表现突出的技术人员担任项目技术骨干。

(2)通过入校或出国深造培养。派送具有硕士及以上学历或中高级职称的技术人员进入著名大学或出国深造,培养成为企业的信息化专家。

(3)通过社会信息技术培训和资质认证培养。鼓励和支持技术人员参加国内外资质认证培训,对学习成绩优异者予以奖励。

(4)引进人才。引进国际、国内专业人才,充实专家队伍。

第七节 培训体系建设

信息技术人员技能的高低决定信息化建设和信息系统运行维护的成败,尽快建立完善的培训体系,并形成长效培训机制,是提升信息化相关人员素质、技能,保证信息化成功建设和应用的一项关键措施。

一、培训目标和对象

企业信息化培训工作总体目标是:根据信息化发展和组织队伍建设的实际需要,不断健全和完善信息化培训体系,实施各种类型、层次的信息化培训,全面提升企业信息化组织队伍的

整体素质和能力。具体包括：全面提升各级领导对企业信息化发展趋势与最佳应用实践的认知和把握水平；全面提升信息化队伍的管理水平和技术能力；全面提升各类信息系统用户的信息化操作能力和应用水平。

根据工作职责和工作内容的不同，企业信息化培训对象（图8-8）包括领导干部、信息化管理人员、信息化技术人员、信息安全人员和最终用户五大类。

企业各级领导，需要了解国家的信息化战略与政策，了解信息化发展趋势及其对企业管理、运营的应用价值，了解国内外同行业企业信息化实践的领先经验。

各级信息化管理人员，需要了解国家的信息化战略与政策，了解信息化发展趋势及其在企业的应用价值，了解企业信息化战略和总体规划，了解信息化治理、信息化服务管理等信息化管理理论与实践。

各级信息化技术人员，需要了解信息技术最新动态，理解信息化项目最佳实践，熟练运用信息技术相关专业知识。

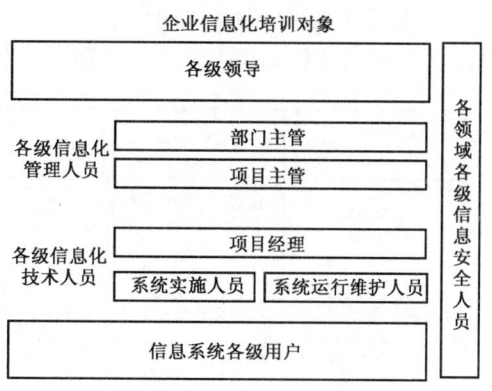

图8-8 企业信息化培训对象

各级信息安全人员，需要了解各种信息安全风险，理解信息安全体系的构建要求与相关技术解决方案。

各级最终用户，需要掌握信息化基础知识，理解专业应用系统的业务价值，掌握相关信息系统使用技能和安全事项。

二、课程体系

信息化培训课程体系设计分为两个方面：一是综合各类培训对象的培训需求，设计培训课程；二是基于信息化知识体系框架来组织各类课程，避免课程内容交叉重叠。企业信息化知识体系框架如图8-9所示。

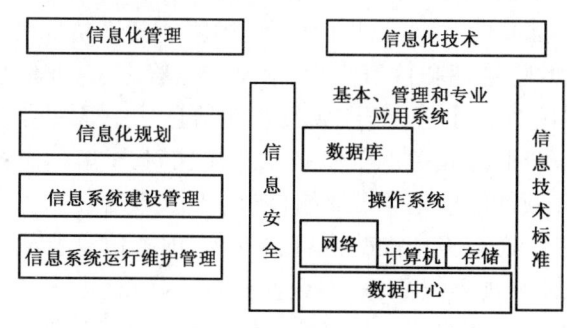

图8-9 企业信息化知识体系框架

根据图8-9中企业信息化知识体系框架中的12大类知识，设计出22种信息化培训课程。其中：信息化管理课程4种，即信息化战略和总体规划、信息系统建设管理、信息系统运行维护管理、信息安全管理；信息化技术课程17种，即计算机网络，计算机与存储机房建设，操作系统，数据库，电子邮件服务，视频会议系统，软件开发，微软应用开发，J2EE架构软件开发，SAP咨询，SAP开发，专项应用系统，信息系统集成，SOA概念、技术与设计，信息安全技术，国际、国家信息技术标准，企业信息技术标准。附录8-1展示了4种信息化管理培训课程。

三、培训规划

企业需要制订信息化培训规划,并按规划持续组织实施相关培训。制订规划要贯彻以下思路:立足服务企业信息技术总体规划的实施,围绕信息系统建设、应用和运行维护任务,重点培训信息化管理人员和项目经理等技术骨干,注重培训的及时性、实用性和经济性,课程安排突出专业性,辅以社会权威机构信息化专业认证培训。

企业信息化培训规划框架(图8-10),针对五类培训对象,设计了五个方面的培训任务/项目。下面简述针对领导人员、管理人员和最终用户的培训。

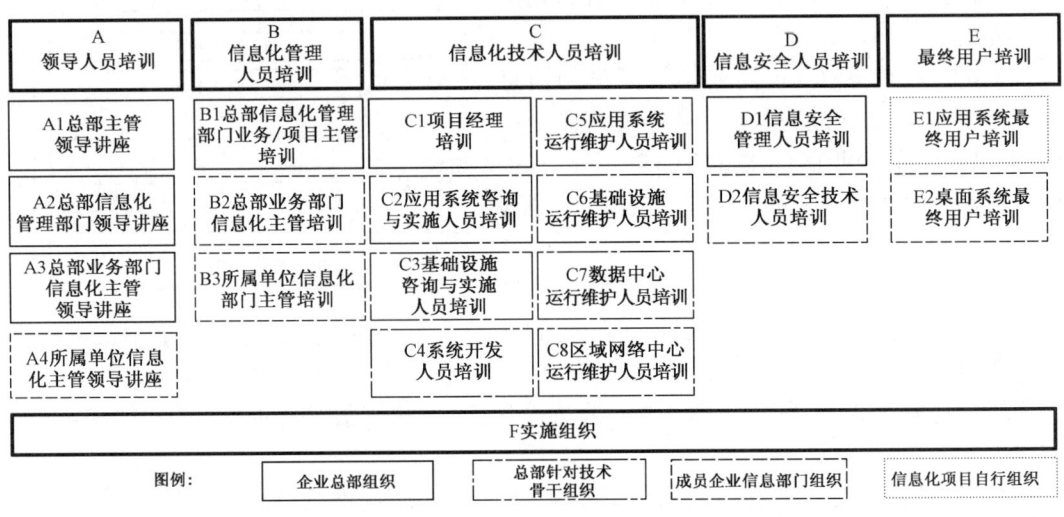

图8-10 企业信息化培训规划框架

1. 领导干部培训

(1)培训目标:全面提升总部及成员企业领导对信息化发展趋势与本行业企业最佳应用实践的认识和把握水平,更加充分地发挥各级领导对信息化进程的决策作用和推动作用。

(2)培训项目:① 总部主管领导、信息管理部门领导讲座。总部信息化主管领导,包括企业信息化工作领导小组成员、信息管理部门领导参加。主要培训内容是:国家信息化战略和政策、企业信息化战略和需求、总体规划、信息化风险管理和价值实现、信息安全管理、企业信息化建设趋势和最佳实践等。② 总部业务部门信息化主管领导、成员企业信息化主管领导讲座。主要培训内容是:企业信息化战略和需求、与业务相关的信息技术总体规划、了解信息系统风险管理和价值实现、信息安全管理、本业务领域信息化建设的趋势和最佳实践等。

(3)实施方法:主要以专家讲座、出国考察形式实施。推荐内容目录为:国家信息化战略与政策,企业信息化最佳实践,信息化战略管理与规划方法论,本企业信息化战略、需求和规划,信息系统风险管理与价值实现,信息化治理,信息安全管理,信息化最新动态及其企业应用实践等。具体培训内容应根据培训对象的不同进行适当增减和调整。

2. 信息化管理人员培训

(1)培训目标:全面提升总部及成员企业信息管理部门和业务部门信息化管理人员的业务技能与管理水平,更好地发挥管理职责,保障信息化建设和应用。

（2）培训项目：总部信息管理部门业务/项目主管、总部业务部门信息化主管、成员企业信息管理部门主管培训。培训国家信息化建设战略和政策，本企业信息化战略、需求，信息技术总体规划，了解信息系统风险管理和价值实现，信息安全管理，企业信息化建设趋势和最佳实践。

（3）实施方法：由企业信息管理部门统一组织实施，辅以企业信息管理师等执业资格认证培训；根据实际情况安排外出考察。推荐内容目录为：国家信息化战略与政策、企业信息化最佳实践、信息化最新动态及应用实践、信息化战略管理与规划、信息化服务管理、信息安全管理与策略、业务连续性管理、本企业项目建设管理办法、信息系统开发与运行维护管理、信息网络建设与管理、企业应用集成概念与案例分析等。具体内容应根据培训对象的不同进行适当增减和调整。

3. 信息化技术人员培训

（1）培训目标：了解掌握信息技术最新动态，熟练运用信息技术相关专业知识，了解项目最佳实践的基本做法。

（2）培训项目：机房规划设计、机房运行维护管理、操作系统、数据库系统、服务器与存储网络、软件测试方法与技术、系统设计模式和性能调优、应用系统咨询与实施、应用系统运行维护管理、应用系统业务价值分析、专项应用系统原理与操作、信息技术标准。

4. 信息安全人员培训

（1）培训目标：讲授基本的安全技术和理论知识，为掌握全面的信息安全技能打好基础；深入了解所管理的操作系统的安全管理要素与具体实施技术。

（2）培训项目：包括信息安全技术基础，信息安全基本概念和目标原则，信息安全理论基础，各种常见的信息安全技术，黑客攻防基础；操作系统安全管理，围绕公司各类应用系统所涉及的操作系统开展专项系统安全培训，重点关注各操作系统的安全原理、常见的安全问题、系统的安全配置、管理和维护。

5. 最终用户培训

（1）培训目标：不断提升各类信息系统及桌面系统最终用户的信息化操作能力和系统应用水平，提高信息系统应用效果，促进业务发展。

（2）培训项目：① 信息系统最终用户培训：培训各信息系统的业务功能、使用操作及常见问题解决办法。② 桌面系统最终用户培训：培训计算机桌面系统使用知识，常用软件工具使用技巧等。

（3）实施方法：主要以讲座形式实施。推荐内容目录为：信息系统应用、常见问题解决方法、常用软件工具使用技巧、计算机基本硬件知识介绍、Windows 和 Office 等系统使用等。

四、培训实施

企业信息化培训主要有三种方式。一是邀请外部专家举办讲座或者研讨会进行高级培训；二是企业内部信息化培训或经验交流；三是项目实施过程中进行的相关技术培训和知识转移。

信息化培训从三个层面并行实施。一是企业总部层面：由信息管理部门统一组织，面向领导、信息化管理人员、信息技术骨干，进行信息技术最新动态与最佳实践、项目管理、信息技术服务管理、信息安全体系、系统优化五个专题的培训。二是成员企业信息部门/共享技术中心层面:组织本单位有针对性的信息化培训,倡导开展学习型组织建设,通过选派技术骨干参加外部培训来获取外部培训资源,再通过本单位内部技术交流实现知识共享。三是项目层面:包括各具体信息化建设项目的技术、方法论等的知识转移培训,应用系统相关业务知识培训,应用系统服务器、操作系统、数据库厂商提供的专项培训,最终用户使用培训等。

企业在培训实施过程中需要不断总结经验,完善培训规划,并结合实际情况,逐步建立起企业信息化培训实施体系(图8-11)。

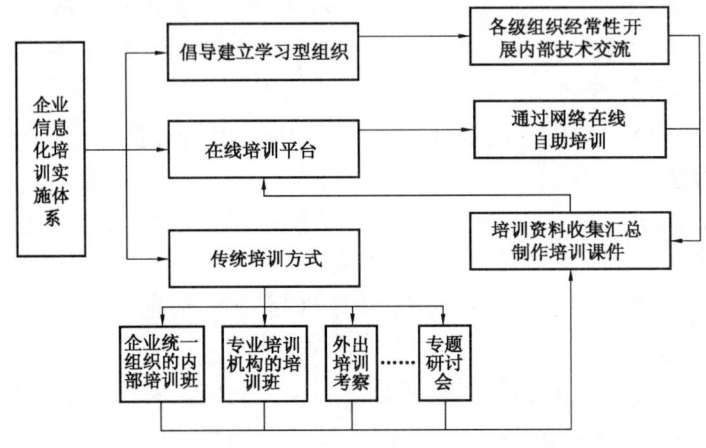

图8-11 企业信息化培训实施体系

附录8-1 企业信息化管理培训课程概览

分类	培训课程	培训内容	培训目的	培训方式
信息化战略和总体规划	国家信息化战略与政策	信息化政策法规	了解国家信息化相关政策,指导企业的信息化战略制定	讲座、研讨会
	信息化战略管理与规划	业务与信息技术融合的方法论和流程;业务与信息技术融合评估方法;信息化愿景与战略;业务—信息—应用—架构的分析途径;规划项目与实施设计;变革管理	了解信息化战略规划方法,指导企业信息技术总体规划的编制与修订	课程培训、研讨会、讲座
信息系统建设管理	企业信息化最佳实践	国内外同行业信息化建设先进经验;国内其他行业(如银行业、通信行业)信息化建设成功案例、最佳实践等	了解同行业及其他行业最佳实践,为本企业信息化建设提供参考	出国考察、参观、讲座、研讨

续表

分类	培训课程	培训内容	培训目的	培训方式
信息系统建设管理	信息化治理培训	信息化治理与公司治理;信息化治理框架介绍;将信息系统审计标准(COBIT, Control objective for information and related technology)的控制目标、控制实践、审计指南应用于加强信息系统控制;企业管控体系实施案例研究;信息系统审计体系案例研究等	了解信息化治理的概念、流程、方法,指导本企业信息化治理实践	课程培训、讲座
	最新信息技术及其企业应用实践	企业应用相关信息技术发展动态;信息技术在企业信息化中的典型应用案例等	了解前沿技术及其在信息化中的应用	研讨会、讲座
	项目管理理论	项目管理基础理论:集成管理、范围管理、时间管理、成本管理、质量管理、人力资源管理、沟通管理、风险管理、采购管理等	学习项目管理理论知识和实践,提升项目管理的水平	讲座、课程培训、研讨会
	信息化项目管理最佳实践	项目管理案例分析;项目管理工具组合应用分析等	学习先进成熟的项目管理方法、工具、经验,提升项目管理技能	讲座、课程培训、研讨会
	项目风险管理	风险和风险管理的基本概念;项目风险识别与确定;风险分析的方法及流程;风险应对策略制定;项目周期各阶段的风险源、风险项和应对方案;风险管理控制机制及工具等	提升对项目风险管理的认识,增强对项目风险的控制和应对能力	讲座、课程培训、研讨会
	项目团队与沟通管理	识别人员的性格特征;项目相关人的组成和利益点;沟通流程与技巧;项目文档的组成;如何激励他人"撰写"文档;项目沟通平台等	提升对项目团队与沟通管理的认识水平,增强项目团队的凝聚力,促进项目工作的高效开展	讲座、课程培训、研讨会
	企业信息化制度和标准体系	企业信息化管理规定、管理办法、实施细则;企业制定的信息技术标准等	统一认识,规范项目建设,为后续系统集成奠定基础	讲座
信息系统运行维护管理	信息技术服务管理	信息技术服务管理综述;突发事件管理;问题控制及管理;服务级别制定;配置与变更管理;信息技术服务管理最佳实践等	了解信息技术服务管理相关理念与最佳实践,开拓运行维护管理工作思路和能力	讲座、课程培训、经验交流、座谈会

续表

分类	培训课程	培训内容	培训目的	培训方式
信息安全管理	信息安全管理体系	信息安全管理基础； 信息安全管理体系及标准； 信息安全风险评估与管理； 信息安全管理体系内部审核员和主任审核员课程	理解信息安全的基本要素，理解信息安全风险评估与管理办法，理解 BS7799（ISO/IEC 17799）标准的目标与主要内容，为企业信息安全策略指定提供参考	课程培训
	企业信息安全体系规划与建设	风险分析与管理； 各种安全策略； 安全意识和相关技能； 当前主要安全问题和主流安全技术深入的专业培训等	以风险管理为主线，实施技术和管理两个方面的培训，帮助学员全面地理解信息安全，解决具体问题，进行系统的安全规划，选择恰当的安全产品	课程培训、研讨会
	业务连续性管理	企业业务连续性最佳实践分析； 企业业务持续运营计划和信息系统灾备计划编制原则、方法等	全面提升对系统运行维护体系建设方案的理解和实战能力	课程培训、研讨会

第九章 企业信息化绩效考核体系建设

随着信息化与工业化融合战略的实施,企业信息化得到大力推进和深入应用,信息化效益与价值已经越来越被人们广泛认可。与此同时,评价企业信息化绩效也就成为企业绩效评价新的重要领域。对信息化绩效的有效管理与掌控,也成为保证企业价值实现的重要任务。加强信息化绩效考核,建立健全激励机制被提到推进信息化的重要议事日程。企业通过建立和实施信息化绩效考核体系和激励机制,切实把信息化建设的责任和义务分解传递到企业各级领导和全体员工的身上,实现"一把手工程"向"全员工程"的转变。

企业信息化绩效管理是一项多维、复杂的系统工程,需要有科学的方法与工具。企业通过信息化统计测评指标体系的建立,采集详细的信息化投资、人员、系统建设等基本信息,运用指标系统分析和评价信息化建设和应用状况,对企业信息化基本发展状况形成标准、客观、定量的分析结论,给出信息化带来的可评价性效益,改变企业信息化工作长期以来缺乏基础数据和科学评价状况,有依据性地衡量、统筹、指导企业信息化建设。

本章比较详细地讨论企业内部信息化绩效考核体系的设计以及考核与激励的组织实施。

第一节 信息化考核与激励概述

一、企业信息化绩效评价的概念

企业绩效评价是指按照统一的指标体系和评价标准,运用科学的方法,通过一定的程序,对企业一定时期内的经营成果和发展能力做出客观、公正和准确的综合评价。

企业信息化绩效评价是企业绩效评价的重要组成部分。本书中企业信息化绩效评价是指按照一定的企业信息化绩效评价体系对企业一定时间内信息化项目的管理、实施与效果,信息化工作体系的业绩和能力做出客观、公正的综合评价,促进信息化实现更好更快地持续发展。

企业信息化绩效评价体系是指由一系列与信息化绩效相关的评价制度、评价指标体系、评价方法、评价标准以及评价组织等形成的有机整体,主要包括绩效评价指标体系、绩效评价组织体系和绩效评价制度体系。

绩效评价体系的科学性、实用性和可操作性是实现对企业信息化绩效客观、公正评价的前提。评价体系的设计要遵循"指标全面、标准客观、方法科学、制度规范、操作简便、促进发展"的基本原则,将影响企业信息化绩效的各种因素都纳入评价范围。企业信息化建设和应用的客观规律,要求绩效评价应该是一个动态的过程。评价体系本身也要随着企业内外部环境的变化和信息化的不同阶段而不断发展完善。不同类型的企业,其信息化绩效评价的重点和内容也有所不同;不同的评价时期,评价方法也不尽相同。

二、企业信息化绩效考核与激励的意义

实施企业信息化绩效考核评价与激励是为全面了解和掌握信息化建设和应用绩效,有效控制信息化的进程,促进、改善和提升信息化与企业业务的融合。考核评价不仅是对信息化过

程和结果的总结展示,更是对信息化建设、应用、管理、服务进行导向、促进和改善的重要手段,是提升信息化组织、项目和个人绩效的有效措施。

1. 引导和促进信息化融入企业决策和主营业务

随着信息系统向支撑企业战略目标转移,信息化建设与投资回报成为企业最为关注的话题。尽管企业已经逐渐意识到信息化对于企业的重要性,但是目前在国内仅是部分企业采用合理的依据和正确的方式,主动评价信息化的绩效和产生的价值,进行项目分析与计划,对信息化无形效益的分析与量化评价还有很多工作要做。从战略层面看,企业迫切需要建立一套信息化评价体系,帮助企业发现和证明信息系统的价值所在,把握信息化支撑业务发展的总体情况和问题,明确企业信息化当前所处的发展阶段和目标任务,找准信息化与业务融合的大方向、关键点和切入点,促使企业领导层和业务部门理解、支持和推动信息化,保证信息技术总体规划与企业战略的融合,提高信息技术总体规划实施的进度和成效。

企业实施信息化绩效考核评价和激励,要努力体现企业化与工业化融合的战略导向,引导和促进信息化融入企业决策和主营业务,提升对企业改革发展和整体竞争力的贡献率。最能集中体现信息化深度融入企业运行的,就是企业的高层决策和主营业务。信息化深度融入和有力支撑企业决策和主营业务的过程,就是直接参与企业核心价值创造的过程,也是信息化从企业运营的配角变成不可或缺的主角的过程。企业信息化要实现健康顺利发展,最重要的就是要取得企业领导和业务部门的理解与支持,而取得他们理解与支持的最有效途径,就是要在决策和主营业务、即在企业核心价值的创造上,不断显示出信息化不可替代的功用。

2. 引导和提高信息化管理的科学性和执行力

从管理与控制层面看,企业迫切需要建立信息化绩效评价体系,增强企业信息化管控能力,最大限度地提高信息化组织管理的科学性和执行力。

有了科学的信息化绩效考核与激励,就可以规范信息化组织的定位和职责,提升信息化工作的地位,进一步落实信息化主管领导的职责权限;促进信息化专职管理部门的设立,并做到机构、职能、人员和责任"四落实";促进信息化工作管理职能的不断强化和优化,确保信息化主管部门的知情权、参与权和管理权。

有了科学的信息化绩效考核与激励,就可以规范引导信息化管理流程的有效运作,就可以促进信息化建设与业务需求的深入融合,就可以督导企业信息化管理制度和技术标准的建立、健全和有效实施。

有了科学的信息化绩效考核与激励,就可以引导企业正确处理自主管理和服务外包的关系,抓紧充实和培养专业化的信息化管理人才,建设和壮大信息系统运行维护支持服务队伍,不断提高队伍的素质、能力和绩效,进而提升信息化建设和应用的成效。

3. 引导和提高信息化项目成功率和应用效果

从信息化项目层面看,企业迫切需要建立项目验收和绩效评价标准,提升项目的成功率和应用效果。

实施企业信息化绩效考核评价与激励,要改变"有建设无考核"、"重硬轻软"、"重建设轻应用"的状况,破解"信息化不等式"。企业信息化与其他领域的信息化一样,在建设与应用中普遍存在着信息化装备、能力、应用、绩效之间的矛盾,即:装备≠能力≠应用≠绩效。就是说信息化装备具有较高的技术性能,不等于能够形成相应的系统能力;人们投入大量资源所建成的系统能力,不等于能够得到充分应用;而应用了已建成的信息化能力,也不等于能获得实际的绩效。企业信息化融入决策和主营业务的绩效如何,由业务来检验,由企业内部的决策者、业务部门和用户来评价。加强信息化绩效考核,重视信息化用户的评估意见,是破解"信息化不等式"的必要措施。要将考核评价和激励贯穿于信息化项目生命周期的全过程:信息化项目在建设初期,项目可研单位必须对项目的需求、目标、内容、范围、方案、风险等进行认真的分析研究,科学论证项目的可行性;在建设过程中,项目实施单位必须了解和把握项目的实施进度、资源需求、质量管理、风险控制等诸多因素,确保项目按设计方案、预定计划、质量要求建设成功;在项目竣工投运以后,项目用户单位必须进行广泛深入的应用,充分发挥项目对业务的支撑和提升能力,运行维护支持单位必须做好系统的运行维护工作,保证业务应用的连续性、高效性和安全性。信息化绩效考核要体现"用是目的"重要原则,引导企业把信息系统融入相关的业务,使信息系统建设及应用与企业的技术创新、业务创新、管理创新乃至制度创新结合起来,使企业的信息化能力通过应用转化为实际效益。

4. 引导和强化落实信息化建设和应用责任

没有绩效考核,不管是信息化建设的责任,还是应用的责任,还是维护、升级、优化的责任,都很难落实到位。通过研究制订具体、简便、合理、可行的信息化建设与应用的考核指标,列入企业各部门和各成员企业,以及信息化组织领导、工作管理、建设应用、运行维护服务等各环节的年度工作考核内容,将信息化建设和应用的任务和责任分解落实到企业各级领导、各有关部门以及各建设和用户单位的员工身上。通过加强绩效考核,建立健全激励机制,促进信息化建设责任与权利紧密结合,引导企业上下群策群力,共同推进信息化建设、提升信息技术应用水平、促进企业实现跨越式发展,从而将两化融合的战略在企业层面从组织上落到实处。

三、信息化绩效评价的发展趋势

信息化绩效评价是一个极富挑战性的课题,需要一套科学的指标体系和理论方法,一直吸引着国内外学者在评价方法与技术方面不断探索。总体上看,国内外提出的信息化评价体系各有侧重,企业信息化评价指标体系的研究,已积累了一定的成果还有待新的突破。

目前国际上的众多知名公司采用多种方法进行信息化绩效评价。例如,运用平衡计分卡对信息化战略目标进行规划,并依据规划进行跟踪和评价;采用 COBIT 和 ITIL(信息技术基础架构库 information technology infrastructure library)模型对信息技术服务进行管控;采用 CMMI (能力成熟度模型集成 capability maturity model integration)模型和 SCAMPI(标准的 CMMI 过程改进评估方法 standard CMMI appraisal method for process inprovement)方法对系统开发过程和信息化产品提供商进行评价和监控等。

中国近年来在信息化评价领域也开展了许多研究工作,取得了一些研究成果。国家信息化测评中心长期致力于信息化评估领域的研究,跟踪国内外信息化评价领域的最新研究成果,于 2002 年 10 月推出中国第一个面向效益的信息化指标体系——"中国企业信息化指标体系"。该体系由基本指标、效能指标、评议指标组成,主要从效能角度全面评价企业信息化应用水平,为政府了解企业信息化应用情况和进行相关决策服务。之后,中国 IT 治理研究中心(ITGov)提出了从战略层、管控层、项目层三个层面对企业信息化过程进行评价,也就是从信息化战略、信息化管控体系、信息化项目三个视角进行评价的框架思路。目前,国内企业大都没有建立起自身完善的信息化绩效考核评价体系。少数企业已经开始这方面的研究,做了比较成功的实践探索,取得了可喜的成果和经验。

信息化绩效评价方法发展趋势如图 9-1 所示。通过对国内外信息化评价主要方法,特别是近十年内出现的一些新方法、新理论的比较研究发现,在20世纪80年代,企业大多采用传统的财务方法对信息化工作进行评价,而后在财务方法的基础上进一步发展,产生了基于行为科学和经济学的评价方法。而到了90年代后期,一些综合评价方法开始出现并得到广泛应用,与此同时与管控紧密结合的过程评估模型也日趋成熟。

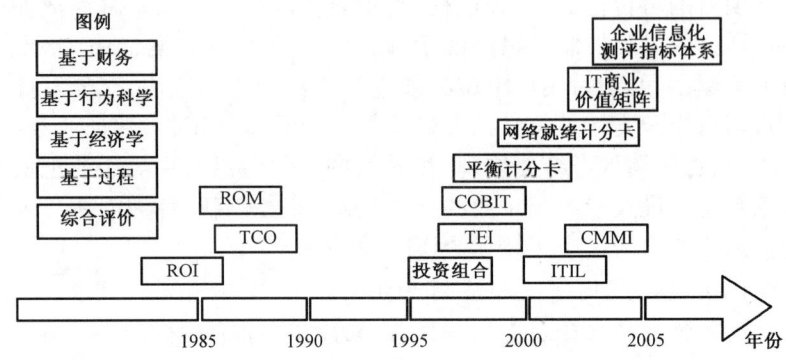

图9-1　信息化绩效评价方法发展趋势

ROI—投资回报率(return on investment);ROM—只读内存(read-only memory);
TCO—总所有成本(total cost of ownership);TEI—总经济影响(total economic impact)

本书借鉴国内外信息化绩效评价实践,在多年信息化绩效考核实践探索的基础上,从适用性、可操作性综合考虑,提出并讨论企业信息化工作及项目绩效考核指标体系,简称企业信息化绩效考核评价体系。

第二节　企业信息化绩效考核评价体系架构设计

企业在建立信息化评价体系时,第一要进行大量需求调研,借鉴国内外的成功经验,以保证评价体系的科学性和实用性。第二要根据企业战略和管理要求制订科学的考核评价原则,并根据不同的考核评价对象,采用针对性、操作性强的考核评价方法。第三,要根据企业特点并结合企业自身需要,设计具体的评价指标和权重设定,建立符合本企业实际和需求的信息化评价指标体系。第四,要制定绩效考核评价与激励的实施细则,并付诸实施。第五,要在实施的实践中不断完善信息化考核评价体系。

一、考核评价体系设计的总体思路

企业在信息化绩效考核实践中,要坚持八个有机结合,处理好八个关系。

(1)要注意将信息化建设评价与应用评价有机结合,不但注重项目本身建设的成功,而且注重信息系统建成后的应用深度、应用广度和应用效果,使信息化的效益通过应用充分彰显。

(2)将宏观评价与微观评价有机结合,既注意对信息化战略、规划、政策、制度和标准的评价,也注重对信息化项目前期研究、方案设计、系统实施、运行维护和实际应用的评价。

(3)将当前工作情况评价和长远目标实现评价有机结合,既全面掌握信息化当前的进展和问题,又始终保证信息化按总体规划实施的大方向。

(4)将过程评价与效果评价有机结合,并将过程中的各个参与方(利益相关者)纳入评价体系。

(5)将管理评价与技术评价有机结合,既关注信息化组织管理的统一度、执行力和有效性,又注意信息化体系架构、技术方案和实施策略科学性。

(6)将组织建设评价与队伍建设评价有机结合,既考核信息化组织的机构、职能、人员、责任和流程的落实情况,又考核信息化支持服务队伍的组织、流程、服务能力和服务水平,最大限度地发挥这两方面对信息化的支持保障作用。

(7)将考核与激励有机结合,充分调动企业各方面信息化建设与应用的积极性和贡献率。

(8)将评价模型方法的研究与考核激励的实际操作流程有机结合,使模型方法和指标体系落实到企业信息化绩效考核的管理办法、实施细则中,落实到定期或不定期的考核与奖励活动中,使之在企业的实践中落地开花,不断发展。

企业除了妥善处理这八个关系、坚持八个有机结合的总体思路外,还要把握以下几个方面:首先必须明确信息化全面支撑企业整体战略和业务发展的正确定位,明确绩效考核评价旨在提高信息化建设和应用水平,促进和支撑企业发展,引导发挥信息化最大效益;必须把绩效评价贯穿于信息化项目的生命周期,而不仅仅是事后评价;必须在尽量选用成熟的参考框架的同时,充分考虑企业管理及信息化建设、应用实际,进行探索和创新;必须定性与定量评价结合,充分考虑信息化的发展阶段和绩效的特点,注重信息化隐性效益、长期效益和难以量化效益的发掘和评价;必须将评价与监管结合,注重动态监控与管理,实现考核—激励—发展的良性过程。

二、考核评价体系设计的原则

建立符合企业自身需求的信息化评价体系,要坚持导向性、科学性、客观性、适用性、精炼性、可扩展性等原则。

(1)导向性原则。要考虑企业的战略目标,并通过评价体系中不同评价指标的权重设置与灵活调整来体现与之相关的管理导向,使评价体系成为有效的管理工具。要从项目立项、需求分析、系统设计与实施、运行维护等方面,从提高信息化在企业发展中的支撑作用等方面加以引导,推动信息化建设和应用,促进信息化水平和绩效的提升。

(2)科学性原则。要充分参考国际成熟经验,参照国家相关标准,采用的评价方法要全面、准确地反映企业信息化的实际状况和发展规律,具有代表性和综合性。同时,在评价维度划分时还应该保证分类的正交性,避免评价指标的相互包含或重叠。

(3)客观性原则。要尽可能避免人为因素,尽可能量化指标,指标数据尽可能以现实的或能够计算的数值作为基础,定性指标可用程度差来体现,对于不同的等级应该有明确的描述。

(4)适用性原则。要采用国内外先进理念,密切结合企业实际,全面支持对系统建设和应用过程重要环节的评估,满足各种评价对象的评价需要,得出合理评价结果;要支持项目间的横向比较,优先考虑利用权重和标杆值保证指标的广泛适用性;要在评价体系内建立相应的裁剪指南,据以对不同的评价对象进行裁剪,保证评价方式的统一和公正;要有清晰的操作说明甚至配设专用的工具;评价的方法和过程应该易于理解、易于操作、易于管理。

(5)精炼性原则。指标体系在包含所有关键要素的前提下要尽可能简约,评价指标应清晰、易理解、易测算,并能够为高层管理者和信息管理部门提供清晰的导向理念和管理框架。

(6)可扩展性原则。评价体系要能够根据情况的变化进行灵活调整,以适应信息化发展以及企业战略调整的需要。同时,要注意评价系统的连贯性,保证在进行纵向评价和比较时,能够得到合理的分析结果。指标要尽量与企业现有数据相衔接,必要的新指标要明确定义并便于数据准确采集;指标体系能够根据发展阶段和实际需要进行内容取舍和拓展。

三、考核评价体系架构

企业信息化绩效考核评价体系(图9-2),包括评价指标体系和实施细则。评价指标体系为"对象—目标—指标"三级架构,逐级深入,解决对企业信息化"事前、事中和事后"全过程的"相关单位、人和事"的全方位评价问题。

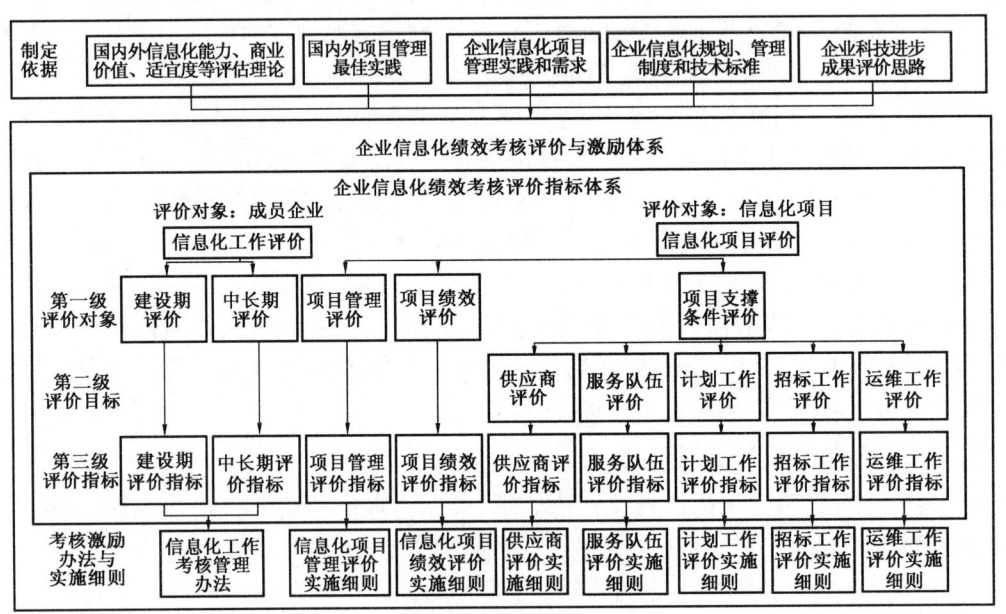

图9-2 企业信息化绩效考核评价体系

该绩效考核评价指标体系的第一级是绩效考核评价的两类对象,成员企业信息化工作评价和信息化项目评价。对每一类对象,设置若干评价目标,构成指标体系的第二级:信息化工作评价设置建设期、中长期两个评价目标;信息化项目评价设置项目管理、项目绩效、项目支撑条件三个评价目标,其中的项目支撑条件评价目标又进一步设置供应商、服务队伍、计划、招标和运行维护工作五个子评价目标。评价指标体系的第三级是评价指标,对每一个评价目标设计一组评价指标,构成可独立使用的指标模块。每个指标模块中的某一个单项指标不构成对绩效的独立评价,必须与本模块的其他指标组合使用。对每一个指标模块(即一组评价指标),制定相应的评价实施细则,与上述三个层次的评价指标体系一起,共同构成企业信息化绩效考核评价体系。

针对信息化绩效考核评价的各个对象/目标设计的一系列指标,称为评价模块;各评价模块既可独立应用,也可复合应用,基本都包括对相关单位、人和事的评价。

就企业信息化绩效评价指标而言,包括信息化工作绩效考核评价指标和信息化项目绩效考核评价指标两大部分;前者包含信息化工作、建设和效能考核评价指标三部分,后者包含信息化项目管理、项目绩效、项目支撑条件评价指标三部分。

第三节 信息化项目评价指标体系

一、项目评价指标体系的设计要求

信息化项目评价定位于对项目关键工作的评价。通过评价把项目的期望值传递给项目所有相关人员,进而影响他们的行为、影响项目的过程,获得更高的业绩水平。

信息化项目评价,不但要支持对项目"水平"的测度,更要注重进行"事前——事中——事后"全过程的评价与控制。

事前评估,就是在信息化项目的立项决策过程中,评估并选择建设方案,分析项目给企业带来的各种效益,形成预期目标,以指导后续的建设过程。

事中评估,就是对项目计划、实施与控制过程的评估,主要在项目目标确定后,寻找合适的实施对策,并对实施情况进行监控,及时总结经验和进行调控。

事后评价,就是在项目结束后,为了验收或者评价项目整体经济性而进行的项目最终的绩效评价。值得强调的是信息化只有进入深度应用阶段,才能真正充分体现信息化在企业实现经济目标、管理目标和战略目标的价值和回报。因此,项目的结束对充分发挥信息化价值而言,仅仅是开始。此时开展信息化绩效评估,要从创新、能力和商业价值的角度寻找信息化绩效提升的空间、方向和突破口,推动信息化绩效进入良性循环。

二、项目评价指标体系构成

企业信息化项目评价指标体系如图9-3所示。

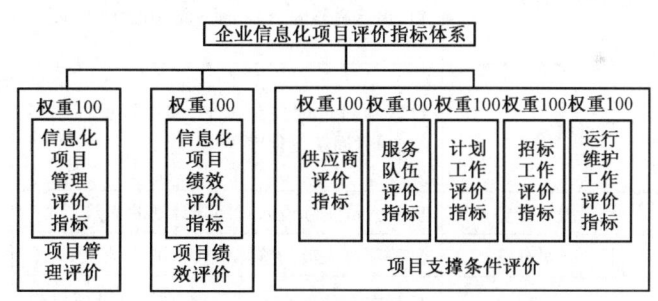

图9-3 企业信息化项目评价指标体系

该指标体系包含项目管理评价指标、项目绩效评价指标和项目支撑条件评价指标三部分。这三部分指标都采用模块化设计,既可以独立应用,也可以根据需要组合应用。其中项目支撑条件评价指标又包括:供应商、服务队伍、计划工作、招标工作和运行维护工作评价指标。

三、项目管理评价指标体系

项目管理评价指标用于对项目建设期管理的评价,属于事中评价指标。项目绩效评价指标用于在项目结束一段时间后,对项目的绩效进行评价,属于后评价指标;项目支撑条件评价指标用于对项目前期工作、建设与应用过程中起支撑作用的对象(供应商、服务队伍、计划、招标、运行维护等工作)的评价。

信息化项目管理评价指标体系,是从项目质量控制水平、成本控制水平、进度控制水平以及项目人员与知识管理水平四个评价维度进行设计,其中一级指标8项,二级指标14项,见表9-1。

表9-1 信息化项目管理评价指标体系

评价目标	一级指标	序号	二级指标	指标解释	数据来源	权重%
项目的质量控制水平(30)	需求分析充分性	1	国内外环境调研充分率	反映企业对项目环境调研的充分性和严谨性	需求分析报告	3
		2	关键用户调研覆盖率	反映对用户调研的充分性和严谨性	需求分析报告	3
	设计合理性	3	技术目标的实现率	反映方案设计能达到的技术目标水平	设计方案	4
		4	需求覆盖率	反映需求分析结论的满足情况	设计方案	4
	配置完善性	5	测试水平	从测试报告完整性、测试独立性、测试质量承诺三个角度评价	测试报告及有关合同	4
		6	数据准备水平	反映数据准备工作的严密性和可操作性,由数据准备方案完整性水平、基础数据清单覆盖率和上线测试数据差错率反映	可研报告、数据准备计划、测试报告	4
	项目质量水平	7	项目质量水平	反映验收专家组对项目质量的评价结果	验收报告或请验收专家做出评议	8
项目的成本控制水平(20)	预算控制水平	8	预算执行偏差率	反映项目成本管理水平,如预算调整的次数、预算调整的金额、预算结构的变化率等	工作调研	20
项目的进度控制水平(30)	进度控制水平	9	项目进度偏差率	反映项目进度控制水平,如项目里程碑调整、项目周期变化率等	工作调研	30
项目的人员与知识管理水平(20)	人力资源管理合理性	10	工作量投入偏差率	反映人员实际投入时间与计划的偏差	工作调研	4
		11	项目人员胜任度	反映项目人员的整体素质水平		4
		12	项目组人员变更率	反映在单位时间(如季度、年)内对项目组关键人员变更风险的控制情况		4
	知识转移水平	13	文档完整性	反映项目提交文档的完整情况	培训计划,工作调研	4
		14	用户培训水平	从培训计划的完善性和用户实际培训情况等方面反映对用户的知识转移情况		4

四、项目支撑条件评价体系

项目支撑条件评价体系包括供应商评价、服务队伍评价、计划工作评价、招标工作评价、运行维护工作评价五个部分,每部分评价均可独立应用。

1. 供应商评价指标

供应商评价指标(表9-2),设计了7项指标。

表 9-2 供应商评价指标

序号	指标	指标解释	数据来源	权重%
1	产品质量水平	反映软硬件产品质量水平	合同和验收报告、专家意见	30
2	服务质量水平	反映售中、售后服务的响应速度和效果	合同和用户意见、售后服务记录	20
3	进度保障水平	反映按进度计划及时交付产品的水平	进度计划和验收报告	20
4	知识转移质量	反映交付文档的完备性、质量,培训的充分性、质量	合同和文档交付文件、培训记录、培训满意度调查	10
5	变更事件应对能力	反映当事件出现合理或不可控的变化时,供应商满足需求变化的能力	用户意见	10
6	满意度	反映对供应商的能力、态度和水平等方面的综合评价	用户意见	10
7	特别控制指标	反映是否造成用户重大损失	专家评议	—

2. 服务队伍评价指标

服务队伍评价指标(表 9-3),设计了 8 项指标。

表 9-3 服务队伍评价指标

序号	指标	指标解释	数据来源	权重%
1	人员配备到岗率	反映按照合同约定,服务队伍人员配备到岗情况	项目合同	12
2	胜任度	反映服务队伍整体素质水平	工作调研,专家组	15
3	知识转移	反映交付文档的完备性、质量,培训充分性、质量	培训计划,工作调研	10
4	重视度	反映服务单位对项目的重视程度	工作调研,专家组	8
5	服务合同完成率	反映服务合同的完成情况	项目合同,验收报告	20
6	工作质量	反映完成服务质量条款的情况	工作调研,专家组	25
7	满意度	反映用户对服务队伍的满意程度	工作调研,用户评议	10
8	特别控制指标	反映是否造成用户重大损失	工作调研,专家组	—

3. 计划工作评价指标

计划工作评价指标(表 9-4),设计了 5 项指标。

表 9-4 计划工作评价指标

序号	指标	指标解释	数据来源	权重%
1	项目可研编制水平	提交审查的项目可研报告的编制质量和评审通过率	工作调研	10

续表

序号	指标	指标解释	数据来源	权重%
2	预算编制通过率	提交审查的年度预算的通过率	工作调研	10
3	年度计划立项通过率	立项申请得到批准的通过率	工作调研	20
4	项目资金符合率	考核评价时段内项目资金实际落实的比例	工作调研	30
5	投资执行及时率	反映预算资金到位时间与"年度预算"的符合度	工作调研	30

4. 招标工作评价指标模块

指标工作评价指标(表9-5),设计了5项指标。

表9-5 招标工作评价指标

序号	指标	指标解释	数据来源	权重%
1	招标文件有效性	评价招标文档完整性及合法性,反映招标文件准备的质量水平	招标文件	10
2	评标委员会组成	反映评标委员会人员结构的合理性	工作调研	15
3	入围投标商资质	通过调查投标商在业界的排名,反映招标工作的质量,如投标商对行业前10名的覆盖率等	工作调研	20
4	评标结果	反映中标单位技术标得分,商务标得分组合与"优—优"组合的离散程度	评标文件	40
5	专家评分离散度	反映评标委员会所有委员对标的物给出分值的离散度	专家评议	15

5. 运行维护工作评价指标

运行维护评价指标(表9-6),设计了5项指标。

表9-6 运行维护工作评价指标

序号	指标	指标解释	数据来源	权重%
1	服务级别协议	反映有无服务级别协议	运行维护合同	10
2	服务级别承诺的兑现率	反映服务实际满足承诺的服务级别条款数的比例	工作调研	10
3	系统平均无故障率	反映系统的可用性	运行维护日志	30
4	重大事件处理效果	反映重大事件实际处理效果	引用现有评价结果	30
5	信息化服务客户满意度	反映服务的客户满意度情况	信息化服务客户满意度调查表	20

五、项目绩效评价指标模块

信息化项目绩效评价指标的设计借鉴了目前国际上较成熟的定量与定性评价相结合的"全面绩效评价"理念。同时,项目绩效评价力求与企业科技创新成果评奖中的经济效益和创新度评价原则接轨。因此,项目评价指标从信息化能力与应用创新、效益两个评价维度进行设计,其中一级指标7项,二级指标17项,形成了以信息化能力和信息化商业价值为基本架构、以创新和效益为切入点的项目绩效评价指标体系。信息化项目绩效评价指标见表9-7。

表9-7 信息化项目绩效评价指标

评价维度	一级指标	序号	二级指标	指标解释	数据来源	权重%
信息化能力与应用创新(40)	信息化项目技术创新度	1	项目难易、复杂程度	反映项目涉及专业领域广度,解决复杂、关键问题的数量,工作的特殊性等	工作调研,专家组	2
		2	先进性	反映项目的技术先进性,包括自主知识产权、多项新信息技术的首次应用、单项新信息技术的首次应用	工作调研,专家组	4
		3	总体技术水平	反映项目的总体技术水平,包括项目的主要技术、经济指标和总体技术水平与国内外同类项目最高水平比较的结果,项目应用水平等	专家组	4
	管理与业务创新	4	应用创新度	反映在项目建设、应用过程中,管理流程、业务流程变更的程度	工作调研,专家组	5
		5	对企业形成可持续创新能力的作用	反映项目对企业的经营、管理、业务模式等可持续创新、优化的作用	工作调研,专家组	5
	应用规模与可推广度	6	适用性	反映项目的整体解决方案对需求的适应度,包括对当前需求和未来需求的适应度等	专家组	3
		7	应用范围	反映项目覆盖的单位的数量及产值规模	工作调研	3
		8	应用推广前景	指项目在企业内可推广应用的范围	工作调研	4
	信息化能力提升	9	信息化人才	反映项目对信息化人力资源培养的贡献	工作调研	4
		10	项目管理能力成熟度	反映项目对企业信息化建设与管理经验和知识积累的贡献	专家组	4
		11	信息资源开发利用	反映对信息资源开发利用水平和能力提升的贡献	专家组	2

续表

评价维度	一级指标	序号	二级指标	指标解释	数据来源	权重%
效益（60）	直接经济效益	12	直接经济效益	反映项目的净现值（NPV）	工作调研	40
	战略效益	13	战略相关度	反映项目与企业战略价值的关联度	工作调研,专家组	5
		14	知识管理	反映项目对员工满意度、知识共享等方面的提升水平	工作调研,专家组	5
		15	流程优化	反映项目对提高决策支持水平、应变能力、企业内控水平、工作效率等方面的作用	工作调研,专家组	4
		16	客户服务	反映项目对提高产品及服务质量、客户满意度等方面的作用	工作调研,专家组	6
特别控制指标		17	有无重大责任损失	反映是否出现重大安全事故并造成重大损失，或者是否出现重大决策失误并造成重大损失	工作调研	—

信息化项目绩效考核评价总分按下式计算：

$$S = \sum (P_i \times W_i) \quad (9-1)$$

式中　S——评价的总得分；

　　　P_i——第 i 个指标的得分（各指标得满分都是 100 分）；

　　　W_i——第 i 个指标的权重，所有指标权重的和为 100%。

六、项目评价指标组合应用

信息化项目评价指标可进行多种组合，实现不同的评价目标。例如：

（1）信息化项目管理水平评价组合，以项目过程评价为核心评价标准，用于对项目各重要阶段管理水平进行评价，对信息化项目管理和建设水平进行评比。

（2）项目支撑条件评价组合，用于对项目支撑条件进行评价，每个条件评价可独立应用（权重：均为 100%）。

（3）项目整体评价模块组合，兼顾项目过程评价、绩效评价和支撑条件评价，用于对项目整体评价，包括项目过程管理水平、项目绩效水平和项目支撑条件水平的评价；权重分别为：项目过程管理 30%，项目绩效 40%，项目支撑条件 30%。

七、项目评价指标计分方法示例

信息化项目考核评价具体指标的计分方法，相对比较简单明了，且描述内容较多、较细，不是本书讨论的重点。这里仅示例性地简要介绍几项指标如何计分。

1. 项目管理评价指标计分方法

以该指标体系中的"关键用户调研覆盖率"指标为例。该指标反映对关键用户调研的充分性和严谨性。关键用户覆盖率、问卷调查覆盖率计算公式分别为：

$$V = \frac{N}{M} \times 100\% \qquad (9-2)$$

$$W = \frac{P}{Q} \times 100\% \qquad (9-3)$$

式中　V——关键用户覆盖率,%;
　　　N——现场调查关键用户单位数;
　　　M——所有用户单位数;
　　　W——问卷调查覆盖率,%;
　　　P——返回有效问卷数;
　　　Q——应发问卷数。

关键用户单位数为该项目应该覆盖的关键用户单位数量。

应发问卷数为该项目涉及的关键用户总人数。

若 $V \geq 30\%$,则赋满分 $C_1 = 100$ 分;若 $V < 30\%$,则得分 $C_1 = \frac{V}{30\%} \times 100$;

若 $W \geq 80\%$,则赋满分 $C_2 = 100$ 分;若 $W < 80\%$,则得分 $C_2 = \frac{W}{80\%} \times 100$;

若 V 和 W 在关键用户调研覆盖率指标中的权重分别为 60% 和 40%,那么该项指标得分 $C = C_1 \times 0.6 + C_2 \times 0.4$。

2. 项目绩效评价指标计分方法

以该指标体系中的"管理与业务创新"中的"应用创新度"指标为例。该指标反映在信息化建设应用过程中,管理流程、业务流程变更的程度。

数据采集:

工作效率提高的幅度:

A. 十分显著;B. 比较显著;C. 一般;D. 不显著;E. 很小

该项得分 C:A. 100 分;B. 85 分;C. 75 分;D. 60 分;E. 30 分。

3. 项目支撑条件评价指标计分方法

1)供应商评价指标中的"服务质量水平评价指标"评分示例

该指标反映售后服务问题的实质性响应比例和效果,其中实质性响应比例由用户实际记录为准,售后服务的效果由接受服务的用户评议。

数据采集:

售后服务实质性响应比例符合合同要求率:

A. 100%;B. 90%;C. 90% 以下

该项得分 C_1:A. 100 分;B. 70 分;C. 0 分。

售后服务的实际效果:

A. 非常好;B. 比较好;C. 好;D. 不太好;E. 不好

该项得分 C_2:A. 100 分;B. 80 分;C. 60 分;D. 50 分;E. 30 分。

若实质性响应比例和效果的权重分别为 20% 和 80%,那么供应商服务质量水平得分:
$C = C_1 \times 0.2 + C_2 \times 0.8$。

2) 计划工作评价指标中的"项目可研编制水平"评分示例

该指标反映评估期内,提交审查的可研报告的编制质量和评审通过率。

数据采集:

项目可研报告的一次评审通过率 C_1、项目可研报告的二次及以上评审通过率 C_2 计算公式分别为:

$$C_1 = \frac{N}{M} \times 100\% \qquad (9-4)$$

$$C_2 = \frac{K}{M} \times 100\% \qquad (9-5)$$

式中　M——提交的可研报告数量;
　　　N——提交的可研报告中一次评审通过的数量;
　　　K——提交的可研报告中二次及以上评审通过的数量。

若 C_1、C_2 的权重分别为 70%、30%,该项指标得分:

$C = C_1 \times 0.7 + C_2 \times 0.3$。

3) 招标工作评价指标中的"评标委员会组成"评分示例

该指标反映评标委员会人员结构的合理性。

数据采集:

针对以下六项内容,检查招标委员会组成情况:

A 评标委员会成员与投标人不具有直接间接利益关系;

B 评标委员会中的评标领导小组、技术组、商务组、监督组人员结构符合企业信息化项目招标管理办法规定;

C 技术、经济方面的评标专家不少于成员总数的三分之二;

D 技术、经济方面的评标专家从事相关领域工作满八年并具有高级职称或者具有同等专业水平;

E 专家名单的确定采取从专家名册或专家库中随机抽取方式,特殊招标项目可以由招标人推荐;

F 评标委员会成员名单在中标结果确定前保密。

该项指标评分规则:若 A 不满足,则本项指标得 0 分;若 A 满足,则得 20 分,B~F 每选中一项得 16 分。

4) 运行维护工作评价指标中的"系统平均无故障率"评分示例

$$C_1 = \frac{A1_{\max} - A1}{A1_{\max} - A1_{\min}} \times 100\% \qquad (9-6)$$

式中　$A1$——一年内系统非正常运行次数;
　　　$A1_{\min}$,$A1_{\max}$——分别指参与评价的项目的当期最小值,当期最大值。

$$C_2 = \frac{A2_{\max} - A2}{A2_{\max} - A2_{\min}} \times 100\% \qquad (9-7)$$

式中　$A2$——一年内系统非正常运行时间;

$A2_{min}, A2_{max}$——分别指参与评价的项目的当期最小值,当期最大值。

该项指标得分: $$C = C_1 \times 0.5 + C_2 \times 0.5$$

需要注意的是计算得分是系统的相对分数,而不是绝对结果,只表明参加考核的信息系统相对运行状况。

第四节 信息化工作绩效考核评价指标体系

一、工作绩效考核评价指标体系设计要求

随着信息化的深入,信息管理部门已经由支撑企业价值角色转变为直接创造企业价值的参与者,由主要从技术、安全、系统运行维护等视角管理信息系统建设,转变为从企业绩效和价值的视角来审视、管理信息化建设和应用,从而提升企业信息化效能,提高信息化投资回报,支持企业价值的实现。

企业信息化工作绩效考核指标体系用于对成员企业信息化工作、建设和效能进行评价。指标体系作为独立单元纳入企业内部工作考核体系,以加强对信息化工作的评价、监管和推动,并实现与国际接轨,促进与国际国内先进企业进行信息化对标。

构建信息化工作绩效考核评价指标体系的目的是建立一个综合衡量信息化水平的总指数,科学反映企业信息化进度、质量和绩效的总体水平,推动企业信息化工作绩效的提高。

企业信息化工作绩效考核指标体系以信息化测评的就绪度理论、信息化能力评估理论和信息化商业价值理论模型为依据,针对信息化基础建设、信息系统集成应用、信息资源开发共享、工作效率提升、商业价值实现和核心竞争能力提高等方面,研究制定可量化、操作简便、合理可行的考核指标,进行测度与评价。同时,从信息化能力和支撑企业价值实现的角度,对信息系统运营效率、系统技术创新、信息技术架构的适用性、项目进度、质量、效果等方面进行指标设计。

二、工作绩效考核评价指标体系的构成

企业信息化绩效考核指标体系(图9-4),由信息化工作、信息化建设和信息化效能三个考核评价指标体系构成,是整个信息化绩效考核体系的重要组成部分。

工作评价和效能评价指标合计权重为100。分为基本指标、关键指标和否决性指标三类。基本指标用于反映企业一定时期内的信息化进度、质量和效果;关键指标是企业根据自身实际情况确定和设定的主要指标;否决性指标用于反映考核对象对重大事故责任的承担。

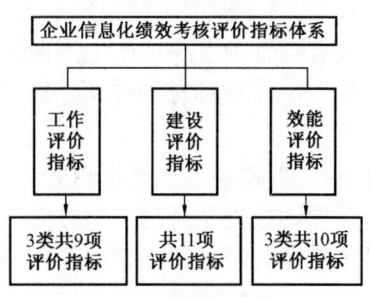

图9-4 企业信息化绩效考核评价指标体系

企业信息化工作考核评价指标(表9-8),主要考核信息化工作的落实情况和信息化支持企业业务发展的就绪程度。

表 9-8 企业信息化工作考核评价指标

指标类别	序号	二级指标	指标说明	权重,%
基本指标	1	企业信息化工作体制	反映企业信息化工作体制的建设情况,信息化工作的统一领导和重大项目的推进情况	3
	2	信息技术总体规划与预算管理	反映企业是否将信息技术总体规划纳入企业发展规划和预算管理,确保信息化持续发展	3
	3	工作任务执行情况	反映承担的企业统一组织实施的信息化项目的完成情况	17
	4	信息化培训	反映信息化建设与应用中的人力资源培训情况	3
	5	信息化工作管理	反映企业信息化管理制度的执行、落实和细化情况	3
	6	信息系统安全	反映企业信息系统安全建设、信息系统稳定运行保障水平	3
	7	信息化标准建设	反映信息技术标准和管理规范建设情况	3
关键指标	8	核心业务系统应用情况	反映企业主营业务的信息系统应用情况,以及相关数据的建设、开发利用情况	25
否决性指标	9	信息化重大建设项目失败	从信息化项目管理的进度、成本、质量、范围等四个方面进行评议	—

这里重点介绍核心业务系统应用考核。建设信息系统的目的是使用并在业务管理工作中持续发挥作用,保障信息系统长期稳定、高效运行,保证系统能够为业务管理提供决策支持。因此,必须加强系统应用考核,目的是促进基层用户规范数据填报和日常业务管理;提高中层用户管理效率,利用系统检查和指导工作;支持高层用户科学决策,及时调整策略与政策导向,最终发挥系统的作用。

系统应用考核着重强调对数据录入及查询的考核,并将这些要求量化到具体指标,主要从时效性、完整性和准确性三个方面考虑。

时效性:对于有明确期限要求的信息,要在规定时间内填报更新,逾期这些信息就可能失去意义或者对管理者决策产生不良影响。

完整性:全面地进行数据填报,保证将有价值的信息全部录入系统中,特别是系统表单中的必填项。

准确性:要避免虚假数据对管理决策的误导,确保信息的真实可靠。

为了保证数据达到这三个方面的要求,企业总部要下发《信息系统应用管理办法》,并要求成员企业在管理办法框架内,制定相应的《信息系统应用考核细则》。

为了保证考核客观公正,考核尽可能从系统中通过数据接口自动获取运行数据,经过数据简单处理,依据考核模型计算得出各成员企业该系统应用得分。系统运行中的一些指标可根据情况采用月考核、季度考核、半年考核和年度考核。为了促进系统持续提高日常应用水平,可加大考核密度,并及时公布考核结果。

应用系统运行维护中心作为考核的执行单位,为了保证考核结果准确无误,需指定专人负责审核考核结果,加强考核过程中的质量控制。要保证考核模板准确,由业务管理负责人和考核小组共同研究确定考核应得分模板、考核实得分模板和考核评分说明,经过汇总和审核后确定考核模板内容。考核应得分模板是依据企业实际业务计算的各企业应填报的数据范围以及对应的考核分值。考核实得分模板是出具考核结果使用的,可据此计算出各成员企业最终应得分与实得分的比例。考核评分说明是具体指标的考核步骤说明,描述各类数据状态对应的考核分值,通过查看此文档就可以了解应该如何考核和评分。要合理组织系统考核,将应用系统运行维护中心的相关参与人员分为 A、B 两个小组,按考核模板分别出具考核结果,由业务负责人核对 A、B 两套考核结果,保证两套考核结果的差值小于 5%,查找差异,减少主观判断,确保考核结果客观准确。

某集团曾经利用这种方法持续对使用××信息系统的 104 个成员企业进行了三年的考核,发现信息系统应用考核促进了数据填报质量显著提高(图 9-5)。从 2007 年第四季度起至 2010 年第三季度,季度数据填报优秀企业数呈现增加趋势。同时,相关报表上报及时率大幅度上升,监督检查数据填报完整性也由最初的 70% 上升为现在的 85%,其他各个指标数据填报质量也有相应程度的提高。

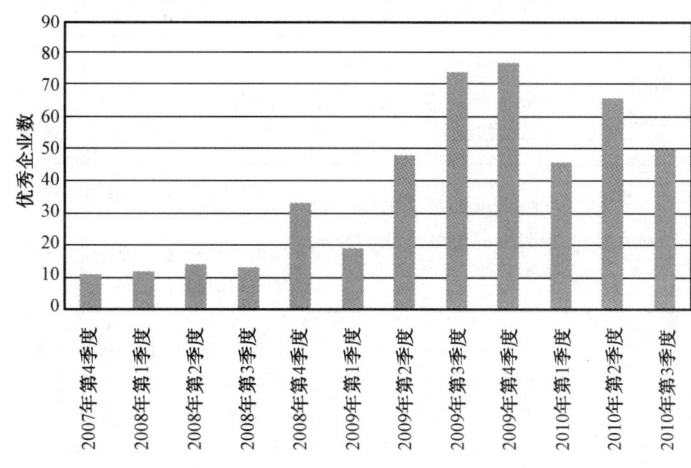

图 9-5 2007—2010 年季度优秀企业数

企业信息化建设评价指标体系(表 9-9),是根据目前企业在信息化第二发展阶段进行大规模建设时期的实际需要设计的,主要考核信息化建设相关情况。

表 9-9 企业信息化建设考核评价指标

指标分类	序号	二级指标	指标说明	评分方法	权重,%
信息化组织建设(10)	1	信息化工作体制	反映信息化组织、管理能力	1. 最高信息化主管的级别副局以上满分,副总工以上为 80 分,其他为 60 分; 2. 最高信息化主管的信息化工作量比重 70% 以上满分,50% 以上 85 分,30% 为 70 分,其他为 60 分; 3. 信息化职能部门的设置:有专门的组织机构得满分,由其他部门托管得 50 分,其他得 0 分	5

续表

指标分类	序号	二级指标	指标说明	评分方法	权重,%
信息化组织建设(10)	2	技术队伍	反映为企业信息化项目配备的技术队伍的规模和专业化程度,以及实际到位情况	(1)正式员工与外聘人员的比例对企业要求的遵从度; (2)人员结构搭配与胜任度; (3)人员实际到位情况(人日比例); (4)有无信息化人员管理考核体系; (5)拥有及控制的IT专业人员数量占本企业全员在岗员工数量的比例; (6)培训符合度(受培训人员岗位、数量与要求的符合度) (由信息化工作管理部门组织项目承担单位、用户、内部技术支持队伍测评)	5
信息化建设(40)	3	信息技术总体规划符合度	反映依据企业发展战略规划制定本单位信息技术总体规划的情况	本单位信息技术总体规划与企业总体规划的符合度 (采用专家评议)	6
信息化建设(40)	4	基础设施建设状况	反映网络和机房环境支撑未来3~5年应用系统正常运行的状况	汇报与专家现场考察,专家评议	6
信息化建设(40)	5	任务完成情况	反映本单位对总部统一组织实施的信息系统的完成情况	承担的总部统一组织实施的信息化项目完成情况 (由信息化工作管理部门组织项目承担单位、用户测评)	20
信息化建设(40)	6	配套措施与经费	反映本单位为执行企业信息技术总体规划所提供的关键配套措施与经费落实情况	(1)是否为项目组提供必要的办公条件; (2)旧系统(非统一建设的系统)的下线时间对有关规定的遵从度; (3)年度信息化配套资金到位率; (由信息管理部门组织项目承担单位、用户等测评)	8
信息化应用(10)	7	上线应用系统使用情况	反映应用系统满足本单位生产、经营和管理等业务需求的情况	汇报与专家现场考察,专家评议	10
信息化运行维护(10)	8	系统平均无故障率	反映本单位负责维护的系统的稳定性	运行维护日志	5
信息化运行维护(10)	9	系统运行维护机制建设水平	反映运行维护的人员、制度、流程、费用、考核体系到位情况	设定考核项,组织测评	5
信息安全(10)	10	信息安全体系建设情况	反映按照集团统一要求进行信息系统安全部署情况,建设合规的信息安全体系	设定考核项,专家测评	10

续表

指标分类	序号	二级指标	指标说明	评分方法	权重,%
信息化满意度(20)	11	信息化工作满意度	反映对信息化工作的满意情况	(1)信息主管领导对当年信息化工作满意度; (2)专业部门对当年信息技术支持工作的满意度; (3)上级信息主管部门当年对被考核单位信息化工作的满意度; (4)关键用户对运行维护的满意度	20
特别贡献分(1~5)	12	特别贡献分	反映被评估单位是否为企业近五年信息化工作的顺利发展作出特别的贡献	如作为项目牵头单位(总部项目承担单位);或在试点工作中成绩非常突出;为推广工作的开展创造了优异条件等(由专家评议加1~5分)	1~5

企业信息化效能评价指标(表9-10),主要考核信息化能力和管理信息化的能力。

表9-10 企业信息化效能考核评价指标

指标类别	序号	二级指标	指标说明	权重,%
基本指标	1	信息化投资占年度销售收入比率	反映信息化投资力度,是企业总部项目投资和成员企业配套资金的总和	5
	2	百人计算机拥有量	该指标为国际通用比较指标,用于考查企业计算机装备水平能否满足工作需要	3
	3	计算机联网率	通过对企业内部计算机联网情况的统计,判断当前企业内部系统集成和数据信息共享的基础条件水平	3
	4	信息资源开发利用水平	反映数据库建设、信息资源利用的水平	3
	5	主要信息系统功能适用水平	反映信息系统功能与业务的适用程度(采用问卷调查的方式评价)	10
关键指标	6	信息技术架构成熟度	反映企业信息系统总体架构成熟度情况	3
	7	系统应用集成度	反映企业设定的系统应用集成度目标的实现情况	3
	8	信息机构能力成熟度	反映企业设定的信息机构能力成熟度目标的实现情况	3
	9	信息技术服务满意度	反映用户对信息技术服务的满意程度	7
否决性指标	10	信息安全重大事故	信息安全出现造成重大损失的事故	—

三、工作评价调整系数的设定

在实际操作中,某些重要指标的评价需要考虑企业规模和信息化项目自身属性的不同,设定必要的规模系数和难度系数。例如,在企业信息化建设绩效考核评价指标中对"任务完成情况"指标的考核,可以设定以下系数:

(1)被评价单位规模系数。分为:A. 特大型企业;B. 大型企业;C. 中型企业;D. 小型企业。则单位规模系数 C_1 分别为:A.1;B.0.9;C.0.8;D.0.7。

(2) 承担总部信息化项目难度系数。分为：A. ERP 项目；B. 上游生产管理系统；C. 下游生产管理系统；D. 商务与支持项目；E. 基础设施项目；F. 综合管理项目；G. 其他项目。则项目难度系数 C_2 分别为：A. 1；B. 0.8；C. 0.8；D. 0.8；E. 0.7；F. 0.6；G. 0.5。

四、工作绩效考核评价指标计分方法示例

信息化工作绩效考核评价指标的计分方法相对比较简单明了。这里仅示例性地简要介绍几项指标如何计分。

1. 建设评价指标计分

(1) "技术队伍"指标评分示例。该指标反映为企业信息技术总体规划项目配备的技术队伍的规模化、专业化、实际到位情况。

数据采集：

项目中正式员工与外聘员工的比例 C_1 计算公式为：

$$C_1 = \frac{A}{70\%} \times 100 \qquad (9-8)$$

式中　A——正式员工在项目人员中的比例。

当 A 大于 70% 时，该项得分仍为 100 分。

企业信息技术总体规划项目配备的人员整体素质水平 C_2：

A. 很高；B. 较高；C. 一般；D. 较差；E. 很差。该项得分 C_2 分别为：A. 100 分；B. 80 分；C. 60 分；D. 50 分；E. 30 分。

人员到位率（人日比例）C_3 计算公式为：

$$C_3 = \frac{N}{M} \times 100 \qquad (9-9)$$

式中　M——计划到位人日数；
　　　N——实际到位人日数。

有无对企业信息技术总体规划项目配备人员的管理考核制度 C_4：

A. 有；B. 无。该项得分 C_4 可为：A. 100 分；B. 0 分。

拥有及控制的信息化专业人员数量占本企业全部在岗员工数量的比例数为 X，其得分为 C_5：$X \geq 5\%$，100 分；$3 \leq X < 5\%$，80 分；$1 \leq X < 3\%$，50 分；$X < 1\%$，30 分。

受培训岗位、人员数量与要求的符合度 C_6：

A. 完全符合；B. 大部分符合；C. 基本符合；D. 基本不符合；E. 完全不符合。该项得分 C_6 分别为：A. 100 分；B. 90 分；C. 60 分；D. 30 分；E. 0 分。

计分规则：

该项得分　$C = (C_1 + C_2 + C_3 + C_4 + C_5 + C_6)/6$。

(2) "信息安全体系建设情况"指标评分示例。该指标反映按照企业统一要求建设信息安全体系、进行信息安全措施部署情况。

数据采集：

信息安全体系总体建设情况：

A. 非常好；B. 比较好；C. 好；D. 较差；E. 差距很大。该项得分为 C_1，对应 A、B、C、D、E 建设情况的 C_1 值分别为：100 分、85 分、75 分、60 分、30 分。

防病毒系统部署率 C_2、补丁分发系统部署率 C_3、端点准入系统部署率 C_4 计算公式分别为：

$$C_2 = \frac{K}{M} \times 100 \quad (9-10)$$

$$C_3 = \frac{K}{M} \times 100 \quad (9-11)$$

$$C_4 = \frac{K}{M} \times 100 \quad (9-12)$$

式中 M——应该进行部署的系统总数；

K——已经完成部署的系统数。

计分规则：

该项得分 $C = C_1 \times 0.4 + (C_2 + C_3 + C_4) \times 0.2$。

（3）"信息化工作满意度"指标评分示例。该指标反映年度被考评单位信息化部门的信息化支持水平。

数据采集：

信息主管领导对当年信息化工作满意度分值为 C_1；

专业部门对本年度信息化支持工作的满意度分值为 C_2；

上级信息化主管部门对本年度被考核单位信息化工作的满意度分值为 C_3；

关键用户对运行维护工作的满意度分值为 C_4；

以上四项均为从 A~E 中单选：

A. 非常满意；B. 比较满意；C. 满意；D. 不太满意；E. 不满意。那么对应的分值分别为：100 分；85 分；75 分；60 分；30 分

计分规则：

此项得分 $C = C_1 + C_2 + C_3 + C_4 / 4$。

2. 工作评价指标计分

以"核心业务系统建设情况"指标评分为例。该指标反映企业主营业务信息系统建设与应用情况，以及相关数据建设、开发利用情况。

数据采集：

核心业务流程信息化水平分值为 C_1：

A. 尚未进行主要业务流程的信息化建设；

B. 初级水平：信息化只覆盖到少部分主要业务流程，信息系统的开发尚未按统一规划实施，各个信息系统基本上是独立应用，数据难以共享使用，存在较为严重的信息孤岛现象；

C. 中级水平：信息化覆盖 50% 以上主要业务流程，信息系统统一规划，数据集成度高，消除了企业内部的大部分信息孤岛；

D. 高级水平：信息化覆盖全部主要业务流程，实现集成化最优控制。

对应 A、B、C、D 水平，C_1 值分别为：60 分、75 分、85 分、100 分。

核心业务信息化应用满意度分值为 C_2，依调查结果直接赋分（百分制）。

核心业务系统历史数据迁移情况分值为 C_3：

A. 具备一年(含一年)以上的数据;B. 具备两年(含两年)以上的数据;C. 具备三年(含三年)以上的数据;D. 具备四年(含四年)以上的数据。对应 A、B、C、D 四种情况 C_3 值分别为:60 分、75 分、85 分、100 分。

核心业务系统关键数据的录入要求实现率 C_4 计算公式为:

$$C_4 = \frac{N}{M} \times 100 \quad (9-13)$$

式中　M——要求录入的核心业务系统关键数据的字段总数;
　　　N——已经录入的核心业务系统关键数据的字段总数。

依计算结果直接赋分。

评分规则:

该项得分　$C = C_1 \times 0.3 + C_2 \times 0.3 + C_3 \times 0.2 + C_4 \times 0.2$。

3. 信息化效能评价指标计分

以该指标体系中的"信息资源开发利用水平"指标评分为例。该指标反映数据库的信息资源利用的水平。

计算公式:

被评估对象信息技术总体规划数据库实现率 C_1 计算公式为:

$$C_1 = \frac{N_1}{M_1} \times 100\% \quad (9-14)$$

式中　M_1——信息技术总体规划中应建的数据库总数(由信息管理部门根据有关专业部门意见确定);
　　　N_1——信息技术总体规划中已建成的数据库总数。

数据库规模 C_2 计算公式为:

$$C_2 = \frac{N_2}{M_2} \times 100\% \quad (9-15)$$

式中　M_2——所有参与评价单位数据库的最高纪录容量;
　　　N_2——本单位数据库的纪录容量。

评分规则:

该项得分　$C = C_1 \times 0.6 + C_2 \times 0.4$。

第五节　信息化经济效益评价方法

一、信息化经济效益的特性、评价流程和原则

信息化的经济效益(即价值)具有显著的隐含性和附着性,即信息系统作为企业组织或业务流程中的一部分并和其他资源共同作用。信息化主要通过对直接增值流程和支持流程的影响创造价值。信息化的实施将对企业运营的各个环节产生深刻的影响,使企业实现资源量化、优化管理,实现人财物、产供销等管理环节的数据和流程整合,全面提升企业的整体运营效率

和综合竞争力,支撑业务发展和经营目标的实现。

因此,对信息系统效益的评估并不只是对系统本身的评价,而是根据随着信息系统的建设和应用而引发的企业绩效变化进行定性和定量的综合评价。信息化项目经济效益评价的整个流程如图9－6所示。

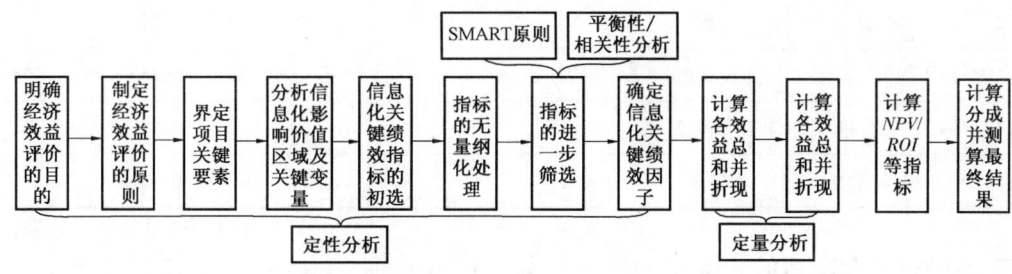

图9－6 信息化项目经济效益评价流程

进行信息化项目经济效益评价要坚持以下原则:一是客观性。要保证采集评价数据的客观性。如涉及各类计算及预测因素,应能提供相关参照依据,并且数据具可追溯性。二是可操作性。首先是评价方法要有可操作性,对于信息系统效益贡献明显且基础数据齐备的指标,将其纳入计算范围;对于信息系统效益明显但基础数据难以分离或取得、信息系统效益偏低的指标,不将其纳入计算范围,或是待以后条件成熟时再将其纳入计算范围。三是规范性。各项评价指标及其相应的计算方法、各项数据都要标准化、规范化;评价过程要能够实行质量控制,即对数据的准确性和可靠性加以控制;指标选择应该定义明确,口径一致,与国际接轨,符合国际规范和国内现行的会计、统计等相关制度。

二、评价指标和评分标准的分类

企业信息化经济效益评价体系中设置的评价指标按基本属性分为两类:定量指标(硬指标),以统计数据为基础进行计算;定性指标(软指标),将评价问卷量表转化为量化数据纳入评价因素集。

指标评价方法有五种类型,见表9－11。

表9－11 指标评价方法类型

序号	评价方法	回答方式	说明
1	直接赋分法	计算结果值	依计算结果直接计分
2	二元选择法	是/否,有/无	只能选择一个选择项
3	单一选择法	A B C D E F G	只能选择一个选择项
4	多重选择法	□1 □2 □3 □4 □5	可以选择多个选择项
5	量表法	划分为5等级	只能选择一个等级项

全部的评价指标包括定量指标和定性指标,均按一定规则划分到统一的等级中。这样既方便了指标计算和评价,又解决了量纲统一问题。所有指标评价标准对应的参考分值划分为五个等级。指标评价等级及对应分值见表9－12。

表 9-12　指标评价等级及对应分值

级别\标准名称	定性描述	量表描述	级别	字母描述	百分制	系数	对应分数
1	优秀	非常满意	一级	A	100	1	100
2	良好	满意	二级	B	85	0.85	85
3	一般	比较满意	三级	C	75	0.75	75
4	合格	不太满意	四级	D	60	0.60	60
5	不合格	不满意	五级	E	30	0.30	30

三、企业信息化项目的分类

企业信息技术总体规划的项目体系框架中的信息化项目,可分为"可直接测算效益的项目"(简称Ⅰ类项目)、"采用成本还原法测算经济效益的项目"(简称Ⅱ类项目)和不进行经济效益测算的项目(简称Ⅲ类项目)。

Ⅰ类项目:实际就是应用类项目,包括研发设计、生产制造、产品营销、支持服务等各类生产管理系统、ERP系统,企业门户、办公管理、应急指挥、QHSE、电子邮件、视频会议等应用系统。该类项目一般能够与"业务应用"进行较密切的关联,可通过前后比较、市场比较测算其经济效益。

Ⅱ类项目:实际就是网络、安全、计算机设备等基础设施类项目。该类项目为公共服务项目,一般无法直接测算经济效益,其价值体现在其他"应用"中。于是可以与应用类信息化项目建立关联,通过"成本还原"等方式进行分摊,进行加权平均合成,从而测算其经济价值。

Ⅲ类项目:对于规划中的信息化组织建设与保障类项目,由于属于对企业信息化管理或组织落实,不以中短期经济效益为项目目标。同理,还有基础设施类项目中的灾难恢复系统建设等项目,本书未将其纳入进行经济效益测算的项目范围之内。

需要指出,信息化项目的效益高低,不等于项目技术水平的高低。

四、Ⅰ类项目经济效益的计算

1. Ⅰ类项目的经济效益的特性

项目的经济效益是项目实施完成后通过应用所产生的效益。其特点,一是项目与"应用"和"企业价值链"密切相关,能够找到项目对哪些"价值环节"产生了影响。二是同一个项目,因企业原有基础不同、"应用"深度不同,产生经济价值的主要"点"和价值大小而各不相同。

Ⅰ类项目经济效益计算的难点在于准确识别在企业具体环境中,项目影响了哪些商业变量(价值变量),这些变量可能是产量、成本、效率、收入、质量、资产寿命等。经济效益计算的关键成功因素是对特定企业、特定环境,根据以上原则甄选受影响的价值变量,并能够追踪其变化。

2. Ⅰ类项目效益计算方法

对于Ⅰ类项目运用数理统计,采用对比分析方法理论,包括前后对比,有无对比等,计算项目上线后的新增收益。从应用的基础条件及评价可操作的角度考虑,我们以净现值(NPV)、投资回报率(ROI)这两种投资评价方法为基础,进行信息化项目经济效益评价。

1)净现值和投资回报率计算公式。

$$NPV = (总的折现投资收益 - 总的折现投资成本) \times (1 - 分成率) \quad (9-16)$$

$$ROI = \{(总的折现收益 - 总的折现成本) \times (1 - 分成率)\} \div 总的折现成本 \quad (9-17)$$

上式中,投资成本由系统投资成本和日常运行维护费用两部分构成,其中。

(1)系统投资成本,一般列入资本性支出项,包括工程费用和其他费用。

① 工程费用:硬件设备投资、系统和应用软件投资、系统安装调试费用、系统实施费、系统测试费、数据准备与转换费用。

② 其他费用:建设单位管理费、系统设计费、培训费、上线支持费、基本预备费。

(2)日常运行维护费用一般列入日常费用支出项,包括:软件年服务费、硬件年服务费、网络链路租费、系统维护人力投入、日常培训费、咨询费、其他相关支出。

2)基础设施成本分摊公式。

在基础设施能够满足应用、投资合理的前提下,基础设施投资的分摊按各应用系统对基础设施资源的占用率进行分配。本模型对项目经济效益的评价结合"公共资源的占用"与"投资规模"两个因素综合考量,按如下方式进行分摊:

基础设施投资总额的$X\%$(如40%)按应用系统对公共资源占用的比例分摊,基础设施投资总额的$Y\%$(如60%)按应用系统投资额来分摊。

例如:对于局域网项目,"流量"是该基础设施的"核心特征指标",计算公式如下。

某一应用系统应分摊基础设施投资额S的计算公式为:

$$S = I_m \times 60\% \times K_c/K_m + I_m \times 40\% \times V_c/V_m \quad (9-18)$$

式中 I_m——基础设施投资总额;

K_m——应用类项目的投资总额;

K_c——建于基础设施之上的单个应用系统投资额;

V_c——建于基础设施之上的单个应用系统设计流量;

V_m——应用类项目设计总流量。

3)项目四种类型的经济效益测算。

信息化项目经济效益因项目固有特性、项目所涉及专业的不同而不同,同时项目需要与组织及业务流程相融合才能发挥其作用,其效益也会随应用水平高低、应用时间长短、应用单位原有应用基础的不同而有所不同。

信息系统上线后产生的效益,一般归纳为收益增加、成本降低、效率提高、损失减少等四种类型(图9-7)。

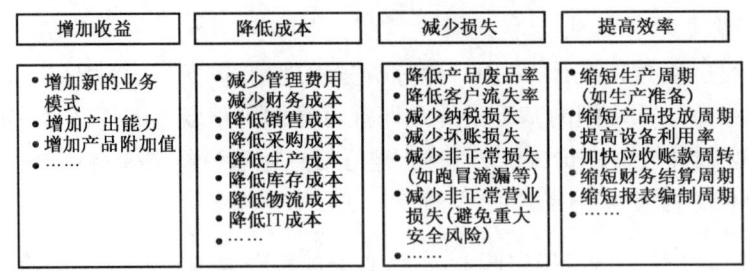

图 9-7 四种类型的信息系统效益

(1)增加收益类,是指由信息系统项目上线直接产生的新增收益。收益的构成要素有业务类型、各类型业务量(销售量)和单价。从业务类型要素看,有新增业务模式、新增项目。从销售量看,有通过信息化新增的业务量(如网络订货)、通过信息化提高的业务量(提高处理能力,改善服务质量,提高信赖程度)。从价格角度看,有信息化项目带来的产品升级和溢价等。

收益增加的一些典型类型如下:

① 新增业务模式。

年度新增效益=新增业务模式收入-新增业务模式相关成本-新增业务模式相关税金及附加

② 对原有收益能力的提升。

年度新增收益=单位产品贡献毛益增加额×年度产出量

③ 对原有生产能力的提高。

年度新增收益=单位产品贡献毛益×(系统上线后年产出量-系统上线前年产出量)

④ 产品创新程度提高。

年度新增收益=相关新产品市价溢价×产品年产量-相关税金及附加

⑤ 溢价。指某产品由于技术含量高、产品独特性强等因素使其定价高于市场一般同类产品的部分,企业因此获得的是超额收益。

(2)降低成本类,指信息化项目建成后,增强了企业收集、保存、处理和传递信息的能力,在提升生产效率、管理效率的基础上直接带来的资源占用(使用)的减少、所产生的成本和费用节约,包括物流成本、管理费用、销售费用、财务成本及制造费用等的节省。

对于节约成本效益的计算,一般采用差额分析法,也就是在工作量相同或相近、产出相同的情况下,信息化项目获得节约成本所创造的净现值。该方法适用于降低操作成本、减少材料消耗、节约工时、降低能耗、减少作业费用等方面。

一些典型效益点如下:

① 库存资金占用的节约额(M_1)。

M_1=(上线前年度库存资金平均占用额-上线后年度库存资金平均占用额)×年均资金成本

② 应收账款周转加快节约资金占用额(M_2)。

M_2=日均营业额×(上线前应收账款周转天数-上线后应收账款周转天数)×变动成本率×年均资金成本

③ 单位成本（单位产品成本、单个作业成本、单位采购成本等）降低收益额（M_3）。

$$M_3 = 年产出量 \times (上线前单位成本 - 上线后单位成本)$$

④ 节约相关费用支出（如视频会议系统节约相关差旅费用等）（M_4）。

$M_4 = $ 参会人次数 $\times$（上线前每人次平均相关支出 – 上线后每人次平均相关支出）；

或 $M_4 = $ 上线前年度相关费用支出 – 上线后年度相关费用支出。

(3) 减少损失类，也就是其他能证明信息系统对企业效益产生明显影响的效益点。信息系统的上线往往在企业薄弱环节发挥最明显作用，以减少跑冒滴漏以及违规操作、减少事故及风险、提高成功率等为主，这类个例多以能直接认定的相关损失额为计算依据。如某集团自ERP系统上线后，有能力在系统中对集团所属1100多个记账单位的投资结构、产权关系进行清理界定，从系统中提取向税务部门提交的重复纳税依据，从而解决了先前纳税中对投资收益的所得税重复计征问题，仅此一项每年减少重复纳税四个多亿。

① 客户流失率降低。

收益 = 年均客户数 × （上线前客户流失率 – 上线后客户流失率）× 单位客户贡献值

② 单位客户贡献值。

收益 = 单位客户平均销售收入 – 平均变动成本

③ 相关损失降低。

收益 = 上线前年度相关损失额 – 上线后年度相关损失额

(4) 提高效率类。

主要是缩短产品投放周期。

年度新增收益 = （系统上线前相关产品投放周期 – 上线后相关产品投放周期）× 年度销量/365 × 单位产品净利

其中：投放周期指产品自开始研制至投入市场所需的时间，通常以天为单位。

① 缩短报表编制周期。

收益 = 人均人工成本/天 × 月报编制周期缩短天数 × 参与编制人数

② 提高工作效率。

收益 = 人均年人工成本 × （上线前单位作业工作量所需人数 – 上线后单位作业工作量所需人数）

③ 缩短单位工作时限（如修复、提供服务等）。

收益 = （原单位工作量平均完成时限 – 上线后单位工作量平均完成时限）× 单位时限工作量成本

4) 项目直接经济效益测算示例

(1) 电子邮件系统节约相关费用测算。

① 支出1：支出 = 系统中电子邮件记录的年发送邮件数 × 同类服务市场收费标准（参考值1.2元/封）

② 支出2：支出 = 年电子邮件系统数据传输字节量 × 单位价格（参照当地市场价格）

③ 支出3：支出 = 注册用户数 × 50MB × 年服务价格（参考服务商提供的包年服务价格：1元/(MB·a)，注册用户数32万）。

节约费用 = 上述计算的费用支出 – 电子邮件系统投资支出（分摊到年）。

(2)视频会议系统节约相关费用测算。

通过视频会议系统和传统会议方式的比较,对经济效益测算:

传统会议费用支出 = 年视频会议召开次数 × 平均每次现场会议费用支出

或支出 = 年视频会议参会人天 × 每人天参会差旅费支出。

(参考值:每人天差旅费支出按500元计,每一分会场参会人数按4人计)

或测算员工提供服务时间增加带来的效益:

支出 = 员工在旅途中的工作时间 × 平均每人该时间人工成本

节约费用 = 上述计算的费用支出 − 视频会议系统投资支出(分摊到年)。

五、Ⅱ类项目经济效益的计算

1. Ⅱ类项目经济效益的特性

Ⅱ类项目,也就是信息基础设施类项目,是公共服务项目,其经济效益具有以下特性。

(1)依附性。基础设施需附着于应用系统发挥其功能,因此在确定其效益时,一方面要考虑与基础设施共同发挥作用的应用系统的范围,另一方面要辨识应用系统通过基础设施带来的收益。

(2)共益性。一方面,基础设施可作为一个共同资产,由运行其上的各应用系统同时共享。另一方面,各应用系统的使用也会受基础设施提供能力的限制,如网络带宽、流量、可靠性等的制约。

(3)增值性。由于企业不断补充或增加各种信息技术投入,这些投入除转移到产品价值或摊销到成本之外,还在企业内部沉淀下来形成一种能力,并且随着时间推移、应用深入而不断积累,从而不断提高企业的这种能力。

2. Ⅱ类项目经济效益计算方法

从可操作性角度出发,Ⅱ类项目经济效益可采用固定资产年平均成本法和投资回报率加权平均法,用年均成本差额和投资回报率两种效益指标来衡量。由于基础设施投资效益与建于其上的应用系统所产生的效益具有依附性和共益性的特点,一般应采用投资回报率加权平均法进行测算,推算单位信息化投入产出系数,以此作为基础设施投资效益测算依据。在涉及设备更新升级换代、需测算新旧两种方案的成本节约时,可考虑采用固定资产平均年成本法进行测算。

这里以加权平均投资回报率法为例。

在基础设施能够满足应用、投资合理的前提下,企业信息基础设施投资产出系数,即加权平均投资回报率 ROI_C 为:

$$ROI_C = \sum_{i=1}^{n} ROI_i \times \frac{N_i}{M} \qquad (9-19)$$

$$N_i = I_m \times 60\% \times K_c/K_m + I_m \times 40\% \times V_c/V_m \qquad (9-20)$$

式中 ROI_i——建于基础设施之上的单个应用系统项目 i 的投资回报率;

M——基础设施投资总额;

N_i——单个应用系统分摊的基础设施投资额;
I_m——基础设施投资总额;
k_m——应用类项目的投资总额;
K_c——建于基础设施之上的单个应用系统投资源;
V_c——建于基础设施之上的单个应用系统设计流量;
V_m——应用类项目设计总流量。

单项基础设施年投资效益 = 该基础设施投资额 × ROI_C

六、项目战略效益的评价

由于信息化项目效益具有多维性和迟滞性,信息系统的效益是随着应用的深入而逐步显现递增的,存在着大量明显但难以度量和量化的信息化效益,也可称之为战略价值或定性效益。当前世界对企业信息化效益评价的最新认识是,可计算的信息化直接经济效益仅占其创造价值的一小部分,业界将其形象地比喻为冰山浮出水面的部分(图9-8)。从图9-8中可以看出,能够测算出的信息化经济效益仅仅是其中很小的一部分。

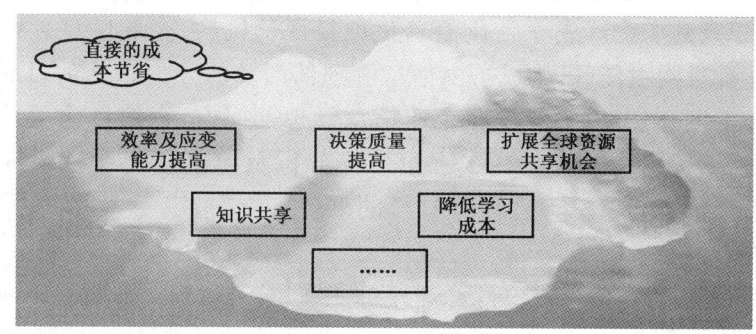

图9-8 信息化项目显性效益与隐性效益的冰山图

第六节 信息化绩效考核评价实施细则

一、实施细则总体架构

绩效考核的指标和方法要在企业信息化考核的实践中应用,并在应用中不断完善,就必须制定与各指标体系及其评价方法对应的实施层面的评价细则,具体落实指标体系和评价方法的实施。各实施细则要明确本项考核评价的目的和意义、评价的范围、评价工作的组织及其职责、评价的主要内容、评价的具体流程、评价结果的公示与监督、评价后的评比与奖励、各种相关要求等。这些细则实际上就是企业信息化绩效考核评价与激励工作管理办法及其实施细则,要以企业文件印发到各部门和成员企业,并进行必要的宣贯培训,认真贯彻执行。

企业信息化绩效评价实施细则总体架构如图9-9所示。

二、实施细则的主要内容

下面以企业信息化项目管理评价和项目绩效评价为例,概要描述实施细则的主要内容。

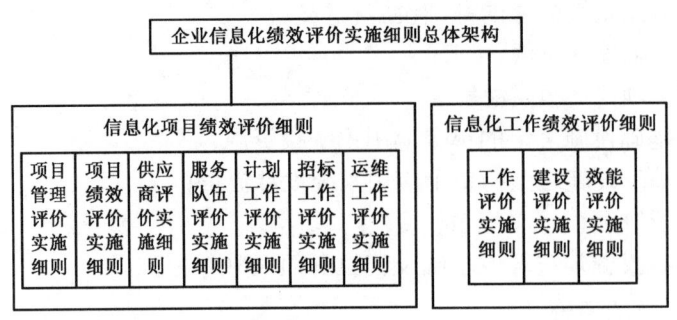

图9-9 企业信息化绩效评价实施细则总体架构

1. 项目管理评价实施细则要点

(1) 目的与范围。项目管理评价的目的是加强企业信息化项目管理,全面、客观、准确衡量信息化项目状况,充分调动企业各部门、各成员企业和广大员工信息化建设和应用的积极性。评价的范围是列入企业信息技术总体规划、由企业统一组织实施的项目。

(2) 评价组织及其职责。成立企业信息化项目评价机构,企业信息总监或信息化工作主管领导担任评价机构主任,机构成员由信息管理部门及部分信息化项目成员组成。信息化项目评价机构下设办公室,一般设在企业信息管理部门,负责信息化项目管理评价的具体组织管理,包括评价组织、材料验收、上报情况分析及向信息化项目评价机构汇报等工作。各项目经理部负责其项目管理评价材料的准备工作,指定专人负责评价材料的组织、上报等各项工作。

(3) 评价时间及内容。信息化项目管理评价在项目阶段目标完成后,或项目竣工验收后三个月以内完成并公布结果。评价内容主要包括:项目质量控制、成本控制、进度控制和人员与知识管理水平。项目质量控制水平主要考核单位对项目背景、环境调研的充分性和严谨性,对用户调研的充分性,方案设计能达到的技术水平,验收专家组对项目质量的评价结果等;项目成本控制水平主要考核项目成本管理水平;项目进度控制水平主要考核项目进度控制情况;项目人员与知识管理水平,包括人力资源配置合理性和知识转移水平;人力资源配置合理性主要考核人员实际投入时间与计划的偏差,项目人员的整体素质、在单位时间(年)内对项目经理部关键人员变更风险的控制情况;知识转移水平主要考核项目提交文档的完整情况、培训计划的完善、完成情况。

(4) 评价结果。对信息化项目管理的年度评价结果按分数排队并在企业门户上正式公布。评价结果可作为信息化工作检查、绩效考核、优化本项目管理及下一步工作的重要参考依据。

2. 项目绩效评价实施细则要点

项目绩效评价实施的目的与范围、组织及其职责与上述项目管理评价实施细则相同,不再赘述。

项目绩效评价内容,包括信息化能力与应用创新评价和信息化项目效益评价。

(1) 信息化能力与应用创新评价。指标主要包括:信息化项目技术创新度、管理与业务创新、应用规模与可推广度、信息化能力提升等。信息化项目技术创新度主要评价项目的复杂程度、技术先进性、项目总体技术水平;管理与业务创新主要评价项目和建设应用过程中,管理流程、业务流程变更的程度,对企业经营、管理、业务模式等方面的创新、优化作用;应用规模与可推广度主要评价项目的整体解决方案对需求的满足程度,项目覆盖的单位数量及产值规模,项目可推广应用的范围等;信息化能力提升评价项目对信息化人力资源的贡献,项目对信息化建设与管理知识积累的贡献,对信息资源开发利用水平和能力的提升等。

(2)信息化项目效益评价。将项目分为可直接测算效益的Ⅰ类项目、通过与应用项目关联计算经济效益的Ⅱ类项目和其他项目,针对不同类型的项目采用不同的效益评价方法。Ⅰ类、Ⅱ类项目的效益评价包括直接经济效益和战略效益评价,对Ⅰ类、Ⅱ类以外的项目,仅从战略效益维度进行评价。对于信息技术总体规划中的组织建设与保障类项目,不以中短期经济效益为项目目标,不纳入进行经济效益测算的项目范围。对于基础设施类项目中的灾难恢复系统建设,目前国际上尚没有公认的成熟的效益测算方法,故不对灾备系统进行经济效益测算。

在进行直接经济效益评价时,Ⅰ类项目采用以净现值和投资回报率为主的评价方法;Ⅱ类项目采用固定资产年平均成本法或加权平均投资回报率的评价方法。评价应提供相关测算依据,附有被评价项目单位出具的财务证明或报表,并由信息化项目评价机构采用抽样方式对测算过程及结果进行复核确认。

战略效益评价主要包括:战略相关度、知识管理、流程优化、客户服务等。战略相关度主要评价信息化项目与企业战略价值的相关程度;流程优化重要评价项目对提高决策支持水平、应变能力、企业内控水平、工作效率等方面的作用;客户服务主要评价项目对提高产品及服务质量、客户满意度等方面的作用。

每年度对信息化项目绩效评价结果按分数排队并正式公布,并作为信息化工作检查、绩效考核、评比奖励的重要参考依据。

三、专家评价及评分计算

绩效考核评价要邀请专家参加。专家的来源选择:一是从企业专家库中选择企业信息化专家、相关学科带头人、技术创新奖入围评奖专家等;二是从外部信息化专家库中选择国内信息化评价领域的专家。

专家选择坚持以下原则:客观公正,选择客观、公正的专家;专业权威,在相关专业领域内有权威性,高级职称者在90%以上;配置合理,技术、经济与管理专家兼顾,产、学、研、管理部门、行业协会等单位的专家兼顾;利益回避,申报单位的工作人员、与申报项目有利益关系的专家、申报单位书面申请希望回避的竞争对手不得作为评价专家。每个评价(评奖)项目专家人数为7~13人,取奇数。

专家评分及结果处理原则:专家参照各指标的打分标准分别打分;对各专家打分结果进行汇总,并按公式进行处理,最后确定评价项目专家打分的综合分值;每个项目所得分值为全部专家对该项目评分之和除以专家人数。

第七节　信息化绩效考核与激励的实施

一、项目绩效考核与激励的实施

实施企业信息化项目绩效考核与激励，主要体现在信息化项目参加企业技术创新成果评奖。要根据企业信息化项目技术创新成果奖评定要求，将相关评价指标体系灵活组合加以应用。组合评价体系以创新度和经济效益评价为核心，权重分别为信息化能力与应用创新40%，经济效益60%。

1. 信息化项目技术创新成果评价指标

信息化项目技术创新成果评价指标体系如图9-10所示。

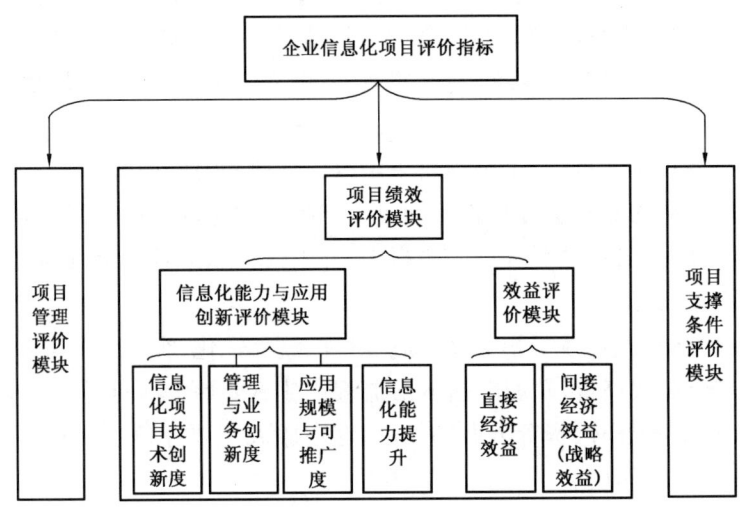

图9-10　信息化项目技术创新成果评价指标体系

具体评价指标的构成见表9-13。

表9-13　信息化项目技术创新成果评价指标

评价维度	一级指标	序号	二级指标	指标解释	数据来源	权重%
IT能力与应用创新（40）	IT项目技术创新度	1	项目难易、复杂程度	反映项目涉及专业领域广度，解决复杂、关键问题的数量，工作的特殊性等	工作调研,专家组	2
		2	先进性	反映项目的技术先进性，包括自主知识产权、多项新信息技术的首次应用、单项新信息技术的首次应用	工作调研,专家组	4
		3	总体技术水平	反映项目的总体技术水平，包括项目的主要技术、经济指标和总体技术水平与国内外同类项目最好水平比较的程度，项目应用水平等	专家组	4

续表

评价维度	一级指标	序号	二级指标	指标解释	数据来源	权重%
IT能力与应用创新（40）	管理与业务创新	4	应用创新度	反映在信息化建设应用过程中,管理流程、业务流程变更的程度	工作调研,专家组	5
		5	对企业形成可持续创新能力的作用	反映信息技术项目对企业的经营、管理、业务模式等持续创新、优化的作用	工作调研,专家组	5
	应用规模与可推广度	6	适用性	反映信息化项目的整体解决方案对需求的满足度,包括对当前需求的满足度、对未来需求的适应度等	专家组	3
		7	应用范围	反映项目覆盖企业的数量及产值规模	工作调研	3
		8	应用推广前景	指项目在企业内可推广应用的范围	工作调研	4
	IT能力提升	9	信息化人才	反映项目对信息化人力培养的贡献	工作调研	4
		10	项目管理能力成熟度	反映项目对企业信息化建设与管理知识积累的贡献	专家组	4
		11	信息资源开发利用	反映对信息资源开发利用的水平和能力的提升	专家组	2
效益（60）	直接经济效益	12	直接经济效益	反映项目的 NPV	工作调研	40
	战略效益	13	战略相关度	反映项目与企业战略价值的关联度	工作调研,专家组	5
		14	知识管理	反映项目对员工满意度、知识共享等方面的提升水平	工作调研,专家组	5
		15	过程（流程）优化	反映项目对提高决策支持水平、应变能力、企业内控水平、工作效率等方面的作用	工作调研,专家组	4
		16	客户服务	反映项目对提高产品及服务质量、客户满意度等方面的作用	工作调研,专家组	6
特别控制指标		17	有无重大责任损失	反映是否出现重大安全事故并造成重大损失,或者是否出现重大决策失误并造成重大损失	工作调研	—

评分采取定量和定性相结合的方式。评价依据的数据和资料为：项目可研报告、招标文件、评标文件、需求分析报告、设计方案、测试报告、数据准备计划、有关合同、培训计划、验收报告、运行维护合同、运行维护日志、满意度调查、工作调研、专家评议等。

2. 信息化项目技术创新成果评价流程

信息化项目技术创新成果评价流程如图 9-11 所示。

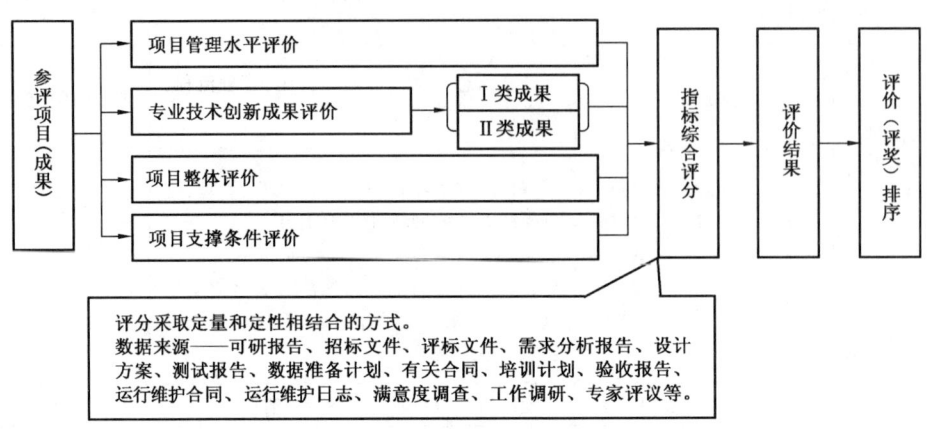

图 9-11 信息化项目技术创新成果评价

信息化项目技术创新成果评价流程简述如下：

(1) 确认哪些项目参加评价（评奖）。

(2) 根据是否可直接测算净现值（NPV），将参与评价（评奖）的项目划分为Ⅰ类成果（就是可以直接测算其经济效益的应用类项目成果）和Ⅱ类成果（无法直接测算其经济效益的信息基础设施类项目成果）。

(3) 根据评价（评奖）目的的不同，选择适合的指标体系（或多个体系的组合）。

(4) 根据指标评分细则，确定各指标得分。

(5) 将各指标得分按照权重记分做和，得到参评项目的最终评价分值。分值计算公式为：

$$S = \Sigma(P_I \times W_I) \tag{9-21}$$

式中　S——项目评价的总得分；

　　　P_i——第 i 个指标的得分，各指标得满分都是 100 分；

　　　W_i——第 i 个指标的权重，所有指标权重的和为 100%。

(6) 根据最终评价分值对项目进行评价（评奖）排序。

二、工作绩效考核与激励的实施

实施企业信息化工作绩效考核与激励，主要体现在年度信息化工作考核、评比与奖励，目的是认真总结信息化工作成绩和经验，充分调动各成员企业和广大员工信息化建设和应用的积极性，更好、更快、更深入地推进企业信息化工作。企业每年对成员企业信息化工作和信息化建设内部支持队伍进行一次考核。信息化工作考核评比的主要流程（图 9-12），包括考核自评、考核审核、评选、表彰等四个子流程。

1. 年度考核和评比的目的和组织

企业信息总监或信息化工作领导小组（简称领导小组）统一领导年度信息化工作考核、评比工作；企业信息管理部门（信息化工作领导小组办公室，简称办公室）负责组织考核和评比的具体工作；各成员企业负责本单位信息化工作考核、评比和企业信息化工作先进的推荐工作。

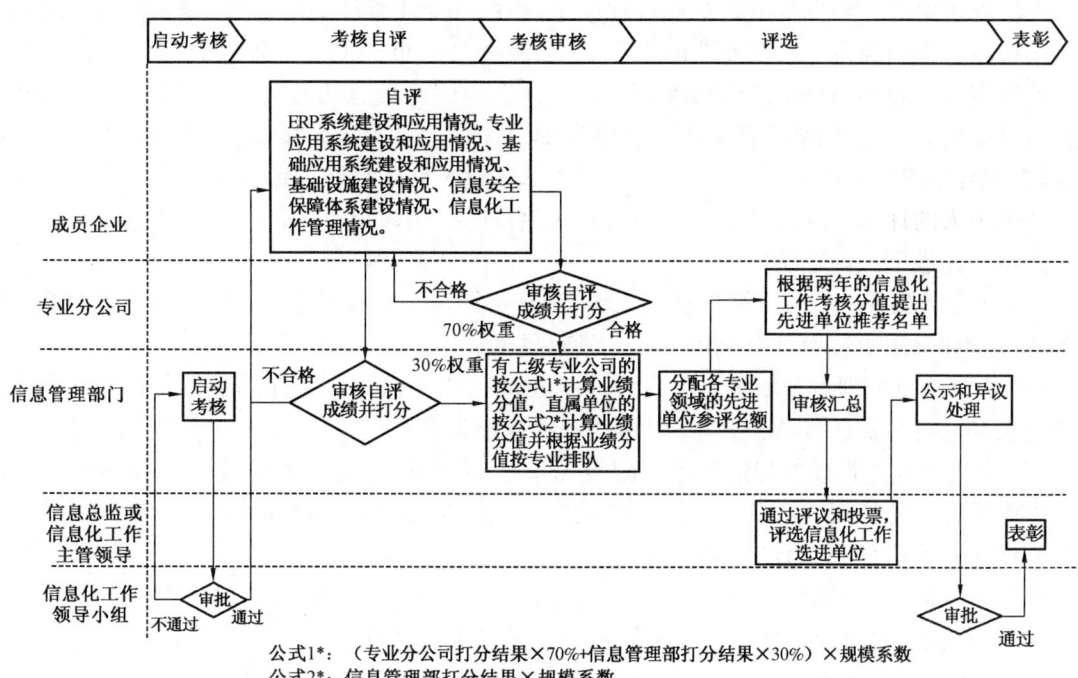

图 9-12 信息化工作考核评比的主要流程

2. 年度考核的程序

(1) 由各成员企业和各内部支持队伍先进行自我考核,分别在企业信息化工作管理系统中填报成员企业信息化工作考核评价指标表、内部支持队伍工作考核评价指标表,并打印纸质文档,加盖单位公章后报企业信息管理部门。

(2) 由企业各专业管理部门分别对本专业领域的各单位考核评价指标表进行审核,并计算基本考核得分。

对于未划分专业领域的成员企业,由信息管理部门会同有关部门对其考核评价指标表进行审核,并计算基本考核得分。

根据成员企业规模大小和信息化难易程度不同,将基本考核得分乘以规模系数,得出各成员企业信息化工作考核分值。特大型、大型、中型、小型成员企业的规模系数分别为 1.5、1.3、1.1、1.0。

(3) 企业信息管理部门组织对各内部支持队伍考核评价指标表进行审核,并计算考核分值。

(4) 企业信息管理部门会同机关有关部门和专业管理部门统一对各成员企业、各内部支持队伍的考核得分进行复核,并将考核结果报企业信息总监或信息化工作主管领导审批。

(5) 经企业信息总监或信息化工作主管领导批准后,以公司文件公布考核排序结果。其中各成员企业按专业进行排序。

3. 年度先进的类别及评选条件

企业每年组织一次信息化工作先进评选,包括:评选信息化先进单位、优秀项目团队和先进个人。先进单位的评选范围是企业各成员企业;由各专业管理部门根据分配名额,依据信息化工作考核排序情况推荐各自专业的先进单位,经办公室审查汇总后报信息总监或信息化主管领导确定呈领导小组评定。优秀项目团队的评选范围是信息化建设内部支持队伍;由办公室按照分配名额,依据内部支持队伍考核情况提出优秀项目团队推荐名单,报领导小组审核评定;提交领导小组审定的先进单位、优秀项目团队数量不低于最终评定数量的130%。

先进个人的评选范围是各单位参与信息化建设的组织领导者、项目经理、业务人员和信息技术人员。先进个人评选条件是:

(1)优秀组织者。高度重视信息化工作,认真贯彻落实企业信息化工作部署,在本单位信息系统建设和应用中领导有力、组织科学、成效显著。

(2)优秀项目经理。采取规范项目管理方法,科学组织信息化项目实施,高质量完成信息系统建设和运行维护任务,在本单位起到良好示范带头作用。

(3)先进个人。积极参与信息系统建设与应用,在梳理优化业务流程、数据准备、上线应用等方面发挥突出作用,或在信息系统方案设计、系统开发配置、用户培训、运行维护和技术服务等方面出色完成任务,用户评价优秀。

各单位根据分配名额和评选条件推荐信息化工作先进个人,办公室组织审查汇总后提出建议名单,报信息总监或信息化主管领导确定呈领导小组评定。

4. 年度先进评选程序

企业信息化工作评选按照以下程序进行:

(1)办公室制定信息化工作先进评选方案,包括评选内容、评选数量、名额分配、评选方法、申报要求等,报企业信息总监或信息化工作主管领导批准后向各成员企业下发评选通知。

(2)企业专业管理部门推荐先进单位,信息管理部门推荐优秀项目团队;各成员企业推荐先进个人。

(3)办公室组织各专业管理部门对推荐的先进单位、优秀项目团队、先进个人结果进行审查,汇总形成综合评选材料。

(4)企业信息总监或信息化主管领导主持领导小组会议,通过评议或投票表决,评选先进单位、优秀项目团队和先进个人。

(5)先进评选结果在企业信息门户上公示。

5. 信息化先进奖励

企业对信息化工作先进单位、优秀项目团队、先进个人颁发荣誉证书。在召开企业信息化会议时,对当年评选的信息化工作先进单位、优秀项目团队和先进个人下文表彰,进行奖励。奖励标准按企业相关规定执行。对于取得重大成效的信息化项目成果,可单独申请奖励。信息化项目成果纳入公司科技进步奖评选范畴,作为一个独立的专业序列评奖。企业级奖励要记入个人档案,在职称评定、晋级、福利、进修等方面作为重要优选条件。各成员企业在完成信息系统建设并成功上线应用后,应对作出突出贡献的团队和个人给予相应奖励。

××集团依据考核指标体系连续对成员企业信息化工作开展了多年考核,有效促进了各成员企业信息化工作。××集团信息化绩效考核指标设计示例见附录9-1。

附录 9-1 ××集团信息化绩效考核指标设计示例

××集团对其成员企业年度信息化工作考核的主要内容包括：企业信息化工作方针政策、规章制度、标准和总体规划执行情况；本单位领导重视和业务人员参与信息化建设情况，ERP系统、生产管理系统、办公管理系统、基础设施等建设、应用和维护情况，信息化组织队伍建设状况，信息安全工作情况等。

对内部支持队伍考核的主要内容包括：所承担的信息系统建设和运行维护任务完成情况、所建信息系统应用情况、参加项目的人员数量和素质、项目组织管理水平和服务满意度等。

根据上述两方面的考核对象和考核内容，需要将评价指标体系中的相关评价指标模块灵活组合，加以应用。年度信息化工作考核评奖评价指标体系如附图 9-1 所示，成员企业信息化工作考核评价指标构成见附表 9-1，内部支持队伍工作考核评价指标构成见附表 9-2。

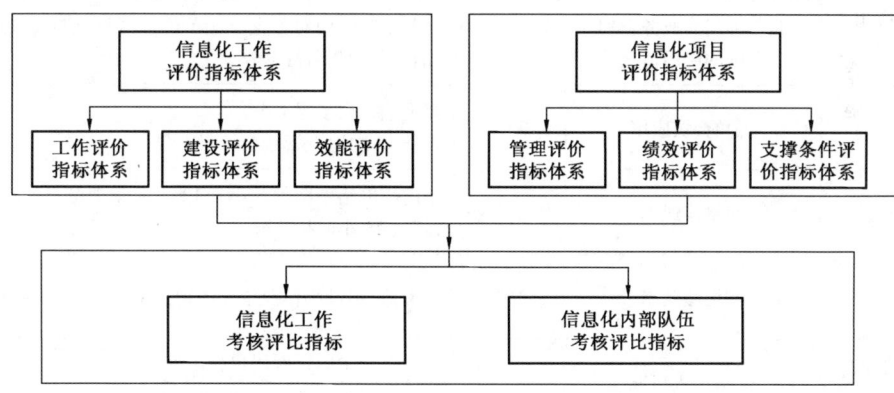

附图 9-1 企业信息化年度考核评比指标体系组合

附表 9-1 成员企业信息化工作考核评价指标表

序号	一级指标	二级指标	满分值	评分方法
1	信息化管理（20分）	领导重视与业务主导	5	重视信息化建设，组织和参加项目重要会议，对项目实施中的重大问题及时决策，有力推动信息系统应用得5分
		组织队伍建设	5	有独立的信息部门得2分； 有专门的信息系统建设和运行维护队伍得2分； 信息技术队伍本科以上学历所占比例达到70%以上得1分
		制度与标准	4	认真执行统一的制度和标准得3分； 积极参与信息技术标准制定得1分
		信息系统总体控制（GCC）	2	通过外部审计且无例外事项得2分； 出现一个例外事项扣1分，扣完为止
		信息技术培训	4	信息系统关键用户培训率达到100%得2分； 全员信息技术培训率达到80%以上得2分

续表

序号	一级指标	二级指标	满分值	评分方法
2	ERP系统建设和应用(25分)	建设情况	10	按计划进度完成得10分;每延后1个月扣1分
		应用情况	15	按计划进度单轨运行得15分;每延后1个月扣1分
3	专业应用系统建设和应用(25分)	建设情况	10	(完成专业应用系统数÷信息技术总体规划中相关信息系统数)×10
		应用情况	15	(单轨运行的系统数÷信息技术总体规划中相关信息系统数)×15
4	基础应用系统建设和应用(10分)	信息门户应用	2	门户主管部门对各单位的信息门户应用情况打分
		电子邮件系统应用	2	年度具备邮箱的人均收发电子邮件数,增加5%得1分;增加10%得2分
		电子公文应用	2	公文主管部门对各单位的电子公文应用情况打分
		对各部门的业务管理系统的应用情况	2	由业务主管部门对各企事业单位进行排队打分,前20名得2分,前21到50名得1分
		视频会议应用	2	按规定建分会场得1分;年召开12次以上视频会议得1分
5	基础设施(10分)	网络连通率	2	全年内部网络中断累计小于12小时得2分,12~48小时得1分,超过48小时得0分
		网络覆盖率	2	网络覆盖:到最小作业单元的覆盖率超过95%的得2分
		网络接入情况	1	最多只有一个因特网出口得1分
			1	非办公网络与办公网络隔离得1分
		机房集中及达标率	2	按国家标准建设机房得1分;只有一个机房或二级以下单位机房逐年减少得1分
		基础配套条件	2	办公计算机配备率80%以上得1分;数据自动采集覆盖率80%以上得1分
6	信息安全(10分)	信息系统安全	2	无信息系统安全事故得2分;发生信息系统安全事故扣2分;发生重大信息系统安全事故扣10分
		突发事件上报	2	突发事件逐级上报达标得2分;每1次事件达到上报标准不上报减1分
		用户操作规范管理	2	开展对用户安全方面的教育得1分;监督管理违规操作得1分
		数据管理	2	对重要生产经营数据有备份和恢复机制得1分;按备份恢复机制执行得1分
		防病毒体系	2	终端计算机部署统一的安全防护系统得1分;服务器部署统一的安全防护系统得1分

第九章　企业信息化绩效考核体系建设

附表9-2　内部支持队伍工作考核评价指标表

序号	指标	二级指标	分值	评分方法
1	信息化管理（20分）	信息保密	2	无重大信息失密事件得2分，否则不得分
		人身安全	2	无人身安全事故得2分，否则不得分
		信息技术总体规划执行情况	6	全员参加总体规划培训得3分； 培训考试平均90%合格率以上得3分； 工作中与总体规划发生1次偏差扣1分
		制度与标准	4	认真贯彻执行集团公司统一的标准得2分； 认真贯彻执行集团公司统一的制度得2分
		商务管理	6	招标过程和合同付款严格按照信息化项目招标管理办法执行得2分； 招标后评估优良率达到90%以上得2分； 商务谈判结果好于以往招标结果得2分； 违反信息化项目招标管理办法每一次扣1分
2	所承担工作任务完成情况（30分）	完成项目建设任务	30	∑建设完成单位数/内部任务书规定完成的单位数×30
		完成系统运行维护任务		信息系统稳定运行（15分）：全年系统计划外中断累计小于8小时得15分，8~32小时得10分，超过32小时得5分，超过48小时得0分 结果为∑各项目得分/项目数
				定期对系统和网络进行检修得5分； 利用节假日检修得3分； 节假日有专人值班维护系统得2分； 结果为∑各项目得分/项目数
				有健全的运行维护制度得5分； 结果为∑各项目得分/项目数
				按照信息系统运行维护管理办法处理事件得5分； 发生一、二级突发事件逐级上报得2分； 事件处理结果达到用户满意得3分； 结果为∑各项目得分/项目数
3	所建信息系统应用（10分）	系统单轨运行	10	（单轨运行的系统数÷所建信息系统数）×5
		业务人员对系统的应用		业务部门对系统应用情况打分，满分5分

续表

序号	指标	二级指标	分值	评分方法
3	项目组织管理（20分）	角色到位	8	项目经理1人得2分； 项目副经理2人（其中运行维护经理1人）得1分； 总架构师得1分； 软件专家得1分； 硬件专家得1分； 安全专家得1分； 标准专家得1分； 结果为Σ各项目得分÷项目数
		人员素质	8	项目经理、副经理（有5年以上工作经历）通过PMP认证得2分，通过内部认证得1分； 总架构师（5年以上相关工作经验）通过内部认证得2分； 软件专家：有相关产品供应商认证得1分； 硬件专家：有相关产品供应商认证得1分； 安全专家：通过总部培训和考核得1分； 标准专家：通过总部培训和考核得1分； 结果为Σ各项目得分/项目数
		人员出勤率	2	(Σ人员实际出勤人天数)/(Σ内部任务书要求出勤人天数)×2
		队伍稳定程度	2	内部任务书签订执行期间无人员变动得2分； 出现一个关键人员变动扣1分，扣完为止
4	服务满意度（20分）	用户满意度	10	Σ信息系统建设和应用单位满意度×10
		管理部门满意度	10	信息管理部门满意度×5 Σ项目合作伙伴满意度×5

参 考 文 献

[1] 刘希俭. 中国石油信息化管理[M]. 北京:石油工业出版社,2008.
[2] 周宏仁. 信息化论[M]. 北京:人民出版社,2008.
[3] 周宏仁. 信息化概论[M]. 北京:电子工业出版社,2009.